高等学校测绘工程系列教材

地理信息系统原理

The Principle of Geographic Information System

（第二版）

李建松　唐雪华　编著

WUHAN UNIVERSITY PRESS
武汉大学出版社

图书在版编目(CIP)数据

地理信息系统原理/李建松,唐雪华编著 . —2 版.—武汉:武汉大学出版社,2015.1(2022.7 重印)

高等学校测绘工程系列教材

ISBN 978-7-307-15111-6

Ⅰ.地⋯　Ⅱ.①李⋯　②唐⋯　Ⅲ. 地理信息系统—高等学校—教材
Ⅳ.P208

中国版本图书馆 CIP 数据核字(2015)第 021855 号

责任编辑:胡　艳　　　责任校对:汪欣怡　　　版式设计:马　佳

出版发行:**武汉大学出版社**　　(430072　武昌　珞珈山)

　　(电子邮箱:cbs22@whu.edu.cn 网址:www.wdp.com.cn)

印刷:武汉市宏达盛印务有限公司

开本:787×1092　1/16　　印张:29.5　　字数:727 千字

版次:2006 年 8 月第 1 版　　　2015 年 1 月第 2 版

　　2022 年 7 月第 2 版第 6 次印刷

ISBN 978-7-307-15111-6　　　　定价:49.00 元

第二版前言

自《地理信息系统原理》出版 8 年以来，地理信息系统的概念、理论、方法和技术取得了长足的发展。第二版在第一版的基础上，做了较大的结构调整和内容修订。具体情况是：

1. 将第一版的 24 章压缩为 10 章，结构也进行了较大调整。
2. 对 GIS 的一些重要概念进行了重新定义和梳理、补充。
3. 充实了网络 GIS 的内容，特别是云 GIS 的内容。
4. 对 GIS 的基础理论进行了补充。以 GIS 与地理信息科学的紧密关系为线索，叙述了地理信息科学的提出与发展、重要概念、基本框架、重要理论、时空观、表达观和方法论，强化了理论学习的重要性。
5. 对地理空间数据表达的内容和方法进行了重新整合和补充，特别是对矢量数据的表达方法、栅格数据的表达方法以及空间关系等进行了较多的补充。
6. 对地理空间数据的建模做了较大的修订，增加了时空数据建模的内容。
7. 对地理空间数据的内容进行了重大修订，增加了空间数据库的类型、空间数据访问方法、补充了空间索引方法、空间数据查询与定义、空间数据库设计等内容。
8. 对地理空间数据的获取与处理方面的内容进行了重新整合和补充。
9. 对地理空间分析的内容进行了重要补充。补充了栅格数据分析、矢量数据分析、地理统计分析、网络数据分析等内容，对查询分析的内容进行了整合。
10. 对地理空间数据制图和可视化方面的内容进行了修订。
11. 对 GIS 工程设计与开发的内容进行了补充和修订。
12. 对地理空间框架和地理信息公共服务平台等内容进行了补充和修订，使 GIS 技术更加贴近当前的技术应用，并增加了 GIS 的高级技术在各主要行业和领域的应用情况。

本书在修订过程中，参考了大量近几年国内外出版的重要图书、发表的研究成果和先进技术讲座的 PPT 内容，使其内容基本实现了与本学科发展同步的要求。一些文献是通过网络搜索获取的，一些引文是电子文档资料，因缺乏引用的详细信息，未能在参考文献中一一列举，在此对相关作者表示歉意和感谢。

本书的一些重要概念、理论、方法、技术和应用案例参照了 ESRI 公司的 ArcGIS 电子文档、专业技术资料和一系列重要的 PPT 资料，一些图表来自这些资料，在此特别感谢 ESRI 公司及其技术人员的大力支持。

在本书的编写过程中，得到了许多读者非常有益的建议和意见，得到了武汉大学遥感学院 GIS 教研室同行的一些非常好的建议和意见，得到了秦昆教授的指导，在此一并表示深深的谢意。

第二版中难免存在不足和不妥之处，恳请读者一如既往地给予批评指正。

作　者

2015 年 1 月

第一版前言

地理信息系统(Geographic Information System，GIS)技术和应用的发展超乎人们的想象，其知识和技术方法的更新，每时、每刻、每秒都没有停止过。笔者近20年在这个领域的教学、科研和设计开发历程，见证了它发展最快的时期。我曾经对我的学生多次讲到，学习GIS是最苦的，因为你们一刻也不能停止学习，哪怕是一觉醒来，就可能是"仙间才一日，世上一百年"。GIS发展的动力是巨大的，各种先进信息技术的发展成为它前进的牵引力，应用领域的不断扩展和应用的不断深入成为它前进的推动力，这两种力量的合力，就像安置在列车前后的两部永不停止运行的动力机车，使它一刻也不可能停留下来。

GIS的许多技术和方法都是从实践应用中得以研究利用的，具有很强的实践性。旧的东西不断地被丢弃，新的东西则不断地被吸纳进来，本书的编写内容反映了这些变化的特点。本书中没有再讲授那些实践中已不常用，或应用实践中不十分成熟的内容；有些内容只是作为技术历史发展必不可少的链条才介绍的，它们已不是当前的实用技术，如三种传统的数据模型和一些数据结构；有些内容虽然还处在发展中，还处在概念阶段，并没有实用化，但它们或多或少代表了一种技术发展方向，如第七部分的GIS高级技术中介绍的多数技术和方法，显然它们不是当前的全部研究和应用内容，或许只是众多研究应用中的一个例子而已，介绍这部分内容，只是给学习者一些前瞻性知识，详细的内容将在后续的《地理信息系统高级教程》中介绍。

编写本书的基本出发点是为学习地理信息系统系列知识的学生提供基本的概念、基本的理论和基本的方法。本书的内容编排也让作者费尽思量。根据作者多年讲授这门课程的实践经验，曾尝试过多种编排顺序，但学生在知识理解上总有不尽如人意的地方。本书的内容编排，经过了4次以上的教学实验，其间也征求过不少学生的意见。从集中的意见和教学效果来看，胜过以往。本书在内容和结构上分为七个部分。第一部分主要介绍GIS的学科环境、理论环境和密切相关的技术基础，同时通过概论的方式，给GIS的总貌绘制了一幅素描图，为后续深入学习GIS的相关内容奠定基础和建立总体印象。这是因为GIS的相关理论、技术和方法，总体来讲，非常零碎和繁杂，通过这幅素描图，学生在学习时可以按图索骥。第二部分以介绍空间数据的组织与管理为主题内容，重点介绍了空间信息基础、空间数据模型、空间数据结构、空间数据库等内容，是本书的重点内容。通过该部分内容的学习，使学生了解地图投影、坐标转换、空间数据的定义、空间关系的定义、空间数据的结构以及空间数据管理等基本概念、理论和方法。第三部分主要介绍了空间数据的技术处理方法，包括数据的获取、图形和属性编辑、拓扑关系编辑、数据格式转换和数据质量的控制及评价等方法，它们都是完成GIS空间数据库建库必须掌握的基本技术和技能。第四部分主要介绍空间分析方面的基本功能和原理、方法。这部分内容是学习GIS简单分析应用的入门知识，同时也是为创建GIS复杂分析的基础。这部分内容与以往的教学内容相比，更新较多，一方面是因为当前商业化的GIS软件增强了这部分功能，另一方面也是因为 GIS 应用开始由管理型向分析决策支持型转变的原因。第五部分介绍了 GIS 的输出和地学可视化的内容。GIS 应用分析的结果表达是重要的，这是因为合适的结果表达方式不仅丰富了 GIS 的数据表现能力，而且更重要的是可以加深人们对地理信息产品的正确、清楚的理解。第六部分简要地介绍了 GIS 应用工程的设计内容、要求和过程，以及 GIS 标准化的内容。它们可以不作为本课程讲授的重点内容，但作为对相关知识的理解，却是重要的。第七部分的内容是高级的、综合的 GIS 应用技术。它们或者仅是一些概念，或者仅是一些科技工作者的观点、研究个案，但它们都或多或少地代表了当今 GIS 应用发展的总的趋势。通过对这部分内容的学习了解，希望学生能树立面向未来的眼光和信心。

本书的编写广泛参阅了当今国内外同类优秀教科书的内容、领域学者的研究成果以及作者近 20 年来的教学科研实践经验。特别是龚建雅教授编写的《地理信息系统基础》，出版以来一直作为测绘类专业的优秀教科书；陈建飞教授等编译的、美国 Kang-tsung Chang 著述的《地理信息系统导轮》，由唐中实教授等编译的、由世界四位 GIS 权威学者(Paul A. Longley、Michael F. Goodchild、David J. Maguire、David W. Rhind)编辑的《地理信息系统——原理与技术(上卷)》、《地理信息系统——管理和应用(下卷)》，以及由南京大学黄杏元教授等编著的《地理信息系统导论》，中国科学院陈述彭院士编著的《地理信息系统导论》，汤国安教授等编著的《地理信息系统》，邬伦教授等编著的《地理信息系统——原理、方法和应用》等，曾是我教学中爱不释手的参考书。这几年，GIS 的相关书籍的出版真是一波胜过一波，它们成了我最有价值的教学工具书收藏品；还有难以计数的科技文献和论文，每当阅读起来，总能让人眼前一亮。所有这一切，恕不能在这里一一道来。这些都是本书编写的知识海洋。在此一并感谢这些先贤们，你们的辛勤劳动成果，将惠及本书的每一个读者。

本书的编写过程历经两年多时间，虽几经修改，但错误和谬论仍在所难免，敬请读者批评指正。

李建松

2006 年 3 月

目　　录

第1章 绪 论

地理信息系统是信息化的核心技术。地理信息系统的概念和技术发展证明它是以需求为驱动，以技术为导引的。地理信息系统技术的应用也不是孤立的，需要与其他相关技术进行集成和协同运行。本章从地理信息系统的概念出发，介绍并讨论其内涵和技术演进历程，地理信息系统组成，建立地理信息系统的目的和作用，与相关学科的关系，地理信息系统产生和发展科学基础以及对这些学科发展的作用；简要介绍了与地理信息系统应用密切相关的一些技术，如数据采集技术、计算机网络工程技术、通信技术、软件工程技术、信息传输、信息安全技术、虚拟现实与仿真技术等。

1.1 地理信息系统的概念

地理信息系统的概念含义和组成内容不断发生变化，作为信息应用科学，证明了其与需求和技术发展的密切关系。

1.1.1 地理信息系统的定义

地理信息系统（Geo-spatial Information System，GIS）是对地理空间实体和地理现象的特征要素进行获取、处理、表达、管理、分析、显示和应用的计算机空间或时空信息系统。

地理空间实体是指具有地理空间参考位置的地理实体特征要素，具有相对固定的空间位置和空间相关关系、相对不变的属性变化、离散属性取值或连续属性取值的特性。在一定时间内，在空间信息系统中仅将其视为静态空间对象进行处理表达，即进行空间建模表达。只有在考虑分析其随时间变化的特性时，即在时空信息系统中，才将其视为动态空间对象进行处理表达，即时空变化建模表达。就属性取值而言，地理实体特征要素可以分为离散特征要素和连续特征要素两类。离散特征要素如城市的各类井、电力和通信线的杆塔、山峰的最高点、道路、河流、边界、市政管线、建筑物、土地利用和地表覆盖类型等，连续特征要素如温度、湿度、地形高程变化、NDVI指数、污染浓度等。

地理现象是指发生在地理空间中的地理事件特征要素，具有空间位置、空间关系和属性随时间变化的特性。需要在时空信息系统中将其视为动态空间对象进行处理表达，即记录位置、空间关系、属性之间的变化信息，进行时空变化建模表达。这类特征要素如台风、洪水过程、天气过程、地震过程、空气污染等。

空间对象是地理空间实体和地理现象在空间或时空信息系统中的数字化表达形式。具有随着表达尺度而变化的特性。空间对象可以采用离散对象方式进行表达，每个对象对应于现实世界的一个实体对象元素，具有独立的实体意义，称为离散对象。空间对象也可以采用连续对象方式进行表达，每个对象对应于一定取值范围的值域，称为连续对象，或空

1

间场。

离散对象在空间或时空信息系统中一般采用点、线、面和体等几何要素表达。根据表达的尺度不同，离散对象对应的几何元素会发生变化，如一个城市，在大尺度上表现为面状要素，在小尺度上表现为点状要素；河流在大尺度上表现为面状要素，在小尺度上表现为线状要素等。这里尺度的概念是指制图学的比例尺，地理学的尺度概念与之相反。

连续对象在空间或时空信息系统中一般采用栅格要素进行表达。根据表达的尺度不同，表达的精度会随栅格要素的尺寸大小变化。这里，栅格要素也称为栅格单元，在图像学中称为像素或像元。数据文件中栅格单元对应于地理空间中的一个空间区域，形状一般采用矩形。矩形的一个边长的大小称为空间分辨率。分辨率越高，表示矩形的边长越短，代表的面积越小，表达精度越高；分辨率越低，表示矩形的边长越长，代表的面积越大，表达的精度越低。

地理空间实体和地理现象特征要素需要经过一定的技术手段，对其进行测量，以获取其位置、空间关系和属性信息，如采用野外数字测绘、摄影测量、遥感、GPS 以及其他测量或地理调查方法，经过必要的数据处理，形成地形图，专题地图、影像图等纸质图件或调查表格，或数字化的数据文件。这些图件、表格和数据文件需要经过数字化或数据格式转换，形成某个 GIS 软件所支持的数据文件格式。目前，测绘地理信息部门所提倡的内外业一体化测绘模式，就是直接提供 GIS 软件所支持的数据文件格式的产品。

对于获取的数据文件产品，虽然在格式上支持 GIS 的要求，但它们仍然是地图数据，不是 GIS 地理数据。将地图数据转化为 GIS 地理数据，还需要利用 GIS 软件，对其进行处理和表达。不同的商业 GIS 软件，对地图数据转化为 GIS 地理数据的处理和表达方法存在差别。

GIS 地理数据是根据特定的空间数据模型或时空数据模型，即对地理空间对象进行概念定义、关系描述、规则描述或时态描述的数据逻辑模型，按照特定的数据组织结构，即数据结构，生成的地理空间数据文件。对于一个 GIS 应用来讲，会有一组数据文件，称为地理数据集。

一般来讲，地理数据集在 GIS 中多数都采用数据库系统进行管理，但少数也采用文件系统管理。这里，数据管理包含数据组织、存储、更新、查询、访问控制等含义。就数据组织而言，数据文件组织是其内容之一。地理数据集是地理信息在 GIS 中的数据表达形式。为了地理数据分析的需要，还需要构造一些描述数据文件之间关系的一些数据文件，如拓扑关系文件、索引文件等，这些文件之间也需要进行必要的概念、关系和规则定义，这形成了数据库模型，其物理结构称为数据库结构。数据模型和数据结构是文件级的，数据库模型和数据库结构是数据集水平的，理解上应加以区别。但在 GIS 中，由于它们之间存在密切关系，一些教科书往往会将其一起讨论，不做明显区分。针对一个特定的 GIS 应用，数据组织还应包含对单个数据库中的数据分层、分类、编码、分区组织以及多个数据库的组织内容。

空间分析是 GIS 的重要内容。地理空间信息是首先对地理空间数据进行必要的处理和计算，进而对其加以解释产生的一种知识产品。一些对地理空间数据处理的方法形成了 GIS 的空间分析功能。

显示是对地理空间数据的可视化处理。一些地理信息需要通过计算机可视化方式展现出来，以帮助人们更好地理解其含义。

应用指的是地理信息如何服务于人们的需要。只有将地理信息适当应用于人们的认识行为、决策行为和管理行为，才能满足人们对客观现实世界的认识、实践、再认识、再实践的循环过程，这正是人们建立 GIS 的根本目的所在。

从上述概念的解释我们可以看出，地理信息系统具有以下五个基本特点：

（1）地理信息系统是以计算机系统为支撑的。地理信息系统是建立在计算机系统架构之上的信息系统，是以信息应用为目的的。地理信息系统由若干相互关联的子系统构成，如数据采集子系统、数据管理子系统、数据处理和分析子系统、图像处理子系统、数据产品输出子系统等。这些子系统功能的强弱，直接影响在实际应用中对地理信息系统软件和开发方法的选型。由于计算机网络技术的发展和信息共享的需求，地理信息系统发展为网络地理信息系统是必然的。

（2）地理信息系统操作的对象是地理空间数据。地理空间数据是地理信息系统的主要数据来源，具有空间分布特点。就地理信息系统的操作能力来讲，完全适用于操作具有空间位置，但不是地理空间数据的其他空间数据。空间数据的最根本特点是，每一个数据都按统一的地理坐标进行编码，实现对其定位、定性和定量描述。只有在地理信息系统中，才能实现空间数据的空间位置、属性和时态三种基本特征的统一。

（3）地理信息系统具有对地理空间数据进行空间分析、评价、可视化和模拟的综合利用优势。由于地理信息系统采用的数据管理模式和方法具备对多源、多类型、多格式等空间数据进行整合、融合和标准化管理能力，为数据的综合分析利用提供了技术基础，可以通过综合数据分析，获得常规方法或普通信息系统难以得到的重要空间信息，实现对地理空间对象和过程的演化、预测、决策和管理能力。

（4）地理信息系统具有分布特性。地理信息系统的分布特性是由其计算机系统的分布性和地理信息自身的分布特性共同决定的。地理信息的分布特性决定了地理数据的获取、存储和管理、地理分析应用具有地域上的针对性，计算机系统的分布性决定了地理信息系统的框架是分布式的。

（5）地理信息系统的成功应用更强调组织体系和人的因素的作用，这是由地理信息系统的复杂性和多学科交叉性所要求的。地理信息系统工程是一项复杂的信息工程项目，兼有软件工程和数字工程两重性质。在工程项目的设计和开发时，需要考虑二者之间的联系。地理信息系统工程涉及多个学科的知识和技术的交叉应用，需要配置具有相关知识和技术能力的人员队伍。因此，在建立实施该项工程的组织体系和人员知识结构方面，需要充分认识其工程活动的这些特殊性要求。

1.1.2 地理信息系统概念内涵的演进

地理信息系统最初的定义是基于地理学范畴的概念，沿用了地理学研究的空间范围，即地球表层空间范围，GIS 是 Geographic Information System 的简写。随着地理信息系统技术和应用的发展，地理信息系统的概念域远远超出了地理学最初定义的概念范畴。人们更习惯使用"地理空间的"（Geospatial）一词取代"地理的"（Geographical）这个概念。实际上是使用地理空间信息系统作为一切关于空间信息系统的代名词。有两种意义，第一种意义是地理信息系统研究的空间范围不再局限于传统地理学定义的空间范围，因此也有学者将"Geo"解释为"地球的"、"地学的"。第二种意义是泛指具有空间位置特性的所有空间对象，也可能是非地理空间对象，都是地理信息系统研究处理的对象。由此可知，将地理信息系统理解为地理空间信息系统、地球空间信息系统、地学空间信息系统，都不是一种彻底的改变，将其称为空间信息系统则更具技术代表性。

关于 GIS 中"G"的含义变化，还来自于另外的一种力量。虽然 GIS 与地理学密切相关，但千百万使用 GIS 的人员中，仅有极少部分是出身于地理学的。规划人员、管理人员（森林、土地、设施）、自然科学家、社会科学家、市场咨询人员、运输人员等以及其他使用 GIS 的人员，都不会太多地思考 GIS 中的"G"表示什么意义，他们更多地将 GIS 理解为是一种空间信息系统。

由于 GIS 在理论和技术发展过程中，产生了巨大的技术成功和产业化发展趋势，人们对 GIS 的内涵产生了争议，出现了对 GIS 的不同理解。一种观点认为，GIS 就是一种计算机信息系统支持的空间分析软件工具，这主要是基于过去相当一段时期，GIS 主要是研究开发用于地理空间分析为目的的功能软件。但是随着 GIS 应用的社会化以及一些从事 GIS 软件开发的企业开始转向为 GIS 的应用研究、数据模型和数据结构研究、可视化技术研究，GIS 成为日常社会生活和工作，以及学术研究共同关注的带有普遍性的一个共同领域，认为 GIS 是一种社会实践的观点也不无道理。这种争论迫使人们重新思考对 GIS 的定位和内涵究竟是什么。其争论的焦点问题有两个，一是对 GIS 的进行重新的科学定位，它是一个具有特殊用途的软件，还是一门科学？二是学术术语问题，它究竟应该称为什么？但是随着遥感技术的应用发展以及计算机网络技术的发展，人们对 GIS 内涵的理解多少达成了一定的共识，倾向于 GIS 是一门学科的认识占据多数。在解释 GIS 的含义方面，有人认为：

GIS＝Geographic Information System＋ Remote Sensing＝ Geospatial-Informatics

将 GIS 解释为地理空间信息科学。这是由于遥感极大地增强了 GIS 的作用，并且二者的结合应用越来越密切。也有人认为：

GIS＝Geographic Information Science

是现代地理学由经典地理学到计量地理学，再到地理信息科学发展的结果，如图 1.1 所示。

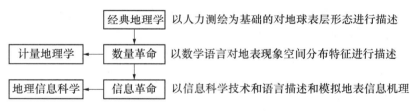

图 1.1　从经典地理学到地理信息科学

但也有人认为：

GIS＝Geographic Information Service ＋ Internet＝New Service（Web Service）

这是基于 GIS 在因特网技术推动下产生的一种新型的地理信息服务模式。

其实，上述三个关于 GIS 的概念解释之间存在一定的关系，可以概括为地理信息系统（GISYSTEM）、地理信息科学（GISCIENCE）和地理信息服务（GISERVICE）之间的关系，如图 1.2 所示。

上述概念在不同的场合均有应用，这是个术语问题，但何时应该给 GIS 一个具有广泛共识的响亮名称，似乎意义并不重要也不那么迫切。

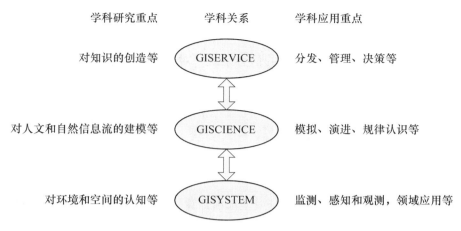

学科研究重点	学科关系	学科应用重点
对知识的创造等	GISERVICE	分发、管理、决策等
对人文和自然信息流的建模等	GISCIENCE	模拟、演进、规律认识等
对环境和空间的认知等	GISYSTEM	监测、感知和观测，领域应用等

图 1.2　地理信息系统、地理信息科学和地理信息服务的关系

1.1.3　为什么需要地理信息系统

当遇到下述问题时，就需要建立地理信息系统来解决问题。

(1)地理数据维护管理不善；

(2)制图和统计分析方法落后；

(3)难以提供准确的数据和信息；

(4)缺乏数据恢复服务；

(5)缺乏数据共享服务。

一旦建立了 GIS，可以取得以下若干效益：

(1)地理数据以标准格式得到有效维护管理；

(2)修订和更新变得容易；

(3)地理数据和信息容易被搜索、分析和描述；

(4)更多的地理信息附加值产品；

(5)地理信息可以被自由地共享和交换；

(6)员工的生产力得到提高和更有效；

(7)节省时间和资金投入；

(8)可以提高决策管理水平。

使用和不使用 GIS 来管理和处理空间数据，也可以从表 1.1 得到基本答案。

表 1.1　　　　　　　　　　　　　　GIS 与人工操作比较

地图	GIS 操作	人工操作
存储	标准化和集成	不同的标准下的不同尺度
恢复	数字化的数据库	纸质地图、调查数据、表格
更新	计算机搜索	人工检查
叠置	系统执行	成本高和费时
空间分析	非常快	费时费力
显示	容易、低成本和快速	复杂和昂贵

1.1.4 地理信息系统的组成

地理信息系统不同于一般意义上的信息系统，对地理空间数据进行处理、管理、统计、显示和分析应用，比传统的管理信息系统(MIS，非空间型信息系统)、CAD 系统要复杂得多，特别是在数据管理、显示和空间分析方面，在系统的组成方面是多种技术应用的集成体。

1.1.4.1 信息系统的概念及其类型

信息系统是具有采集、管理、分析和表达数据能力，并能回答用户一系列问题的系统。

在计算机信息时代，信息系统部分或全部由计算机系统支持，并由硬件、软件、数据和用户四大要素组成。计算机科学意义上的信息系统可由图 1.3 描述。计算机硬件包括各类计算机处理及终端设备；软件是支持数据采集、存储、加工、再现和回答问题的计算机软件系统；数据则是系统分析与处理的对象，构成系统的应用基础，用户是信息系统服务的对象。另外，智能化的信息系统还应包括知识。

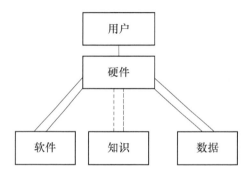

图 1.3 计算机科学意义上的信息系统

信息系统的基本概念可用图 1.4 描述，作为问答系统的信息系统可由图 1.5 描述。

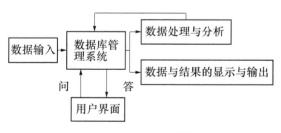

图 1.4 信息系统的概念

根据信息系统所执行的任务，信息系统可分为事务处理系统(Transaction Process System，TPS)、决策支持系统(Decision Support System，DSS)、管理信息系统(Management Information System，MIS)、人工智能和专家系统(Expert System，ES)。事务处理系统强调的是对数据的记录和操作，主要用以支持操作层人员的日常活动，处理日常事务，民航订票系统是其典型事例之一。决策支持系统是用以获得辅助决策方案的交互计算系统，一般

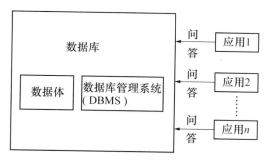

图 1.5 作为问答系统的信息系统

由语言系统、知识系统和问题处理系统共同组成。管理信息系统需要包含组织中的事务处理系统，并提供了内部综合形式的数据，以及外部组织的一般范围的数据。人工智能和专家系统是模仿人工决策处理过程的计算机信息系统。它扩大了计算机的应用范围，将其由单纯的资料处理发展到智能推理上来。

完整的地理信息系统主要由五个部分组成，即硬件系统、软件系统、数据、空间分析和人员等。

硬件系统是 GIS 的支撑，软件是系统的功能驱动，硬件和软件系统决定 GIS 的框架，数据是系统操作的对象，空间分析是其重要的功能，为 GIS 解决各类空间问题提供分析应用工具，人员主要由系统管理人员、系统开发人员、数据操作处理、数据分析人员组成和终端用户等，他们共同决定系统的工作方式和信息表示方式。其组成可表示为图 1.6。

图 1.6 地理信息系统组成

1.1.4.2 地理信息系统硬件组成

计算机硬件系统是计算机系统中的实际物理设备的总称，是构成 GIS 的物理架构支撑。根据构成 GIS 规模和功能的不同，它分为基本设备和扩展设备两大部分。基本设备部分包括计算机主机(含鼠标、键盘、硬盘、图形显示器等)，存储设备(光盘刻录机、磁带机、光盘塔、活动硬盘、磁盘阵列等)，数据输入设备(数字化仪、扫描仪、光笔、手写笔等)，以及数据输出设备(绘图仪、打印机等)。扩展设备部分包括数字测图系统、图像处理系统、多媒体系统、虚拟现实与仿真系统、各类测绘仪器、GPS、数据通信端口、计算机网络设备等。它们用于配置 GIS 的单机系统、网络系统(企业内部网和因特网系统)、集成系统等不同规模模式，以及以此为基础的普通 GIS 综合应用系统(如决策管理 GIS 系统)、专业 GIS 系统(如基于位置服务的导航、物流监控系统)、能够与传感器设备联动的集成化动态监测 GIS 应用系统(如遥感动态监测系统)，或以数据共享和交换为目的的平台系统(如数字城市、智慧城市共享平台)。

1. GIS 的单机系统结构模式

从结构模式上讲，单机系统模式的 GIS 是一种单层的结构，GIS 的五个基本组成部分集中部署在一台独立的计算机设备上，提供单用户使用系统的所有资源的一种方式。早期的单机系统模式是部署在一台小型计算机系统上，虽然小型机可以提供多用户操作系统，供多个用户同时操作一个 GIS 软件，但所有的任务都是由一台计算机完成，用户终端不负责数据处理和计算任务，仅支持与用户的命令交互对话和图形显示功能。随着个人计算机(PC 机)技术的发展，GIS 开始部署在 PC 机上，是一个彻头彻尾的单机单用户系统，这样的单机系统如图 1.7 所示。

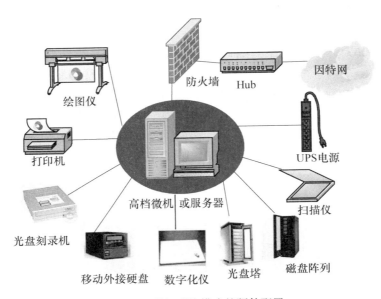

图 1.7 单机系统模式的硬件配置

图 1.7 中列出的设备对构成单机系统模式的 GIS 都是有效的。在实际的应用系统选型时，可根据构成系统的规模和需要增减，如磁盘阵列、光盘塔，只有在数据存储量大、系统备份频繁时选用。因特网的连接设备也是可选项。

2. GIS 企业内部网系统结构模式

由计算机企业内部网、服务器集群、客户机群、磁盘存储系统(磁盘阵列)、输入设备、输出设备等支持的客户/服务器(C/S)模式的 GIS，如图 1.8 所示。根据当前网络技术的标准，构成局域网的网络协议标准为 TCP/IP 协议，由相关的网络设备组建的局域网络，称为企业内部网。企业内部网是一个企业级计算机局域网络，提供一个企业机构内的多用户共享操作服务。系统的结构模式是一个二层结构，GIS 的资源和功能被适当地分配在服务器和客户机两端，所有的客户端通过企业内部网，共享网络资源，进行信息共享和交换。

GIS 的企业内部网模式，通过局域网络，将存储系统、服务器系统(或集群服务器)、

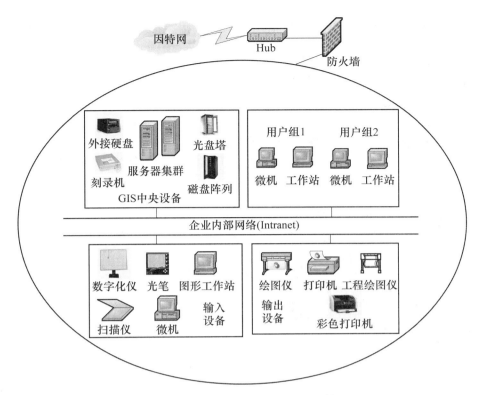

图 1.8　GIS 企业内部网系统模式的硬件配置

输入和输出设备、客户机终端进行网络互连，实现数据资源、软硬件设备资源、计算资源的共享，其规模可以根据需要进行配置。因此，图 1.8 中列出的有效设备的具体选择数量和类型由具体 GIS 应用系统决定。因特网的连接仍然是可选项。

图 1.9 所示的是一个典型配置的 GIS 企业内部网拓扑结构图。

图 1.9 中的客户端计算机通过接入交换机、汇聚交换机逐级接入服务器系统，服务器通过存储用交换机接入存储局域网(SAN)。输入和输出设备通过网络共享。这样，各个客户端可以通过网络实现服务器上的数据资源和软件资源，通过交换机共享输入和输出设备资源。图 1.10 是武汉大学遥感信息工程学院建立的企业内部网络。

分布在不同实验室和工作室的客户端，通过光纤线路连接到接入交换机，再连接到每个楼层的汇聚交换机，通过核心交换机连接到服务器和存储系统，通过核心交换机连接到校园网。为了管理的方便，服务器、交换机和存储系统采用机架集中安装部署，如图 1.11 所示。

为了实现通信和用户管理，每个客户端分配了一个虚拟的 IP 地址，用户通过在客户机设置 IP 地址上网，如图 1.12 所示。

3. GIS 的因特网结构模式

由因特网、服务器集群、客户机群、磁盘存储系统(磁盘阵列)、输入设备、输出设备等支持的浏览器/服务器(B/S)模式的 GIS，如图 1.13 所示，提供因特网上许可用户的多用户操作。这一般是一种由企业内部网和外部网共同组成的客户/服务器、浏览器/服务器的混合模式。GIS 的因特网结构模式是三层结构模式，由 GIS 服务器、Web 服务器和客户端浏览器构成。客户端浏览器需要经过 Web 服务器才能访问 GIS 服务器的资源。

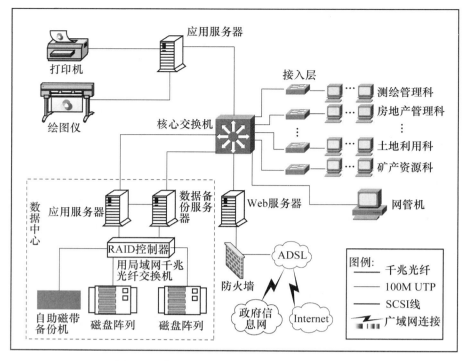

图 1.9 典型配置的 GIS 企业内部网络拓扑图

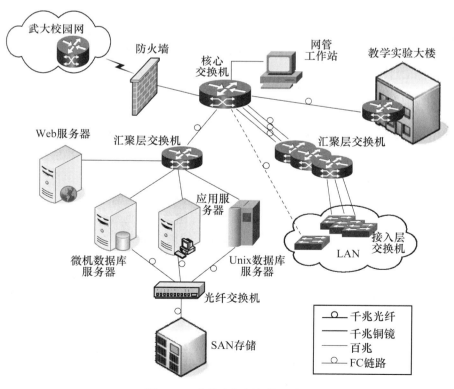

图 1.10 企业内部网拓扑连接

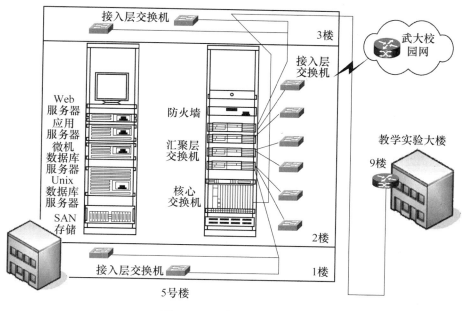

图 1.11　设备的机架式部署

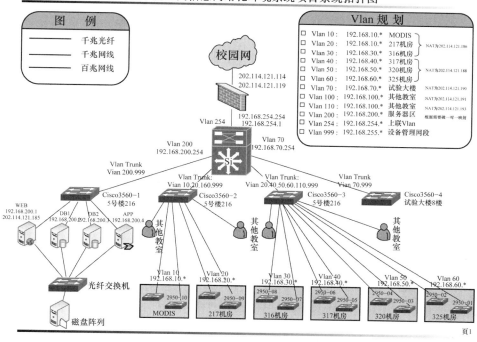

图 1.12　虚拟 IP 地址分配

　　GIS 的因特网结构模式是一种分布式计算模式。这种分布式结构通过分布在不同地点的 GIS 服务器、Web 服务器，构建多级服务器体系结构（图 1.14），GIS 服务器、Web 服务器共同组成服务站点，如使用 ATM 网络进行通信连接，通过服务注册和服务绑定的方式，向用户提供资源服务，如图 1.15 所示。ATM 网络如图 1.16 所示。

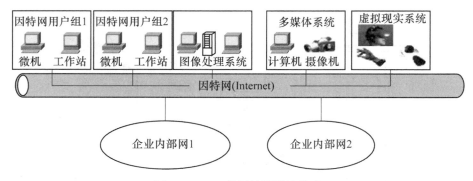

图 1.13　GIS 的因特网结构模式

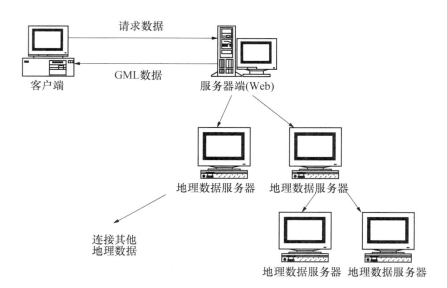

图 1.14　多级服务器体系结构

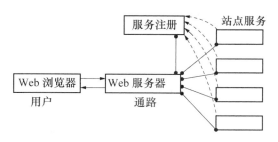

图 1.15　GIS 因特网的服务模型

　　服务器节点可以是由 GIS 服务器、Web 服务器组成的简单节点，也可以是由企业内部网 GIS 构成的复杂节点。前者如谷歌、百度和天地图等电子地图服务网络，后者如数字城市、智慧城市、数字流域等共享平台。

　　现有商业化的 GIS 软件，一般都支持构建 GIS 的因特网结构模式，如 ArcGIS 软件，目前已经由 SOM-SOC 容器结构模式发展到支持云计算结构的 Site 站点模式，后者是更具有弹性的结构模式，如图 1.17 所示。图 1.18 是基于 ArcGIS 构建的城市基础地理信息共享平台结构图。

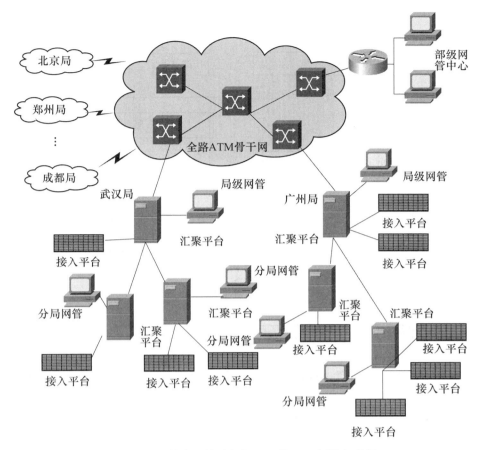

图 1.16 连接全国铁路部门 GIS 的 ATM 网络拓扑图

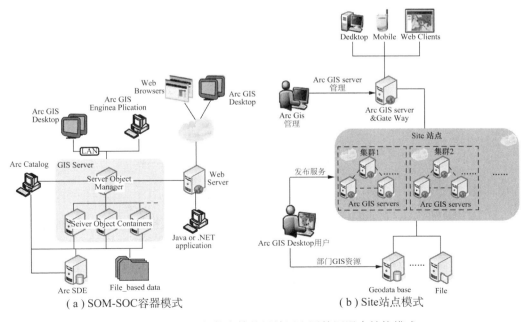

（a）SOM-SOC容器模式

（b）Site站点模式

图 1.17 ArcGIS 软件支持的局域网和因特网混合结构模式

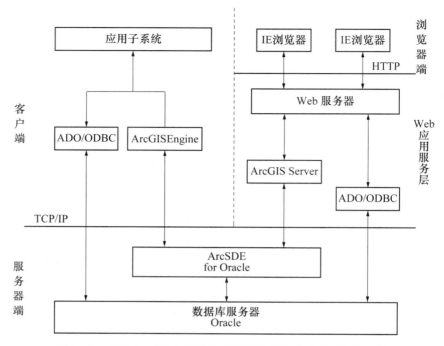

图 1.18 基于 ArcGIS 构建的城市基础地理信息共享平台结构图

综上所述，可以将 GIS 的因特网结构模式用图 1.19 所示的概念模型表示。

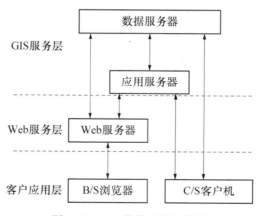

图 1.19 GIS 结构的概念模型

　　C/S 客户端可以通过局域网，用数据库驱动连接方式，直接访问 GIS 数据服务器，也可以通过 GIS 软件提供的软件服务器，先访问应用服务器，再访问数据服务器。GIS 软件通过应用服务器，将数据和计算处理功能，发布在应用服务器，供用户使用。用户客户端的计算和处理功能全部或部分由服务器承担，客户端负责部分或不负责任何处理和计算功能。直接访问数据服务器的连接方式，其数据处理和计算功能部署在客户端，客户端负责全部的处理和计算功能，是一种二层结构。

B/S 客户端，通过浏览器方式访问数据和服务。首先访问 Web 服务器，再通过 Web 服务器直接访问数据服务器，或通过应用服务器访问数据服务器，是一种三层结构。

究竟如何分配服务器端和客户端的任务，可以根据实际的需要选择配置。

随着无线和移动通信网络技术的发展，因特网 GIS 和局域网 GIS 得到了快速应用和发展。但在系统结构构建方面没有超出上述结构模式，只是通信方式由有线到无线的变化，客户端扩展到支持无线通信连接的终端设备，如便携式 PC 机、平板电脑和智能手机等。

就数据管理和计算模式来讲，GIS 访问经历了支持文件访问、局域网访问、因特网访问和网格、云计算访问五个发展阶段，如图 1.20 所示。

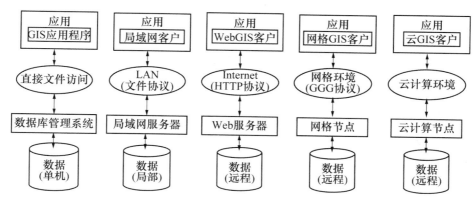

图 1.20　GIS 数据管理和计算模式经历的五个发展阶段

WebGIS 促进了 GIS 由单机（或主机）模式向网络化应用的发展，但网格 GIS 技术与 WebGIS 相比，又存在着许多的不同。

1）空间数据管理概念的不同

GIS 的数据管理合应用经历了不同的阶段，GIS 由独立运行的系统，向着局域网系统、因特网系统和网格系统发展，其根本的区别是数据管理和应用计算模式的根本变化。

在单机模式下，数据和应用程序处于同一台计算机系统，提供单用户计算模式。在局域网模式下，数据集中存储于网络服务器，客户通过局域网协议访问数据，在同构环境下，提供多用户资源的共享计算模式。在因特网模式下，数据分布存储于网络数据中心或本地局域网服务器，提供异构环境的资源共享和多用户计算模式，数据多以集中式管理服务为主。在网格模式下，数据的存储分布于各类网格节点，计算模式由集中式充分转向分布式方式，提供多用户、多级的复杂 C/S、B/S 混合计算模式。

2）异构环境下的互操作能力不同

由于 WebGIS 多是根据特定的 GIS 数据和应用开发的系统，相对封闭，不同系统之间的沟通和协作存在一定难度。WebGIS 的数据来源仍以单一数据提供者为主，提供数据访问的互操作。网格系统中不仅数据的提供者是多源的、地理位置是分布的，而且空间数据源之间能够进行无缝集成和分布式协同处理，提供数据和分析的更完整意义的互操作。

3）系统的跨平台性能不同

WebGIS 虽然也基于 RMI、CORBA、DCOM 等中间件技术提供良好的网络服务，但一般要求服务器和客户端之间有更紧密的耦合，这在一定程度上影响了跨平台的数据访问性

15

能。网格系统由于要求网格节点之间的相对独立性，当系统处理用户请求时，可以将各分节点上部分或全部的资源调用到最合适的计算节点，将计算处理后的结果反馈给用户，从而增强了系统之间的跨平台能力。

4）网络数据的传输能力不同

网格 GIS 的特定结构和技术标准体系，确保了节点之间网络数据访问和计算的负载平衡，其网络化的数据存储体系和数据传输机制，能够提供海量的数据传输保证。而WebGIS 则很难根除大数据量的传输瓶颈问题。

5）利用网络资源的能力不同

一种 WebGIS 的配置只能使用其所有的各种资源，而很难与其他资源有效集成利用。而网格 GIS 则具有更开放的结构，可以充分利用网上的各类资源。

6）资源的动态性具有区别

网格 GIS 具有资源动态管理的特性，包括网络环境中的资源存在是动态的，数据是动态变化的，GIS 应用工具也是动态变化的。网格中的资源某一时刻可能是有效的，下一时刻则可能因某种原因被停用，网格中的资源也可能不断地被加入进来。但网格系统能很好地实现资源的转移和资源的融入。数据资源的注册和撤销反映了数据的动态变化。各类网络设备、软件的融入机制也使得网格 GIS 的工具处于动态变化之中。

7）系统的开放性程度区别

网格 GIS 不是建立在一个封闭系统或平台之上，这是其系统的特性决定的。网格系统的政策和原则确立了它并不为某一个组织或公司所有，其服务是面向广大用户的。网格系统是建立在异构系统之上的分布式计算平台，其服务协议和服务接口与平台无关。

云计算模式是在网格计算模式上发展起来的一种更开放的大规模分布式计算模式，比网格数据计算更具有效率和弹性，更强调服务的作用。

1.1.4.3 GIS 软件组成

GIS 的软件组成构成了 GIS 的数据和功能驱动系统，关系到 GIS 的数据管理和处理分析能力。它是由一组经过集成，按层次结构组成和运行的软件体系（表 1.2）。

表 1.2   **GIS 软件系统的层次结构**

高水平 ↑	GIS 与用户的接口、通信软件(用户界面、通信软件)
	GIS 应用软件(二次开发)
	GIS 基本功能软件(商业化的 GIS 工具或平台)
	标准软件(图形图像处理、数据库系统、系统库、程序设计等)
低水平	网络管理软件，工具软件
	操作系统

最下面两层与系统的硬件设备密切相关，故称为系统软件。它连同标准软件，共同组成保障 GIS 正常运行的支撑软件。上面三层主要实现 GIS 的功能，满足用户的特定需求，代表了 GIS 的能力和用途。GIS 可能运行在不同的操作系统上，如 Unix 系统、Windows 系统等。由于 GIS 可能部署在计算机网络系统，因而关于网络管理和通信的软件是必要的，如 TCP/IP、HTTP、HTML、XML、GML 等协议、标准及有关网络驱动和管理软件。GIS

也可能与其他的软件集成，形成功能更强大的软件系统，如 ERDAS、PCI、NV 等遥感数据处理系统。GIS 需要使用第三方的数据库管理系统进行数据管理，因此需要配置像 ORACLE、SQL SERVER、DB2 等关系数据库软件。

一般而言，一个商业化的 GIS 软件，提供的是面向通用功能的软件，针对用户的具体和特殊需要，需要在此基础上进行二次开发，对商业化的 GIS 软件进行客户化定制。需要配置开发环境支持的程序设计软件，如 J2EE、Viso. NET、C#等，以及支持 GIS 功能实现的组件库，如 ArcGIS 的 AML、MapObject、ArcObject、ArcEngine 组件库，以及 MapInfo 软件的 MapX 等。

根据 GIS 的概念和功能，GIS 软件的基本功能由六个子系统(或模块)组成，如图 1.21 所示，即空间数据输入与格式转换子系统、图形与属性编辑子系统、空间数据存储与管理子系统、空间数据处理与空间分析子系统、空间数据输出与表示子系统和用户接口。

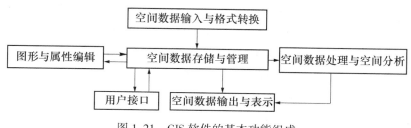

图 1.21　GIS 软件的基本功能组成

(1)空间数据输入与格式转换子系统。主要功能是将系统外部的原始数据(多种来源、多种类型、多种格式)传输给系统内部，并将格式转换为 GIS 支持的格式，如图 1.22 所示。

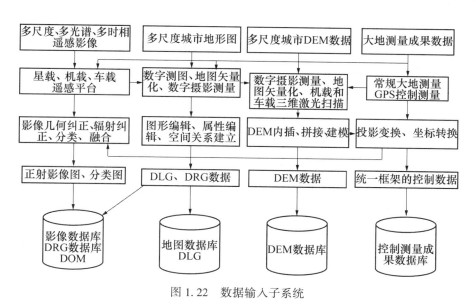

图 1.22　数据输入子系统

17

数据来源主要有多尺度的各种地形图、遥感影像及其解译结果、数字地面模型、GPS观测数据、大地测量成果数据、与其他系统交换来的数据、社会经济调查数据和属性数据等。数据类型有矢量数据、栅格数据、图像数据、文字和数字数据等。数据格式有其他GIS系统产生的数据格式、CAD格式、影像格式、文本格式、表格格式等。

数据输入的方式主要有三种形式，一是手扶跟踪数字化仪的矢量跟踪数字化，主要通过人工选点和跟踪线段进行数字化，主要输入有关图形的点、线、面的位置坐标；二是扫描数字化仪的矢量数字化，将图形栅格化后，通过矢量化软件将纸质图形输入系统，或将图片扫描输入系统；三是键盘输入或文件读取方式，通过键盘直接输入坐标、文本和数字数据，或通过文件读取，并经过格式转换输入系统。数据格式的转换包括数据结构不同产生的转换和数据形式不同产生的转换，前者由系统采用的数据模型决定；后者主要是矢量到栅格、栅格到矢量的转换，是由数据的性质决定的。有时也使用光笔输入，例如签名等操作。数据格式的转换一般由 GIS 软件提供的数据互操作工具或功能模块实现。

(2)数据存储与管理处理。它涉及矢量数据的地理要素(点、线、面)的位置、空间关系和属性数据，以及栅格数据、数字高程数据以及其他类型的数据如何构造和组织与管理等。主要由特定的数据模型或数据结构来描述构造和组织的方式，由数据库管理系统(DBMS)进行管理。在 GIS 的发展过程中，数据模型经历了由层次模型、网络模型、关系模型、地理相关模型、面向对象的模型和对象-关系模型(地理关系模型)，它们分别代表着空间数据和属性数据的构造和组织管理形式。

(3)图形与属性的编辑处理。GIS 系统内部的数据是由特定的数据结构描述的，图形元素的位置必须符合系统数据结构的要求，所有元素必须处于统一的地理参照系中，并经过严格的地理编码和数据分层组织，因此需要进行拓扑编辑和拓扑关系的建立，进行图幅接边、数据分层、进行地理编码、投影转换、坐标系统转换、属性编辑等操作。除此之外，它们一方面还要修改数据错误，另一方面还要对图形进行修饰，设计线型、颜色、符号、进行注记等。这些都要求 GIS 提供数据编辑处理的功能。

(4)数据分析与处理。它提供了对一个区域的空间数据和属性数据综合分析利用的能力。通过提供矢量、栅格、DEM 等空间运算和指标量测，达到对空间数据的综合利用的目的。如基于栅格数据的算术运算、逻辑运算、聚类运算等，提供栅格分析；通过图形的叠加分析、缓冲区分析、统计分析、路径分析、资源分配分析、地形分析等，提供矢量分析，并通过误差处理、不确定性问题的处理等获得正确的处理结果。

(5)数据输出与可视化。它是将 GIS 内的原始数据，经过系统分析、转换、重组后以某种用户可以理解的方式提交给用户。它们可以是地图、表格、决策方案、模拟结果显示等形式。当前 GIS 可以支持输出物质信息产品和虚拟现实与仿真产品。

(6)用户接口。它主要用于接收用户的指令、程序或数据，是用户和系统交互的工具，主要包括用户界面、程序接口和数据接口。系统通过菜单方式或解释命令方式接收用户的输入。由于地理信息系统功能复杂，无论是 GIS 专业人员还是非专业人员，提供操作友好的界面都可以提高操作效率。当前，Windows 风格的菜单界面几乎成了 GIS 的界面标准。

1.1.4.4 地理空间数据库

数据是 GIS 的操作对象，是 GIS 的"血液"，它包括空间数据和属性数据。数据组织和管理质量，直接影响 GIS 操作的有效性。在地理数据的生产中，当前主要是 4D 产品，即数字线划数据（Digital Line Graph，DLG）、数字栅格数据（Digital Raster Graph，DRG）、数字高程模型（Digital Elevation Model，DOM）、数字正射影像（Digital Ortho Map，DOM）。空间数据质量通过准确度、精度、不确定性、相容性、一致性、完整性、可得性、现势性等指标来度量。

GIS 的空间数据均在统一的地理参照框架内，对整个研究区域进行了空间无缝拼接，即在空间上是连续的，不再具有按图幅分割的迹象。空间数据和属性数据进行了地理编码、分类编码和建立了空间索引，以支持精确、快速的定位、定性、定量检索和分析。其数据组织按工作区、工作层、逻辑层、地物类型等方式进行。

地理空间数据库是地理数据组织的直接结果，并提供数据库管理系统进行管理。通过数据库系统，对数据的调度、更新、维护、并发控制、安全、恢复等提供服务。根据数据库存储数据的内容和用途，可分为基础数据库和专题数据库，前者反映基础的地理、地貌等基础地理框架信息，如地图数据库、影像数据库、土地数据库等；后者反映不同专业领域的专题地理信息，如水资源数据库、水质数据库、矿产分布数据库等。由于测绘和数据综合技术的原因，当前 GIS 只能对多比例尺测绘的地图数据分别建立对应的数据库。由于上述原因，在一个地理信息系统中，可能存在多个数据库。这些数据库之间还要经常进行相互访问，因此会形成数据库系统。又由于地理信息的分布性，还会形成分布式数据库系统。为了支持数据库的数据共享和交换，并支持海量数据的存储，需要使用数据存储局域网、数据的网络化存取系统及数据中心等数据管理方案。

数据库管理系统提供在一个 GIS 工程中，对空间和非空间数据的产生、编辑、操纵等多项功能。主要功能包括：

（1）产生各种数据类型的记录，如整型、实型、字符型、影像型等；
（2）操作方法，如排序、删除、编辑和选择等；
（3）处理，如输入、分析、输出，格式重定义等；
（4）查询，提供 SQL 的查询；
（5）编程，提供编程语言；
（6）建档，元数据或描述信息的存储。

1.1.4.5　空间分析

GIS 空间分析是 GIS 为计算和回答各种空间问题提供的有效基本工具集，但对于某一专门具体计算分析，还必须通过构建专门的应用分析模型，例如土地利用适宜性模型、选址模型、洪水预测模型、人口扩散模型、森林增长模型、水土流失模型、最优化模型和影响模型等才能达到目的。这些应用分析模型是客观世界中相应系统经由概念世界到信息世界的映射，反映了人类对客观世界利用改造的能动作用，并且是 GIS 技术产生社会经济效益的关键所在，也是 GIS 生命力的重要保证，因此在 GIS 技术中占有十分重要的地位。

1.1.4.6　人员

人员是 GIS 成功的决定因素，包括系统管理人员、数据处理及分析人员和终端用户。在 GIS 工程的建设过程中，还包括 GIS 专业人员、组织管理人员和应用领域专家。什么人使用 GIS 呢？可分为以下一些群体：

（1）GIS 和地图使用者。他们需要从地图上查找感兴趣的东西。
（2）GIS 和地图生产者。他们编辑各种专题或综合信息地图。
（3）地图出版者。他们需要高质量的地图输出产品。

（4）空间数据分析员。他们需要根据位置和空间关系完成分析任务。

（5）数据录入人员。他们完成数据编辑。

（6）空间数据库设计者。他们需要实现数据的存储和管理。

（7）GIS 软件设计与开发者。他们需要实现 GIS 的软件功能。

1.1.5 地理信息系统的空间分析能力

地理信息系统的空间分析能回答和解决以下五类问题：

（1）位置问题。解决在特定的位置有什么或是什么的查询问题。位置可表示为绝对位置和相对位置，前者由地理坐标确定，后者由空间关系确定。如河流、道路、房屋的位置问题由坐标确定，某个省相邻的省有哪些？某个阀门连接了哪些管道？从某地出发可否到达另一地点？等等，均可由空间关系解决。多用于研究地理对象的空间分布规律和空间关系特性，需要借助 GIS 的查询分析功能实现。

（2）条件问题。解决符合某些条件的地理实体在哪里空间分析的问题，如选址、选线问题。用于需要借助空间数据建模解决的问题，如描述性数据分析方法。

（3）变化趋势问题。利用综合数据分析，识别已发生或正在发生的地理事件或现象，或某个地方发生的某个事件随时间变化的过程，需要空间数据分析的方法解决问题，如回归分析方法。

（4）模式问题。分析已发生或正在发生事件的相关因素（原因）。例如，某个交通路口经常发生交通事故，某个地区犯罪率经常高于其他地区，生物物种非正常灭绝等问题，分析造成这种结果的因果关系如何，需要借助空间数据挖掘算法解决的问题，如探索性空间数据分析方法。

（5）模拟问题。某个地区如果具备某种条件，会发生什么的问题。主要是通过模型分析，给定模型参数或条件，对已发生或未发生的地理事件、现象、规律进行演变、推演和反演等，如对洪水发生过程、地震过程、沙尘暴过程等模拟。需要使用虚拟现实和仿真技术和方法，如时空动态模拟方法等。

这五类问题，可以进一步归纳为两大类问题，即科学解释和空间管理决策。科学解释发生在地理空间中现象、规律、事件发生的因果关系、条件关系和相关关系等。对人类干预或科学开发利用地理信息资源进行宏观管理决策和微观管理决策。前者注重于战略部署，后者注重战术部署。

1.1.6 地理信息系统与相关学科的关系

地理信息系统的理论和技术是与多个学科和技术交叉发展产生的。因此，设计、开发地理信息系统与这些学科和技术密切相关。GIS 与部分主要学科和技术的关系，如图 1.23 所示。

其中，地理学为研究人类环境、功能、演化以及人地关系提供了认知理论和方法。大地测量学、测量学、摄影测量与遥感等测绘学为获取这些地理信息提供了测绘手段。应用数学，包括运筹学、拓扑数学、概率论与数理统计等，为地理信息的计算提供了数学基础。

系统工程为 GIS 的设计和系统集成提供了方法论。计算机图形学、数据库原理、数据结构、地图学等为数据的处理、存储管理和表示提供了技术和方法。软件工程、计算机语

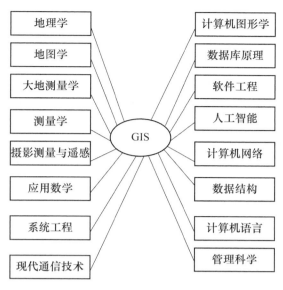

图 1.23　GIS 与相关学科和技术的关系

言为 GIS 软件设计提供了方法和实现工具。计算机网络、现代通信技术、计算机技术是 GIS 的支撑技术，管理科学为系统的开发和系统运行提供组织管理技术，而人工智能、知识工程则为形成智能 GIS 提供方法和技术。

1.1.7　地理信息系统发展简史

地理信息系统在技术发展导引和应用驱动两大动力因素作用下，得到了快速发展。这主要归因于三个因素：一是计算机技术的发展；二是空间技术（特别是遥感技术）的发展，驱使着 GIS 的发展；三是对海量空间数据处理、管理和综合空间决策分析应用牵引着 GIS 向前发展。由于空间遥感技术的发展，人们获取空间数据的能力大大增加，人们急需一种技术对这些海量数据进行处理、管理和分析利用。而具有大容量、快速计算能力的计算机系统才可满足这种需求。因此，GIS 技术的发展与计算机技术的发展紧密相随，计算机技术的发展史基本上反映了 GIS 的发展史。GIS 至今大约经历了五个发展阶段。

（1）20 世纪 50、60 年代为 GIS 的开拓期，注重于空间数据的地学处理。例如，处理人口统计数据（如美国人口调查局建立的 DIME）、资源普查数据（如加拿大统计局的 GRDSR）、地籍数据（奥地利测绘部门）等。1960 年代末，加拿大建立了世界上第一个 GIS，即加拿大 GIS（CGIS），用于自然资源的管理和规划。许多大学研制了基于栅格系统的软件包，如哈佛大学的 SYMAP、马里兰大学的 MANS 等。尽管当时的计算机水平不高，但 GIS 的机助制图能力较强，它能实现地图的手扶跟踪数字化以及地图的拓扑编辑和分幅数据拼接等功能，并能实现空间数据与属性数据的连接和存储。早期的 GIS，多数是基于格网系统的，因而发展了许多基于栅格的操作方法。综合来看，这个时期的 GIS 发展动力来自多个方面，如学术探讨、新技术应用、大量空间数据处理的生产需求等。这个时期，专家兴趣以及政府需求的推动起着积极的引导作用，多数工作仅限于政府和大学范畴，国际交往甚少。

（2）20 世纪 70 年代为 GIS 的巩固发展时期，注重空间地理信息的管理。GIS 的真正发展也在这个时期。主要归结于以下几个方面的原因：一是资源开发、利用和环境保护问题为政府首要解决之难题，而这些都需要一种能有效地分析、处理空间信息的技术、方法和系统。二是计算机技术的发展，数据处理速度加快，内存容量增大，超小型、多用户的系统出现，尤其是计算机硬件价格下降，使得政府部门、学校以及研究机构、私营公司也能够配置计算机系统；在软件方面，第一套利用关系数据库管理系统的软件包问世，新型的 GIS 软件不断出现，据 IGU 调查，1970 年代就有 80 多个 GIS 软件。三是专业人才不断增加，许多大学开始提供 GIS 培训，一些商业性的咨询服务公司开始从事 GIS 工作。其发展的总体特点是，技术发展未有新的突破，系统应用与技术开发多限于某几个机构，专家影响减弱，政府影响增强。

（3）20 世纪 80 年代为 GIS 大发展时期，注重于空间决策支持分析。GIS 的应用领域迅速扩大，从资源管理、环境规划到应急反应，从商业区域划分到政治选举分区等。涉及许多的学科和领域，如古人类学、景观生态规划、森林管理、土木工程及计算机科学等。许多国家制订了本国的 GIS 发展规划，启动了若干大型科研项目，建立了一些政府性、学术性机构等，如中国的资源与环境信息系统国家重点实验室、测绘遥感信息工程国家重点实验室，美国的国家地理信息分析中心（NCGIA），英国的地理信息协会等。同时，商业性的咨询公司、软件制造商大量涌现，提供系列专业化服务，如 ARC/INFO、TIGRIS、MGE、SICAD/OPEN、GENAMAP、MAPINFO 等。GIS 基础软件和应用软件的发展，使得它的应用从解决基础设施的管理规划（如道路、输电线等）转向更复杂的区域开发，如土地利用、城市规划等。与遥感技术结合，GIS 开始用于解决全球性问题，如全球沙漠化问题、全球可居住区域的评价、厄尔尼诺现象、核扩散及全球气候与环境的变化监测等。

（4）20 世纪 90 年代为 GIS 的用户时代。一方面，GIS 已成为许多机构必备的工作系统，一些部门一定程度上受 GIS 的影响，改变了现行的运行方式、机构设置和工作计划；另一方面，社会对 GIS 的认识普遍提高，需求大幅增加，从而导致 GIS 应用的扩大和深化。随着计算机网络技术的发展，特别是因特网技术的发展，更大范围内共享地理信息成为可能和必然趋势。提供此项功能的网络 GIS 产品也大量涌现，如 AutoDesk 公司的 Map Guide、ESRI 公司的 IMS、MapInfo 公司的 Map Proserver、Intergraph 公司的 GeoMedia Web Map 等。随着建设"信息高速公路"、"国家空间数据基础设施"、"数字地球"计划的提出，GIS 技术作为一种全球、国家、地区和局部区域信息化、数字化的核心空间信息技术之一，其发展和利用已被许多国家列入国民经济发展规划。

（5）21 世纪初期为 GIS 的空间信息网格（Spatial Information Grid，SIG）和云计算（Cloud Computing）时代。随着 GIS 技术更加广泛和深入的应用，网络环境下的地理空间信息分布式存取、共享与交换、互操作、系统集成等成为新的发展亮点。空间信息网格是一种汇集和共享地理分布海量空间信息资源，对其进行一体化组织与处理，从而具有按需服务能力的空间信息基础设施。云计算是网格的延伸。在技术上，SIG 和云计算是一个分布的网络化环境，连接空间数据资源、计算资源、存储资源、处理工具和软件，以及用户，能够协同组合各种空间信息资源，完成空间信息的应用与服务。在这个环境中，用户可以提出多种数据和处理的请求，系统能够联合地理分布数据、计算、网络和处理软件等各种资源，协同完成多个用户的请求。SIG 和云计算以一种新的结构、方法和技术来管理、访问、分析、整合分布的空间数据，充分利用空间信息系统的各种资源提供服务，实现空间信息的有效共享与互操作,提供空间信息的联机分析处理与服务,并基于栅格技术提供如下的功能:海量空间数据处理能力,能存储、访问和管理从 TB 到 PB 量级的海量数据;对数据进行高效的分析和处理,从数据产生模型和信息、进而产生知识;提供可视化、多媒体的空间信息服务;高性能计算与空间信息处理能力,能大规模、高精度、高质量地处理问题,提供高速度、高效率、实时、及时的计算与信息处理能力;空间资源共享功能,能实现应用层面的互连互通和各种异构资源共享,从而提高空间资源利用率,包括计算资源共享(如高性能计算设备)、数据和信息共享(如 3S 集成)、应用和服务共享(如在线分析处理)、设备共享(如海量存储系统)、软件系统共享(如 ArcGIS、MapInfo)等;集成现有系统的能力,不仅可以用于构造新的先进空间信息系统,也可以用于集成现有空间信息系统,从而提供延续性、继承性,保护用户投资;异地协同工作能力,大规模的空间信息应用与服务地域跨度大,涉及多个异地单位,需要提供远程访问数据与服务、一站式服务和无障碍服务(统一用户界面);支持异构系统的能力,现实中的大型系统常常是综合应用系统,而 SIG 和云计算通过实用开放的技术标准,可以提供互操作性和信息的一致性;适应动态变化的能力,应用系统的业务需求不断变化,系统运行管理策略不断变化,使用模式不断变化,IT 产品技术不断升级,因此需要 SIG 具有适应动态变化的能力。SIG 和云计算是 GIS 发展的最新阶段,研究刚刚起步,还有许多技术问题需要解决。

1.2 地理信息系统的科学基础

在人类认识自然、改造自然的过程中,人与自然的协调发展是人类社会可持续发展的最基本条件。从历史发展的角度看,人类活动对地球生态的影响总体是向着变坏的方向发展,人口、资源、环境和灾害是当今人类社会可持续发展所面临的四大问题。人类活动产生的这种变化和问题,日益成为人们关注的焦点。地球科学的研究为人类监测全球变化和区域可持续发展提供了科学依据和手段。地球系统科学、地球信息科学、地理信息科学、地球空间信息科学是地球科学体系中的重要组成部分,它们是地理信息系统发展的科学基础、根源。地理信息系统是这些大学科的交叉学科、边缘学科,反过来,又促进和影响了这些学科的发展。

1.2.1 地球系统科学

地球系统科学(Earth System Science)是研究地球系统的科学。地球系统,是指由大气圈、水圈、土壤岩石圈和生物圈(包括人类自身)四大圈层组成的作为整体的地球,如图 1.24 所示。

地球系统包括了自地心到地球的外层空间的十分广阔的范围,是一个复杂的非线性系统。在它们之间存在着地球系统各组成部分之间的相互作用,物理、化学和生物三大基本过程之间的相互作用,以及人与地球系统之间的相互作用。地球系统科学作为一门新的综合性学科,将构成地球整体的四大圈层作为一个相互作用的系统,研究其构成、运动、变化、过程、规律等,并与人类生活和活动结合起来,借以了解现在和过去,预测未来。地球科学作为一个完整的、综合性的观点,它的产生和发展是人类为解决所面临的全球性变化和可持续发展问题的需要,也是科学技术向深度和广度发展的必然结果。

就解决人类当前面临的人与自然的问题而言,如气候变暖、臭氧洞的形成和扩大、沙

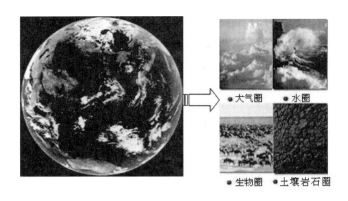

图 1.24　地球的四大圈层

漠化、水资源短缺、植被破坏和物种大量消失等，已不再是局部或区域性问题。就学科内容而言，它已远远超出了单一学科的范畴，而涉及大气、海洋、土壤、生物等各类环境因子，又与物理、化学和生物过程密切相关。因此，只有从地球系统的整体着手，才有可能弄清这些问题产生的原因，并寻找到解决这些问题的办法。从科学技术的发展来看，对地观测技术的发展，特别是由全球定位系统(Globe Positioning System，GPS)、遥感(Remote Sensing，RS)、地理信息系统(Geographic Information System，GIS)组成的对地观测与分析系统，提供了对整个地球进行长期的立体监测能力，为收集、处理和分析地球系统变化的海量数据，建立复杂的地球系统的虚拟模型或数字模型提供了科学工具。

由于地球系统科学面对的是综合性问题，应该采用多种科学思维方法，这就是大科学思维方法，包括系统方法、分析与综合方法、模型方法。

系统方法，是地球系统科学的主要科学思维方法。这是因为地球系统科学本身就是将地球作为整体系统来研究的。这一方法体现了在系统观点指导下的系统分析和在系统分析基础上的系统综合的科学认识的过程。

分析与综合方法，是从地球系统科学的概念和所要解决的问题来看的，是地球系统科学的科学思维方法。包括从分析到综合的思维方法和从综合到分析的思维方法，实质上是系统方法的扩展和具体化。

模型方法，是针对地球系统科学所要解决的问题及其特点，建立正确的数学模型，或地球的虚拟模型、数字模型，是地球系统科学的主要科学思维方法之一。这对研究地球系统的构成内容的描述、过程推演、变化预测等是至关重要的。

关于地球系统科学的研究内容，目前得到国际公认的主要包括气象和水系、生物化学过程、生态系统、地球系统的历史、人类活动、固体地球、太阳影响等。

综上所述，可以认为，地球系统科学是研究组成地球系统的各个圈层之间的相互关系、相互作用机制、地球系统变化规律和控制变化的机理，从而为预测全球变化、解决人类面临的问题建立科学基础，并为地球系统科学管理提供依据。

1.2.2　地球信息科学

地球信息科学(Geo-Informatics，或 Geo Information Science，GISci)是地球系统科学的组成部分，是研究地球表层信息流的科学，或研究地球表层资源与环境、经济与社会的综合信息流的科学。就地球信息科学的技术特征而言，它是记录、测量、处理、分析和表达地球参考数据或地球空间数据学科领域的科学。

"信息流"这一概念是陈述彭院士早在 1992 年针对地图学在信息时代面临的挑战而提出的。他认为，地图学的第一难关是解决地球信息源的问题。在 16 世纪以前，人类主要是通过艰苦的探险、组织庞大的队伍和采用当时认为是最先进的技术装备来解决这个问题；到了 16—19 世纪，地图信息源主要来自大地测量及建立在三角测量基础上的地形测图；20 世纪前半叶，地图信息源主要来自航空摄影和多学科综合考察；20 世纪后半叶，地图信息源主要来自卫星遥感、航空遥感和全球定位系统（GPS）。可以预见，21 世纪，地图信息源将主要来自由卫星群、高空航空遥感、低空航空遥感、地面遥感平台，并由多光谱、高光谱、微波以及激光扫描系统、定位定向系统（POS）、数字成像成图系统等共同组成的星、机、地一体化立体对地观测系统；可基于多平台、多谱段、全天候、多分辨率、多时相对全球进行观测和监测，极大地提高了信息获取的手段和能力。但明显的事实是，无论信息源是什么，其信息流程都明显表示为：信息获取→存储检索→分析加工→最终视觉产品。在信息化时代、网络化时代，信息更不是静止的，而是动态的，还应表现在信息获取→存储检索→分析加工→最终视觉产品→信息服务的完整过程。

地球信息科学属于边缘学科、交叉学科或综合学科。它的基础理论是地球科学理论、信息科学理论、系统理论和非线性科学理论的综合，是以信息流作为研究的主题，即研究地球表层的资源、环境和社会经济等一切现象的信息流过程，或以信息作为纽带的物质流、能量流，包括人才流、物流、资金流等的过程。这些都被认为是由信息流所引起的。

国内外的许多著名专家都认为，地球信息科学的主要技术手段包括遥感（RS）、地理信息系统（GIS）、和全球定位系统（GPS）等高新技术，即所谓的 3S 技术。或者说，地球信息科学的研究手段，就是由 RS、GIS 和 GPS 构成的立体的对地观测系统。其运作特点是，在空间上是整体的，而不是局部的；在时间上是长期的，而不是短暂的；在时序上是连续的，而不是间断的；在时相上是同步的、协调的，而不是异相的、分属于不同历元的；在技术上不是孤立的，而是由 RS、GIS 和 GPS 三种技术集成的。它们共同组成对地观测系统的核心技术，如图 1.25 所示。

在对地观测系统中，遥感技术为地球空间信息的快速获取、更新提供了先进的手段，并通过遥感图像处理软件、数字摄影测量软件等提供影像的解译信息和地学编码信息。地理信息系统则对这些信息加以存储、处理、分析和应用，而全球定位系统则在瞬间提供对应的三维定位信息，作为遥感数据处理和形成具有定位定向功能的数据采集系统、具有导航功能的地理信息系统的依据。

1.2.3 地理信息科学

地理信息科学（Geographic Information Science）是信息时代的地理学，是地理学信息革命和范式演变的结果。它是关于地理信息的本质特征与运动规律的一门科学，它研究的对象是地理信息，是地球信息科学的重要组成成分。

地理信息科学的提出和理论创建，来自于两个方面，一是技术与应用的驱动，这是一条从实践到认识，从感性到理论的思想路线；二是科学融合与地理综合思潮的逻辑扩展，这是一条理论演绎的思想路线。在地理信息科学的发展过程中，两者相互交织、相互促动，共同推进地理学思想发展、范式演变和地理科学的产生和发展。地理信息科学本质上

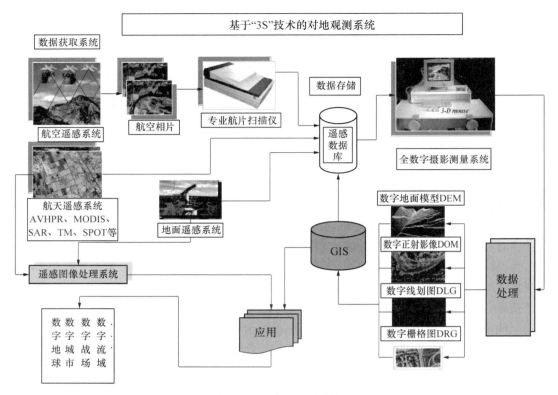

图 1.25　对地观测系统

是在两者的推动下地理学思想演变的结果，是新的技术平台、观察视点和认识模式下的地理学的新范式，是信息时代的地理学。人类认识地球表层系统，经历了从经典地理学、计量地理学和地理信息科学的漫长历史时期。不同的历史阶段，人们以不同的技术平台，从不同的科学视角出发，得到关于地球表层不同的认知模型。

地理信息科学主要研究在应用计算机技术对地理信息进行处理、存储、提取以及管理和分析过程中所提出的一系列基本理论和技术问题，如数据的获取和集成、分布式计算、地理信息的认知和表达、空间分析、地理信息基础设施建设、地理数据的不确定性及其对于地理信息系统操作的影响、地理信息系统的社会实践等，并在理论、技术和应用三个层次，构成地理信息科学的内容体系，如图 1.26 所示。

1.2.4　地球空间信息科学

地球空间信息科学（Geo-Spatial Information Science，Geomatics）是以全球定位系统（GPS）、地理信息系统（GIS）、遥感（RS）为主要内容，并以计算机和通信技术为主要技术支撑，用于采集、量测、分析、存储、管理、显示、传播和应用与地球和空间分布有关数据的一门综合和集成的信息科学和技术。地球空间信息科学是地球科学的一个前沿领域，是地球信息科学的一个重要组成部分，是以 3S 技术为其代表，包括通信技术、计算机技术的新兴学科。其理论与方法还处于初步发展阶段，完整的地球空间信息科学理论体系有待建立，一系列基于 3S 技术及其集成的地球空间信息采集、存储、处理、表示、传播的技术方法有待发展。

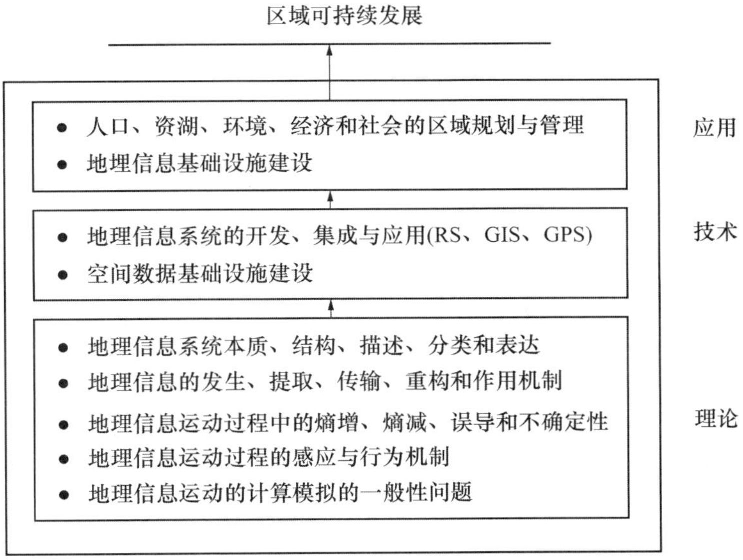

区域可持续发展

```
┌─────────────────────────────────────────────────────┐
│  ● 人口、资湖、环境、经济和社会的区域规划与管理          │  应用
│  ● 地埋信息基础设施建设                                  │
├─────────────────────────────────────────────────────┤
│  ● 地理信息系统的开发、集成与应用(RS、GIS、GPS)         │  技术
│  ● 空间数据基础设施建设                                  │
├─────────────────────────────────────────────────────┤
│  ● 地理信息系统本质、结构、描述、分类和表达              │
│  ● 地理信息的发生、提取、传输、重构和作用机制            │
│  ● 地理信息运动过程中的熵增、熵减、误导和不确定性        │  理论
│  ● 地理信息运动过程的感应与行为机制                      │
│  ● 地理信息运动的计算模拟的一般性问题                    │
└─────────────────────────────────────────────────────┘
```

图 1.26　地理信息科学的内容体系

　　地球空间信息科学作为一个现代的科学术语,是 20 世纪 80 年代末 90 年代初才出现的。而作为一门新兴的交叉学科,由于人们对它的认识又各不相同,出现了许多相互类似,但又不完全一致的科学名词,如:地球信息机理(Geo-Informatics)、图像测量学(Iconicmetry)、图像信息学(Iconic Informatics)、地理信息科学(Geographic Information Science)、地球信息科学(Geo Information Science)等。这些新的科学名词的出现,无一不与现代信息技术,如遥感、数字通信、互联网络、地理信息系统的发展密切相关。

　　地球空间信息科学与地理空间信息科学在学科定义和内涵上存在重叠,甚至人们认为是对同一个学科内容,从不同角度给出的科学名词。从测绘的角度理解,地球空间信息科学是地球科学与测绘科学、信息科学的交叉学科。从地理科学的角度理解,地球空间信息科学是地理科学与信息科学的交叉学科,即被称为地理空间信息科学。但地球空间信息科学的概念要比地理信息科学要广,它不仅包含了现代测绘科学的全部内容,还包含了地理空间信息科学的主要内容,而且体现了多学科、技术和应用领域知识的交叉与渗透,如测绘学、地图学、地理学、管理科学、系统科学、图形图像学、互联网技术、通信技术、数据库技术、计算机技术、虚拟现实与仿真技术,以及规划、土地、资源、环境、军事等领域。研究的重点与地球信息科学接近,但它更侧重于技术、技术集成与应用,更强调"空间"的概念。

1.3　地理信息系统的技术基础

　　地理信息系统是一项多种技术集成的技术系统。数据采集技术(包括遥感技术(RS)、全球定位系统(GPS)、三维激光扫描技术、数字测图技术等)、现代通信技术、计算机网络技术、软件工程技术、虚拟现实与仿真技术、信息安全技术、网络空间信息传输技术等构成了 GIS 技术体系的主要技术。这些技术在这里进行简要介绍,而地理信息系统技术则是本书详细介绍的内容。

1.3.1 地理空间数据采集技术

地理空间信息的获取与更新是 GIS 的关键，也是瓶颈。以现代遥感技术(RS)、全球定位系统(GPS)、三维激光扫描技术、数字测图技术等构成的空间数据采集技术体系构成了 GIS 数据采集与更新技术体系的主要内容。

星、机、地一体化的遥感立体观测和应用体系集成了"高分辨率、多时相遥感影像的快速获取和处理技术"，这里"高分辨"可理解为高空间分辨率和高辐射分辨率(即高光谱分辨率)，GPS 技术、三维激光扫描技术等多项技术。它们构成了不同的采集平台和数据处理系统。

1.3.1.1 卫星遥感

在卫星遥感平台方面，可以通过建立静止气象卫星数据地面接收系统(如 GMS)、极轨气象卫星数据地面接收系统(如 NOAA、FY-1)等低分辨率系统，中分辨率卫星数据地面接收系统(如 EOS MODIS)等(图1.27)接收宏观遥感信息。

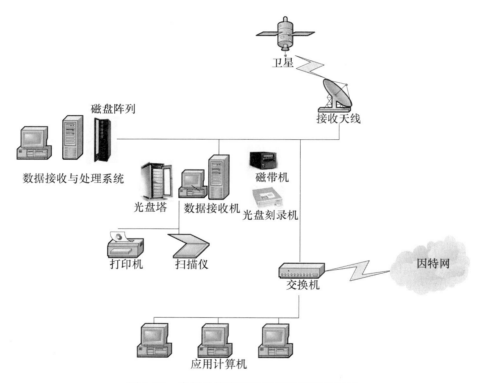

图1.27　中低分辨率卫星数据地面接收系统

通过高分辨率卫星数据订购系统，购买 LANDSAT 影像数据、TM/ETM 数据、SPOT HRV/HRVIR 数据、IKONOS 数据、QuickBird 数据等(图1.28)。

1.3.1.2 航空遥感和低空遥感

通过航空平台，如机载光学航空相机系统、机载雷达系统、机载数字传感器系统获取重点地区的高空间分辨率的航空影像(0.01~1m)和 SAR 影像以及 DEM，实现无地面控制点或少量地面控制点的遥感对地定位和信息获取。

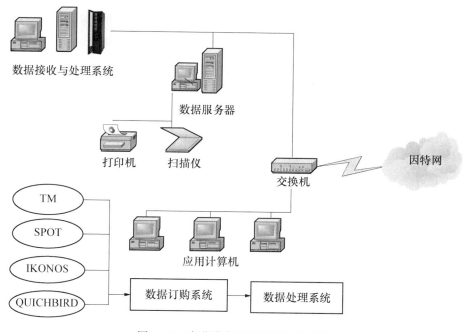

图 1.28　高分辨率卫星数据订购系统

机载光学航空相机系统，由航空数字相机和 GPS 系统组成，提供 GPS 辅助的解析空中摄影测量服务(图 1.29)。

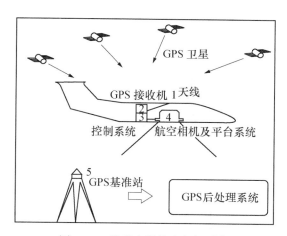

图 1.29　机载光学航空相机系统

机载雷达系统由 GPS 和机载侧合成孔径视雷达传感器、实时成像器组成，提供雷达影像服务(图 1.30)。

机载数字传感器系统包括机载激光扫描地形测图系统、机载激光遥感影像制图系统。前者由动态差分 GPS 接收机，用于确定扫描装置投影中心的空间位置；姿态测量装置，一般采用惯性导航系统或多天线 GPS，用于测定扫描装置主光轴的姿态参数；INS/GPS 复合姿态测量；三维激光扫描仪，用于测定传感器到地面的距离；一套成像装置，用于记录地面实况，实现对生成的 DEM 产品质量进行评价的目的。后者的前两部分与机载激光扫

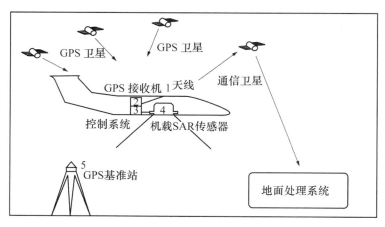

图 1.30　机载雷达系统

描地形测图系统一致，后一项与前者的最大区别是：将激光扫描仪与多光谱扫描成像仪器共用一套光学系统，通过硬件实现了 DEM 和遥感影像的精确匹配（包括时间和空间），可直接生成地学编码影像（正射遥感影像），如图 1.31 所示。

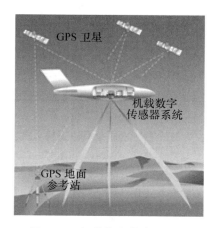

图 1.31　机载数字传感器系统

　　在 GIS 数据采集技术的最新发展方面，LIDAR（Light Detection And Ranging，LIDAR）技术是最令人瞩目的成就。这种集三维激光扫描、全球定位系统（GPS）和惯性导航系统（INS）三种技术与一体的空间测量系统，其应用已超出传统测量、遥感，及近景所覆盖的范围，成为一种独特的数据获取方式，已有十年的成功使用经验。它的构成和工作原理如图 1.32、图 1.33 所示。

　　LIDAR 系统由 GPS 提供系统的定位数据，由 INS 提供姿态定向数据，由激光发射器、激光接收器、时间计数器和微型计算机构成可接收地面多次激光反射回波的数字激光传感器系统。它具有以下的特点：

　　（1）高密度，充分获取目标表面特征，能够提供密集的点阵（或点云）数据（点间距可以小于 1m）；

　　（2）能够穿透植被的叶冠；

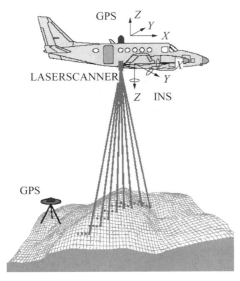

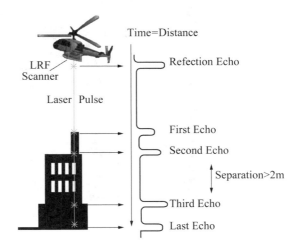

图 1.32　机载 LIDAR 的构成　　　　　　　图 1.33　机载激光回波反射原理

（3）实时、动态系统，主动发射测量信号，不需要外部光源；

（4）不需要或很少需要进入测量现场；

（5）可同时测量地面和非地面层；

（6）数据的绝对精度在 0.30m 以内；

（7）24 小时全天候工作；

（8）具有迅速获取数据的能力。

LIDAR 系统获取的高密度点云数据，可用来重建地面三维立体目标。图 1.34、图 1.35 就是其典型的应用。

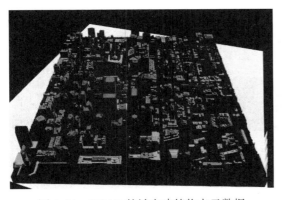

图 1.34　LIDAR 的城市建筑物点云数据　　　　图 1.35　LIDAR 的立交桥点云数据

地面车载遥感数据采集系统，是以数字 CCD 相机、GPS、INS 和 GIS 为基础的移动式地面遥感数据采集系统（图 1.36），用于地面微观特定信息的采集，如采集城市部件信息和三维街景数据等。

低空遥感是由低空系统完成的，主要包括飞行平台、成像系统和数据处理软件三个部分。低空飞行平台主要有固定翼无人机、旋转翼无人机（无人直升机）、长航时无人机、

图 1.36　地面车载遥感数据采集系统

无人飞艇和低空有人驾驶飞机等最为常用(图 1.37)。

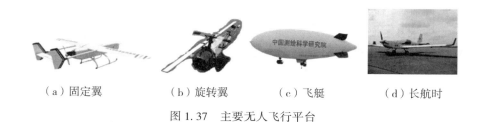

（a）固定翼　　　　（b）旋转翼　　　　（c）飞艇　　　　（d）长航时

图 1.37　主要无人飞行平台

无人机的升空方式主要有滑行方式、手抛方式、弹射方式和火箭助推方式等(图 1.38)。

（a）滑行方式　　　　　（b）弹射方式　　　　　（c）手抛方式

图 1.38　无人机升空方式

无人机遥感飞行是通过地面无线设备遥控进行的。其飞行控制系统的结构组成如图 1.39 所示。飞行的航迹是事先规划好的，如图 1.40 所示。

在成像系统方面，可以搭载的传感器包括可见光数码相机、多光谱相机、激光扫描仪、无线数码摄像机以及 POS 系统等。数码相机包括普通定焦型、普通单反型、可量测单反型、高分辨率工业相机，以及为了扩大视场角而研制的双拼、四拼组合相机等，如图 1.41 所示。

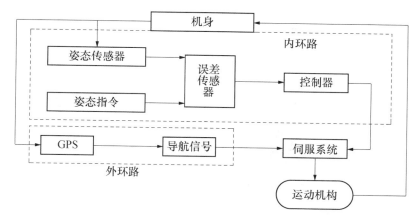

图 1.39 飞行控制系统

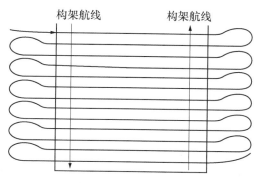

图 1.40 航迹规划

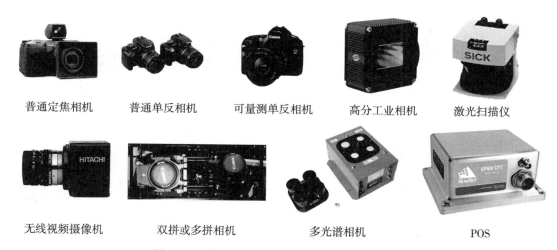

普通定焦相机	普通单反相机	可量测单反相机	高分工业相机	激光扫描仪
无线视频摄像机	双拼或多拼相机	多光谱相机		POS

图 1.41 低空飞行器遥感平台携带的主要传感器

1.3.1.3 数字测图技术

数字测图技术是常规的现代地形图测绘技术。数字测图系统主要由全站仪、三维激光扫描仪或其他联机测角仪器和数字测图记录、处理软件组成（图 1.42），提供地形的地面实测信息。

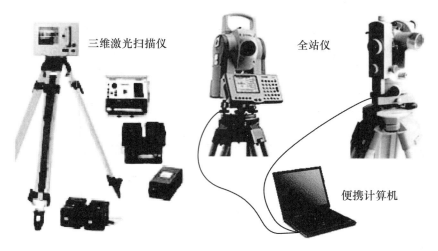

三维激光扫描仪　　　全站仪

便携计算机

图 1.42　数字测图系统

利用地面三维激光扫描仪获取局部地形信息。可与 CCD 相机、GPS 等构成地面立体测图系统，如快速获取道路沿线的地形景观信息，快速获取城市街道立面图等，为数字城市建设服务。获取的地形信息还可用于滑坡监测等。

1.3.1.4　GPS 技术采集 GIS 数据

GPS 技术除了与其他技术结合，起到空间定位和组成采集、监测系统外，本身也是一种快速的数据采集系统。美国 NAVSTAR GPS 系统由空间系统、控制系统合用户系统三部分组成。空间系统由绕地球飞行的 24 颗卫星组成。它们大约运行于 2 万米的高度上(图1.43)。

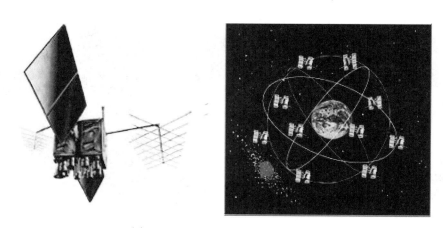

图 1.43　GPS 的空间运行部分

卫星分别在六个不同的轨道运行。每颗卫星发射一个唯一的编码信号(PRN)，并被调制为 L1 和 L2 两个载波信号。控制系统受美国国防部的监督，提供标准定位服务(SPS)和精密定位服务(PPS)。用户系统由所使用的 GPS 地面接收机及观测计算系统组成。目前 GPS 接收机的类型分为基于码的和基于载波相位的两种类型。基于码的 GPS 接收机利用光速和信号从卫星到接收机的时间间隔来计算两者之间的距离(可提供亚米级精度)。

虽然比基于载波相位的接收机精度低，但成本低廉、易于携带，因而被广泛使用。基于载波相位的接收机是通过确定载波信号的整波长和半波长的数目，来计算卫星与接收机的距离。这种双频接收机广泛用于控制测量和精密测绘，可提供亚厘米级的差分精度。1992年7月，美国对 GPS 技术实施选择获取政策(SA)，对 GPS 的信号加入了干扰信号，使直接获取这些信号的定位精度大大降低。差分 GPS(DGPS)可以有限消除 SA 政策的影响。DGPS 需要将测量用的差分 GPS 接收机放在一个经度、纬度和高度已知的基站上，且基站上天线的位置必须精确确定，另外，基站 GPS 接收机应该具有存储测量数据或通过广播发送修正值的功能。

GPS 采集 GIS 数据可迅速获取一些关键点、线、变化区域的边界数据。用户只需持 GPS 接收机沿地面移动，就可快速获取所过之处的地理坐标。

1.3.2 计算机网络工程技术

计算机网络工程技术是 GIS 网络化的基础。现代网络技术的发展为构建企业内部网 GIS、因特网 GIS、移动 GIS 和无线 GIS 提供了多种网络互连方式。

企业内部网(Intranet)是执行 TCP/IP 协议的现代局域网建网技术和标准。用于支持一个企业或机构内的网络互联需求。它们在一定范围内，可构成因特网的园区网。考虑到网络数据安全问题，数据共享和系统服务的需求，以及多数已存在的建设现状，在 GIS 网络工程的设计中，一般将现有的单网改造成内外隔离的双网(即单布线结构的双网分离)。但在这种结构中，必须采用安全隔离集线器与安装了安全隔离卡的安全计算机配合使用(图 1.44)。

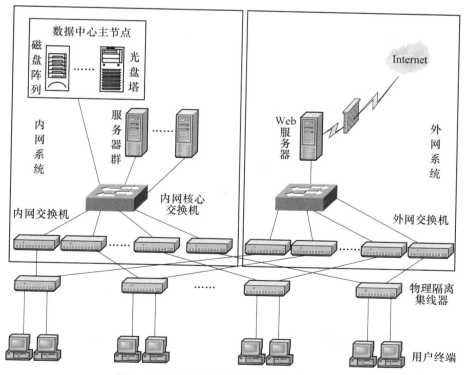

图 1.44　双网分离的计算机网络拓扑结构图

在上述计算机网络结构，主干网络一般采用千兆以太网，主干布线到各楼层。楼层中各子网可根据需要和任务特性按照星形结构或总线结构搭建。网络部署方式如图 1.45所示。

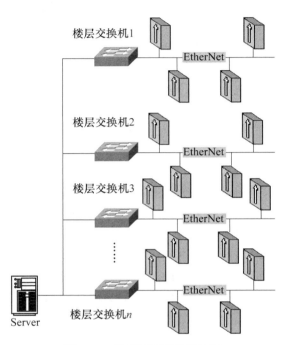

图 1.45　楼宇子网拓扑结构图

在一个企业或机构内部，为了对海量数据提供管理、共享服务，一般还可构建数据存储局域网(图 1.46)。

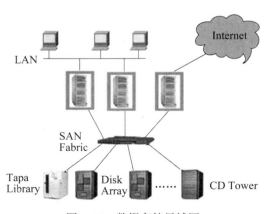

图 1.46　数据存储局域网

为了支持视频、多媒体以及虚拟现实与仿真综合决策会商需要，还可建立多媒体视讯会商中心局域网(图 1.47)。

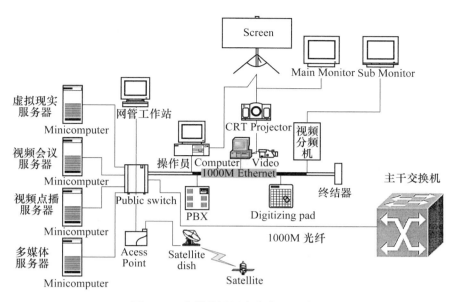

图 1.47 多媒体视讯会商中心局域网

为了支持移动通信，满足现场办公以及其他民用空间信息传输的要求，还可能需要建立无线或移动局域网，或 Wifi 无线通信网络。根据移动通信接入的方式，又分为全无线网方式和微蜂窝方式(图 1.48、图 1.49)。

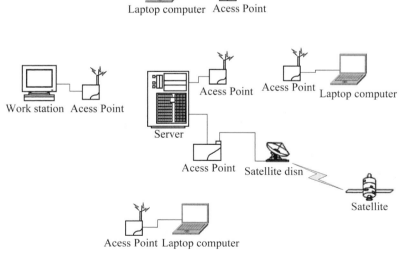

图 1.48 全无线网方式移动局域网

企业内部网经过网络互联，构成支持 GIS 网络化的广域网，目前主要是因特网，如支持区域级的 GIS 因特网如图 1.50 所示。

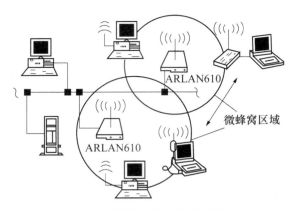

图 1.49　微蜂窝方式移动局域网

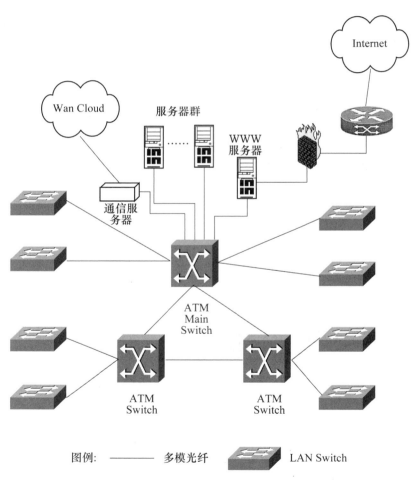

图例：——————　多模光纤　　　　　LAN Switch

图 1.50　区域级因特网

1.3.3　现代通信技术

通信技术是传递信息的技术。通信系统是传递信息所需的一切技术、设备的总称，泛指通过传输系统和交换系统将大量用户终端(如电话、传真、电传、电视机、计算机等)连接起来的数据传递网络。通信系统是建立网络 GIS 必不可少的信息基础设施,宽带高速的通信网络俗称"信息高速公路"。

在地理信息系统的建设工程中,通信网络有专用网络和公用网络。前者由企业或机构建设,并服务于专门目的的信息通信;后者一般由国家或地区建立,提供公共的数据传输服务。通信技术经历了模拟通信到数字通信,从早年架空明线的摇把电话,到电缆纵横交换网、光纤程控交换网、卫星通信网、微波通信网、蜂窝方式移动电话网、数据分组交换网,直至综合业务网,为网络 GIS 的数据通信方式提供了多种选择。

1.3.3.1 光纤通信

光纤通信以提供宽带高速通信为主要技术特点。光纤通信 20 世纪 80 年代中期进入实用化,至 90 年代中期,每两根光纤可开通 2.5Gb/s,约 3 万多话路。尤其进入 20 世纪 90 年代后期,光纤通信的波分复用系统(WDM)进入实用化,两根光纤可开通 32、64 甚至 100 多个通道,每个通道可开通 2.5Gb/s 系统或 10Gb/s 系统,每两根光纤开通 32×10Gb/s 系统,甚至 64×10Gb/s 系统,并于 2000 年进入商业化。在实验室通信最高容量已经达到了 82×40Gb/s,共 3.28Tb/s,传输 300km。如果有了密集波分多路服务系统(DWDM)和光纤放大器(EDFA),一根光纤的最大传输容量可跃升至 1Tb/s,传输距离可以延伸至几百公里和一千公里。

1.3.3.2 卫星通信

卫星通信的特点是覆盖面积大(一颗卫星可覆盖全球 1/3 以上面积),其广播功能更是其他方式不可比拟的。卫星通信的一些新的特点有:高速因特网在 VSAT 中的应用,卫星通信不受地理自然环境的限制,对任何用户而言,用于接收因特网的信息费用是相同的,应用 VSAT 传输因特网信息,每个用户都通过卫星建立直达路由,避免地面线路的多次转接,因而传输质量好,为因特网开辟了一条高速空中下载通道;IP 多点广播,虽然通信需求是点到多点的,但今天大多数仍在使用低效的点对点的 TCP/IP 协议。当许多人都有大量信息传输要求时,这将成为一个传输瓶颈。IP 多点广播是解决问题的良好方案。基于卫星的数据传输系统具有一种天然的广播功能,这使得针对大量用户的宽带 IP 多点广播成为可能。

地理信息系统的通信网络与公网不同,它是按照空间信息采集和传输的要求建立的。空间信息采集的站点,有时还可能分布在人口稀疏、远离城市、环境条件恶劣、传输困难、公网覆盖不到的地方。若用有线接入,可能是不现实的,无线接入系统有时是最合适的。

1.3.3.3 数字微波通信

数字微波通信(又称数字微波中继通信),是在数字通信和微波通信基础上发展的一种先进通信技术。它是利用微波作为载体,用中继方式传递数字信息的一种通信体制。其特点是,由于微波射频带宽很宽,一个微波通道能够同时传输数百乃至数千路数字电话;可与数字程控交换机等设备直接接口,不需要模/数转换设备,即可组成传输与交换一体化的综合业务数字网(ISDN),有利于各种数字业务的传输;数字微波传输信息可进行再生中继方式,可避免模拟微波中继系统中的噪声积累,抗干扰性强;与光纤、卫星通信系统相比,具有投资省、见效快、机动性好、抗自然灾害性强等优点。一般来讲，对于一个大型网络，需要利用多种通信方式建立 GIS 的通信网络，例如数字流域通信网络(图 1.51)。

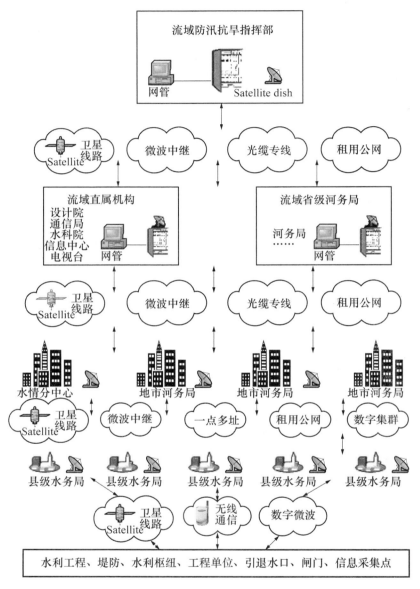

图 1.51 多种通信方式建立的流域 GIS 的通信骨干网络层次图

1.3.4 软件工程技术

软件工程是一门指导计算机软件开发和维护的工程学科。采用工程的概念、原理、技术和方法来开发和维护软件，把经过时间考验，证明正确的管理技术和当前最好的开发技术结合起来，就是软件工程。把软件工程的概念、原理、技术和方法与 GIS 软件设计开发和维护的工程活动结合起来，便产生了 GIS 软件工程。与一般意义上的软件工程不同，

GIS 软件工程既是一项软件工程，又具有特别关乎数据组织与管理的信息工程双重工程活动交互的复杂特点。数据组织和管理方式与软件设计开发密切相关。软件工程可由 D. Hill 提出的三维结构描述(图 1.52)。

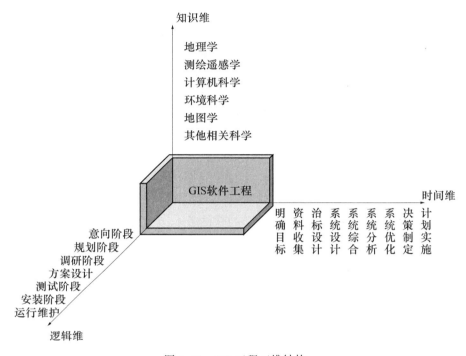

图 1.52　GIS 工程三维结构

1.3.4.1　软件开发的基本模型

软件工程提出了软件开发的基本模型，按照发展的历程，有瀑布模型、演化模型、螺旋模型、喷泉模型和组件对象模型。

1. 瀑布模型

瀑布模型是基于生命周期方法的。它将软件的开发周期分为问题定义、可行性研究、需求分析、总体设计、详细设计、编码与单元测试、综合测试和软件维护八个阶段。软件开发过程的各阶段自顶向下，从抽象到具体，就像奔流不息的瀑布，一泻千里，总是从高处流向低处。因此，用瀑布来模拟软件开发过程十分恰当，称为瀑布模型。它具有三个特点：阶段间具有顺序性和依赖性，只有前一阶段工作完成，才能开始下一阶段工作。下一阶段的工作依赖前一阶段工作的正确性。错误发生的阶段越早，对后期造成修改错误的代价越高；推迟实现的特点，强调需求分析、设计等是软件实现的必要前期工作。推迟了代码设计的时间起点；质量保证的特点，强调了各阶段成果表示及文档的重要性，强调了阶段审查和测试的必要性。

2. 演化模型

演化模型主要针对事先不能完整定义需求的软件开发，用户可以先给出核心需求，当开发人员将需求实现后，用户提出反馈意见，以支持系统的最终设计和实现。

3. 螺旋模型

螺旋模型是在瀑布模型和演化模型基础上加入风险分析所建立的模型。在螺旋模型的每一次演化过程中，都经历以下四个方面的活动：制订计划、风险分析、实施工程、客户评估等(图1.53)。

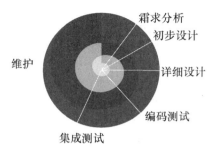

图 1.53 螺旋模型

每一次演化都开发出更为完善的一个新的软件版本，形成了螺旋模型的一圈。螺旋模型借助于原型，获取用户需求，进行软件开发的风险分析。

4. 喷泉模型

喷泉模型体现了软件开发过程所固有的迭代和无间隙的特征(图1.54)。喷泉模型表明了软件开发活动需要多次重复。

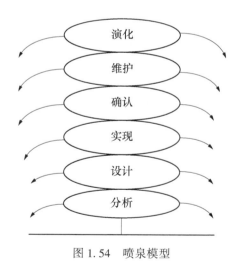

图 1.54 喷泉模型

5. 组件对象模型

组件对象模型是基于程序部件设计开发和部件集成的软件开发模型。组件是进行了数据和操作封装的程序模块。而前述的模型均是基于数据和操作分离的程序设计思想。组件对象模型(Component Object Model，COM)是实现组件之间通信的组件接口规范标准。分布环境下的组件对象模型称为DCOM，它的特点是：根据组件及其组件对象模型开发软件，就像搭积木，不同组件实现不同软件功能；组件强调程序模块的强内聚，弱关联；组件的重用度高；将大型复杂的程序开发化整为零。目前两个应用没有统一标准，最广泛的标准是微软的 COM/ActivX 或 DCOM/ActivX 标准，是基于 OLE 和 ActivX 的，用 VC、VB 等面向对象语言实现；OMG 公司的 CORBA/Java 标准、SUN 公司的 Java Bean，是基于 Java 语言实现的。

1.3.4.2　软件的开发方法

软件的开发方法有：生命周期方法、快速原型方法、面向对象方法和组件对象方法。

1. 生命周期方法

生命周期方法是使用结构化分析、结构化设计和结构化编程的开发方法。该方法对软件工程的理论和方法，以及提高软件开发效率方面成绩斐然，但也存在一些问题，主要是：(1)生产效率仍然不是很高，增长幅度低于软件需求增长。(2)软件重用程度很低。SA-SD-SP(结构化分析-结构化设计-结构化编程)技术没有很好地解决软件复用问题。(3)软件仍然很难维护。从瀑布模型可以看出，维护是逆流而上、令人烦心的。(4)软件往往不能真正满足用户需要，需求不清或不能适应需求变化。产生这些问题的主要原因是：①僵化的瀑布模型，瀑布模型强调生命周期的阶段顺序性和依赖性，并要求在软件开发和维护过程，最好"冻结"用户需求。这对系统需求比较稳定，且能够预先指定的系统是合适的。这类系统如计算机控制系统、图像处理系统、火箭发射系统、空中管制系统等。但对另一类系统就非常不合适，这类系统需求是模糊的，或随时间变化的，属应用驱动的系统，如应用型 GIS 系统、办公自动化系统、决策支持系统等，占软件系统的绝大多数。而对于需求变化的系统来讲，问题是：a. 系统需求模糊。软件需求分析阶段只能获取部分准确的需求。b. 项目参与者之间沟通困难。不同专业人员协同程度难以提高。存在领域专家与计算机软件专家的知识鸿沟。c. 预先定义的需求在项目实施的过程中就可能发生变化。②结构化技术自身的缺点。结构化技术的本质是功能分解，从总目标开始自顶向下，一层一层分解下去，直到子系统容易处理为止。它是围绕实现处理功能的所谓"过程"(即功能程序块)来构造系统。但问题是：a. 定义的"过程"之间的联系是特定的，在构造系统时，过程的调用和装配是预先定义好的，不可随意使用。公共的"过程"很少。这就不像面向对象的方法。后者可以用搭积木的方式构件系统。b. 用户的需求变化是针对功能的，这对于面向"过程"的分析设计来讲是灾难性的。当用户需求变化较大时，系统整体结构会因"过程"修改过多而产生不稳定，甚至崩溃。c. 结构化技术都清楚定义了目标系统的边界，系统依赖这种边界(界面)与外界通信，系统很难扩展。d. 结构化技术分解系统目标时带有一定的任意性，不同人员开发的系统结构存在差别。这使得软件的复用性很低。

2. 快速原型方法

快速原型方法是用交互的、快速建立起来的原型取得形式的、僵化的(不可更改的)大部头的规格说明，让用户通过试用原型系统来反馈意见，并修改原型，得到新的原型系统，直到用户满意为止，是一个迭代过程。要成功开发用户驱动的系统，就必须突破瀑布模型僵化的开发模式，进入到一种快速、灵活、交互的软件开发模式。其特点：是目前流行的实用的开发模式，适合多种开发方法，特别是面向对象、组件等。对用户需求分析调查是成功的，抛弃原型法适合生命周期法的需求分析。

3. 面向对象方法

面向对象方法是以面向对象的分析、面向对象的设计、面向对象的编程为基础的，是将客观世界的实体抽象为问题域中的对象(Object)，因解决问题的不同，对象的含义也可能不同，对象之间的关系反映了现实世界实体的联系。对对象的定义、处理反映了对实际问题的定义和处理。面向对象的分析方法就是对这些对象进行定义的过程，面向对象的设计就是对这些对象的关系及其处理操作定义的过程，面向对象的程序设计就是对对象的实现过程。面向对象的方法是面向功能的分析设计方法，其核心是"对象"。在应用领域中，有意义的、与所要解决的问题有关系的任何事物都可作为对象。它可以是实体的抽象，也可以是人为的概念，或者是有明确边界和意义的东西。具有以下特点：(1)数据(属性信息，不是数据库数据)和操作是统一的，不是分离的。操作与要处理的数据是相关的。(2)对象是主动的。对象的数据是处理的主体，为了完成某个操作，外界通过发送消息请求对象的操作方法处理它的私有数据。数据不是被动等待处理。(3)数据封装。数据和方法为本对象所专有，外界只能通过发送消息进行操作。(4)并行工作。(5)独立性好。

面向对象方法的特点是：(1)认为客观世界无论多么复杂，都是由对象组成的，任何事物或问题都是对象。复杂对象可由简单对象组合而成。整个世界就是一个复杂对象。面向对象的软件系统就是由对象组成。软件的最基本元素是对象，复杂软件是由简单对象组成的。(2)对象有各种类型，分别对应于客观世界的不同事物和问题，每类对象都定义了一组数据和方法，完成一种特定的功能，就像积木块。数据是对象的状态信息，具有专用性。操作也是对象专有的。(3)对象具有层次关系。低层对象可以继承上层对象的数据和方法，并可屏蔽上层对象的数据和方法。(4)不同类对象彼此之间只有信息传递关系，不具有相互数据操作关系。数据和方法具有封装性。但同类对象中，数据和方法具有私有性和公共性。私有性只对该对象有效，公共性可以继承，但不能直接处理。

4. 组件对象方法

组件对象方法是在面向对象方法基础上发展起来的一种新型软件开发方法。它对面向对象的方法进行了进一步约束。具有以下特点：增加组件对象模型标准的约束；支持多层系统结构的开发方法，特别是 C/S(Client/Server)体系结构和 B/S(Browser/Server)结构；以更具独立性的组件实现软件重用；当前 GIS 应用系统的主要开发方法；使用 Visual. NET 和 J2EE 软件实现。

1.3.5 信息安全技术

人们在享受信息化带来的众多好处的同时，也面临着日益突出的信息安全问题。信息安全产品和信息系统固有的敏感性和特殊性，直接影响着国家的安全利益和经济利益。在大力推进我国国民经济和信息化建设的进程中，最不能忽视的就是信息安全技术。

地理信息是一种重要和特殊的信息资源，在网络信息时代，地理信息的传输安全是GIS 工程设计和建设中应当高度关注的问题。对地理信息的安全性要求，应当满足：信息(数据)的保密性、信息(数据)的认证、信息(数据)的不可否认性以及信息(数据)的完整性。

当前，可利用的信息安全技术包括公钥基础设施(public key infrastructure，PKI)、防火墙技术、信息伪装技术等。

1.3.5.1 公钥基础设施

PKI(公钥基础设施)技术采用证书管理公钥，通过第三方的可信任机构——认证中心CA(Certificate Authority)，把用户的公钥和用户的其他标识信息(如名称、E-mail、身份证号等)捆绑在一起，在 Internet 网上验证用户的身份。目前，通用的办法是采用建立在 PKI

基础之上的数字证书，通过把要传输的数字信息进行加密和签名，保证信息传输的机密性、真实性、完整性和不可否认性，从而保证信息的安全传输。PKI 解决安全需求的思路是：对信息的接收者的身份，通过数字证书与数字签名进行鉴别；通过数据加密保证数据的保密性；对数据的完整性和不可否认性也通过数字签名保证。图 1.55 是 PKI 的逻辑图。

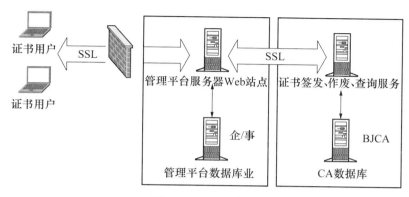

图 1.55　PKI 逻辑图

PKI 的核心技术是，所有提供公钥加密和数字签名服务的系统，都可叫做 PKI 系统，PKI 的主要目的是通过自动管理密钥和证书，可以为用户建立起一个安全的网络运行环境，使用户可以在多种应用环境下方便地使用加密和数字签名技术，从而保证网上数据的机密性、完整性、有效性。数据的机密性是指数据在传输过程中，不能被非授权者偷看；数据的完整性是指数据在传输过程中不能被非法篡改；数据的有效性是指数据不能被否认。一个有效的 PKI 系统必须是安全的和透明的，用户在获得加密和数字签名服务时，不需要详细地了解。

PKI 是怎样管理证书和密钥的呢？一个典型、完整、有效的 PKI 应用系统至少应具有以下六个部分：公钥密码证书管理、黑名单的发布和管理、密钥的备份和恢复、自动更新密钥、自动管理历史密钥、支持交叉认证。

1. 单钥密码算法

单钥密码算法(加密)又称对称密码算法，是指加密密钥和解密密钥为同一密钥的密码算法。因此，信息的发送者和信息的接收者在进行信息的传输与处理时，必须共同持有该密码(称为对称密码)。在对称密钥密码算法中，加密运算与解密运算使用同样的密钥。通常，使用的加密算法比较简便高效、简短，破译极其困难；由系统的保密性主要取决于密钥的安全性，所以，在公开的计算器网络上安全地传送和保管密钥是一个严峻的问题。

2. DES(Data Encryption Standard，数据加密标准)算法

DES 算法是一个分组加密算法，它以 64 bit 位(8 byte)为分组对数据加密，其中有 8 bit 奇偶校验，有效密钥长度为 56 bit。64 位一组的明文从算法的一端输入，64 位的密文从另一端输出。DES 是一个对称算法，加密和解密用的是同一算法。DES 的安全性依赖于所用的密钥。在通过网络传输信息时，公钥密码算法体现出了单密钥加密算法不可替代的优越性。

公钥密码算法中的密钥依据性质划分，可分为公钥和私钥两种。用户产生一对密钥，将其中的一个向外界公开，称为公钥；另一个则自己保留，称为私钥。凡是获悉用户公钥

的任何人若想向用户传送信息，只需用用户的公钥对信息加密，将信息密文传送给用户便可。因为公钥与私钥之间存在的依存关系，在用户安全保存私钥的前提下，只有用户本身才能解密该信息，任何未受用户授权的人（包括信息的发送者）都无法将此信息解密。RSA公钥密码算法是一种公认十分安全的公钥密码算法。它的命名取自三个创始人：Rivest、Shamir和Adelman。RSA公钥密码算法是目前网络上进行保密通信和数字签名的最有效的安全算法。RSA算法的安全性基数论中大素数分解的困难性，所以RSA需采用足够大的整数。因子分解越困难，密码就越难以破译，加密强度就越高。RSA既能用加密又能用数字签名，在已提出的公开密钥算法中，RSA是最容易理解和实现的，该算法也是最流行的。

3. 公开密钥数字签名算法

公开密钥数字签名算法（签名），DSA（Digital Signature Algorithm，数字签名算法，用作数字签名标准的一部分），它是另一种公开密钥算法，它不能用做加密，只用做数字签名。DSA使用公开密钥，为接受者验证数据的完整性和数据发送者的身份。它也可用来由第三方去确定签名和所签数据的真实性。DSA算法的安全性基解离散对数的困难性，这类签字标准具有较大的兼容性和适用性，成为网络安全体系的基本构件之一。

4. 数字签名与数字信封

数字签名与数字信封，公钥密码体制在实际应用中包含数字签名和数字信封两种方式。数字签名是指用户用自己的私钥对原始数据的哈希摘要进行加密所得的数据。信息接收者使用信息发送者的公钥对附在原始信息的数字签名进行解密获得哈希摘要，并通过与自己用收到的原始数据产生的哈希摘要对照，便可确信原始信息是否被篡改。这样就保证了数据传输的不可否认性。数字信封的功能类似普通信封。普通信封在法律的约束下保证只有收信人才能阅读信的内容；数字信封则采用密码技术保证了只有规定的接收人才能阅读信息的内容，数字信封中采用了单钥密码体制和公钥密码体制。信息发送者首先利用随机产生的对称密码加密信息，再利用接收方的公钥加密对称密码，被公钥加密的对称密码被称为数字信封。在传递信息时，信息接收方要解密信息时，必须先用自己的私钥解密数字信封，得到对称密码，才能利用对称密码解密所得到的信息。这样就保证了数据传输的真实性和完整性。

5. 数字证书

数字证书是各类实体（持卡人/个人、商户/企业、网关/银行等）在网上进行信息交流及商务活动的身份证明，在电子交易的各个环节，交易的各方都需验证对方证书的有效性，从而解决相互间的信任问题。证书是一个经证书认证中心数字签名的包含公开密钥拥有者信息以及公开密钥的文件。从证书的用途来看，数字证书可分为签名证书和加密证书。签名证书主要用来对用户信息进行签名，以保证信息的不可否认性；加密证书主要用来对用户传送信息进行加密，以保证信息的真实性和完整性。简单地说，数字证书是一段包含用户身份信息、用户公钥信息以及身份验证机构数字签名的数据。身份验证机构的数字签名可以确保证书信息的真实性。证书格式及证书内容遵循X. 509标准。

数字证书认证中心（Certificate Authority，CA）是整个网上电子交易安全的关键环节。它主要负责产生、分配并管理所有参与网上交易的实体所需的身份认证数字证书。每一份数字证书都与上一级的数字签名证书相关联，最终通过安全链追溯到一个已知的并被广泛认为是安全、权威、足以信赖的机构——根认证中心（根CA）。

1.3.5.2　防火墙技术

防火墙技术是当前应用最广泛的信息安全技术。包括包过滤防火墙、状态/动态检测防火墙、应用程序代理防火墙、网络地址转换(NAT)、个人防火墙等。

1. 包过滤防火墙

包过滤防火墙是第一代防火墙和最基本形式防火墙，通过检查每一个通过的网络包，或者丢弃，或者放行，取决于所建立的一套规则。它的优点有：防火墙对每条传入和传出网络的包实行低水平控制；每个 IP 包的字段都被检查，例如源地址、目的地址、协议、端口等。防火墙将基于这些信息应用过滤规则；防火墙可以识别和丢弃带欺骗性源 IP 地址的包；包过滤防火墙是两个网络之间访问的唯一来源。因为所有的通信必须通过防火墙，绕过是困难的；包过滤通常被包含在路由器数据包中，所以不必额外的系统来处理这个特征。使用包过滤防火墙的缺点：配置困难，因为包过滤防火墙很复杂，人们经常会忽略建立一些必要的规则，或者错误配置了已有的规则，在防火墙上留下漏洞。然而，在市场上，许多新版本的防火墙对这个缺点正在作改进，如开发者实现了基于图形化用户界面(GUI)的配置和更直接的规则定义；为特定服务开放的端口存在着危险，可能会被用于其他传输。例如，Web 服务器默认端口为 80，而计算机上又安装了 RealPlayer，那么它会搜寻可以允许连接到 RealAudio 服务器的端口，而不管这个端口是否被其他协议所使用，RealPlayer 正好是使用 80 端口而搜寻的。就这样，无意中，RealPlayer 就利用了 Web 服务器的端口；可能还有其他方法绕过防火墙进入网络，例如拨入连接。但这个并不是防火墙自身的缺点，而是不应该在网络安全上单纯依赖防火墙的原因。

2. 状态/动态检测防火墙

试图跟踪通过防火墙的网络连接和包，这样防火墙就可以使用一组附加的标准，以确定是否允许和拒绝通信。它是在使用了基本包过滤防火墙的通信上应用一些技术来做到这点的。当包过滤防火墙见到一个网络包，包是孤立存在的。它没有防火墙所关心的历史或未来。允许和拒绝包的决定完全取决于包自身所包含的信息，如源地址、目的地址、端口号等。包中没有包含任何描述它在信息流中的位置的信息，则该包被认为是无状态的；它仅是存在而已。一个有状态包检查防火墙跟踪的不仅是包中包含的信息。为了跟踪包的状态，防火墙还记录有用的信息以帮助识别包，例如已有的网络连接、数据的传出请求等。状态/动态检测防火墙的优点有：检查 IP 包的每个字段的能力，并遵从基于包中信息的过滤规则；识别带有欺骗性源 IP 地址包的能力；包过滤防火墙是两个网络之间访问的唯一来源。因为所有的通信必须通过防火墙，绕过是困难的；基于应用程序信息验证一个包的状态的能力，例如基于一个已经建立的 FTP 连接，允许返回的 FTP 包通过；基于应用程序信息验证一个包状态的能力，例如允许一个先前认证过的连接继续与被授予的服务通信；记录有关通过的每个包的详细信息的能力。基本上，防火墙用来确定包状态的所有信息都可以被记录，包括应用程序对包的请求、连接的持续时间、内部和外部系统所做的连接请求等。状态/动态检测防火墙的缺点：所有这些记录、测试和分析工作可能会造成网络连接的某种迟滞，特别是在同时有许多连接激活的时候，或者是有大量的过滤网络通信的规则存在时。可是，硬件速度越快，这个问题就越不易察觉，而且防火墙的制造商一直致力于提高他们产品的速度。

3. 应用程序代理防火墙

它实际上并不允许在它连接的网络之间直接通信；相反，它是接收来自内部网络特定用户应用程序的通信，然后建立于公共网络服务器单独的连接。网络内部的用户不直接与外部的服务器通信，所以服务器不能直接访问内部网的任何一部分。另外，如果不为特定的应用程序安装代理程序代码，则这种服务是不会被支持的，不能建立任何连接。这种建立方式拒绝任何没有明确配置的连接，从而提供了额外的安全性和控制性。使用应用程序代理防火墙的优点有：指定对连接的控制，例如允许或拒绝基于服务器 IP 地址的访问，或者是允许或拒绝基于用户所请求连接的 IP 地址的访问；通过限制某些协议的传出请求，来减少网络中不必要的服务；大多数代理防火墙能够记录所有的连接，包括地址和持续时间。这些信息对追踪攻击和发生的未授权访问的事件是很有用的。使用应用程序代理防火墙的缺点有：必须在一定范围内定制用户的系统，这取决于所用的应用程序；一些应用程序可能根本不支持代理连接。

4. 网络地址转换（NAT）

网络地址转换（NAT）协议将内部网络的多个 IP 地址转换到一个公共地址发到 Internet 上。NAT 经常用于小型办公室、家庭等网络，多个用户分享单一的 IP 地址，并为 Internet 连接提供一些安全机制。使用 NAT 的优点有：所有内部的 IP 地址对外面的人来说是隐蔽的。因为这个原因，网络之外没有人可以通过指定 IP 地址的方式直接对网络内的任何一台特定的计算机发起攻击；如果因为某种原因公共 IP 地址资源比较短缺的话，NAT 可以使整个内部网络共享一个 IP 地址；可以启用基本的包过滤防火墙安全机制，因为所有传入的包如果没有专门指定配置到 NAT，那么就会被丢弃。内部网络的计算机就不可能直接访问外部网络。使用 NAT 的缺点：NAT 的缺点和包过滤防火墙的缺点是一样的。虽然可以保障内部网络的安全，但它也是一些类似的局限。而且内网可以利用现在流传比较广泛的木马程序通过 NAT 做外部连接，就像它可以穿过包过滤防火墙一样的容易。

5. 个人防火墙

现在网络上流传着很多个人防火墙软件，它们是应用程序级的。个人防火墙是一种能够保护个人计算机系统安全的软件，它可以直接在用户的计算机上运行，使用与状态/动态检测防火墙相同的方式，保护一台计算机免受攻击。通常，这些防火墙是安装在计算机网络接口的较低级别上，使得它们可以监视传入传出网卡的所有网络通信。一旦安装上个人防火墙，就可以把它设置成"学习模式"，这样的话，对遇到的每一种新的网络通信，个人防火墙都会提示用户一次，询问如何处理那种通信。然后个人防火墙便记住响应方式，并应用于以后遇到的相同的网络通信。个人防火墙的优点有：增加了保护级别，不需要额外的硬件资源；个人防火墙除了可以抵挡外来攻击的同时，还可以抵挡内部的攻击；个人防火墙是对公共网络中的单个系统提供了保护。例如，一个家庭用户使用的是 Modem 或 ISDN/ADSL 上网，可能一个硬件防火墙对于他来说实在是太昂贵了，或者说是太麻烦了，而个人防火墙已经能够为用户隐蔽暴露在网络上的信息，如 IP 地址之类的信息等。个人防火墙的缺点：个人防火墙主要的缺点就是对公共网络只有一个物理接口。要记住，真正的防火墙应当监视并控制两个或更多的网络接口之间的通信。这样一来，个人防火墙本身可能会容易受到威胁，或者说是具有这样一个弱点，网络通信可以绕过防火墙的规则。

1.3.5.3 信息伪装技术

信息伪装技术就是将需要保密的信息隐藏于一个非机密信息的内容之中，使得它在外观形式上仅仅是一个含有普通内容的信息。在我们所使用的媒体中，可以用来隐藏信息的形式很多，只要是数字化信息中的任何一种数字媒体都可以，如图像、音频、视频或一般文档等。

（1）叠像技术。如果你需要通过互联网向朋友发一份文本，可以采用叠像技术，把它隐藏在几张风景画中，这样就可以安全地进行传送了。之所以在信息的传递过程中采用叠像技术，是由于该项技术在恢复秘密图像时不需要任何复杂的密码学计算，解密过程相对破密要简单得多，人的视觉系统完全可以直接将秘密图像辨别出来。

（2）数字水印。数字水印作为在开放的网络环境下保护版权之类的新型技术，可确立版权的所有者，识别购买者或提供关于数字内容的其他附加信息，并将这些信息用人眼不可见的形式嵌入至数字图像、数字音频及视频序列中，用于确认所有权及跟踪行为。此外，数字水印在数据分级访问、证据篡改鉴定、数据跟踪和检测、商业与视频广播、互联网数字媒体服务付费以及电子商务中的认证鉴定等方面也有广阔的应用前景。与伪装技术相反，水印中的隐藏信息能抵抗各类攻击，即使水印算法公开，攻击者要毁掉水印仍然十分困难。

（3）替声技术。替声技术与叠像技术很相似，它是通过对声音信息的处理，使得原来的对象和内容都发生改变，从而达到将真正的声音信息隐藏起来的目的。替声技术可以用于制作安全电话，使用这种电话，可以对通信内容加以保密。近几年，由于网络通信的快速发展，国外 IBM、NEC 等众多大公司都在从事这方面的研究与开发，一些用于信息隐藏及分析的软件也已商品化。因此，我们相信在不远的将来，信息伪装技术将会在更大范围内应用于民间与商业，可以说，它的应用前景是不可估量的。

1.3.5.4　信息安全传输的保护方式

1. 认证传输方式

在认证传输方式中，发送端利用相应的加密算法及加密密钥将待传输信息的信息头和信息主体进行加密，得到的密文附加在明文信息尾部传输给接收端。接收端收到该信息后按发送相反的顺序对接收到的信息进行认证，认证通过则进行相应处理，否则回送相应错误信息（图 1.56）。

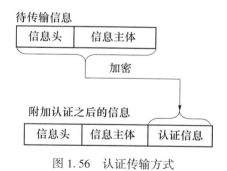

图 1.56　认证传输方式

2. 加密传输方式

加密传输方式就是将信息加密之后再进行传输。加密之后的信息具有保密性，但不具备检错、纠错等功能。

3. 混合传输方式

混合传输方式就是将认证传输方式和加密传输方式的优点结合起来，对待传输的信息既认证又加密（图 1.57）。

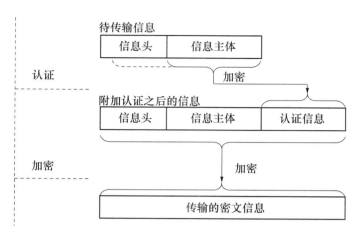

图 1.57　混合传输方式

1.3.6　网络空间信息传输技术

网络信息传输是数据异地访问的关键技术。特别是空间数据，因数据量大，传输的效率对 GIS 的性能表现至关重要。

1.3.6.1　网络空间信息传输存在的问题

在网络 GIS 环境，空间信息的传输模式主要是客户/服务器、浏览器/服务器和客户/浏览器/服务器模式(图 1.58)。信息传输的模式有点对点、一点对多点、多点对一点和多点对多点等。

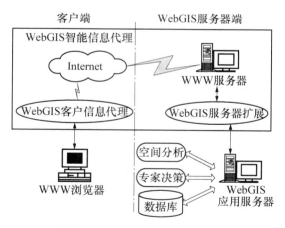

图 1.58　空间信息的传输模式

为了实现有效的网络数据传输，除了构造空间查询的语句流之外，还必须考虑网络应用的特殊性。主要是：大量结果数据的触发，当数据库服务器得到用户提交的查询，返回结果数据时，如果不加以限制，可能出现在网络上传输大量不必要数据的情况，尤其是当用户提交了非预想的查询请求，而返回的数据又很多时，就会造成大量资源和时间的浪费；大量用户的并发访问，当网络中有大量用户同时访问 WebGIS 服务器时，如何高效地提供服务，也是影响系统性能的因素之一；网络传输的带宽问题；网络传输的流量问题；网络传输的速率问题；网络传输的接入问题；网络传输的信息安全问题等。

1.3.6.2 网络接入技术

在网络 GIS 中，网络访问存在以下几种类型：

按照地理上的跨度，可分为局域网和广域网。

按接入因特网的方式，可分为：广域网连接，即提供因特网服务的大型主机和众多主机构成的网络，通过路由器和租用通信线路（帧中继、DDN 专线等）接入因特网；局域网连接，即众多个人计算机可以先连接成局域网，然后通过服务器与因特网连接。如果每个机器没有独立的 IP，则在服务器上安装代理系统（WinGate，Winproxy，AnalogX Proxy 等），通过代理系统接入因特网；拨号连接（PSTN），包括仿真终端方式和 SLIP/PPP 方式；宽带连接，包括数字用户线方式（ADSL、VDSL、HDSL、SDSL 等）、HFC 方式（即以有线电视网（CATV）为基础的接入方式）以及 FTTx 方式，使用光纤传输方式的接入方式；通过 ISP 的接入方式，ISP 是向社会提供因特访问网服务的商业机构，用户可以向 ISP 提出入网要求，ISP 反馈授权信息，包括用户账号、用户所在网络的域名、域名服务器地址和用户邮箱等，如 ChinaNet 就是中国最大的 ISP。

1.3.6.3 信息传输的技术

多媒体信息也是 GIS 数据传输的主要内容。在局域网和广域网环境，有不同的传输技术。

（1）基于高速局域网的多媒体信息传输技术。典型的有：100Base-VGanyLAN，称为需求优先局域网，是标准以太网和令牌环在 100Mb/s 的语音级电缆的一种拓宽，使用需求优先权控制访问，其数据速率为 100Mb/s。令牌环，是令牌环路网的简称，用令牌环的方式控制访问，并且可以分配优先权，实时数据优先权高，普通数据优先权低。其数据速率有 4Mb/s 和 16Mb/s 两种。FDDI，光纤分布式数据接口，FDDI 协议是标准令牌环协议的拓宽，其数据速率为 100Mb/s。FDDI Ⅱ 是由 FDDI 发展而来的，与 FDDI 基本兼容，采用分槽环协议，分多个子信道。

（2）基于广域网的多媒体信息传输技术。IP 分组交换网，是世界上最大的计算机广域网，由多种不同技术的子网构成，而 IP 协议提供这些网络工作站点之间的数据通信功能。IPV4 对实时数据的传输没有更多的支持，IPV6 引入流的概念，对流的实时分组给予比普通数据更高的优先权。ATM 异步转移模式，是一种基于信元（Cell，53 字节）的高速分组交换网络技术，既可服务于局域网，也可服务于广域网。在局域网可提供 155Mb/s 的数据传输速率，最高可达 622Mb/s。IP 交换技术，是一种把 ATM 交换率和 IP 路由选择的灵活性结合起来的网络结构。

1.3.6.4 网上信息的处理技术

目前主要有数据编码压缩技术和客户端缓存技术。编码压缩技术的目的是降低数据量、提高传输速率。数据压缩的方法分为有损压缩和无损压缩。编码的方法有预测编码、交换编码、信息熵编码、混合编码、运动补偿预测等。客户端缓存技术的工作过程是，服务器查询出记录集后，把记录集放系统缓存中，启动传输进程。同时，客户端接收数据，等缓存中有数据后，客户机程序开始处理数据，接收数据进程转到后台运行。所谓异步传输，是指传输数据和处理数据是异步进行的，数据先行传到客户端缓存。需要处理时，再从缓存中读取。

客户端处理完毕后，释放系统资源，所以，客户端的系统消耗可以降低。数据的传输与处理异步同时进行，客户端无需等待(图 1.59)。网络空间缓存的结构可由图 1.60 描述。图 1.61、图 1.62 所示为一种海量数据传输处理技术的处理例子。

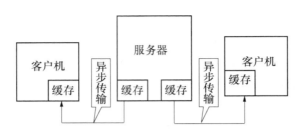

图 1.59　客户端缓存的概念

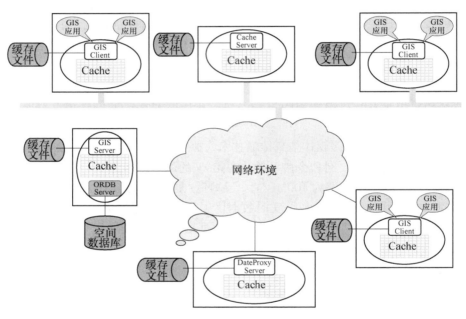

图 1.60　GIS 网络空间缓存结构

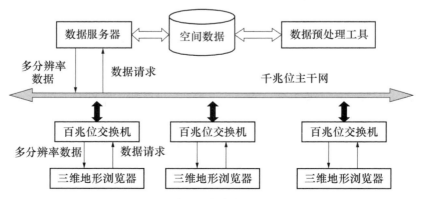

图 1.61　采用缓存技术的系统结构

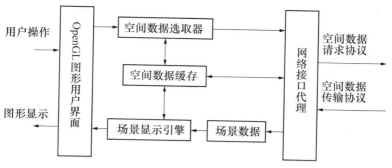

图 1.62 采用缓存技术的海量数据传输

1.3.7 虚拟现实与仿真技术

虚拟现实(VR)是近年来出现的高新技术,它综合集成了计算机图形学、人机交互、传感与测量、仿真、人工智能、微电子等科学技术。虚拟现实技术被认为是数字地球概念提出的依据和关键技术。虚拟现实技术通过系统生成虚拟环境,用户通过计算机进入虚拟的三维环境,可以运用视觉、听觉、嗅觉、触觉感官与人体的自然技能感受逼真的虚拟环境,身临其境地与虚拟世界进行交互作用,乃至操纵虚拟环境中的对象,完成用户需要的各种虚拟过程。虚拟现实技术可应用于"数字工程"中的工程设计、数据可视化、飞行模拟、模拟实验等多个方面,提供地理环境的各种信息作全视角、多层次的查询、分析、决策、发布。虚拟现实技术的发展必须有大容量的数据存储、快速的数据处理和宽带信息通道的技术支撑,只有具备上述条件,才能推动"数字地球"工程项目(如虚拟战争、虚拟旅游、虚拟灾害、虚拟海港、数字流域以及数字中国等)的实施。

20世纪60年代发展起来的基于计算机的空间信息系统开始形成时,就利用计算机图形软硬件技术,把地理空间数据的图形显示与分析作为基本的不可缺少的功能,地理信息系统的可视化要早于科学计算可视化的提出。地理信息系统的可视化早期受限于计算机二维图形软硬件显示技术的发展,大量的研究放在图形显示的算法上,如画线、颜色设计、选择符号填充、图形打印等。继二维可视化研究后,进一步发展为对地学等值面(如数字高程模型)的三维图形显示技术的研究,它是通过三维到二维的坐标转换、隐藏线、面消除、阴影处理、光照模型等技术,把三维空间数据投影显示在二维屏幕上,由于对地学数据场的表达是二维的,而不是真三维实体空间关系的描述,因此属于2.5维可视化。但现实世界是真三维空间的,二维空间信息系统无法表达诸如地质体、矿山、海洋、大气等地学真三维数据场,所以,1980年代末,真三维地理信息系统成为当前地理信息系统的研究热点。随着全球变化、区域可持续发展、环境科学等的发展,时间维越来越被重视。而计算机科学的发展,如处理速度加快、处理与存储数据的容量加大、数据库理论的发展等,使得动态地处理具有复杂空间关系的大数据量成为可能,从而使得时态地理信息系统、时空数据模型、图形实时动态显示与反馈等的研究方兴未艾。所以,从地理信息系统及其可视化的发展看,地理信息系统的可视化着重于技术层次上,例如数据模型(空间数据模型,时空数据模型)的设计,二维、三维图形的显示,实时动态处理等,目标是用图形呈现地学处理和分析的结果。所以,地理信息系统的可视化如果归类为地理可视化,那么可以看出地图可视化与地理可视化研究的不同侧重点。地图可视化是关于地图的使用,关于可视化技术对传统地图学的影响和作用,着重于信息交流传输机理以及地理空间认知与决策分析；而地理可视化，尤其是空间信息系统的可视化，则是关于地图的产生和制作计算机技术，而地图的应用是属于空间分析，即关注的是地图背后隐含的地学规律及其解释，而不是地图本身及其相关的信息交流传输与地理空间认知规律。

1.3.7.1　三维虚拟现实与仿真系统的组成

三维虚拟现实与仿真系统，包括硬件系统和软件系统两大部分，如图1.63所示。硬件系统包括服务器、计算机以及虚拟显示系统和设备，软件系统包括数据采集、处理、管理软件以及三维仿真浏览软件，部分软件可以直接购买成熟的商业软件，部分软件则需要根据特定要求自主开发。

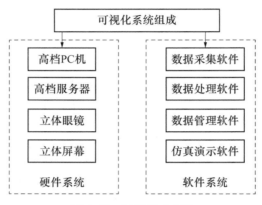

图1.63　系统组成方案

例如，组建一个数字流域的三维虚拟现实与仿真系统的结构可参照图1.64。

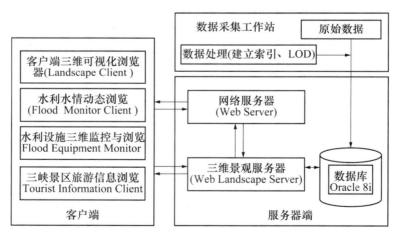

图1.64　系统结构示意图

1.3.7.2　软件平台选择

三维虚拟现实与仿真系统的软件系统已具有一些商业化产品，主要有 MultiGen Creator 系列软件、IMAGIS+3Dbrowser 软件、ArcGIS 的 ArcGlobe 和国产软件等。

（1）MultiGen Creator 系列软件是美国 MultiGen 公司新一代实时仿真建模软件。它在满足实时性的前提下生成面向仿真的、逼真性好的大面积场景。它可为25种之多的不同类型的图像发生器提供建模系统及工具。可用于产生高优化，高精度的实时 3D 场景，用在视景仿真、交互式游戏、内河河道仿真和其他的应用。这个集成的和可扩展的工具集提供比其他的建模工具更多的交互式的实时 3D 建模能力。MultiGen Creator 软件包是合适的、交互式的、高度自动化的软件，由以下几部分组成：

Creator Pro：MultGen Creator Pro 是一套高逼真度、最佳优化的实时三维建模工具，它能够满足视景仿真、交互式游戏开发、内河河道仿真以及其他的应用领域。Creator Pro 是唯一将多边形建模、矢量建模和地形生成集成在一个软件包中的手动建模工具，它给我们带来不可思议的高效率和生产力。它能进行矢量编辑和建模、地形表面生成。

Terrain Pro 是一种快速创建大面积地形数据库的工具，它可以使地形精度接近真实世界，并带有高逼真度三维文化特征及图像特征。Road Pro 扩展了 Terrain Pro 的功能，利用高级算法生成路面特征，以满足驾驶仿真的需要。

Interoperability Pro 提供了用于读、写及生成标准格式数据的工具，主要用于 SAF 系统、雷达及红外传感器的仿真。SmartScene 是将实时 3D 技术应用于训练，考察和保持高效的工作能力方面的先驱，它使工作者完全融入虚拟环境过程成为可能。

OpenFlight 为 MultiGen 数据库的格式，它是一个分层的数据结构。OpenFlight 使用几何层次结构和属性来描述三维物体，它采用层次结构对物体进行描述。

Vega 是 MultiGen 公司应用于实时视觉仿真、声音仿真、虚拟现实及其他可视化领域的世界领先的软件环境。它将易用的工具和高级仿真功能巧妙地结合在一起，从而可使用户简单迅速地创建、编辑、运行复杂的仿真应用。由于 Vega 大幅度地减少了源代码的编译，使软件维护和实时性能的优化变得更容易，从而大大提高了工作效率。使用 Vega 可以迅速地创建各种实时交互的 3D 环境，以满足各种需求。Vega 还拥有一些特定的功能模块，从而使 Vega 能够满足特定的仿真要求。

（2）IMAGIS+3Dbrowser 软件。IMAGIS 三维可视地理信息系统是武汉适普空间信息有限公司自主开发的一套以数字正射影像（DOM）、数字地面模型（DEM）、数字线划图（DLG）和数字栅格图（DRG）作为综合处理对象的虚拟现实管理的 GIS 系统。

IMAGIS 分为两大部分：三维地理信息系统和平面图形编辑系统。由于信息来源多种多样、数据类型丰富、信息量大，该系统在数据的管理上采用了矢量数据和栅格数据混合管理的数据结构，二者可以相互独立存在，同时，栅格数据也可以作为矢量数据的属性，以适应不同情况下的要求。

使用过程中，用户可以方便地在三维系统和平面编辑系统之间切换。一般地，二维图形在平面编辑系统中经过编辑整形后，即可输出到三维系统中进行三维实体的重建和管理、查询分析、属性定义、进行可视化操作、图形输出等。

该系统结合了三维可视化技术（Visual）与虚拟现实技术（Virtual Reality），再现管理环境的真实情况，把所有管理对象都置于一个真实的三维世界里，做到了管理意义上的"所见即所得"。该系统功能齐全，适用于市政管理、公共交通、环境保护、土地管理、资源调查、区域开发规划、灾害预测与防治、公安、消防、工程勘察等领域，以及住宅小区的综合管理。

3Dbrowser 是海量数据三维景观透视漫游软件。它利用正射影像和 DEM 数据，重构真实的地形地貌，并能引入其他静态模型的工程文件，生成逼真的三维场景，并能实施快速漫游，并且支持 OpenGL 和 DirectX 图形显示引擎。

根据视景仿真的系统构成，可以利用 IMAGIS 的部分技术结合 IDL 形成三维建模与编辑的模块，再利用 3Dbrowser 形成视景仿真模块，完成三维建模与视景仿真的系统要求。

（3）ArcGIS 的 ArcGlobe 及 CityEngine。Esri 公司的 CityEngine 是基于规则进行三维建模的软件。ArcGlobe 提供三维显示的环境。Esri 的 CityEngine 广泛应用于数字城市、城市规划、轨道交通、电力、管线、建筑、国防、仿真、游戏开发和电影制作等领域。CityEngine 支持多种数据输入格式，如 Esri Shapefile、File Geodatabase、KML 和 OpenStreetMap 等，可以利用现有的 GIS 数据，如宗地、建筑物边界、道路中心线，快速地构建城市风貌，并支持标准的 3D 数据存储格式，如支持多数行业标准 3D 格式，包括 Collada&reg、Autodesk&reg、FBX&reg、DXF、3DS、Wavefront OBJ 和 E-OnSoftware&reg、Vue。创建的三维内容还可以导出为 Pixar's RenderMan&reg、RIB 格式，以及 NVIDIA's mental ray&reg、MI 格式等。建模规则定义了一系列的几何和纹理特征决定了模型如何生成。基于规则的建模的思想是定义规则，反复优化设计，以创造更多的细节。当有大量的模型创造和设计时，基于规则建模，可以节省大量的时间和成本。

（4）Skyline 软件。Skyline 是一套优秀的三维数字地球平台软件。凭借其国际领先的三维数字化显示技术，它可以利用海量的遥感航测影像数据、数字高程数据以及其他二三维数据搭建出一个对真实世界进行模拟的三维场景。目前在国内，它是制作大型真实三维数字场景的首选软件。具有以下特点：产品线齐全，涵盖了三维场景的制作、网络发布、嵌入式二次开发整个流程；支持多种数据源的接入，其中包括 WFS、WMS、GML、KML、Shp、SDE、Oracle、Excel 以及 3DMX、sketch up 等，方便信息集成；通过流访问方式可集成海量的数据量，它可制作小到城市，大到全球的三维场景；飞行漫游运行流畅，具有良好的用户体验；支持在网页上嵌入三维场景，制作网络应用程序。

（5）一些国产软件平台。

练习与思考题

1. 试比较地理信息系统与其他信息系统的共性和区别。
2. 请结合实际生活例子，说明离散要素和连续要素的差异。
3. 试根据 GIS 中"S"含义的演化，说明不同阶段 GIS 的发展特点。
4. 请结合实际需求或所从事的专业领域，举一个 GIS 的应用实例。
5. 如何理解人在 GIS 中的角色和作用？
6. 比较 GIS 平台软件和应用软件间的区别。
7. 试比较不同类型的空间数据及其特点。
8. 简述 GIS 解决问题的基本流程。
9. 分析地理空间数据库的数据组成及特点。
10. 请结合实际应用例子来说明 GIS 的应用功能。
11. 分析 GIS 与制图学、地理学、测量学、摄影测量学等其他空间信息科学间的区别及联系。
12. 分析和概括现阶段 GIS 的特点及发展方向。
13. 分析 GIS 与地球系统科学、地球信息科学、地理信息科学、地球空间信息科学的相互关系。

第 2 章　地理信息系统基础理论

GIS 是关于地理空间信息应用的信息科学。它已经从一门纯技术应用逐渐发展为具有系统性概念、理论和方法、技术应用的完整意义上的信息科学。在 GIS 的应用实践中，学科内涵不断受到地理信息科学的滋养而不断完善，同时又为地理科学、地理空间信息科学的发展和应用起到了推进作用。本章从地理信息科学出发，介绍并讨论了地理信息科学的发展、基本框架、重要的概念、理论和方法。这些内容是 GIS 应用和发展的理论、方法和技术源泉，具有基础性。

2.1　地理信息科学的提出与发展

地理信息系统与地理信息科学和地球空间信息科学密不可分，二者为地理信息系统的发展和应用提供了理论、方法和技术基础。地理信息科学为地理信息系统提供了对地理特征要素及其相关关系的认知理论、建模理论和地理分析方法。地球空间信息科学为地理信息系统的地理空间数据的获取、处理、表达、制图和显示等提供技术方法，而地理信息科学又与地理学存在密切联系。

2.1.1　地理信息科学的提出

地理学是研究地球表面地理环境的结构分布、发展变化的规律性以及人-地关系的学科，已经经历了近代地理学和现代地理学两个发展阶段。地理学是研究地理环境的科学。地理环境可以划分为自然环境、经济环境和社会文化环境。

地理学按照研究的对象可以分为自然地理学、人文地理学、系统地理学、区域地理学、历史地理学和应用地理学。自然地理学研究自然环境或其组成要素的特征、分异及其变化发展的规律。人文地理学研究人-地关系的规律性。系统地理学研究地理环境或人-地关系的整体或某一地理要素的结构、分布及其发展变化的规律性。区域地理学以一个区域为研究对象，探讨各类地理要素之间的关系，以揭示区域特点、区域差异和区域关系。历史地理学研究历史时期地理现象和人-地关系的地理分布、演变及其发展规律。应用地理学研究某一特殊问题的地理因素、分布、演变规律及其规则，具有边缘学科的性质，如环境地理学、医学地理学、经济地理学、行为地理学等。

2.1.1.1　地理学的三个发展阶段

地理学的发展经历了三个阶段，第一阶段以地理学定量分析为特点(Geometry)；第二阶段以图形学为特点，注重数量的空间关系(Graphics)，进一步由大地测量、遥感、摄影测量、GPS 的融入，发展到 Geomatics；第三阶段开始引入 GIS，借助 GIS 来研究地理问题。以至于产生"地理信息科学"的概念，即 Geographic Information Science。

随着信息技术的发展，地理学的概念、内涵、研究对象、学科特点发生了重大变化，取得了一系列重大研究成就，如地域分异性规律和区域系统研究、地表自然过程的综合研究、人-地系统与区域发展研究、GIS的建立和应用研究等。现代地理学正从静态的定性描述，向动态的定量分析、由理论向实践、由宏观向微观发展。从发展来看，需要把握地理空间认知模型、地理概念的计算机实现和信息社会的地理学三大战略领域。地理科学更加注重与现代科学技术的融合，如高分辨率的对地观测系统、高灵敏度和高准确度的分析测试系统、不同条件下的实验模拟系统等。

20世纪中叶以后，地理学的理论框架体系和地理学的计量化有了很大的发展，如学者提出的计量地理学、理论地理学、系统地理学、应用地理学、实验地理学等；钱学森提出的地球表层学或地理科学，主张用"定性-定量-定性"的综合集成方法，研究复杂、开放的巨型系统——地球系统。

2.1.1.2 提出地理信息科学基于的三种观点

地理信息科学的提出受到信息社会、信息科学和对地理信息认知观点的影响，表现为对以下三种观点所形成的共识：

(1)地理信息科学是信息社会的地理学思想，地理计算或地理信息处理，强调使用计算机完成地理数值模拟和地学符号推理，辅助人类完成地理空间决策。地理科学是研究地理信息的出发点，也是地理信息研究的归宿。

(2)地理信息科学是面向地理空间数据处理的信息科学分支，从信息科学概念出发，地理信息科学的定义为地理信息的收集、加工、存储、传输和利用的科学。

(3)地理信息是人类对地理空间的认知，地理信息科学是人们直接或间接地(借助计算机等)认识地理空间后形成的知识体系。

在应用计算机技术对地理信息进行处理、存储、提取以及管理和分析的过程中逐步完善形成了地理信息科学技术体系。地理信息科学是一门从信息流的角度，研究地球表层自然要素与人文要素相互作用及其时空变化规律的科学。

2.1.1.3 地理信息系统与地理学的关系

地理信息系统与地理学的关系表现在：

(1)地理学是我们理解世界的基础科学，GIS使得地理科学活生生地应用到现实世界中，包括科学中的基础部分。

(2)地理学与GIS密不可分，两者形成完美结合。地理学的进一步研究，需要GIS的支持。GIS软件的开发需要对地理问题的深入认识。两者的结合，互相促进了二者的发展。地理信息科学的理论体系、研究方法、学科地位的建立和完善，有利于地理学家对瞬时信息进行定性分析、空间信息的定位分析、时间信息的趋势分析、环境信息的综合分析。

(3)地理信息的虚拟分析与研究得以发展。网络GIS和虚拟现实技术的发展和结合，使数据量巨大、结构复杂的图形、图像、音频、视频等多源数据的处理与传输成为现实。在地学理论的研究中，上述技术和理论的完善，可使地理学家通过所建立的虚拟境界，亲自感受和认知复杂的，关于地质。地貌、水文、气象、土壤、植被等的空间关系和物理关系，深化对其内部关系和机理的认识。

(4)数值模拟和定量化研究不断加强。RS、GIS、GPS等研究手段，和分形学、混沌学、神经网络等研究方法论的发展，使人们从非线形角度，均质性和异质性、稳定性和变异性、渐变性和突变性等角度出发，用数学模型、计算机动态模拟技术，从更加量化和动态的深度，去刻画和阐明区域地理要素及其综合属性、地理过程等成为可能。人们对地理现象和地理过程的数值模拟和定量化研究的进展，使人们对地理系统的认识更加深刻。

2.1.2 地理信息科学的发展

地理信息科学的发展源于地球系统科学理论的发展，并在实践应用、信息技术发展和科学技术发展的推动作用下逐步完善。

2.1.2.1 地球系统理论的发展

根据陈述彭院士对地球系统的理论研究，地球系统的理论基础有 3 个：

(1) 地球系统的非均衡性理论，是地球系统信息流形成的基础；

(2) 地球系统的耗散结构理论，是地球系统的热力形成的基础；

(3) 地球系统的引力场理论，是地球系统的动力形成的基础。

它们共同形成地理信息流的过程。由于地球系统中普遍存在着物质和能量的分布不均衡现象，以及由这种不均衡现象产生的位能、势能和压强差的存在，因此，就产生了物质的扩张、滚动、流动、蠕动及坠落过程和能量的辐射、传导和扩散过程，即形成了物质和能量流。信息流就贯穿于这个物质和能量流的整个过程。

在地理系统中，物质和能量流的流量、流速和流向取决于它们在时空分布的非均衡程度，即它们的高与低、多与少、强与弱之差，即位能、势能、动能及压强之差。

在信息科学中，与物质和能量相伴而生、相伴而存在的信息，是物质和能量在时空分布的不均衡特征造成的。信息流又是物质和能量的时空分布的不均衡的性质、特征和状态的表征。因此，信息是物质和能量状态的标志。

研究地球系统离不开信息，研究系统的结构、功能离不开信息。系统各部分之间的联系往往是通过信息流来实现物质和能量的交换。信息流的时空特征，特别是畅通程度，是衡量一个系统结构化程度和系统发展水平的有效尺度。

信息本身是无形的，它既不同于物质，也不同于能量。但一经形成，必然依附于载体而存在，使无形成为有形。这就是在生活中信息常常以文字、符号、图形、图像、声音等为载体表现出来。

地球系统理论是地球科学、信息科学、系统科学和非线形科学等多种理论的综合和融合的结果。

2.1.2.2 地理信息科学的孕育和发展

地理信息科学的形成和发展受到以下 4 个因素的影响：

1. 客观实践的需求促进了地理信息科学的形成和发展

地理学是研究地理环境的科学，即研究地球表面这一部分的人类环境，可以分为自然环境、经济环境和社会文化环境，它们在地域上和结构上相互重叠、相互联系构成统一的一个地理环境整体。在地理学的发展过程中，信息科学、系统科学的理论与方法不断与其某个领域的研究对象、研究方法、研究内容相结合，使传统地理学的概念和内涵不断发生变化。

系统论认为，现实世界归根到底是由某些规模大小不同、复杂程度各异、等级层次有别、彼此交互重叠、并且相互转化的系统所组成的一个有序的网络系统。在该系统中，运用系统理论和方法，揭示各种地理要素的耦合关系，及各种物质、能量和信息之间的传递模式和过程，成为我们探索一切的现象或过程的特征和规律的重要依据。

信息论认为，采用各种手段（RS、GPS）获取关于地球表面的大气圈、岩石圈、水圈、生物圈以及社会、生态和环境的各种信息，不仅是它所反映的地理要素——地质、地貌、水文、土壤、植被、社会、生态的综合，而且也是不同领域的专家，从不同角度、运用不同的方法，提取各自相关的专题信息，并进行信息机理的研究与分析，达到正确认识客观对象的桥梁。

在全球范围内，随着区域开发、环境保护和大型工程项目的建设需要，大量观测站网的布设，航空航天遥感技术获取数据能力的不断增强，为其提供了大量的数据资源。同时，由于自然科学、社会科学、技术科学、管理科学的交叉与融合，直接导致了规划、决策和管理部门工作方式的迅速改变。例如，20世纪50年代，定性文字描述和定量统计图表的信息表达方式广为使用；20世纪60年代，专题地图的制作蔚然成风，但周期长，更新困难；20世纪80年代，出现了以计算机为主题，并得到遥感、系统工程支持的信息系统，成为规划、决策和管理的现代化保证。

由于计算机科学的发展，以及它在摄影测量、遥感、地图制图等方面的应用，使人们能够以数字的方式，采集、存储和处理各种与空间和地理分布有关的图形和属性数据；并希望通过计算机对数据的分析，直接为管理和决策服务。

面对全球化的问题，如全球经济一体化、全球气候变化、区域自然地理过程、重大灾害监测与预警、人类社会的可持续性发展等重大问题，要找到科学合理的解决方案，就必须应用有效的理论和方法，来获取、处理和分析多种来源的多种信息。这促使了地理信息科学的产生和发展。

2. 科学思想的作用

科学思想的变革。科学思想是人类对客观世界的理性认识的核心内容，是科学理论中的精华和指导性的观点，也是人类的根本思维方式。人类的思想从本能到直觉、理智、抽象思维，形成直观的、经验的、因果的、概率的、系统的以及非线性等绚丽多彩的科学思想。对于球系统，或地理系统，在以往的研究中，由于受到认识能力的限制，人们只能处理一些简单的线性问题，对于非线性的复杂问题，在数学上则很难有其解。实际上，地球系统是非线性的，研究其特征，不仅对于模型构建和实际应用具有指导意义，而且是地理信息科学的重要理论基础之一。当今，信息是推动世界经济发展和社会全面进步的关键因素。科学的宇宙观和哲学思想不断完善的年代。对地球环境的认识，需要新的理论做指导。

3. 科学技术本身的推动力

在地理信息科学的发展中，计算机科学、制图学、遥感科学在人类认识客观世界当中发挥了重要作用。自然界复杂多样，人们为了认识世界，把自然界划分为不同的领域，并在实践中不断完善和发展。受到各个时期生产力发展水平的约束，人们的认识水平也受到各种限制。在这个认识的过程中，人们总是要借助各种理论和技术来达到认识客观世界的目的。为此，人们发明了众多的科学工具，形成了各种理论体系和方法体系。20世纪90年代的科技发展是20世纪科技发展的缩影。在基础科学研究方面，有一系列重大发明，如在复杂的非线性现象研究方面，实现了时间序列混沌的控制实验，目前还在实验用混沌信号隐藏机密信息的信号传输方法；多种高精度仪器的发明和使用，得到了微观结构清晰的图像，如扫描隧道显微镜、皮秒和飞秒（10^{-15}秒）激光脉冲仪、飞秒时间分辨仪、核磁共振等。使对自然物质的时空认识达到原子和飞秒水平。电子信息科学的发展，如人工智能计算机、人工神经网络计算机、光子计算机、网络计算机、超导计算机、生物计算机等的研制，多媒体、计算机网络和虚拟现实技术的发展，把计算机与通信技术推到了一个新的高度。美国《时代》周刊把虚拟现实技术列为"改变未来的十大技术"之一。这些都使传统的模拟方式和思维方式发生了重大改变。

在科学技术的发展中，从长远看，离开了海洋开发和与空间开发的可持续性发展，人类社会的可持续性发展将是一纸空谈。联合国将 1998 年定位"国际海洋年"，反映了人类探索海洋和太空的迫切愿望。航空航天技术的发展，拉开了这一探索的序幕。短短半个世纪，空间科学技术在通信、定位导航、气象预报、资源利用、灾害监测、军事和天体研究方面得到了广泛应用，成为影响国民经济发展、标志综合国力的重要领域。

在卫星领域，对地观测系统成为人类认识地球资源与环境的重要工具和技术支撑。海洋科学也在不断地发展。不但包括探索海洋的物理、化学、生物和地质过程的海洋物理学、海洋化学、海洋生物学、海洋地质学等基础研究，还包括海洋资源开发利用和军事活动的应用研究。

在地理信息科学方面，20 世纪 70 年代，美国经济学家马克·波拉特发表了著名的《信息经济论》，打破了过去划分产业结构广泛使用的科林·克拉克学派的第一、第二和第三产业的三分法，提出了以农业、工业、服务业、信息业四大产业结构的划分方法。在这种理论的指导下，一些发达国家纷纷以波拉特的理论和计量方法，分析和评价本国的信息化程度，进而提出各自的发展战略。这些理论，为地理信息科学的发展提供了理论依据。

4. 现代科学思想和技术成就推动地理信息科学的不断完善

信息科学是研究客观世界及其信息资源的理论，研究人类、生物和计算机如何获取、识别、转换、存储、传递、再生成和控制掌握各种信息的规律以及人工智能的科学。在信息科学的体系中，理论基础是信息论和控制论。把信息科学的理论和方法，用于研究地理现象和地理过程，形成了地理信息科学新的领域。遥感卫星和计算机的发展，为研究复杂的地理系统提供了丰富的信息资源，以及跨越时空的分析模型和预测预报的信息处理手段。

信息基础技术、信息系统技术和信息应用技术是现代信息技术包含的三个层次。计算机语言（面向对象）、计算机操作系统、计算机网络是该领域的重要事件。以计算机为核心，数字化、网络化、智能化和可视化为特征的信息化发展，是地理信息科学发展的重要理论和技术支撑。

认知科学在地理信息科学的形成和发展中起到了无可替代的作用。它是研究人、动物和机器的智能本质和规律的科学。其研究内容包括：知觉、学习、记忆、推理、语言理解、知识获得、情感和系统为意识的高级心理现象。它是心理学、计算机科学、人工智能、语言学和神经科学等基础科学和哲学交叉的高度跨学科的新兴学科。认知心理学和人工智能是其核心学科。

认知科学作为研究人类的认识和智力本质和规律的前沿科学，得到了广泛的认同。具有创新意义的认知思维、认知理念及认知模式的发展，对于人们认识和理解复杂的地理系统、地理环境和地理信息具有重要作用。这方面的研究成果，对于国家信息基础设施、数字地球、数字城市、智慧城市都具有非常的意义。

地理信息科学由 Goodchild 于 1992 年提出以来，其基础理论和方法的研究，受到广泛关注。地理信息科学主要研究利用计算机技术对地理信息的处理、存储、提取以及管理和分析过程中一系列的基本问题，如地理数据的获取、地理信息的认知和表达、地理信息空间分析、地理信息基础设施以及地理信息系统的社会实践等。

2.2　地理信息科学中的重要概念

地理信息科学中的一些概念对理解 GIS 具有重要意义，它们中的一些概念促成了 GIS 概念的形成，又有一些概念因 GIS 而产生。

2.2.1　信息和数据

信息(Information)是用文字、数字、符号、语言、图形、图像等介质或载体，表示事件、事物、现象等的内容、数量或特征，从而向人们(或系统)提供关于现实世界新的事实和知识，作为生产、建设、经营、管理、分析和决策的依据。它不随介质或载体的物理形式的改变而改变。信息具有客观性、适用性、可传输性和共享性等特点。信息的客观性是指任何信息都是与客观事实紧密相关的，这是信息的正确性和精确度的保证。信息的适用性是指信息是为特定的对象服务的，同时也是为服务对象提供生产、建设、经营、管理、分析和决策的有用信息。信息的可传输性是指信息可在信息发送者和信息接受者之间传输。在计算机系统方面，它既包括系统把有用信息送至终端设备(包括远程终端)和以一定的形式或格式提供给有关用户，也包括信息在系统内各个子系统之间的流转和交换。信息的共享性是指同一信息可传输给多个用户，为多个用户共享，而本身并无损失。这是与实物不同的。信息的这些特点注定使它成为信息社会的一项重要资源。

数据(Data)是指对某一事件、事务、现象进行定性、定量描述的原始资料，包括文字、数字、符号、语言、图形、图像以及它们能转换成的形式。数据是用以载荷信息的物理符号，数据本身并没有意义。信息可以离开信息系统而独立存在，也可离开信息系统的各个组成和阶段而独立存在。在计算机信息时代，数据的形式或格式与计算机系统有关，并随着载荷它的介质的形式改变而改变。

信息和数据是密不可分的。信息来源于数据，数据是信息的载体，但并不就是信息。只有理解了数据的含义，对数据做出解释，才能提取数据中所包含的信息。信息处理的实质是对数据进行处理，在这个意义上，信息处理和数据处理是可以不加区分的。

2.2.2　地理信息和地理数据

地理信息(Geographic Information)是有关地理实体的性质、特征和运动状态的表征和一切有用的知识，它是对表达地理特征要素和地理现象之间关系的地理数据的解释。地理信息除了具有信息的一般特性外，还具有以下独特特性：空间分布性、数据量大、多维结构和时序特征。空间分布性是指地理信息具有空间定位的特点。先定位后定性，并在区域上表现出分布式的特点，不可重叠，其属性表现为多层次，因此，地理数据库的分布或更新也应是分布式。多维结构特征是指在同一个空间位置上，具有多个专题和属性的信息结构，如在同一个空间位置上，可取得高度、噪声、污染、交通等多种信息。地理信息的时序特征，即动态变化特征，是指地理信息随时间变化的序列特征，可由超短期(台风、地震)、短期(江河洪水、季节低温)、中期(土地利用、作物估产)、长期(城市化、水土流失)和超长期(地壳运动、气候变化)时序来划分。数据量大是指地理信息具有空间特征，又有属性特征，还有随时间变化的特征，因此数据量大。

地理数据（Geographic Data）是各种地理特征和现象之间关系的符号化表示，包括空间位置特征、属性特征及时态特征三个基本特征部分。空间位置数据描述地理实体所在的空间绝对位置以及实体间存在的空间关系的相对位置。空间位置可由定义的坐标参照系统描述，空间关系可由拓扑关系，如邻接、关联、连通、包含、重叠等来描述。属性特征有时又称为非空间特征，是属于一定地理实体的定性、定量指标，即描述了地理信息的非空间组成成分，包括语义数据和统计数据等。时态特征是指地理数据采集或地理现象发生的时刻或时段。时态数据对环境模拟分析非常重要，正受到地理信息系统学界的重视。地理信息的空间位置、属性特征和时态特征是地理信息系统技术发展的根本点，也是支持地理空间分析的三大基本要素。

2.2.3 物质信息

在地理信息科学的研究中，对地理系统中的地理实体、地理现象和地理过程所包含的物质信息的识别、采集、量测、提取、分析、存储、检索、显示、更新、管理、综合、处理及应用的把握，具有重要的理论和实践意义。物质信息是指地理实体的物质成分、结构、形状、时间和空间分布的性质、特征和状态的表征或一切知识。物质的流动形成物质流。反映物质信息流的空间数据流如图 2.1 所示。

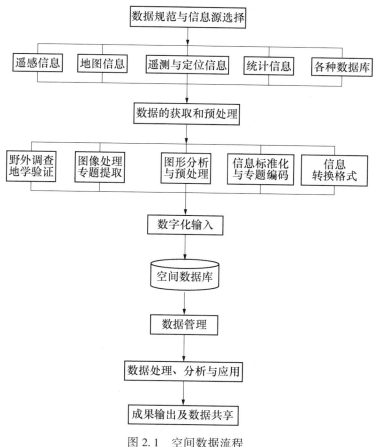

图 2.1　空间数据流程

2.2.4 能量信息

能量的分配与转换在地理系统中具有重要意义。在物质循环过程中，没有能量的支配是不可想象的。在能量不平衡的条件下，产生了诸如地壳运动、生物演替等客观规律。能量信息反映的是有关地理实体的能量特征，如重力、磁力、电磁波谱、声学等的性质、特征和状态的表征或一切知识。这是物理勘探和遥感的研究对象。在地理信息科学中，也具有重要应用，如地理过程的驱动力、地理系统内各子系统的耦合关系的分析、地理现象的信息建模和动态分析等。能量的流动产生能量流。

2.2.5 信息流

能量的不均衡和物质的流动都会产生信息流，信息流是 GIS 研究应用的重点和关键问题。信息流(Information Flow；the Flow of Information)是指信息的传播与流动，信息流是物质流过程的流动影像，信息流分三个过程，即采集、传递和加工处理。

信息流的广义定义是指人们采用各种方式来实现信息交流，从面对面的直接交谈直到采用各种现代化的传递媒介，包括信息的收集、传递、处理、储存、检索、分析等渠道和过程。

信息流的狭义定义是从现代信息技术研究、发展、应用的角度看，指的是信息处理过程中信息在计算机系统和通信网络中的流动。

在物质流系统中，信息流用于识别各种需求在物质流系统内所处的具体位置，两者之间的关系极为紧密，它们互为存在之前提和基础。在能量流系统中也是如此。

从传递内容来看，信息流是一种非实物化的传递方式，而物质流转移的则是实物化的物质，能量流转移的是能量，它们都通过位置和属性表现出信息的流动特性。

物质流、能量流和信息流是 GIS 研究的重要内容。

2.2.6 地理系统

地理系统，是指某一个特定时间和特定空间的，由两个以上相互区别又相互联系、相互制约的地理要素或过程所组成的，并具有特定的功能和行为，与外界环境相互作用，并能自动调节和具有自组织功能的整体。这里提到的地理要素是指：资源、环境、经济和社会等，或者地质、地貌、气候，土壤、植被、水文、经济与社会等。地理系统的典型示意如图2.2所示。地理系统中的各要素及其关系可用式(2.1)表示。

$$S = \{\Omega, R\} \tag{2.1}$$

其中，$\Omega = \{x_1, x_2, x_3, \cdots, x_n\}$ 表示系统各地理要素的集成，$x_1, x_2, x_3, \cdots, x_n$ 为 n 个不同类型的地理要素；$R \subset x_1, x_2, x_3, \cdots, x_n$，表示它们之间的相互联系、相互制约关系。

地理系统是一种宏观范围的时空有序结构，具有自组织功能。这种功能表现在地理系统形成和发展的整体过程中，经历着混沌、平衡演变等不同阶段。

地理系统的自组织(Self-organization)，是指系统在无外界的强迫(制)条件下，系统自发形成的有序行为，能自身调节功能的行为。地理系统及其各子系统(如河流、湖泊子系统、森林、草原子系统等)，都具有自组织功能，例如沙漠中的灌木、高山岩石中的树木等，都是地理系统自组织行为的结果。

地理系统形成之初，呈混沌状态，研究这种状态的理论是混沌理论。地理系统发展过程中，自组织行为的结果表现为地理系统的平衡状态。描述这种平衡状态的有地理系统协

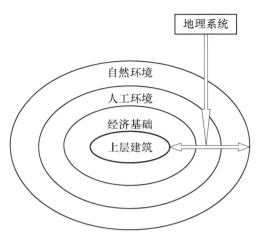

图 2.2　地理系统的典型示意图

同论、人与自然相互作用理论/人地系统论、整体性与分异性理论/地带性规律、地理空间结构与空间功能/区位理论等。

对地理系统的认识，有助于明确地理实体、地理现象或地理过程的客观特征，有助于辨识、获取、分析和利用地理系统中的物质信息、能量信息，揭示地理信息的客观规律，为地理过程的建模提供理论、方法和实践的依据。自然界的物质系统有不同的划分依据见表 2.1。

表 2.1　　　　　　　　　　　　　　　　系统类别划分

序号	分类依据	类　　别
1	系统与环境关系	孤立系统、封闭系统、开放系统
2	系统内各要素相互作用特点	线性系统、非线性系统
3	系统所处状态	平衡态系统、近平衡态系统、远离平衡态系统
4	人对自然的参与程度	天然系统、人工系统、复合系统
5	人对自然的认识程度	黑系统、白系统、灰系统

系统论认为，现实世界正是由这些规模大小不同、复杂程度各异、等级层次有别、彼此交错重叠、又相互转换的系统组成的网络系统。通过对系统的认识，来揭示现实世界的客观特征。

2.2.7　耦合

耦合是指一定时空尺度上，自然、社会、人文和经济等要素之间的关系。对各种要素之间耦合关系的研究，是进一步研究和探索物质流、能量流和信息流的重要途径，如资源与环境的耦合(土地资源与水热资源的耦合、气候与地形的耦合)，资源、环境与社会、经济的耦合(山地-绿洲-荒漠系统耦合)等。

一些耦合关系，恰恰是揭示地理信息科学关键过程的重要切入点，如地理系统中各种自然界面的耦合、大气-海洋界面的耦合、海洋-陆地界面的耦合、大气-陆地界面的耦合等。耦合关系构成了地理系统多姿多彩的特征。

2.3 地理信息科学基本框架

地理信息科学较经典地理学具有明显的信息化特征，是现代信息科学与经典地理学发展相结合的结果。地理信息科学在研究地理学问题方面，明显吸收了现代信息技术的发展成就。

2.3.1 地理信息科学的特征

地理信息科学的特征可以从它与其他学科的关系以及自身的研究内容和方法进行描述。

2.3.1.1 学科关系

(1)经典地理学及其分支科学的研究对象及理论是其研究对象和理论基础；

(2)信息科学的原理和方法是其方法论的源泉；

(3)GIS、RS、GPS、VR、网络传输、模式识别等是产生和发展的动力；

(4)资源科学、环境科学、生态科学是其重要应用领域，地球资源环境研究是核心；

(5)计算机科学、图形图像学、测绘与制图学的理论和方法是其表达和描述的工具；

(6)建立数字地球、数字城市的理论与方法是其快速发展的推动力。

地理信息科学与基础学科、技术学科和应用学科之间的关系见表2.2。

表 2.2   **地理信息科学的相关学科领域**

学科门类	学 科 领 域
基础科学	理论地理学、部门地理学、区域地理学、系统科学、信息科学、认知科学等
技术科学	地图学、RS、GIS、MIS、GES、VR、DB 技术、网络技术、通信技术、计量地理学、实验地理学、地理测量学等
应用科学	资源利用、环境保护、生态系统、精细农业、土地管理、人口调控、城镇建设、区域开发、灾害监测、全球监控、地理国情监测、可持续发展等

2.3.1.2 地理信息科学的内容和方法

地理信息科学的内容和方法可以简要归纳为以下几点：

(1)阐明地理系统各要素及其过程的发生、演变及其发展规律。

(2)探索地理信息形成、传递的机理和模式。包括地理信息的性质、特征、分类、规范标准和编码体系，地理信息时空结构、尺度转换、地理信息机理理论，地理信息的获取、处理、分析方法和手段，地理信息传递过程和误差机理，信息的反演理论和度量，等等。同时还应包括地理信息在区域资源开发、环境保护和社会经济发展之间的关系研究等。如图2.3所示。

(3)探索地理系统稳定性的机制及其安全问题。如自然灾害监测与预警、资源承载力和环境容量等。

(4)挖掘新技术、新方法在地理信息科学方面的应用领域和应用途径。包括地理信息技术的集成、地理信息系统分析的理论和方法、3S技术和地面监测系统信息复合应用的

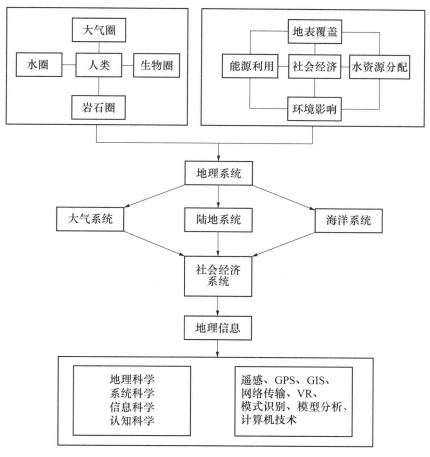

图 2.3　地理信息科学的内容和方法

理论和方法、3D 可视化及动态模拟方法、VR 和多维信息的环境构造等。

（5）开拓信息服务产业。包括 GIS 系统的设计与开发，资源与环境管理系统的模式、地理信息服务网络建设，GIS 功能软件的开发，地理信息的共享模式等。

2.3.2　地理信息科学基本框架

地理信息科学的基本框架可以从基础理论体系、方法体系、技术体系和应用体系描述。

2.3.2.1　基础理论体系

主要是地理信息机理的研究。主要通过研究地理信息的结构、性质、分类与表达、地理信息传输过程及机制、地理信息的空间认知机理，以及地理信息的获取、处理、分析理论等。

2.3.2.2　方法体系

主要体现在：空间数据的分类方法及其编码、投影坐标转换、数据采集方法、元数据描述方法、空间信息建模及决策支持方法等。GIS 将来源于地理系统的数据流经过空间信息分析，将数据流转换为信息流，完成对地理系统的认知过程。空间决策系统对来源于 GIS 的信息流进行决策分析，将信息流转化为知识流，模拟了对地理系统的调控过程。策略、方案实施则将认知行为转化为可操作的调控行为。这个过程如图 2.4 所示。

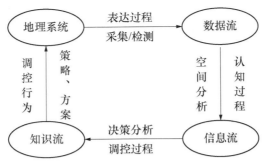

图 2.4　地理信息的分析过程

2.3.2.3　技术体系

地理信息的获取技术、地理信息模拟技术、地理信息建模技术、地理信息分析技术、决策支持技术等是核心。当然，还包括其他的相关技术，如建库、管理、更新和共享、服务、应用等。

2.3.2.4　应用体系

地理信息科学的应用领域十分广泛，不仅是许多学科研究的基础，而且本身也可以解决许多重要的地理学问题，如生态、环境、区域可持续发展、全球变化、疾病和健康、社会经济发展等。其应用构成不同分支的学科应用体系。

地理信息科学的框架可以概括为如图 2.5 所示。它由一系列基础理论、方法、技术体系和领域应用构成。

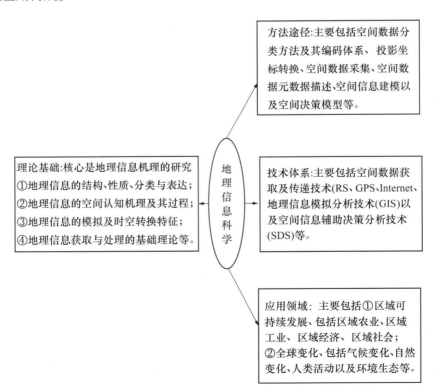

图 2.5　地理信息科学框架

2.4 地理信息科学的重要理论

理论是认知的结果，也是方法和技术发展的源泉。地理信息科学的重要理论对 GIS 的应用和发展具有基础性作用。

2.4.1 与地理系统有关的理论

GIS 是对诸多类型的地理系统的信息化表达。正确理解和认识与地理系统有关的理论，对有效建立和使用 GIS 技术具有重要意义。

2.4.1.1 混沌理论

研究地理系统混沌状态的理论称为地理系统的混沌理论，这是地理系统自组织的起点。所谓混沌(Chaos)，又称"混乱"、"紊乱"、"无规划"等，它是研究事物的初始阶段如何进行自组织的理论。自然和社会领域到处存在着杂乱无章的事物，飘忽不定的状态，极不规则的行为。但是这些无规则现象的深处，都蕴藏着一种奇异的秩序。混沌不是简单的无序和混乱，而是没有明显的周期性和对抗性，但有内部层次性和有序性。研究地理系统混沌理论的目的就是从地理系统的紊乱中寻找规律，而自相似理论与分形分维原理就是从紊乱中寻找规律的有效方法。自相似理论的核心思想是，无论是自然或社会现象，在统计意义上，总体形态的每一部分，可以被看做是整体标度(指级别或观测数目等)减少的映射，不论形态多么复杂，它们在统计学或概率上的相似性是普遍存在的。B. B. Mandelbrot 认为，自然和社会现象的复杂几何形态，可以用幂函数

$$D = \frac{\log[N(r)]}{\log r} \tag{2.2}$$

来表达。其中，D 代表分形数，r 表示长度或面积；$[N(r)]$ 表示以 r 作为尺度的观测数目。分形(Fractal)是复杂形态的一种参数量，只有具有自相似结构的形体，才能进行分形研究。分维(Dimension)是指一个几何形体的维数等于确定其中任意一个点的位置所需要的独立坐标的数目，分为拓扑维和分维数。拓扑维指一个几何图形中的任意相邻点，只要它们是连续的，无论通过怎样的拉伸、压缩、扭曲变成各种形态，相邻点的关系都不会改变，它是拓扑变换的不变量。拓扑维定义为

$$d = \frac{\ln N(r)}{\ln \frac{1}{r}} \tag{2.3}$$

而分维数则定义为

$$d_0 = \lim_{r \to 0} \frac{\ln N(r)}{\ln \frac{1}{r}} \tag{2.4}$$

2.4.1.2 地理系统协同论

按照协同论的观点，地理系统的各要素或各子系统之间，既存在着相互联系、相互依存、相互协调的一面；又存在着相互制约、相互排斥、相互竞争的一面；既有协同性，又有制约性，这是普遍规律。例如，如果地形发生了变化，则气候与植物随着变化；如果气候改变了，则首先植物随着改变。地理系统协同论的一个重要思想是，地理系统的各要素

或子系统功能相加，具有非线性特征，整体功能，即效果，可能大于各部分功能之和，也可能小于各部分功能之和，这要由系统的结构或系统的有序程度来决定，其中序参量对整个系统起着控制作用。如气候与地形是农、林、牧系统的有序参量，可耕地资源和淡水资源是西北地区农业系统的序参量。序参量与系统配合得好，效果就好；反之依然。

2.4.1.3 人与自然相互作用理论/人地系统理论

在历史上曾有过环境决定论、人定胜天论、人与环境协调理论等，但最完备、最科学的还是现在的可持续发展理论。可持续发展理论的核心，是资源、环境、社会和经济的协调发展。地球的资源和环境的容量是有限的。人们对地球或自然界的索取，不能超过地球的承载力；人们对资源和环境的利用，必须遵循客观规律。经济和社会的发展，既要满足当代人的需要，又要不影响后代人的需求，也就是不能以对资源和环境的破坏为代价来换取社会经济的增长。

2.4.1.4 地理系统的整体性与分异理论/地带性规律

这是地理系统的宏观的、普遍规律。地理系统就是整体性与分异性的统一。地理空间的整体性(Geo-spatial Entirety)，是指任何地理系统或区域系统都是"人类-自然环境综合体"，都是资源、环境、经济和社会的综合体；地理空间的分异性(Geo-spatial Differentitaion)或地带性，是指由于地球表层物质和能量分布的不均匀性所造成的地理空间的分异性特征，如海陆分布的差异、地形高低的差异、岩石组成的差异、温度和降水的差异，以及人口、社会和经济的差异等。这种差异表现为明显的地带性规律，如地理空间气温、降水的纬度地带性和经度地带性，植被的垂直地带性等。

2.4.1.5 地理空间结构与空间功能/区位理论

地理空间结构与空间功能具有区位特征。地理空间结构(Geo-spatial Structure)，是指在一特定的空间范围或区域内，资源、环境、经济和社会诸要素的组合关系或耦合关系，及同一空间范围内的资源、环境、经济和社会等的配套关系。地理空间结构功能(Geo-spatial Structure Function)，是指区域所具有的经济和社会发展潜力的大小、或可持续发展的能力的大小。具有最佳地理空间结构的地区，一定具有最强的空间结构功能。地理空间区位(Geo-spatial Location)，是指一特定的空间范围内，对社会经济发展的有利部位。即使某个空间范围的地理空间结构有好有坏、功能有强有弱，也不能说明局部情况不能有差别。这完全取决于局部条件，这就是区位。

地理系统的平衡状态是相对的，是变化中的平衡。地理系统变化的主要方式是渐变与突变，渐变到一定程度就会发生突变。这时，地理系统的自组织功能已不能发挥作用，所以地理系统的突变是自组织的终点。地理系统的突变(Catastrophe)理论，是研究系统状态随外界控制参数改变而发生的不连续变化的理论。这种理论认为，在条件的转折点(临界点)附近，控制参数的任何微小变化都会引起系统发生突变，而且突变都发生在系统结构不稳定的地方。地理系统的突变现象，最典型的是地震、火山爆发、生物种群的突变等。

2.4.2 地理信息理论

地理信息理论(Geographic Information Theory)，是地理科学理论与信息科学理论相结合的产物，主要研究地理信息熵、地理信息流、地理空间场、地理实体电磁波、地理信息关联等的理论。

2.4.2.1　地理信息熵

地理信息熵(Geographic Information Entropy)，用来度量地理信息载体的信息能量，即地理信息载体的信息与噪声之比，简称信噪比，是评价地理信息载体的质量标准。C. E. Shannon 以熵作为信息载体的平均信息量的度量，而 W. Wiener 认为信息就是负熵。设有 N 个概率事件发生，每个事件发生的概率为 p_i，$p_i = 1/N$，$i = 1$，2，3，…，N，于是信息熵为

$$H = -K \sum_{i=1}^{N} p_i \log p_i \tag{2.5}$$

2.4.2.2　地理信息流

地理信息流(Geographic Information Flow)是由于物质和能量在空间分布上存在着不均衡现象所产生的，它依附于物质流和能量流而存在，也是物质流、能量流的性质、特征和状态的表征和知识。地理信息流是地理系统的纽带，有了地理信息流，地理系统才能运转。地理信息系统就是研究由于地理物质和能量的空间分布不均衡性所造成的物质流和能量流的性质、特征和状态的表征或知识，研究地理信息流的时空特征、地理信息传输机理及其不确定性和可预见性。

2.4.2.3　地理空间场理论

地理空间场理论(Theory of Geographic Spatial Feild)即地理能量场信息理论，按照这种理论，对于不同的地理实体，它们的物质成分可能不同，这样就可形成不同的地理空间或地理空间场；不同地理实体的地理空间，对人类具有不同的吸引力，这样就可以形成某些特殊的地理空间或地理空间场；不同的地理空间或地理空间场，具有不同的物理参数量，也就具有不同的能量信息的空间分布特征。

2.4.2.4　地理实体电磁波能量信息理论

作为地理信息系统的主要信息源的遥感信息的基础理论，是电磁波信息理论。遥感信息，是指运用传感器(Sensor)从空间或一定距离，通过对目标的电磁波能量特征的探测与分析，获得目标的性质、特征和状态的电磁波信号的表征及有关知识。大量事实证明，任何物质都具有反射外来电磁波的特征；任何物体都具有吸收外来电磁波的特征；某些物体对特定波长的电磁波具有透射性；任何地理试题由于它们的物质成分、物质结构、表面形状及特征的不同，都具有不同的电磁波辐射特征；任何同一属性或同一类型的地理试题由于它们的物质成分和物质结构存在一定的变幅，它们电磁波的辐射数值也存在一定的变幅；由于同一类型的电磁波辐射值存在一定的变幅，所以地物波谱是一个具有一定宽度的带，部分波谱还存在重叠。这些都是遥感信息形成的基础理论。

2.4.2.5　地理信息关联性理论

地理信息关联性理论，是从事物间的联系、依存和制约的普遍性原则出发，研究地理信息间的内在联系和机理，把握庞杂和瞬间变化的信息之间的相互关系，发挥地理信息综合集成的优势，更全面、客观、及时地认识世界，以此作为指导可持续发展研究中进行模拟、评估和预测，以及指导高水平的地理信息共相的基础理论。地理信息关联的可以用"维"来描述。人是自然和社会的中心，可以作为地理信息关联体系的原点；自从有了人，就存在人地关系，这就可以划分出人类系统和自然环境两维，他们涵盖和贯穿着整个人地关系；人的能动性是决定人类社会发展方向的重要因素，因此能动维作为地理信息关联体系的第三维。无论自然维、人类系统维和能动维，都是在时间和空间中相互联系和发展变

化的。所以，自然维、人类系统维和能动维构成了地理系统的三维模式(图2.6)。而人类系统和能动性作为第一维，时间和空间分别作为第二维、第三维，就构成地理信息关联的三维模式(图2.7)。

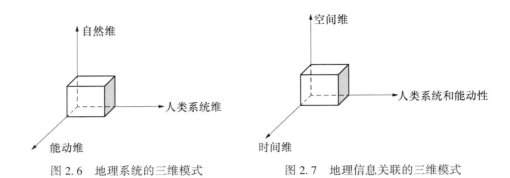

图2.6 地理系统的三维模式　　　　图2.7 地理信息关联的三维模式

地理信息关联性理论，对于地理信息系统的信息获取、组织、分析、综合、模拟、评估、预测，以及地理信息融合、信息共享等，都具有重要的理论指导作用。

2.4.3 地理(地球)空间认知理论

美国地理信息与分析中心(National Center for Geographic Information and Analysis，NCGIA)在1995年发表的《高级地理信息科学》(Advancing Geographic Information Science)报告中，提出的地理信息科学的战略领域有三个，其中之一为"地理空间的认知模型"(Cognitive Model of Geographic Space)。美国地理信息科学大学研究会(University Consortium for Geographic Information Science，UCGIS)于1996年发表的《地理信息科学的优先研究领域》(Research Priorities for Geographic Information Science)报告中，也把地理信息的认知列为第二个问题。可见，地理(地球)空间认知理论已成为地球空间信息科学的公认基础理论，也是地理信息系统的公认的基础理论。

认知是一个人认知和感知他生活于其中的世界时所经历的各个过程的总称，包括感受、发现、识别、想象、判断、记忆和学习等。奈瑟尔(Neisser)把认知定义为"感觉输入被转换、简化、加工、存储、发现和利用的过程"。所以，可以说，认知就是"信息获取、存储转换、分析和利用的过程"，简而言之，就是"信息处理的过程"。

地理(地球)空间认知，是研究人们怎样认识自己赖以生存的环境，包括其中的诸事物、现象的相互位置、空间分布、依存关系，以及它们的变化规律。这里之所以强调"空间"这一概念，是因为认知的对象是多维的、多时相的，它们存在于地球空间之中。

地理(地球)空间认知通常是通过描述地理环境的地图或图像来进行的，这就是所谓"地图空间认知"。地图空间认知中有两个重要概念：一是认知制图(Cognitive Mapping)，二是心象地图(Mental Map)。认知地图，它可以发生在地图的空间行为过程中，也可以发生在地图使用过程中。所谓空间行为，是指人们把原先已知的长期记忆和新近获取的信息结合起来后的决策过程的结果。地图的空间行为如利用地图进行定向(导航)、环境觉察和环境记忆等行为。地理信息系统的功能表明，人的认知制图能力是能够利用计算机模拟的，当然这只是一种功能模拟，模拟结果的正确程度完全取决于模拟模型和输入数据是否客观地、正确地反映现实系统。心象地图，是不呈现在眼前的地理空间环境的一种心理表征，是在过去对同一地理环境多次感知的基础上形成的，所以，它是间接的和概括的，具有不完整性、变形性、差异性(当然也有相似性)和动态交互性。心象地图可以通过实地考察、阅读文字资料、使用地图等方式建立。

地理(地球)空间认知包括感知过程、表象过程、记忆过程和思维过程等基本过程。地理空间认知的感知过程，是研究地理实体或地图图形作用于人的视觉器官产生对地理空间的感觉和知觉的过程。地理空间认知的表象过程，是研究在知觉基础上产生的表象的过程，它是通过回忆、联想使在知觉基础上产生的映象再现出来。地理空间认知的记忆过程，是人的大脑对过去经验中发生过的地理空间环境的反映，分为感觉记忆、短时记忆、长时记忆、动态记忆和联想记忆。地理空间认知的思维过程，是地理空间认知的高级阶段，它提供关于现实世界客观事物的本质特性和空间关系的认识，在地理空间认知过程中实现着"从现象到本质的转化"，具有概括性和间接性。

2.5 地理信息系统的时空观

在 GIS 中有两大类特殊的概念，一是地理实体和地理现象，二是时空特征和时空关联特征。地理实体是相对永久存在的地理景观，地理现象是发生的偶然事件，前者是静态的，后者是动态的。GIS 需要对这两类概念进行完整表达，交叉研究。但就目前的 GIS 应用来讲，后者是有缺陷的。这是所谓的第一层次的概念。

时空可用性观点是 GIS 关心的第二层次的概念。特别是地理实体和现象之间的时空关联性问题，即"何时何地"的问题。"何地"是地理学的经典问题，可有绝对位置或相对位置回答。但关于"何时"的时间维问题，远远超过简单的有关时钟和日期是"何时"的提问。这个问题可能更复杂，如何时变化？变化多快？同时发生了什么？什么先出现？等等。

时空观来源于传统的四门科学，即数学、物理学、哲学和地理学。GIS 的时空观在此基础上增加了两个新观点，即认知论和社会文化观。作为信息技术的 GIS，其目标不是为很多已经存在的应用增加新的时空方法或观点，而是帮助用户适当地表达手中工作的时空信息。由于 GIS 中同时存在多元时空观，事实让这个简单的要求变得非常复杂。

对上述复杂问题的解释是：

(1)对数据库建库者，受到对被量测地理实体或现象实际理解的限制；

(2)数据库的数据模型是图形方式的，必须符合计算机对时空的理解；

(3)数据库用户需要从系统表达的描述中，提取满足完成综合任务所需的信息；

(4)相对其他任务而言，与社会文化相关的任务，哪类问题可以问，什么形式的答案可以接受。

四个不同量化时空观与上述过程有关：

(1)经验主义观点(试图尽可能准确获取城市、湖泊、森林等的时空特点和其他性质)；

(2)用点、线、面或像元的形式进行数字表达；

(3)实验方式，用空间图形或其他认知设备，将地理图形和其他计算机生成的符号，转换成专家能理解的地理表达；

(4)基于社会学观点，集中查询和确定所感兴趣的对象。

从经验主义观点或实验观点，或社会观点，上述观点存在部分冲突。例如：矢量 GIS

的点、线、面数据模型不能满足对地理实体或地理现象中存在的模糊性或不确定性进行表达的需要。另外，栅格数据模型中，描述的离散域观点与实验中的两个基本观点冲突，即地理空间是连续的，但空间却是由单个事物填充。

时空集成问题。GIS 中的动态现象和变化特征的表达需求是 GIS 进行时空集成的主要原因。关于研究地理动态现象的时间本质问题，近几年才开始研究。用地图观点表达变化的权威方法是"时间片"模型，即在给定的时间间隔内，按不同时刻生成具有时间标志的地图组成。这个结果在 GIS 中可以用一组独立有序的图谱，或时空合成图谱，或三维时空结构来表示。

尽管"时间片"模型能满足很多研究的需要，但动态表达方法却中断了地理现象的连续性，可能错失时序中包含联系地理事件的偶然因素，并因此中断时刻间发生的事件。很多与时间无关的 GIS 模型取得了巨大的成功，但时空 GIS 仍然面临着一个前所未有的挑战。

相对时空和非米制时空表达。很多地理现象是通过它与相关实体存在的关系进行定义的。这些关系可以是两个地方的液体流或人类或动物的迁移流，也可以是两个地方的关联影响、通信、可达性、潜在的相互作用等，或者两个地方的可识别的序列性质、类型、群落或差异性。上述关系可以认为是用相对空间定义的，相对空间也就是地理现象性质所依赖地理实体的相关关系结构。

对 GIS 来说，很好地操作相对空间与操作网络空间一样，变得愈来愈重要。上述问题对 GIS 来讲，存在两个问题：

(1)GIS 空间来源于绝对空间，不能很好地表达其关联性。因为在绝对空间，地理编码化的位置局限于空间中有关联的有拓扑关系的点。而在相对空间里，则先根据地理实体的几何和拓扑完成一组任意关系点的定义。因此，那些一致的关系可以在平面中进行描述，但在欧氏米制空间中容易产生混淆。一般地，绝对空间和相对空间的性质冲突影响了 GIS 对各种关系的表达，这就是为什么地理模型，特别是描述社会现象的地理模型与 GIS 的集成会有很多困难的原因。

(2)大多数相对空间是 n 维的(n 为整数)，这样的空间不仅不适合以地图为基础的GIS，也不适合类似的描述介质。

精确时空的表达。与更一般的时空和相对时空表达所面临的挑战相比，GIS 面临的挑战是其自身。在欧氏空间、地理参考系和地图观的基础上，GIS 是一种精确表达时空的方法，包括时空的清晰描绘、时空内在相似对象的表达、连续变化属性域的表达。

大多数地理实体和地理现象的表达不能归于精确或模糊两类表达中的一类。因为地理实体与地理现象本身几何特性间的区别是人为的，对此，可以采用精确的或模糊的表达，并且对这些性质的相关知识也可以是准确的，或不准确的。愈来愈多的研究者正在用模糊集理论研究本身缺少明确界限的地理实体或地理现象。模糊性和不确定性的地理表达，特别是两者共存时的表达，目前是一个活跃的研究领域。GIS 如何能更好地表达时间和空间，已经直接或间接成为 GIS 发展的主要压力。从应用角度讲，要求更好的时空集成方法，有新的地理实体和地理现象的表达方法出现。

2.6　社会科学的空间表达观

GIS 是操纵空间对象的有力工具。GIS 在社会经济领域中的应用一直受到国际 GIS 领域的不断关注。20 世纪 90 年代的人口普查为该领域的进一步发展注入了新的活力。在社会经济领域，已经开发了一些专门的系统。这里讨论的问题是把社会经济现象作为空间对象进行概念化的相关研究。这里空间对象是具有空间位置以及空间上独立的属性特征的实体。

社会经济现象地理坐标的确定。众所周知，社会经济现象研究的一个基本任务就是人口统计。人口数据通常通过地理区域与地理位置关联，如人口统计区、选区、地方行政区域或者规则正方形格网等。通常它们都可以作为统计社会经济数据的基本面积单元。因此，将从个体(或样本、或总人口)得到的信息累加起来，就能得到每个基本面积单元的总和。

把这些地理区域作为基本统计面积单元存在着一些困难。因为这些地理区域实际上是被"强加的"，而不是"自然的"单元，这意味着所量测现象的边界位置可能是任意的。这是因为：

(1)区域可能被分成很多不同尺度的小区域，如英国可能被分成 79 个县，460 个区域或 10000 个选区。

(2)在给定的尺度下，有设置这些区域单元的不同方法，每种方法都得到不同的、汇集的独立数据。即使在基础人口总数没有变化的前提下，每种人口统计方法重新设置选区都会形成不同的分布特征区域，这称为可修正面积单元问题。这个问题在空间数据分析方面一直是争论的主题。

当设计人口统计系统时，认识到这个问题是相当重要的。在面积大而人口稀少的区域使用不规则边界的面积单元，在地图上表现社会经济现象会出现困难。

另一种人口分析的方法是把人口与点关联起来。但这种方法很难精确确定个体或家庭的位置。在这种情况下，通常通过参考家庭地址来确定地理位置，如可以参考街道段、邮政编码或独立房地产位置。但这种方法表达的数据很难在 GIS 中进行可视化。如失业率这样的概念不能衡量个体现状特征，而是与整体累积的数据有关。用家庭地址做地理参考可能是不适当的。

社会经济领域应用 GIS 的观点。在 GIS 中是否存在唯一"正确的"方式表达社会经济现象呢？答案几乎肯定是否定的。因为社会经济现象的最佳表达策略高度依赖于特定的应用。这意味着用户有深刻理解所选择和使用表达策略的责任。

上述讨论的是社会学家关注的经济现象的 GIS 表达方式问题。GIS 在社会经济领域应用的基本困难仍然是所关注对象的精确测量和最佳模型化问题两个方面。虽然存在很多人口和经济行为方面的计算机资源，但它们通常并不直接与可量测的地理位置相关。要把两者关联起来，GIS 将面临技术、概念等方面的困难。选择地理参考问题，对后续的数据转换、数字对象的创建、可视化和输出都具有影响。

2.7 地理信息科学方法概论

地理信息科学的方法由三个部分组成，即地理信息本体论、地理信息科学方法和地理信息技术方法。

2.7.1　地理信息本体论

地理信息本体论在总体上继承了科学哲学中的自然观的思路，反映地理信息的特征、本质、信息机理、功能等，同时又在认识论和方法论的指导下阐述了地理信息的认识论和方法论本质。本体论作为知识表达的工具，自 20 世纪 80 年代以来受到许多学者的关注，在人工智能与信息系统领域得到了极大发展。从一般性的概念表达、信息检索到目前的智能检索系统与语义网，本体论的理念使一般的、静态的信息逐步转变为复杂的、动态的知识网络系统。本体论作为一种知识表达和关联的方法，让机器更透彻地理解人的语言，通过概念及其关系的操作，让人更方便、更快捷、更高效地从信息系统及其互联网络中获取所需要的信息或知识。

地理信息(也即空间信息)与普通信息密切相关，GIS 的智能化、网络化和大众化是其发展的必然趋势。如何让 GIS 与一般信息系统，尤其是如何让 GIS 由一个地理信息系统转变为以处理地理信息为主的知识系统，是推动 GIS 发展的关键。另外，目前 GIS 发展面临的许多理论与技术问题严重地影响了其发展，如语义互操作问题直接制约着 GIS 的推广。

2.7.2　地理信息科学方法

地理信息科学方法是以系统论、信息化、控制论、耗散结构论、协同论、超循环理论、分形与混沌理论、虚拟现实等信息系统科学理论为指导，在以地理信息为对象的研究活动中总结出来的信息系统整体思维方式。它体现了 4 个方面的整合：

(1)在研究对象及其联系上，实现了地理单元个体、地理系统连续整体、信息系统整体之间的共生、相互转化、嵌套与整合；

(2)在地理本体和媒体中介上，实现了地理对象之间的质量、能量和信息的共生、相互转化和整合；

(3)在地理历时性变化上，实现了量变、质变和序变等几种变化态的共生、相互转化和整合：

(4)在地理共时联系上，实现单一地理对象和现象、多样化的地理对象和现象、多样统一的地理对象和现象共存、相互转化、嵌套与整合。

地理信息的科学方法分为图形-图像思维方法、数学模型方法、地学信息图谱方法、智能分析与计算方法、模拟和仿真方法、综合集成方法共 6 类，它们分别对应于地理信息科学中的特有的地图、图形图表和遥感图像的识别与思维，结构化问题的数学模型建模与分析方法。中国科学家独创了形—数—理一体化的图谱方法。另外，还有非结构化问题的知识推理与计算方法，以及数值模拟、虚拟仿真，各种方法的集成等研究方法。

图形-图像思维方法分为一般图形/图像思维方法、地图思维方法和遥感图像思维方法 3 个子方法。

数学模型方法分为空间分布与格局、地理空间过程、地理时空演化、空间优化和决策 4 个数学模型子方法。

地学信息图谱方法包括地理形态和空间格局图谱、地理过程信息图谱、地理行为信息图谱、综合地学信息图谱 4 个子方法。

智能分析与计算方法分为地理知识推理、地理空间决策、地理知识发现和挖掘、神经网络空间分析 4 个子方法。

模拟和仿真方法包括地理信息模拟、地理信息仿真和地理信息虚拟现实 3 个子方法。

综合集成方法包括还原与整体集成、定性与定量集成、归纳与演绎集成、逻辑思维与非逻辑思维集成、复杂性科学集成 5 个子方法。

2.7.3 地理信息技术方法

地理信息技术方法分为地理信息采集和监测技术，地理信息管理技术，地理信息处理，分析和模拟技术，地理信息表达技术，地理信息服务技术，地理信息网格技术，地理信息 5S 集成技术 7 类。它们分别对应于地理信息科学领域内的信息获取与动态监测、信息管理、表达、服务、网格计算与服务、多种技术系统集成等技术方法。

地理信息采集和监测技术方法包括基于 GPS 的精确空间定位和信息获取、基于遥感的地理对象动态监测、对地观测、陆地和海洋定点监测、社会经济数据采集和统计 5 种子方法。

地理信息管理技术方法分为地理对象时空数据模型、地理对象的数据库管理、海基地理数据的分布式管理 3 种子方法。

地理信息处理、分析和模拟技术方法则包括地理信息处理、基于位置的空间定位（LBS）、地理时空分析建模、地理信息智能分析和计算、虚拟地理环境 5 种子方法。

地理信息表达技术方法由地图表达、地图及数据库概括和派生、地理信息多维动态可视化、地理信息研究成果展示 4 种子方法组成。

地理信息服务技术方法分为地理数据服务、地理信息和知识服务、地图服务、地理空间辅助决策服务 4 种子方法。

地理信息网格技术分为地理信息网格计算，网格资源定位、绑定和调度，空间信息网格在线分析处理，智能化信息网格共享与服务 4 种子方法。

地理信息 5S 集成技术方法包括多源空间数据集成、跨平台的系统集成、应用模型与 GIS 系统的集成、基于分布式计算的集成、GIS-RS-GPS-DSS-MIS 集成 5 种子方法。

练习与思考题

1. 请结合空间信息技术的发展来说明地理学的发展历程及不同阶段的特点。
2. 试结合实例说明地理信息与其他信息间的主要区别。
3. 从空间数据处理流程的角度阐述 GIS 解决问题的基本流程。
4. 结合地理学中的相关知识，从物质和能量交换角度来解释地理系统的定义及特点。
5. 分别从理论基础、方法途径、技术体系、应用领域角度来说明地理信息科学的研究内容及组成。
6. 请结合实例来说明地理空间认知的概念及其应用。
7. 查询相关文献，思考时间与空间两者的关系，总结时空 GIS 的研究成果。
8. 请结合空间数据处理流程理解不同的地理信息技术方法。
9. 请比较和分析地理学、地理信息科学及地理信息系统三者间的相互关系。
10. 试结合实例说明地理信息与普通的信息间的主要区别。

11. 分别从理论体系、方法体系、技术体系和应用体系等不同角度来解释地理信息科学的定义。

12. 结合地理学和 GIS 的研究目标，总结人地关系理论的发展历史。

13. 查阅相关文献，总结时空 GIS 的发展历程和趋势。

第 3 章　地理空间数据表达基础

在 GIS 中表达地理空间数据，需要有一些条件、规则、方法和要求。本章着重介绍和讨论地理空间数据的参考系统以及它们在 GIS 中的应用；介绍和比较对地理空间要素的不同表达形式和方法，特别是在 GIS 中的表达要求、规则和方法；介绍空间关系的概念、空间关系建立的方法以及它们在 GIS 空间分析中的作用。其中的一些重要概念和理论方法是正确建立地理空间数据库的基础。

3.1　地理空间数据的空间参考系统

GIS 存储和表达的对象是地理空间数据。为了实现在地理空间中存储和表达地理空间数据，就需要建立地理空间数据的空间参照系统，用于描述其在绝对空间中的几何属性，如空间位置、形状、大小、面积、长度等，以及在相对空间中的空间关系，如方位关系、拓扑关系等。在 GIS 中，空间有绝对空间和相对空间之分。绝对空间是具有属性描述的地理空间对象的空间位置和几何元素的集合，表现为一系列不同位置上的空间对象的空间坐标值和几何特征元素组成，如点、线、面矢量元素以及栅格单元等，所描述的位置称为绝对位置。相对空间是具有空间属性的地理空间对象的元素的集合，表现为不同空间对象元素之间的非图形化逻辑关系。这里所说的空间对象元素，是指不考虑坐标值、几何特征的空间元素，如点、线、面元素，所描述的逻辑关系称为相对位置。因此，地理空间参考系统是表示地理空间对象位置的空间参照系统。就目前来讲，在 GIS 中使用的空间参考系统有地理坐标系统、地图坐标系统、线性参考系统等。

3.1.1　地理坐标系统

地理坐标系统，也称为真实世界的坐标系统，是球面坐标系，是确定地理空间实体在地球表面上位置的空间参考系统，由两个因素组成，一是椭球体，二是大地基准面(也叫做椭球面)。

众所周知，我们的地球表面是一个凸凹不平的表面，而对于地球测量而言，地表是一个无法用数学公式表达的曲面，这样的曲面不能作为测量和制图的基准面。人们以假想的平均静止的海水面形成的"大地体"为参照，推求出近似的椭球体，理论和实践证明，该椭球体近似一个以地球短轴为轴的椭圆而旋转的椭球体，称为参考椭球体。参考椭球体表面是一个规则的数学表面，可以用数学公式表达，所以在测量和制图中就用它替代地球的自然表面。因此就有了参考椭球体的概念。将地球自然表面上的点归化到这个参考椭球面上，就可以实现位置定位。定义参考椭球体需要一些参数，如长半轴(a)、短半轴(b)、扁率(α)等。

大地基准面(Geodetic datum)，设计用为最密合部分或全部大地水准面的数学模式。

它由椭球体本身及椭球体和地表上一点视为原点间之关系来定义。此关系能以 6 个量来定义，通常（但非必然）是大地纬度、大地经度、原点高度、原点垂线偏差之两分量及原点至某点的大地方位角。

那么，现在让我们把地球椭球体和基准面结合起来看，在此我们把地球比做"马铃薯"，表面凸凹不平，而地球椭球体就好比一个"鸭蛋"，那么按照我们前面的定义，基准面就定义了怎样拿这个"鸭蛋"去逼近"马铃薯"某一个区域的表面，将 X、Y、Z 轴进行一定的偏移，并各自旋转一定的角度，大小不适当的时候就缩放一下"鸭蛋"，那么通过如上的处理，必定可以达到很好的逼近地球某一区域的表面。每个国家或地区均有各自的基准面。我国历史上的不同坐标系就是根据不同的参考椭球体和基准面定义的，如图 3.1 所示。

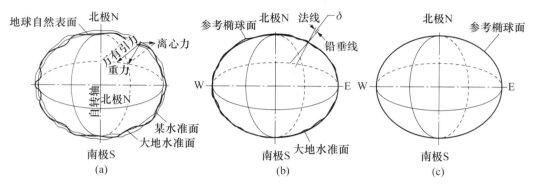

图 3.1　地球自然表面、大地水准面和参考椭球面关系

3.1.1.1　常用的椭球体及参数

我国历史上曾经使用过多个椭球体定义地理坐标系和地图坐标系。

（1）海福特椭球（1910）。是我国 1952 年以前采用的椭球体，其参数分别为：$a = 6378388\text{m}$，$b = 6356911.9461279\text{m}$，$\alpha = 0.33670033670$。

（2）克拉索夫斯基椭球（Krassovsky，1940）。是北京 54 坐标系采用的椭球，其参数分别为：$a = 6378245\text{m}$，$b = 6356863.018773\text{m}$，$\alpha = 0.33523298692$。

（3）1975 年 I.U.G.G 推荐椭球（国际大地测量协会，1975）。西安 80 坐标系采用的椭球，其参数分别为：$a = 6378140\text{m}$，$b = 6356755.2881575\text{m}$，$\alpha = 0.0033528131778$。

（4）WGS-84 椭球（GPS 全球定位系统椭球，17 届国际大地测量协会）。是国际通用的 WGS-84 坐标系蚕蛹的椭球，其参数分别为：$a = 6378137\text{m}$，$b = 6356752.3142451\text{m}$，$\alpha = 0.00335281006247$。

（5）CGCS2000（2000 国家大地坐标系）椭球。是通过中国 GPS 连续运行基准站、空间大地控制网以及天文大地网与空间地网联合平差建立的地心大地坐标系统。2000 国家大地坐标系以 ITRF 97 参考框架为基准，参考框架历元为 2000.0，其大地测量基本常数分别为：长半轴 $a = 6378137\text{m}$，地球引力常数 $GM = 3.986004418 \times 10^{14} \text{m}^3/\text{s}^3$，扁率 $f = 1/298.257222101$，地球自转角速度 $\omega = 7.292115\text{rad/s}$。

3.1.1.2　地理坐标系概念

最常用的地理坐标系是经纬度坐标系，这个坐标系可以确定地球上任何一点的位置，如果我们将地球看做一个椭球体，而经纬网就是加在地球表面的地理坐标参照系格网，经度和纬度是从地球中心对地球表面给定点量测得到的角度，经度是东西方向，而纬度是南北方向，经线从地球南北极穿过，而纬线是平行于赤道的环线。如图 3.2 所示。

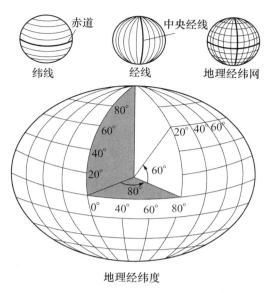

图 3.2　地面任意点的位置由经纬度表示

经纬度具有深刻的地理意义，它标示物体在地面上的位置，显示其地理方位（经线与南北相应，纬线与东西相应），表示时差，此外，经纬线还标示许多地理现象所处的地理带，如气候、土壤等部门都要利用经纬度来推断地理规律。经纬度的值可以用度-分-秒（DMS）表示，也可用十进制表示的度数（DD）形式表示。地理经纬度的起算以通过赤道的纬线为 0 度纬度，向北称北纬 0～90 度，向南称南纬 0～90 度。以通过格林尼治天文台的经线为 0 度经线，向东称为东经 0～180 度，向西称为西经 0～180 度。

地理坐标系统因定义时所使用的椭球参数和基准面不同，会存在原点和坐标方向不同，因而需要进行坐标系之间的转换，地理坐标系之间的转换方法请参考有关的书籍。

地理坐标是一种球面坐标，可以用于地球表面地理实体的定位。但由于量测单位的不一致，导致相同的角度代表不同的距离，因此它不具有标准的长度度量标准。直接利用地理坐标进行距离、面积和方向等参数运算是复杂的，也不能方便显示数据到平面上。所以，地理坐标还需要经过地图投影变换到投影坐标，投影坐标系是平面直角坐标系，也称为测量坐标系。如图 3.3 所示。

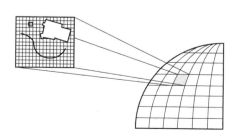

图 3.3　地理坐标与投影坐标转换

3.1.2 地理坐标系的定义

一个国家的地理坐标系，也称为大地坐标系，是由椭球体和大地基准面决定的。大地基准面是利用特定椭球体对特定地区地球表面的逼近，因此，每个国家或地区均有各自的大地基准面。地理坐标的测量有天文测量方法和大地测量方法，相应的，坐标有天文地理坐标和大地地理坐标。天文地理坐标以大地水准面为基准面，地面点沿铅垂线投影到该基准面的位置。大地地理坐标以参考椭球面为基准面，地面点沿椭球的法线投影到该基准面的位置，二者之间可以进行换算。

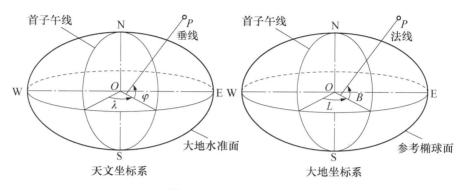

图 3.4　地理坐标系定义

如图 3.4 所示，地面上过任意一点 P 的铅垂线与地球的旋转轴 NS 所组成的平面，称为该点天文子午面，与大地水准面的交线是天文子午线，也称为经线。过英国格林尼治天文台 G 点的子午面为首子午面，为 0 度经线。天文经度是过地面点 P 的子午面与首子午面的夹角，天文纬度是过 P 点的铅垂线与赤道面的夹角。赤道为 0 度纬线。地面点到大地水准面的投影距离为大地高。

大地地理坐标用大地经度和大地纬度表示。大地经度是过 P 点的大地子午面与首子午面的夹角。大地纬度是过 P 点的法线与赤道面的夹角。高程为地面点 P 到参考椭球面的投影距离。大地经纬度根据大地起始点的大地坐标，又称大地原点坐标，按大地测量的数据推算而得。大地原点是大地经纬度与天文经纬度一致的点。

我们通常所说的北京 54 坐标系、西安 80 坐标系实际上指的是我国的两个大地基准面。我国参照苏联从 1953 年起采用克拉索夫斯基(Krassovsky)椭球体建立了我国的北京 54 坐标系；1978 年采用国际大地测量协会推荐的 IAG75 地球椭球体建立了我国新的大地坐标系，即西安 80 坐标系；目前 GPS 定位所得出的结果都属于 WGS84 坐标系统，WGS84 基准面采用 WGS84 椭球体，它是一地心坐标系，即以地心作为椭球体中心的坐标系；我国现在使用的大地坐标系是 CGCS2000 坐标系，也是一种地心坐标系。因此，相对同一地理位置，不同的大地基准面，它们的经纬度坐标是有差异的。

3.1.2.1 参心坐标系和地心坐标系

参心坐标系是以参考椭球的几何中心为基准的大地坐标系。"参心"意指参考椭球的中心。在测量中，为了处理观测成果和传算地面控制网的坐标，通常需选取一参考椭球面作为基本参考面，选一参考点作为大地测量的起算点(大地原点)。

参心坐标系分为参心空间直角坐标系(以 XYZ 的直角坐标为其坐标元素,长度为单位)和参心大地坐标系(以 BLH 大地经纬度和大地高为其坐标元素,平面坐标角度为单位,高程以长度为单位)。

参心空间直角坐标系,以参考椭球的几何中心为坐标原点,Z 轴与参考椭球的短轴(旋转轴)相重合,向北为正,X 轴与起始子午面和赤道面的交线重合,向东为正,Y 轴在赤道面上与 X 轴垂直,构成右手直角坐标系 O-XYZ,地面点 P 的点位用(X,Y,Z)表示。

参心大地坐标系,以参考椭球的几何中心为坐标原点,椭球的短轴与参考椭球旋转轴重合;以过地面点的椭球法线与椭球赤道面的夹角为大地纬度 B,以过地面点的椭球子午面与起始子午面之间的夹角为大地经度 L,地面点沿椭球法线至椭球面的距离为大地高 H,地面点的点位用(B,L,H)表示。

参心坐标系的应用十分广泛,它是经典大地测量的一种通用坐标系。由于不同时期采用的地球椭球不同或其定位与定向不同,在我国历史上出现的参心坐标系主要有 BJZ54(旧)、GDZ80 和 BJZ54(新)三种。

地心坐标系以地球质心为原点建立的空间直角坐标系,或以球心与地球质心重合的地球椭球面为基准面所建立的大地坐标系。以地球质心(总椭球的几何中心)为原点的大地坐标系,通常分为地心空间直角坐标系(以 XYZ 的直角坐标为其坐标元素)和地心大地坐标系(以 BLH 大地经纬度和大地高为其坐标元素)。地心坐标系是在大地体内建立的 O-XYZ 坐标系。原点 O 设在大地体的质量中心,用相互垂直的 X、Y、Z 三个轴来表示,X 轴与首子午面与赤道面的交线重合,向东为正。Z 轴与地球旋转轴重合,向北为正。Y 轴与 XZ 平面垂直构成右手系。我国 CGCS2000 坐标系、WGS-84 坐标系就是地心坐标系。

在 GIS 应用中,存在参心坐标系和地心坐标系的转换问题,如将 GDZ80 坐标转换为 CGCS2000。注意 CGCS2000 坐标系、WGS-84 坐标系虽然都是地心坐标系,但存在参数定义的差别,也需要进行转换。其具体的转换方法请参阅有关文献和书籍。

3.1.2.2 地理坐标系和投影坐标系转换

为解决由不可展的椭球面描绘到平面上的矛盾,用几何透视方法或数学分析的方法,将地球上的点、线和面状要素首先投影到可展的曲面(平面、圆柱面、圆锥面)上,再将这些可展曲面展开为平面,建立该平面上的点、线、面要素与地球椭球面上的点、线、面要素之间的对应关系,这种算法就是地图投影。地理坐标系经投影后形成的平面直角坐标系,称为投影坐标系或测量平面直角坐标系。其选择的中央纬线和经线形成了投影坐标系的 X 轴和 Y 轴,投影中心(中央经纬线的交点)为坐标原点,如图 3.5 所示。

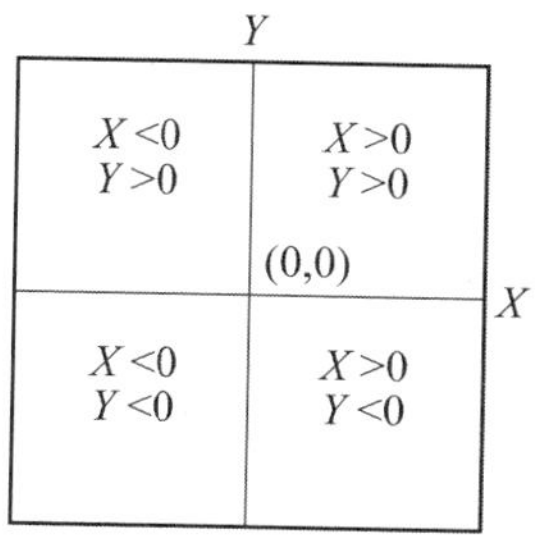

	Y	
$X<0$ $Y>0$		$X>0$ $Y>0$
	(0,0)	X
$X<0$ $Y<0$		$X>0$ $Y<0$

图 3.5　投影坐标系统

为了避免出现负的坐标值,地图用户可将坐标轴进行平移,以获取工作区内完全正值的坐标值。平移还可减少坐标值的数位、提高数据的计算精度。

目前国际间普遍采用的一种投影,即横轴墨卡托投影(Transverse Mecator Projection),又称为高斯-克吕格投影(Gauss-Kruger Projection),在小范围内保持形状不变,对于各种应用较为方便。我们可以想象成将一个圆柱体横躺,套在地球外面,再将地表投影到这个圆柱上,然后将圆柱体展开成平面。圆柱与地球沿南北经线方向相切,我们将这条切线称为中央经线。

在中央经线上,投影面与地球完全密合,因此图形没有变形;由中央经线往东西两侧延伸,地表图形会被逐渐放大,变形也会越来越严重。为了保持投影精度在可接受范围内,每次只能取中央经线两侧附近地区来用,因此必须切割为许多投影带。就像将地球沿南北子午线方向,如切西瓜一般,切割为若干带状,再展成平面。目前世界各国军用地图所采用的 UTM 坐标系统(Universal Transverse Mecator Projection System),即为横轴投影的一种。是将地球沿子午线方向,每隔 6 度切割为一带,全球共切割为 60 个投影带,如图 3.6 所示。

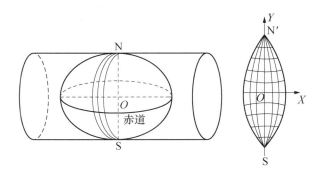

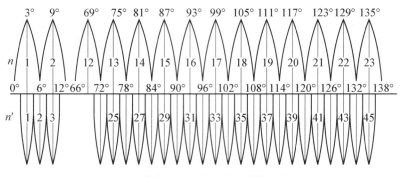

图 3.6　高斯-克吕格投影及分带示意图

由于我国地图投影大多都采用的是高斯-克吕格投影,有 6 度或 3 度分带方法,是按分带方法各自进行投影,故各带坐标成独立系统。以中央经线投影为纵轴(x),赤道投影为横轴(y),两轴交点即为各带的坐标原点。纵坐标以赤道为零起算,赤道以北为正、以南为负。我国位于北半球,纵坐标均为正值。横坐标如以中央经线为零起算,中央经线以东为正,以西为负,横坐标出现负值,使用不便,故规定将坐标纵轴西移 500km 当做起始轴,凡是带内的横坐标值均加 500km。由于高斯-克吕格投影每一个投影带的坐标都是对本带坐标原点的相对值，所以各带的坐标完全相同，为了区别某一坐标系统属于哪一带，在横轴坐标前加上带号，如（4231898m，21655933m），其中21即为带号。所以，对于我国，在 GIS 中，对坐标的正确使用应注意两点，一是高斯投影得到的投影坐标系是左手坐标系，GIS 是右手坐标系；二是纵轴的平移常数的使用。

由于要将不可展的地球椭球面展开为平面，且不能有断裂，那么图形必将在某些地方被拉伸，在某些地方被压缩，因而投影变形是不可避免的。投影变形通常包括三种，即长度变形、角度变形和面积变形。由于投影使用的可展开曲面有平面、圆柱面、圆锥面，它们与椭球面套合的方式可以是正轴、横轴和斜轴，可以是相切或相割关系，为了保证投影的精度，所以有多种投影方法。例如，在我国使用的就有高斯-克吕格投影、UTM 投影和兰博特投影等。在 GIS 应用中，正确使用投影方法的情况有两种：

一是地图数据使用的投影方法不一致，这会造成因不同的变形使空间数据的分析和显示在空间位置上不能配准。在网络 GIS 广泛应用的今天，由于地图数据的多源性，需要对地图数据进行投影变换或重新投影这种转换处理是时常会产生的。关于地图投影的相关知识和方法请参考相关书籍。

二是根据不同的制图目的，需要选择不同的地图投影。在进行地图投影方法选择时，考虑的因素包括范围、形状、地理位置、用途、出版方式等。以减少图上变形为目的，最好使等变形线与制图区域的轮廓形状基本一致，其中范围、形状、地理位置最重要。

3.1.2.3　方里网和经纬网

方里网是由平行于投影坐标轴的两组平行线所构成的方格网。因为是每隔整公里绘出坐标纵线和坐标横线，所以称为方里网，由于方里线同时又是平行于直角坐标轴的坐标网线，故又称直角坐标网。

在 1：1 万至 1：20 万比例尺的地形图上，经纬线只以图廓线的形式直接表现出来，并在图角处注明相应度数。为了在用图时加密成网，在内外图廓间还绘有加密经纬网的加密分划短线（图式中称分度带），必要时，对应短线相连就可以构成加密的经纬线网。在 1：25 万地形图上，除内图廓上绘有经纬网的加密分划外，图内还有加密用的十字线。

我国的 1：50 万至 1：100 万地形图，在图面上直接绘出经纬线网，内图廓上也有供加密经纬线网的加密分划短线。

直角坐标网的坐标系以中央经线投影后的直线为 X 轴，以赤道投影后的直线为 Y 轴，它们的交点为坐标原点，是左手坐标系。这样，坐标系中就出现了四个象限。纵坐标从赤道算起，向北为正、向南为负；横坐标从中央经线算起，向东为正、向西为负。

虽然我们可以认为方里网是直角坐标，大地坐标就是球面坐标，但是我们在一幅地形图上经常见到方里网和经纬度网，我们很习惯地称经纬度网为大地坐标，这个时候的大地坐标不是球面坐标，它与方里网的投影是一样的（一般为高斯投影），也是平面坐标。

3.1.2.4　高程系统

高程系统定义了地面点高程起算的基准面。我国于 1956 年规定以黄海（青岛）的多年平均海平面作为统一基面，为中国第一个国家高程系统。目前我国存在的高程系统有：

（1）56 黄海高程基准：+0.000；

（2）85 高程基准（最新的黄海高程）：56 高程基准-0.029；

（3）吴淞高程系统：56 高程基准+1.688；

（4）珠江高程系统：56 高程基准-0.586；

我国目前通用的高程基准是 85 高程基准。在 GIS 中进行数据处理时，应注意选择正确的高程系以及它们之间的转换。

3.1.3 GIS 中的空间参考系

GIS 中使用的空间参考系包括地理坐标系、笛卡尔直角坐标系和线性参考坐标系。

3.1.3.1 笛卡尔直角坐标系

在 GIS 中，使用的笛卡尔直角坐标系分为二维平面直角坐标系(图 3.7(a))和三维直角坐标系(图 3.7(b))，是以左下角为原点的右手坐标系，即数学上定义的平面直角坐标系。屏幕坐标系是以左上角为原点的平面直角坐标系(图 3.7(c))。

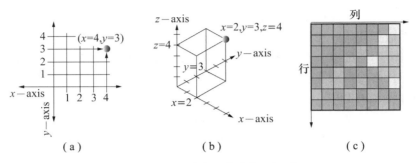

图 3.7 GIS 中定义的直角坐标系

如果地图坐标是地理坐标，数据存储时一般使用十进制的二维坐标值存储，当需要在计算机屏幕显示时，转换为二维直角平面坐标(屏幕坐标系坐标)，地图输出时转换为投影坐标系坐标。如果地图坐标是投影坐标，则数据存储时转换为笛卡尔直角坐标，显示时转换为屏幕坐标，输出时再转换为投影坐标。应注意我国地图使用的平面测量直角坐标系与 GIS 中使用的平面坐标系的不同，应用时需要进行转换，如图 3.8 所示。

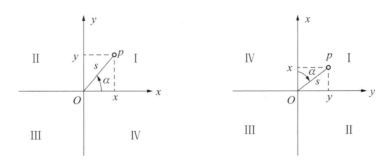

(a)GIS使用的平面直角坐标系　　　　(b)制图测量使用的平面直角坐标系

图 3.8 GIS 和测量使用的坐标系

在 GIS 中，地理数据的显示往往可以根据用户的需要，指定各种不同的投影方法。但当所显示的地图与国家基本地图系列的比例尺一致时，往往采用与国家基本系列地图所用的投影。我国常用的地图投影的情况为：

(1)我国基本比例尺地形图(1∶100 万、1∶50 万、1∶25 万、1∶10 万、1∶5 万、1∶2.5 万、1∶1 万、1∶5000)。大于等于 50 万的均采用高斯-克吕格投影(Gauss-Kruger)。

（2）小于 50 万的地形图采用正轴等角割圆锥投影，又叫兰勃特投影（Lambert Conformal Conic）。其分幅原则与国际地理学会规定的全球统一使用的国际百万分之一地图投影保持一致。

（3）我国大部分省区图以及大多数这一比例尺的地图也多采用 Lambert 投影和属于同一投影系统的 Albers 投影（正轴等面积割圆锥投影）。

（4）Lambert 投影中，地球表面上两点间的最短距离（即大圆航线）表现为近于直线，这有利于地理信息系统中和空间分析量度的正确实施。

（5）海上小于 50 万的地形图多用正轴等角圆柱投影，又叫墨卡托投影（Mercator）。

GIS 中的坐标系定义由基准面和地图投影两组参数确定，而基准面的定义则由特定椭球体及其对应的转换参数确定。

高斯-克吕格投影、兰勃特投影、墨卡托投影需要定义的坐标系参数序列如下：

高斯-克吕格：投影代号（Type）、基准面（Datum）、单位（Unit）、中央经度（Origin Longitude）、原点纬度（Origin Latitude）、比例系数（Scale Factor）、东伪偏移（False Easting）、北纬偏移（False Northing）。

兰勃特：投影代号（Type）、基准面（Datum）、单位（Unit）、中央经度（Origin Longitude）、原点纬度（Origin Latitude）、标准纬度 1（Standard Parallel One）、标准纬度 2（Standard Parallel Two）、东伪偏移（False Easting）、北纬偏移（False Northing）。

墨卡托：投影代号（Type）、基准面（Datum）、单位（Unit）、原点经度（Origin Longitude）、原点纬度（Origin Latitude）、标准纬度（Standard Parallel One）。

由于我国地图投影多数采用高斯-克吕格投影，这是基于分带投影的方法（分为 3 度带和 6 度带）。在建立跨投影带区域的大型 GIS 数据库时，还需要考虑投影带之间的换带计算问题；否则，不同投影带之间会产生投影缝隙，就不能建立无缝图层。

在一些应用中，如城市应用，为了某些理由，将国家大地坐标系的原点、坐标方向经过平移和旋转，形成地方坐标系。在 GIS 应用中，如果存在这两种坐标系的地图数据，也需要进行坐标系的变换。但这种坐标转换使用坐标平移、相似变换、仿射变换或多项式变换即可完成。

在 ArcGIS 中经常遇到需要定义地理坐标系和投影坐标系（Geographic Coordinate System 和 Projected Coordinate System）。以定义北京 54 坐标系为例，地理坐标系的定义需要两个条件，即椭球体参数和基准面参数。北京 54 坐标是使用克拉索夫斯基椭球，其参数定义格式为：

Spheroid：Krasovsky_1940

Semimajor Axis：6378245.00000000000000000000

Semiminor Axis：6356863.0187730473000000000

Inverse Flattening：298.3000000000000010000

基准面参数为：

Datum：D_Beijing_1954

那么，完整可用的地理坐标系的定义应为：

Alias：

Abbreviation：

Remarks：

Angular Unit：Degree（0.017453292519943299）

Prime Meridian：Greenwich（0.000000000000000000）

Datum：D_Beijing_1954

Spheroid：Krasovsky_1940

Semimajor Axis：6378245.000000000000000000

Semiminor Axis：6356863.018773047300000000

Inverse Flattening：298.300000000000010000

投影坐标系的定义为：

Projection：Gauss_Kruger

Parameters：

False_Easting：500000.000000

False_Northing：0.000000

Central_Meridian：117.000000

Scale_Factor：1.000000

Latitude_Of_Origin：0.000000

Linear Unit：Meter（1.000000）

Geographic Coordinate System：

Name：GCS_Beijing_1954

Alias：

Abbreviation：

Remarks：

Angular Unit：Degree（0.017453292519943299）

Angular Unit：Degree（0.017453292519943299）

Prime Meridian：Greenwich（0.000000000000000000）

Datum：D_Beijing_1954

Spheroid：Krasovsky_1940

Semimajor Axis：6378245.000000000000000000

Semiminor Axis：6356863.018773047300000000

Inverse Flattening：298.300000000000010000

从参数中可以看出，每一个投影坐标系统都必定会有 Geographic Coordinate System。投影坐标系统，实质上便是平面坐标系统，其地图单位通常为米。从这里可以进一步理解，地图投影就是地理坐标系加上投影的算法的过程。

在 ArcGIS 软件中，投影坐标系的确定和使用有两种情况，一是动态投影，二是真实的投影变换。如果一个图层在创建时，已经指定了地理或投影坐标系（如果是自由直角坐标系的地图坐标系，则需要进行地理坐标的参考化处理，变换到地理或投影坐标系），在显示时，可以任意指定需要的地理或投影坐标系，但不会改变原图层固有的坐标系统，这称为动态投影变换。如果需要真正改变一个图层的原有地理或投影坐标系，则需要使用 ArcGIS 的投影转换工具，进行真实的投影变换处理，这称为真实投影变换。

3.1.3.2 线性参考系统

高速公路、城市道路、铁路、河流、城市综合管线等都是线性特征的例子。一般来讲，典型的线性特征仅具有一组属性。然而，线性参考系统可以提供一种直观的方式，把线性特征各个部分的多组属性联系起来，形成一组属性。通过线性参考处理的线特征，可以大大提高对其理解、维护、分析的能力。

在一些应用中，需要沿着不同的线性特征的相对位置进行建模，如高速公路、城市道路、铁路、河流、市政管线等。由于这些需求，便产生了一维量测系统，如河流、道路的里程测量，邮政线路的邮站位置等。一维线性系统通过使用沿着已经存在的线性特征的相对位置，简化了数据记录的复杂性。一些特征点的位置，如里程碑的位置，可以用线性系统的唯一的一维相对位置确定，而不必使用(x, y)确定。当数据被线性参考化以后，原来某线性特征的多组属性可以与该线性特征的某一部分联系起来。不同部分的属性可以被显示、编辑、分析，而不会影响原线性特征几何描述。沿着线性特征动态记录线段属性的做法，导致了线性动态分段。动态分段是线性参考特征在地图上显示处理的过程。

3.2 地理空间数据的表达方法

地理空间数据在不同的应用场合具有不同的表达方法，它们之间既具有联系，也存在区别。

3.2.1 地图表达地理实体要素的方法

地图对地理实体特征要素的描述方法分为线划地图和影像地图两种。

GIS 的一些基本概念与地图及其内容密切相关。事实上，地图的一些概念形成了更全面理解 GIS 概念的基础。地图是在一个页面上对地图要素布局和组织的集合。地图元素通常包括用于显示图层内容的地图框架、比例尺、指北针、图名、描述文字和符号图例。地图框架是地图的主要元素，提供地理信息的主要显示内容。在地图框架内，地理实体要素被表示为覆盖给定地图范围的一系列图层，如河流层、道路层、地名层、建筑物层、行政边界层、地形表面层和影像层等。地图符号和文字注记用于描述独立的地理要素，如图3.9 所示。

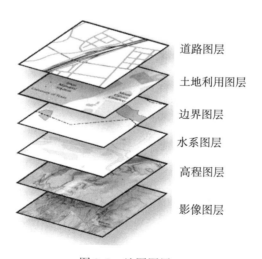

道路图层

土地利用图层

边界图层

水系图层

高程图层

影像图层

图 3.9　地图图层

地图图层是对地理信息的专题表达。地图图层转化为地理信息是通过以下的表达处理

实现的:

(1)按照点、线和多边形的离散特征;

(2)使用地图符号、颜色、注记有助于描述地图中的对象元素;

(3)使用航空影像或卫星影像覆盖地图范围;

(4)像高程信息这样的连续表面可以使用等高线、高程点或地貌晕渲方法之一。

地图表达的地理关系需要通过地图的阅读者的解译和分析获得。基于位置的关系,称为空间关系。例如:

(1)哪些地理特征彼此相连接(如道路的相互连接关系)?

(2)哪些地理特征彼此相邻接(如两个相邻接的地块)?

(3)哪些地理特征彼此相叠加(如铁路穿越公路)?

(4)哪些地理特征彼此靠近或邻近(如法院在州议会大厦附近)?

(5)哪些特征几何是重合(如城市公园与古迹多边形重合)的?

(6)地理特征的高差(议会大厦高程低于法院)?

(7)哪个特征是沿着另一个特征的(公交路线是沿着街道网络的)?

在地图中,这些关系没有被明确表达,需要地图的读者从地图元素的形状和相对位置解译和导出地理关系。但是,在 GIS 中,这些关系都通过使用丰富的数据类型和行为进行了建模,以用于空间数据分析。

3.2.1.1 线划地图表达方法

线划地图是按照一定的比例、一定的投影原则,有选择地将复杂的三维地理实体的某些内容投影绘制在二维平面媒体上,并用符号将这些内容要素表现出来。地图上各种要素之间的关系,是按照地图投影建立的数学规则,使地表各点和地图平面上的相应各点保持一定的函数关系,从而在地图上准确表达空间各要素的关系和分布规律,反映它们之间的方向、距离、面积、空间联系等几何特征和关系特征。

在地图学上,把地理空间实体分为点、线、面三种要素,分别用点状、线状、面状符号来表示(图 3.10)。

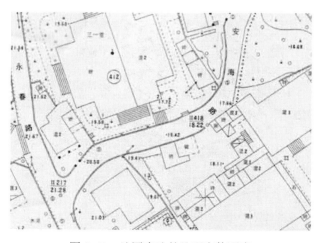

图 3.10 地图表达的地理实体要素

点状要素是指那些占据面积较小，不能按比例尺表示，又要定位的实体。因此，面状地物和点状地物的界限并不严格，如居民点，在大比例尺图上被表示为面状地物，在小比例尺图上则被表示为点状地物。

线状要素是指地面上呈线状或带状的地理实体，如河流、道路等。在地图上用线状符号来表示。当然，线状地物和面状地物之间的界限同样是不严格的，它们也受地图比例尺的影响。通常用线型和颜色表示实体的质量差别，线的尺寸变化（线宽）表示数量特征。

面状要素指在空间上占有一定面积的地理实体，一般用面状填充符号表示。

地形高程信息通过高程点或等高线表示。

在地图上，一切实体要素的属性信息都要通过注记、颜色或地图符号表达。

3.2.1.2 影像地图表达方法

影像记录地理实体的真实程度受摄影比例尺的影响，或空间分辨率的影响。遥感影像对地理空间信息的描述主要是通过记录地物光谱的辐射或反射进行的。由于地物的结构、成分和分布的不同，其反射和辐射光谱的特性也各不相同，传感器记录的影像的颜色亮度或灰度会不同。通过对光谱进行分析和解译，或对几何信息进行提取，可以得到地理实体要素特征信息，其地形高程信息需要通过立体影像测量的方法获得，遥感影像地图有正射影像图（DOM）和真正射影像图（TDOM）。前者由数字高程模型（DEM）纠正获得，后者由数字地形表面模型（DSM）纠正获得。如图 3.11 所示。

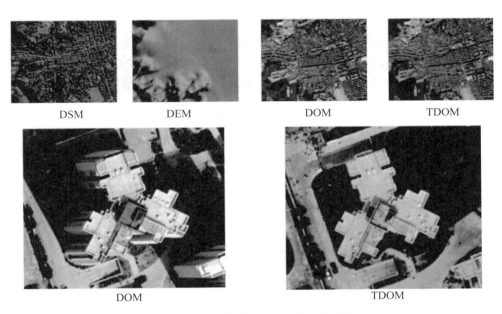

图 3.11 遥感影像表达的地理实体要素

3.2.2 GIS 表达地理实体要素的方法

在 GIS 中，地理实体要素是以数字化的数据形式存在的。GIS 表达、操作、管理和共享地理数据具有一些基本的原则。这些原则源自 Goodchild 提出的两个地理信息原型和 GIS 对地理数据操作、管理和共享的一些基本要求。

3.2.2.1 地理信息原型

在 GIS 中，对地理实体或现象的数字化表达时，首先要解决的问题是如何对其进行测量和属性取值。它们在二维或三维空间中是以地理空间数据场的形式表现出来的。地理空间数据场定义为在二维或三维空间上任何关于位置的单一函数。

地理信息原型认为，根据对地理实体要素在地理空间数据场中的测量方法和属性取值类型分为：连续地理空间数据场，用于获取和表达连续实体信息；离散地理空间数据场，用于获取和表达离散实体信息。

在连续地理空间数据场中，地理空间被设想为一组空间连续的函数，每个函数在空间的任何地方都有独一无二的值，形成一个地理空间数据场。其独立变量按区间尺度或比例尺度进行量测。地理实体要素表现为连续实体要素。连续实体要素是指观测值连续变化的要素，不能形成分离的实体，也不能单个识别，如温度、湿度、高程等。在数据表达方面，需要对其进行离散化，采用栅格数据形式对其进行表达。

在离散地理空间数据场中，地理空间被设想为一组空间非连续函数，每个函数在空间的任何地方都被无序的空间几何对象占据，并被赋予属性。这样空间上的任意一点可以存在无数的离散实体要素。离散实体要素具有名义上的独立变量，是指观测值不连续的要素，形式上是分离的实体，并可单独识别，如道路、河流、房屋和土地利用类型，都是离散实体要素的例子。任何地理实体和现象都基本上可以表示为一个数字空间对象的集合。在数据表达方面，需要对其独立测量，采用矢量数据形式对其进行表达。

3.2.2.2 GIS 数据表达的基本要求和原则

GIS 数据表达必须能满足在一个空间范围内对空间查询、统计、分析和显示的基本要求，同时还应满足对不同系统之间数据的互操作要求和共享服务的要求。因此，对地理空间数据表达、组织、管理、分发等方面，应满足以下要求和处理原则：

(1)定义表达空间数据的表达类型。由地理信息原型出发，结合特定的 GIS 软件，确定 GIS 软件支持的数据类型。

(2)对不同的数据表达类型进行空间建模的原则。空间数据模型是定义空间数据结构、产生空间数据文件的基础。空间数据模型对空间对象进行逻辑定义和描述，空间数据结构对空间对象进行物理描述。不同的 GIS 软件定义的数据模型和实现的数据结构是不同的，这造成了不同的数据格式。数据格式之间的转换，称为数据的互操作。历史上，空间数据模型有基于特征要素的和基于空间对象的。

(3)同一空间参考系原则。定义一致的空间对象的空间参考系统。空间数据的位置和空间关系是基于空间参考系统进行表达和描述的。一般来讲，对于一个 GIS 工程应用，所有的空间数据应该具有唯一的空间参考系统；如果不是，则应该进行参考系统之间的转换，使它们的参考系统一致。

(4)数据分层组织和无缝图层原则。地理空间数据按照专题图层进行分层组织。专题图层是具有共同几何要素类型、共同属性特征，并覆盖研究区域的连续数据图层，或称为无缝图层。由于地图的测绘和制图是按照分幅形式的，如果简单地把这些分层的分幅地图数据文件合并在一起，则会造成图幅接边处空间对象被分割的现象，是有缝的、不连续的。必须对空间对象进行合并处理，得到无缝图层。数据图层内的空间对象和数据层之间的空间对象逻辑关系必须正确。图层文件是 GIS 操作数据的基本单位，用于输入、制图、可视化、数据处理、分析和共享服务。

（5）数据分类编码原则。对空间数据进行必要的分类编码和标识编码。分类编码是建立在某种分类体系标准上的代码系统，一般应根据国家、行业或地方机构制定的分类和编码标准进行处理，如国家或行业制定的地形图系列分类编码标准、土地利用分类编码标准等。标识编码是地理空间对象的唯一代码，具有身份识别的作用。是否给定标识编码，可以根据需要确定，标识代码的格式一般由具体的 GIS 应用工程确定，但一些应用也制定了通用的编码标准，如国家行政区代码、邮政编码等。分类编码和标识编码是 GIS 数据处理和数据更新的依据，具有重要的作用。

（6）数据库存储和管理原则。数据库比文件系统和目录系统更具优越性。GIS 中的空间数据一般是用空间数据库存储和管理的。不同的数据库管理软件（DBMS）定义的数据库管理模型和实现的数据库结构是不同的。将一个空间数据库中的数据转移到另一个空间数据库，称为数据库的迁移。对一个 GIS 软件来讲，应该允许访问不同数据库管理软件管理的数据库，但这需要 GIS 软件提供访问数据库的空间数据引擎（数据访问接口），如 ArcGIS 软件的 ArcSDE。

（7）数据集组织原则。为了管理和维护的需要，一个数据库应该存储关系密切的一组数据文件。数据库中存储的数据文件是一个研究区域内若干具有联系的图层数据文件形成的数据集，如矢量数据集和栅格数据集。关系密切程度不同的数据集应该分别建立数据库，如不同比例尺或不同类型的矢量地图数据的数据库、不同影像分辨率或不同影像类型的数据库。

为了管理和使用的方面，还可以进行分组组织，形成子数据集，如 ArcGIS 软件，数据库中的文件可以是独立的数据文件，也可以产生一个数据集，将关系更为密切的数据文件放入这个数据集中，实际上类似于在数据库中建立一个"目录"。当然，是否需要这种处理，不是技术意义的，而是数据管理意义的。

（8）空间索引要求。对空间数据库中的数据进行查询和检索，是通过空间索引进行的。不同的 GIS 软件或数据库软件支持特定的空间索引方法。但在特定需求时，需要数据库建库者或应用者建立自己的空间索引。如对数据文件的索引一般会使用数据库软件提供的缺省索引方法，但研究区域很大时，会对研究区域采用逻辑分区的方法存储，这时就需要建立比数据文件索引更粗一级的分区索引。

（9）建立空间拓扑关系原则。为了支持空间分析和检查空间数据表达的质量，需要建立空间对象之间的拓扑关系。拓扑关系是空间数据对象之间的一种重要关系，可以提高空间数据分析计算的效率，并用于检查空间对象的关系逻辑表达是否正确。

（10）建立空间元数据库要求。为了对空间数据进行维护、更新和共享服务，需要对空间数据的定义、内容、格式、参考系统、质量标准、状态、日期等信息进行描述，这类数据信息称为元数据。元数据使用元数据库进行管理，提供对空间数据的字典式应用，所以有时也称为数据字典。

（11）为了到达上述的数据表达要求，需要对空间数据进行输入、整合和编辑，这一系列的工作称为空间数据库的建库。

3.2.2.3　GIS 数据表达类型

GIS 需要表达的数据类型分为空间数据和非空间数据两类。与地图和影像的表达类似，都是基于某种共性按照数据分层进行组织的独立空间数据文件和属性表数据文件，这些数据文件形成描述和表达一个研究区域的数据集。空间数据文件描述和表达地理空间对象的位置、形状、关系等空间特征信息，属性表数据文件描述和表达地理空间对象的非空间描述性信息。

在 GIS 中，地理空间对象的基本表达类型有 5 种，即矢量数据、栅格数据、连续表面数据、属性数据和元数据，如图 3.12 所示。

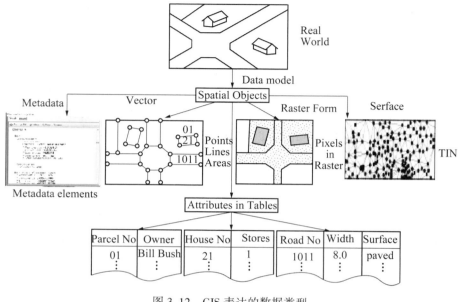

图 3.12　GIS 表达的数据类型

3.2.2.4　矢量数据

矢量数据用于描述和表达离散地理空间实体要素。离散地理实体要素是指位于或贴近地球表面的地理特征要素，即地物要素。这些要素可能是自然地理特征要素，如山峰、河流、植被、地表覆盖等；也可能是人文地理特征要素，如道路、管线、井、建筑物、土地利用分类等；或者是自然或人文区域的边界，如自然地理边界、行政分区边界、生态保护区边界、经济和技术开发区边界等。虽然还存在一些其他的类型，但离散的地理特征要素通常表示为点、线和多边形。

点定义为因太小不能描述为线状或面状的地理特征要素的离散位置，如井的位置、电线杆、河流或道路的交叉点等。点可以用于表达地址的位置、GPS 坐标、山峰的位置等，也可以用于表达注记点的位置，如图 3.13(a)所示。

线定义为因太细小不能描述为面状的地理特征要素的形状和位置，如道路中心线、溪流等。线也可以用于表达具有长度而没有面积的地理特征要素，如等高线、行政边界等，如图 3.13(b)所示。

多边形定义为封闭的区域面，多边图形用于描述均匀特征的位置和形状，如省、县、地块、土壤类型、土地利用分区等，如图 3.13(c)所示。

矢量数据是用坐标对、坐标串和封闭的坐标串来表示点、线、多边形的位置及其空间关系的一种数据格式(图 3.14)。

在 GIS 中，线状数据还可以用于表达网络数据，如路网、河流网络、市政管线网络等。

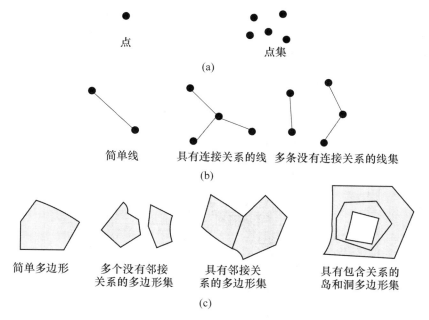

图 3.13　离散地理特征要素的点、线和多边形表达

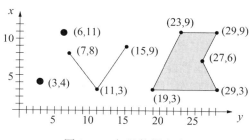

图 3.14　矢量数据表达

3.2.2.5　属性数据

地图描述地理信息的属性是通过地图符号、颜色和地图注记，例如：

道路显示是按照它们的等级，如线符号分为公路、主要街道、住宅区街道、未铺面的道路、小路等；

河流和水体用蓝色表示是水；

城市街道用它们的名称注记；

用不同的点符号和线符号表示铁路、机场、学校、医院或特定的设施等。

在 GIS 中，属性按照一系列简单的、基本的关系数据库概念的数据表来组织。关系数据库提供了简单的、通用的数据模型用于存储和操作属性信息。数据库管理系统（DBMS）具有固有的开放性，因为它们简单而灵活的特性能够保证支持宽泛的应用。重要的关系概念包括：

描述性属性数据被组织成数据表；

表包含若干行，或记录，对应一个空间特征或空间对象；

表中所有的行具有相同的列，即字段；

每个字段对应一个数据类型，如整型、浮点型、字符型或日期型等；

一系列关系函数和操作算子(SQL)对数据表及它们的数据元素是有效的。

例如，图 3.15 所示的两个表，它们的记录可以通过一个共同的字段彼此进行关联，如地块特征类表可以通过公共字段"Property ID"与所有者表关联。

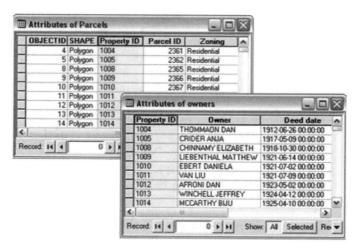

图 3.15　属性数据表达

属性字段的数值类型可以是名义值、序数值、区间值和比率值的一种。

(1)属性值是名义值。如果属性能成功区分位置，则属性值是名义值，但不意味着任何的排序或算术含义，如电话号码可以用于位置的属性，但它本身是没有任何算术上的数据含义，对电话号码进行加减算法没有任何意义，对其进行大小的比较也没有任何意义。把土地的分类用数字代替，是最常见的将名称变换为数字的做法，这里数字没有任何算术含义。这些数字是名义数字。

(2)属性值是序数值。如果属性隐含排序含义，则属性值是序数值。在这个意义上，类别 1 可能比类别 2 好，但作为名义属性，没有算术操作的意义，不能根据数值的大小比较哪个更好，哪个更糟。

(3)属性是区间值。这是一个定量描述的属性值，用于描述两个值之间的差别，如温差、高差等。

(4)属性值是比率值。这是定量描述的属性值，用于描述两个量的比值，如一个人的重量是另一个人的 2 倍。比率没有负值。

(5)属性值是循环值。这在表达的属性是定向或循环现象时并不少见，是定量描述的属性值。对其进行算术操作，会遇到一些尴尬的问题，如会遇到 0 度和 360 度是相等的；会遇到 2000 年的问题，如(19)99 和(20)00 等。需要用一些技术来克服这些问题。

在属性方面，还有两个术语是重要的，也需要进行区分，即空间紧凑型和空间粗放型。空间粗放型属性包括总人口、区域的面积和周长，或总收入等，它们仅作为一个位置上的整体值。空间紧凑型属性包括人口密度、平均收入、失业率等，如果位置是均质的，则它们表示位置或整体的一部分。在很多目的的应用中，区分紧凑型和粗放型是必要的，因为当位置被合并或分割时，它们的表现是非常不同的。

　　属性数据存储与属性表中，在这个属性表中，属性数据与空间数据，如点、线、面对象之间建立了联系，或建立了属性之间的联系。如图3.16所示。

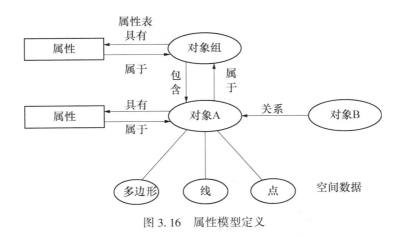

图3.16　属性模型定义

3.2.2.6　栅格数据

　　栅格数据表达中，栅格由一系列的栅格坐标或像元所处栅格矩阵的行列号(I, J)定义其位置，每个像元独立编码，并载有属性(图3.17)。栅格单元的大小代表空间分辨率，表示表达的精度，如图3.18所示。在GIS中，影像按照栅格数据组织，影像像素的灰度值是栅格单元唯一的属性值。

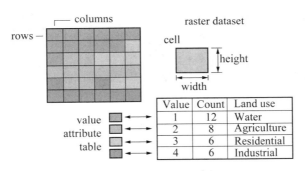

图3.17　栅格数据表达

　　但需要说明的是，目前GIS软件普遍支持影像格式的栅格数据存储格式，这样可以使用影像处理的方法来处理栅格数据，而不必为它编写专门的功能程序。另外，影像数据文件的坐标参考系统是左上角的，坐标是像素坐标。如果按照影像地图使用，则需要对影像进行地理坐标的参考化操作，即将影像坐标转换为左下角为原点的地图坐标。图3.19是用栅格数据表达的例子。

　　影像数据或栅格数据可以按照分层或波段组织。分层组织的栅格数据按影像格式存储。分层的影像数据按照波段存储。如多光谱卫星影像数据，如图3.20所示。

　　栅格数据具有4个用途，作为底图使用，如正射影像地图或扫描地图；作为表面数据

97

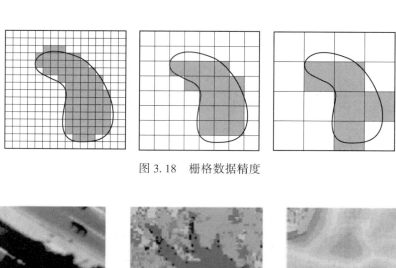

图 3.18　栅格数据精度

影像　　　　　　　　土地利用　　　　　　　　浓度

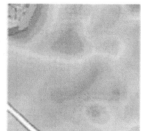

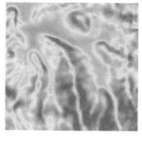

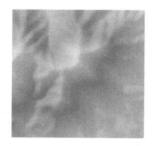

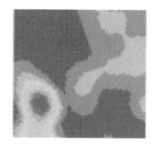

坡度　　　　　　　　高程　　　　　　　　人口密度

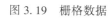

图 3.19　栅格数据

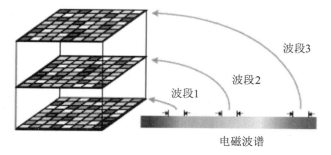

图 3.20　分波段的卫星影像数据

使用，如浓度或坡度；作为专题数据使用，如土地利用分类；作为属性数据使用，如相片。

栅格单元的值可能是代表栅格中心的取值，也可能是代表整个单元的取值。栅格单元的数值类型可以是正、负；整数或浮点数。如图 3.21 所示。

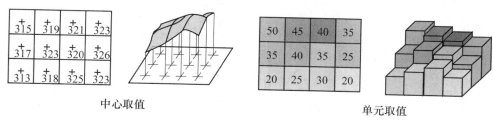

中心取值　　　　　　　　　　　　　　　　　　单元取值

图 3.21　栅格单元的值

3.2.2.7　连续表面数据

连续表面数据是描述地球(或其他空间表面)表面上的每一个位置都具有一个值的一类数据。例如，表面高程数据就是一种关于整个数据集范围内高于平均海平面的地面高程值的连续图层。表面表达是有一些挑战性。对于一个值是连续的数据集，它不可能表达所有位置的全部值。现有可以替代的表达表面的方法要么是使用特征元素，要么是使用栅格数据进行描述。主要的方法有：

(1)等值线方法。每条线用于表达具有相同值的位置，如等高线或等深线，如图 3.22 所示。

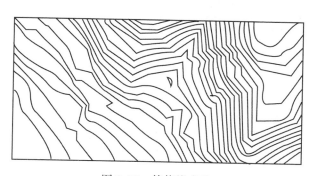

图 3.22　等值线表达

(2)等值域方法。一个区域内的表面的值是一个特定的取值范围，如每年的平均降雨量在 25~50cm 之间，如图 3.23 所示。

(3)栅格数据集方法。用一个单元矩阵，其中每个单元的值表示一个连续变量的量测值，如数字高程模型(DEM)经常用于表达表面高程，如图 3.24 所示。

(4)不规则三角网表达方法。不规则三角网(TIN)是按照一个连接的三角网络表达表面数据的一种数据结构。每个三角形节点都具有一对 XY 平面坐标和一个表面值 Z，如图 3.25 所示。

栅格数据和 TIN 数据可以使用插值方法估计任何位置上的表面值。

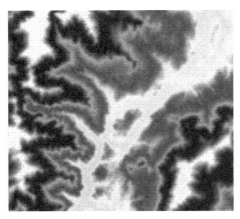
图 3.23　等值域表达

图 3.24　栅格数据表达

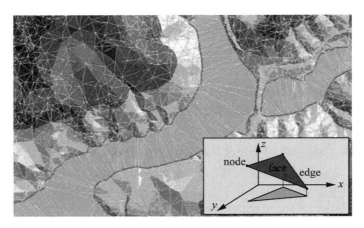
图 3.25　不规则三角网表达

3.2.2.8　元数据

在地理信息的交换和共享服务中，数据的消费者因对大量存在的、不同类型的数据的描述信息的需求，要求数据提供者能提供关于空间数据、空间数据库等的内容、格式、质量指标、说明信息等引导使用的信息。这实际上是元数据（Metadata）及元数据服务的内容。

"Metadata"一词的原意是关于数据变化的描述。现在一般认为，元数据就是"关于描述数据信息的数据"。元数据并不是一个新的概念。实际上，传统的图书馆卡片、出版图书的介绍、磁盘的标签、拍摄照片的说明、产品的说明等都是元数据。地图的元数据表现为地图类型、图例、图名、比例尺、参照系、图廓坐标、精度、出版单位、日期等。

当地理信息转化为数字产品后，数据的管理和应用均会产生一些新的问题，如数据生产者需要管理维护海量数据，用户缺乏查询可用数据的方便快捷的途径，当使用数据时，对数据的理解和格式转换等缺乏了解。元数据可以解决这些问题，其主要作用归纳为：

（1）帮助数据生产者有效管理和维护空间数据，建立数据文档；

（2）提供数据生产者对数据产品的说明信息，便于用户查询利用空间数据；

（3）提供通过计算机网络查询数据的方法和途径，便于数据交换和传输；

(4)帮助用户了解数据的质量信息，对数据的使用做出正确判断；

(5)提供空间数据互操作的基础。

元数据的内容主要包括对数据库的描述，对数据库中各数据项、数据来源、数据所有者及数据生产历史等的说明；对数据质量的描述，如精度、数据的逻辑一致性、数据的完整性、分辨率、数据的比例尺等；对数据处理信息的说明，如量纲的转换等；对数据转换方法的说明；对数据库的更新、集成方法等的说明。

元数据也是一种数据，在形式上与其他数据没有区别，它可以以数据的任何一种形式存在。元数据可以是数字形式或非数字形式。在数字形式中，可以以文件形式、数据库形式、或超文本文件形式等。

元数据可以是关于一个地图的图层的元数据，也可能是描述一个数据库系统的元数据，乃至是描述一个地理信息服务站点或节点的元数据。

空间元数据的标准是建立空间数据标准化的前提和保证。目前，空间元数据已形成了一些区域性和部门性的标准，见表3.1。

表 3.1　　　　　　　　　　　空间元数据的几个现有标准

元数据标准名称	建立标准的组织
CSDGM 地球空间数据元数据内容标准	FGDC，美国联邦数据委员会
GDDD 数据库描述方法	MEGRIN，欧洲地图事务组织
CGSB 空间数据库描述	CSC，加拿大标准委员会
CEN 地学信息-数据描述-元数据	CEN/TC287
DIF 目录交换格式	NASA
ISO 地理信息	ISO/TC211

空间元数据的获取是个复杂的过程，相对于基础数据的形成时间，它的获取可分为三个阶段，数据收集前、数据收集中和数据收集后。第一阶段是根据建设数据库的内容设计元数据。第二阶段是元数据与数据的形成同步产生。第三阶段是根据需要和设计，对元数据进行描述和管理。元数据的获取方法主要有五种，即键盘输入、关联表、测量法、计算法和推理等。键盘输入工作量大，容易出错。关联表方法是通过公共项(或字段)从已存在的元数据或数据中获取有关元数据。计算方法是由其他元数据或数据计算得到元数据。推理方法是根据数据的特征获取元数据。

空间数据库元数据管理的理论和方法涉及数据库和元数据两方面。由于元数据的内容和形式的差异，元数据的管理与数据涉及的领域有关，它是通过建立不同数据领域基础上的元数据信息系统实现的，如图 3.26 所示。

在该系统中，物理层存放数据和元数据，该层由一些软件通过一定的逻辑关系与逻辑层联系起来。在概念层中用描述语言及模型定义了许多概念，如实体名称、别名、允许属性值的类型、缺省值、允许输入输出的内容、临时实体的变换、元数据的变化、操作模型等。通过这些概念和限制特征，经过与逻辑层关联获取、更新物理层的元数据和数据。

对于一个图层数据文件和数据库的元数据，一般采用上述的元数据管理系统提供服务。对于节点级的元数据，主要是注册信息，是通过网络服务方式提供的。

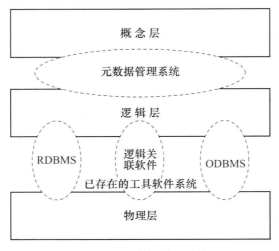

图 3.26　元数据管理系统

3.3　空间数据的空间关系表达

空间关系是指地理空间特征或对象之间存在的与空间特性有关的关系，是刻画数据表达、建模、组织、查询、分析和推理的基础。是否支持空间关系的描述和表达，是 GIS 区别于 CAD 等计算机图形处理系统的主要标志和本质所在。GIS 软件对空间关系支持的功能强弱，直接影响 GIS 工程的设计、开发与应用。

就 GIS 表达的空间数据类型来讲，空间数据关系主要是指存在于矢量数据和栅格数据中的空间度量关系、空间拓扑关系、空间方位关系和一般关系。

3.3.1　矢量数据的空间关系

矢量数据的空间关系表达类型和方法是多样性的。但 GIS 软件一般会支持基本的空间关系表达功能。在空间数据显示和分析应用中，一些特定的空间关系，需要 GIS 应用软件的开发者建立。

3.3.1.1　拓扑空间关系

拓扑空间关系是 GIS 中重点描述的地理特征或对象之间的一种空间逻辑关系。"拓扑"（Topology）一词来源于希腊文，它的原意是"形状的研究"。拓扑学是几何学的一个分支，它研究在拓扑变换下能够保持不变的几何属性，即拓扑属性。理解拓扑变换和拓扑属性时，可以设想一块高质量的橡皮板，它的表面是欧氏平面，这块橡皮可以任意弯曲、拉伸、压缩，但不能扭转和折叠，表面上有点、线、多边形等组成的几何图形。在拓扑变换中，图形的有些属性会消失，有的属性则保持不变。前者称为非拓扑属性，后者称为拓扑属性。拓扑关系就是描述几何特征元素的非几何图形元素之间的逻辑关系，即拓扑关系只关心几何图形元素之间的关系，而忽略几何图形元素的形状、大小、距离和长度等几何特征信息。根据拓扑关系绘制的图形称为拓扑图，图形元素之间的逻辑关系被描述，但几何特征信息被忽略，如计算机网络拓扑图，或逻辑连接图，只描述了网络元素的逻辑连接关系，忽略了网络元素实际的形状和实际的距离。拓扑关系在 GIS 中，是以数据表数据文件的形式进行存储的。

在 GIS 中，拓扑关系主要用于描述点(节点，Node)、线(弧段)和多边形图形元素之间的逻辑关系。它们之间最常用的拓扑关系有关联关系、邻接关系、连通关系和包含关系。关联关系是指不同类图形元素之间的拓扑关系，如节点与弧段的关系，弧段与多边形的关系等。邻接关系是指同类图形元素之间的拓扑关系，如节点与节点、弧段与弧段、多边形与多边形等之间的拓扑关系。连通关系指的是由节点和弧段构成的有向网络图形中，节点之间是否存在通达的路径，即是否具有连接性，是一种隐含于网络中的关系，其描述通过连接关系定义。包含关系是指多边形内是否包含了其他弧段或多边形。下面是拓扑关系定义的一些例子。

1. 连接关系定义

弧段通过节点彼此连接，是弧段在节点处的相互连接关系。弧段和节点的拓扑关系表现了这种连接性。从起点到终点定义了弧段的方向，所有弧段的端点序列则定义了弧段与节点的拓扑关系。计算机就是通过在弧段序列中找到弧段之间的共同节点来判断弧段与弧段之间是否存在连接性。如图 3.27 所示，由于弧段①与③享有共同节点，计算机可以确定跟踪弧段①并直接转到弧段③是可能的，跟踪①可以间接到达弧段⑤，直接是不行的，因为没有共同节点。

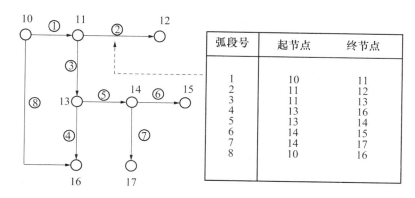

图 3.27　连接关系定义

2. 关联关系定义

这里以弧段和多边形的关联关系为例。多边形由弧段序列组成。如图 3.28 所示，多边形 F 由弧段 7、8、9、10 组成，其中弧段 7 形成了多边形的内岛。

3. 邻接关系定义

弧段具有方向性，且有左多边形和右多边形，通过定义弧段的左、右多边形及其方向性来判断左、右多边形的邻接性。弧段的左与右的拓扑关系表现了邻接性。一个有方向性的弧段，沿弧段方向有左边和右边之分。计算机正是依据弧段的左边和右边的关系来判断位于该弧段两边多边形的邻接性。如图 3.29 所示，B 多边形和 C 多边形分别在弧段 6 的左边和右边，因此它们具有邻接性。

除了上述特殊的空间拓扑关系，空间拓扑关系用来描述空间实体之间的其他空间拓扑关系，如图 3.30 所示。

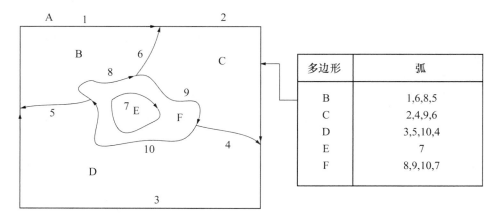

图 3.28 关联关系定义

多边形	弧
B	1,6,8,5
C	2,4,9,6
D	3,5,10,4
E	7
F	8,9,10,7

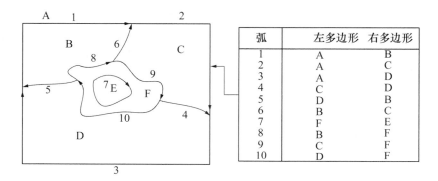

图 3.29 邻接关系定义

弧	左多边形	右多边形
1	A	B
2	A	C
3	A	D
4	C	D
5	D	B
6	B	C
7	F	E
8	B	F
9	C	F
10	D	F

Point−Point	Point−Line	Point−Area
is within nearest to	on line nearest to	in area on area

Line−Line	Line−Area	Area−Area
cross		
intersect flow into	intersect border	overlap inside adjacent to

图 3.30 其他拓扑关系

在 GIS 中，拓扑关系现在一般都使用与存储空间位置的关系数据库的数据表格形式存储，如前面介绍的连接性、邻接性、多边形区域定义等。但是，也可用矩阵的形式表达这些关系。多边形的区域定义可表示为关联矩阵，多边形的邻接性可表示为邻接矩阵(图3.31)。

```
  A B C D E F              1 2 3 4 5 6 7 8 9 10
A 0 1 1 1 0 0            A 1 1 1 0 0 0 0 0 0 0
B 1 0 1 1 1 0 1          B 1 0 0 0 1 1 0 1 0 0
C 1 1 0 1 0 1            C 0 1 0 1 0 1 0 1 0 0
D 1 1 1 0 0 1            D 0 0 1 1 1 0 0 0 0 1
E 0 0 0 0 0 1            E 0 0 0 0 0 0 1 0 0 0
F 1 1 1 1 1 0            F 0 0 0 0 0 0 1 1 1 1
```

(a)邻接矩阵　　　　　　　　　　(b)关联矩阵

图 3.31　简单有向图的邻接和关联矩阵

拓扑关系除了术语上的使用之外，在数字地图的查错方面很有用途。拓扑关系检查可以发现未正确接合的线、未正确闭合的多边形。这些错误如果未被改正，可能会影响空间分析的正确性。例如，在路径分析时，断开的道路，会导致路径的错误选择。空间拓扑关系对提高空间分析的速度也是至关重要的，通过拓扑关系可以直接查找图形之间的关系，而不必通过比较大量的坐标来判断图形之间的关系，比较坐标以及条件判断确定图形关系是费时的，特别是在进行有向网络路径跟踪或区域边界跟踪分析时，更是如此。

3.3.1.2　空间方位关系

空间方位关系描述空间实体之间在空间上的排序和方位，如实体之间的前、后、左、右，以及东、南、西、北等方位关系。同拓扑关系的形式化描述类似，也具有多边形-多边形、多边形-点、多边形-线、线-线、线-点、点-点等多种形式上的空间关系。

计算点对象之间的方位关系比较容易，只要计算两点之间的连线与某一基准方向的夹角即可。同样，在计算点与线对象、点与多边形对象之间的方位关系时，只需将线对象、多边形对象转换为由它们的几何中心所形成的点对象，就转化为点对象之间的空间方位关系。所不同的是，要判断生成的点对象是否落入其所属的线对象和多边形对象之中。

计算线对象之间以及线-多边形、多边形-多边形之间的方位关系的情况是复杂的。当计算的对象之间的距离很大时，如果对象的大小和形状对它们之间的方位关系没有影响，则可转化为点，计算它们之间的点对象方位关系。但当距离较小并且外接多边形尚未相交时，算法会变得非常复杂，目前没有很好的解决办法。

3.3.1.3　空间度量关系

空间度量关系用于描述空间对象之间的距离关系。这种距离关系可以定量描述为特定空间中的某种距离。这是几何图形中存在的固有关系，无需专门建立。

3.3.1.4　一般空间关系

比如一个地块与其所有者之间的关系，这种空间关系是图形中不存在的。地块的所有者不是一个图形特征，在地图上不存在。用一般关系描述地块和所有者之间的关系。另外，一些地图上的特征具有关系，但它们之间的空间关系是不清楚的，如一块电表位于一个变压器的附近，但它与变压器不接触。电表和变压器也许在拥挤的范围内，不能根据它们的空间邻近性可靠地定义它们之间的关系。这两个例子如图 3.32 所示。

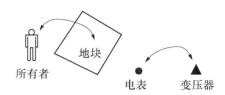

图 3.32　一般关系的例子

3.3.2　栅格数据的空间关系

栅格数据由于特殊的栅格单元排列关系，在表达点、线、面数据时，其空间关系的几何和拓扑关系比矢量数据简单，如图 3.33 所示。

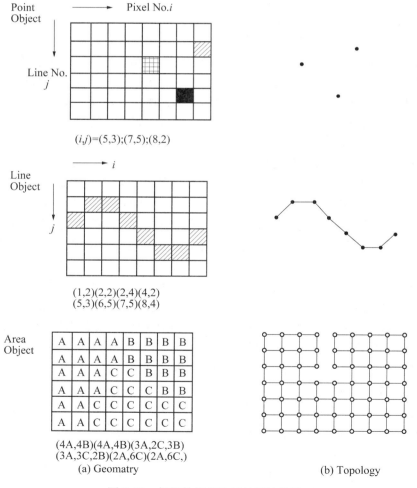

图 3.33　栅格数据的几何与拓扑关系

对于栅格数据，几何定义如图3.33(a)所示，拓扑关系如图3.33(b)所示。

点对象的关系是按照栅格的邻域关系推算的。线对象是通过记录位于线上的像素顺序表示的。面对象通常是按"游程编码"顺序表示的。

与矢量数据相比，栅格数据模型的一个弱点之一就是很难进行网络和空间分析。例如，尽管线很容易由一组位于线上的像素点来识别，但作为链的像素的链接顺序的跟踪就有点困难。多边形情况下，每个多边形很容易识别，但多边形的边界和节点(至少多余3个多边形交叉时)的跟踪很困难。栅格拓扑的一些定义和应用如下：

（1）栅格方向定义。如图3.34(a)和(b)所示。

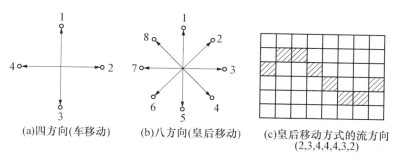

(a)四方向(车移动)　(b)八方向(皇后移动)　(c)皇后移动方式的流方向
(2,3,4,4,4,3,2)

图3.34　方向定义

（2）栅格数据的拓扑特征。如图3.35(a)所示。

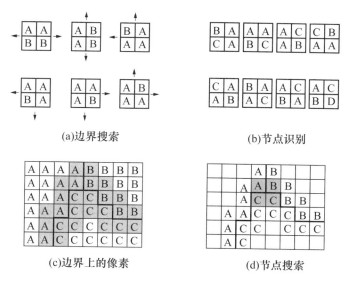

(a)边界搜索　　　　　　　　(b)节点识别

(c)边界上的像素　　　　　　(d)节点搜索

图3.35　节点和边界搜索

边界被定义为2×2像素的窗口，具有两个不同的类型(图3.35(a))。如果窗口按照图3.35(a)的方向跟踪，则边界可以被识别。

（3）节点。在多边形中的节点被定义为2×2像素的窗口，在图3.35(b)中多于三个不同的类型。图3.35(c)、(d)是识别节点和边界上像素的例子。

练习与思考题

1. 请画图说明地理空间数据的分类及其相互关系。

2. 请问地理坐标属于多少维的坐标系统，现实应用中为什么要将其转换为投影坐标系统？

3. 请说明地球自然表面、大地水准面及参考椭球面三者间的关系。

4. 比较方里网和经纬网的区别，两者的作用分别是什么？

5. 请问我国最常用的投影方式是什么？其变形特点是什么？

6. 比较参心坐标与地心坐标定义的区别。

7. 试概括地图投影变形的类型及其特点。

8. 请问地图投影的选择原则是什么？

9. 比较线划地图和影像地图两种不同表达方式的优缺点。

10. 什么是元数据？它在数据管理中的作用是什么？

11. 请结合实例说明矢量数据和栅格数据两者的表达特点。

12. 请阐述空间尺度的概念，并说明其在矢量数据和栅格数据中的表现方式。

13. 请结合实例说明不同空间关系的种类及其特点。

14. 为什么拓扑关系又称为弹性关系？其在空间数据错误检查中的应用是什么？

第4章 地理空间数据模型建模

地理空间数据模型是关于数据要素、关系和规则的描述。空间数据建模是根据定义的空间数据模型生成数据格式，并形成空间数据文件的过程。本章主要介绍和讨论了空间数据模型的概念、类型、规则、描述内容、建模技术方法以及时空数据模型等；着重对矢量数据模型、栅格数据模型、网络数据模型、动态分段数据模型等进行了叙述和分析，对空间数据模型的建模理论和方法进行了叙述和讨论。

4.1 概述

从地理世界到模型世界，再到数字世界，是地理空间数据抽象表达的三个阶段。在概念和表达方法上既有区别，又有联系。正确理解其中的相关概念、理论和方法，对于正确表达地理空间对象的含义、关系、属性等具有重要意义。

4.1.1 从地理世界到数字世界

地理信息系统的目的是提供开发利用地球资源的智能决策的空间框架和对人文环境的管理。这不同于人们通过观察现实地理世界获取相关信息的方法，它是通过 GIS 软件与存储在地理空间数据库中的数据进行交互的方式获取的。这就需要对获取的地理数据进行数字化，并对地理数据对象进行建模。

人们对地理世界的认知和数据建模过程是一个逐步由抽象到具体的过程。这个建模过程包括地理空间认知模型(概念世界)、地理空间数据模型(模型世界)、地理空间数据结构(数字世界)三个层次，如图 4.1 所示。

人们通过地理学的认知理论和方法完成对地理世界的认知过程，获得对地理世界需要表达的地理信息的一组概念和关系的知识，并用地理学语言对其定义和描述，形成地理空间认知模型，也称为认知的概念世界，或概念模型。为了将这个概念世界变换到数据世界，需要从地理对象的建模角度和地理数据库的角度，对其概念、特征或对象、关系、关联规则、属性、表达规则和内容等，用计算机形式化语言或其他建模语言进行定义和描述，形成地理空间数据模型，也称为模型世界，或逻辑模型，它们与地理信息应用的视角有关。地理信息是以地理数据为载体进行存储和管理的，在 GIS 中是一组以图层为基本操作单位的空间或非空间数据文件，即地理数据集，用计算机数据库的语言定义和描述，形成地理空间数据结构，也称为数字世界，或物理模型。它们与定义数据文件的数据库管理系统有关。

由此可知，地理空间认知模型是人们对现实地理世界认知的知识表达成果，具有客观性和普遍性。地理空间数据模型，会因建模的应用角度和面向的数据库不同而不同，具有选择性和针对性，如地理数据是按照特征要素建模还是按照地理对象建模？具有全部显

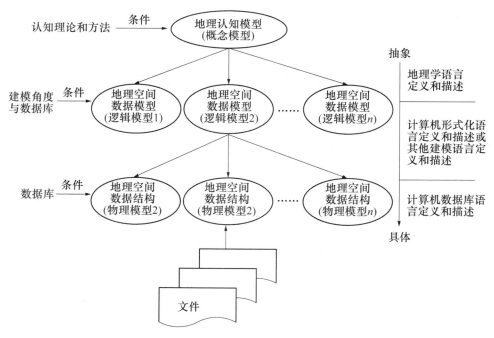

图 4.1　抽象过程的三个层次关系

式、半显式表达或不表达空间关系的选择；是采用空间建模还是时空建模？等等，如CAD、Coverage 和 GeoDatabase 数据模型。地理空间数据结构是地理空间数据模型在特定的数据库管理系统中的具体实现，选择不同的地理数据模型和数据库管理系统，其数据文件的结构是不同的，即数据格式不同，同样具有选择性和针对性，如 CAD、Coverage 和GeoDatabase 数据模型在 AutoCAD、Arc/Info 和 ArcGIS 软件中产生的数据格式，后两者还因支持的数据库管理软件不同而不同。

数据模型是对数据特征的抽象描述，它不是描述个别数据特性，而是描述数据的共性。严格地说，一个地理空间数据模型应能描述地理空间数据的以下特征：

（1）静态特性。包括实体和实体具有的特性、实体间的联系等，通过构造基本数据结构类型来实现。

（2）动态特性。即现实世界中的实体及实体间的不断发展变化，通过对数据文件的检索、插入、删除和修改等操作来实现。

（3）数据间的相互制约与依存关系。通过一组完整性约束规则来实现。

由此可见，一个数据模型实际上给出了在计算机系统中描述现实世界的信息结构及其变化的一种抽象方法。数据模型不同，描述和实现的方法也不相同，相应的，支持软件——数据库管理系统也就不同。

数据模型反映了现实世界中的实体之间的各种联系。实体间的联系有两类：一类是实体内部属性间的联系；另一类是实体与实体之间的联系。实体与实体之间的联系是错综复杂的。实体间的联系可以分为以下三种：

（1）一对一的联系。这是最简单的一种实体之间的联系，它表示两个实体集中的个体间存在的一对一的联系。记为 1∶1。

（2）一对多的联系。这是实体间存在的较普遍的一种联系，表示一种实体集 E1 中的每个实体与另一实体集 E2 中的多个实体间存在的联系；反之，E2 中的每个实体都至多与 E1 中的一个实体发生联系。记为 $1:m$。

（3）多对多的联系。这是实体间存在的更为普遍的一种联系，表示多个实体集之间的多对多的联系。其中，一个实体集中的任何一个实体与另一个实体集中的实体间存在一对多的联系；反之亦然。记为 $m:n$。

在 GIS 中，实体间的空间关系主要通过定量关系、拓扑关系、方位关系和一般关系实现。

4.1.2 空间数据模型的类型

根据 GIS 存储的地理空间数据类型，地理空间数据模型可分为矢量数据模型、栅格数据模型、连续表面数据模型和属性数据模型，如图 4.2 所示。

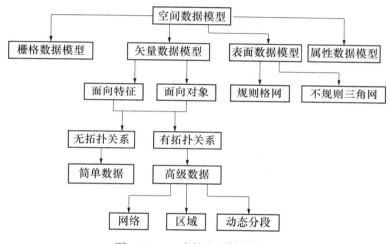

图 4.2 GIS 中的主要数据模型

矢量数据模型是空间数据模型中最复杂的一类模型。根据建模的数据对象类型，可分为面向特征的数据模型和面向对象的数据模型。它们又可进一步分为具有拓扑关系表达和无拓扑关系表达的数据模型。无拓扑关系的数据模型仅对数据的几何关系进行了定义和描述，对应一种简单的数据结构，如 CAD 数据模型是面向特征的无拓扑关系的数据模型，Shapfile 是面向对象的无拓扑关系数据模型。有拓扑关系的数据模型，除了对几何关系进行描述外，还要对拓扑关系进行有选择的描述，形成一类复杂的、高级的数据结构，如 Coverage 是面向特征的拓扑数据模型，GeoDatabase 是面向对象的拓扑数据模型。网络数据结构、区域多边形数据结构和一维线性系统支持的动态分段数据结构等都是其衍生类型。网络数据结构是面向特征或面向对象构建的以节点和边界元素为建模对象的一种数据结构，支持网络数据分析应用。区域是多边形数据的集合，区域内的多边形之间的关系、区域之间的关系具有重叠、邻接、相离等拓扑关系，对区域元素及其关系进行描述的模型，称为区域数据模型。动态分段是建立在网络分段数据上的模型，是基于一维线性参考系统的。

栅格数据模型是对栅格数据的组织和结构进行描述的一种空间数据模型，定义栅格数据存储的格式、栅格数据分层、栅格数据目录等。目前多数 GIS 软件支持图像处理学定义的影像数据模型和格式。

连续表面数据模型是一种 2.5 维的数据模型，主要包括规则格网和不规则三角网两种类型。对于规则格网连续表面数据模型，多数 GIS 软件都采用栅格数据模型定义数据结构，这样支持图像处理的软件功能，同样适合处理规则格网连续表面数据模型。不规则三角网数据模型是基于三维的数据点构建的不规则三角形表达数值空间变化的数据模型，是一种特定的具有拓扑关系的矢量数据模型。

属性数据模型主要定义属性数据表的定义、属性记录之间的关系和属性表之间的关联关系规则，是注重一般关系描述的数据模型。

4.1.3 空间数据模型和数据结构

地理空间数据模型和地理空间数据结构的概念有时有些模糊，这是因为数据模型与数据结构之间的密切关系，或是因为有时数据模型的定义与数据结构的定义十分接近，或就是从根据存储数据的具体需要来进行数据模型定义的。地理空间数据模型是以逻辑方式对客观世界进行的抽象，是一组由相关关系联系在一起的空间对象定义和空间关系表达的规则集，是几何数据模型和语义数据模型的混合体，也称为地理空间数据的逻辑模型。几何数据模型用于描述空间对象的静态或与时态变化相关的几何分布与空间关系。语义数据模型描述空间对象的非空间关系的专题信息及时态信息。

地理空间数据结构是基于地理空间数据模型构建的物理数据文件格式，与数据在计算机中的编码、存储和表达方法有关。地理空间数据结构提供了为地理空间数据模型而定义的操作，并将操作映射到数据结构特定的代码上。

因此，地理数据模型和地理数据结构是站在空间对象表达的角度，描述空间数据文件是如何构造的。地理空间数据结构是地理空间数据模型的物理描述和实现，也称为地理空间数据的物理模型。地理空间数据模型是定义地理空间数据结构的基础，地理空间数据结构是地理空间数据模型的具体实现。就某一建模角度来讲，地理空间数据模型是相对独立存在的，而地理空间数据结构则随定义它的数据管理系统的不同而不同，如目录系统管理、文件系统管理和数据库管理等，其关系如图 4.3 所示。

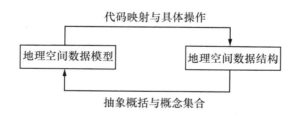

图 4.3　地理空间数据模型与地理空间数据结构的关系

4.1.4 数据库模型和数据库结构

数据库模型和数据库结构是从空间数据集的组织管理角度，描述一组数据文件的定义及其相互之间关系的规则集、数据文件组织策略和实现方法的。数据库模型从逻辑角度，定义和描述在数据库中数据文件的定义及其关系，是数据库的逻辑设计结果。数据库结构是这种逻辑设计的物理实现结果。

4.2　地理空间数据模型

理解空间特征和空间对象的概念、关系和建模规则，是地理空间数据模型建模的关键。不同的空间数据模型对特定的地理空间对象的表达规则是不同的，应用的目的也是不同的。它们从不同角度描述了地理空间对象的关系和结构。

4.2.1　空间特征和空间对象

空间特征和空间对象既有区别，又有联系。地理空间数据的建模对象已经从面向特征的建模发展到面向对象的建模，建模的方法也从面向特征建模方法发展到面相对象的建模方法。

4.2.1.1　特征与对象的区别

早期的矢量数据模型都是基于特征元素(点、线、多边形)为基本基元来定义的。一个完整意义的地理实体元素往往被拆成几个简单元素来表示，但它们共享一个属性描述，所有的同类元素共享一种几何处理方法，数据模型表示的结构很复杂，特征元素表示的意义与实际情况有很大的区别。特征一般不具有独立的实体意义，只是图形几何元素，只有当它具有独立意义时，才能表达对象的含义，如 Coverage 数据。现在，多数 GIS 软件都引入了面向对象的数据模型。面向对象的数据模型用对象来组织空间数据。一个对象对应现实世界中的一个具有完整意义的地理实体元素，并对其一系列固有的属性和可能的操作方法进行了封装。对象之间除了存在的空间关系外，一般具有很强的独立性，如 ArcGIS 的 GeoDatabase 数据模型。对象可以是简单对象(点、线、多边形)，也可以是复合对象：多点(点集)、多义线(线集)、复合多边形，甚至是它们的组合(图 4.4)。简单对象与特征元素对应，复合对象与多个简单对象或多个特征元素对应。模型中对象的意义与实际的表达对象的意义接近，数据模型也与数据结构接近，容易理解和管理。

点　线段　折线　曲线　多边形　　　　　多点　　　多线　　复合多边形

（a）简单对象　　　　　　　　　　　（b）复合对象

图 4.4　对象的概念

4.2.1.2　对象的定义

对象概念符合人们的认识特点，面向对象数据模型的提出，极大地显示了对地理数据的表达和存储能力，成为当前最流行的数据模型。

1. 对象

GIS 中定义对象为：描述一个地理实体的空间和属性数据以及定义一系列对实体有意义的操作函数的统一体。应具有如下特征：

（1）具有一个唯一的标识，以表明其存在的独立性；

（2）具有一组描述特征的属性，以表明其在某一时刻的状态；

（3）具有一组表示行为的操作方法，用以改变对象的状态。

2. 对象类

对象类即同类对象的集合。共享同一属性和方法集的所有对象的集合构成类。从一组对象中抽象出公共的方法和属性，并将它们保存在一类中，是面向对象的核心内容。如河流均具有共性，如名称、长度、流域面积等，以及相同的操作方法，如查询、计算长度、求流域面积等，因而可抽象为河流类。被抽象的对象，称为实例，如长江、黄河等。

3. 方法

对一个类定义的所有操作称为方法。

4. 消息

对象间的相互联系和通信的唯一途径是通过"消息"传送实现的。

4.2.1.3 对象的特性

对象具有抽象性、封装性、多态性和继承性等特性。

1. 抽象性

这是对现实世界的简明表示。形成对象的关键是抽象，对象是抽象思维的结果。抽象思维是通过概念、判断、推理来反映对象的本质，揭示对象内部联系的过程。任何一个对象都是通过抽象和概括而形成的。面向对象方法具有很强的抽象表达能力，正是因为这个缘故，可以将对象抽象成对象类，实现抽象的数据类型，允许用户定义数据类型。

2. 封装性

这是指将方法与数据放于一对象中，以使对数据的操作只可通过该对象本身的方法来进行，即一对象不能直接作用于另一对象的数据，对象间的通信只能通过消息来进行。对象是一个封装好的独立模块。封装是一种信息隐蔽技术，封装的目的在于将对象的使用者和对象的设计者分开，用户只能见到对象封装界面上的信息，对象内部对用户是隐蔽的。也就是说，对用户而言，只需了解这个模块是干什么的，即功能是什么，至于怎么干，即如何实现这些功能，则是隐蔽在对象内部的。一个对象的内部状态不受外界的影响，其内部状态的改变也不影响其他对象的内部状态。封装本身即模块性，把定义模块和实现模块分开，就使得用面向对象技术开发或设计的软件的可维护性、可修改性大为改善。

3. 多态性

这是指同一消息被不同对象接收时，可解释为不同的含义。因此，可以发送更一般的消息，把实现的细节都留给接收消息的对象，即相同的操作可作用于多种类型的对象，并能获得不同的结果。

4. 继承性

这是指对象类的定义可以包含其他对象类的行为和增加的行为，即对象类可以从父类对象那里继承某些属性和行为。

4.2.1.4 面向对象数据建模的核心技术

面向对象数据建模的四种核心技术是：分类、概括、聚集和联合。

1. 分类

类是具有相同属性结构和操作方法的对象的集合，属于同一类的对象具有相同的属性结构和操作方法。分类是把一组具有相同属性结构和操作方法的对象归纳或映射为一个公共类的过程。对象和类的关系是"实例"(Instance-of)的关系。

同一个类中的若干个对象，用于类中所有对象的操作都是相同的。属性结构即属性的表现形式相同，但它们具有不同的属性值。所以，在面向对象的数据库中，只需对每个类定义一组操作，供该类中的每个对象使用，而类中每一个对象的属性值要分别存储，因为每个对象的属性值是不完全相同的。例如，在面向对象的地理数据模型中，城镇建筑可分为行政区、商业区、住宅区、文化区等若干个类。以住宅区类而论，每栋住宅作为对象，有门牌号、地址、电话号码等相同的属性结构，但具体的门牌号、地址、电话号码等是各不相同的。当然，对它们的操作方法如查询等都是相同的。

2. 概括

概括是把几个类中某些具有部分公共特征的属性和操作方法抽象出来，形成一个更高层次、更具一般性的超类的过程。子类和超类用来表示概括的特征，表明它们之间的关系是"即是"(Is-a)关系，子类是超类的一个特例。

作为构成超类的子类还可以进一步分类，一个类可能是超类的子类，同时也可能是几个子类的超类。所以，概括可能有任意多层次。例如，建筑物是住宅的超类，住宅是建筑物的子类，但如果把住宅的概括延伸到城市住宅和农村住宅，则住宅又是城市住宅和农村住宅的超类。

概括技术的采用避免了说明和存储上的大量冗余，因为住宅地址、门牌号、电话号码等是"住宅"类的实例(属性)，同时也是它的超类"建筑物"的实例(属性)。当然，这需要一种能自动地从超类的属性和操作中获取子类对象的属性和操作的机制。

3. 聚集

聚集是将几个不同类的对象组合成一个更高级的复合对象的过程。术语"复合对象"用来描述更高层次的对象，"部分"或"成分"是复合对象的组成部分，"成分"与"复合对象"的关系是"部分"(Parts-of)的关系；反之，"复合对象"与"成分"的关系则是"组成"的关系。例如，医院由医护人员、病人、门诊部、住院部、道路等聚集而成。

每个不同属性的对象是复合对象的一个部分，它们有自己的属性数据和操作方法，这些是不能为复合对象所公用的，但复合对象可以从它们那里派生得到一些信息。复合对象有自己的属性值和操作，它只从具有不同属性的对象中提取部分属性值，且一般不继承子类对象的操作。这就是说，复合对象的操作与其成分的操作是不兼容的。

4. 联合

联合是将同一类对象中的几个具有部分相同属性值的对象组合起来，形成一个更高水平的集合对象的过程。术语"集合对象"描述由联合而构成的更高水平的对象，有联合关系的对象称为成员，"成员"与"集合对象"的关系是"成员"(Member-of)的关系。

在联合中，强调的是整个集合对象的特征，而忽略成员对象的具体细节。集合对象通过其成员对象产生集合数据结构，集合对象的操作由其成员对象的操作组成。例如，一个农场主有三个水塘，它们使用同样的养殖方法，养殖同样的水产品，由于农场主、养殖方法和养殖水产品等三个属性都相同，故可以联合成一个包含这三个属性的集合对象。

联合与概括在概念上不同。概括是对类进行抽象概括；而联合则是对属于同一类的对象进行抽象联合。联合有点类似于聚集，所以在许多文献中将联合的概念附在聚集的概念中，都使用传播工具提取对象的属性值。

4.2.1.5 面向对象数据建模的工具

面向对象数据建模的核心实现工具是：继承和传播。

1. 继承

继承为面向对象方法所独有，服务于概括。在继承体系中，子类的属性和方法依赖父类的属性和方法。继承是父类定义子类，再由子类定义其子类，一直定义下去的一种工具。父类和子类的共同属性和操作由父类定义一次，然后由其所有子类对象继承，但子类可以有不是从父类继承下来的另外的特殊属性和操作。一个系统中，对象类是各自封装的，如果没有继承这一强有力的机制，类中的属性值和操作方法就可能出现大量重复。所以，继承是一种十分有用的抽象工具，它减少了冗余数据，又能保持数据的完整性和一致性，因为对象的本质特征只定义一次，然后由其相关的所有子类对象继承。

父类的操作适用于所有的子类对象，因为每一个子类对象同时也是父类的对象。当然，专为子类定义的操作是不适用于其父类的。继承有单重继承和多重继承之分。

单重继承是指仅有一个直接父类的继承，要求每一个类最多只能有一个中间父类，这种限制意味着一个子类只能属于一个层次，而不能同时属于几个不同的层次。如图4.5所示，"住宅"是父类，"城市住宅"和"农村住宅"是其子类，父类"住宅"的属性(如"住宅名")可以被它的两个子类继承；同样，给父类"住宅"定义的操作(如"进入住宅")也适用于它的两个子类；但是，专为一个子类定义的操作如"地铁下站"，只适用于"城市住宅"。

单重继承可以构成树形层次，最高父类在顶部，最特殊的子类在底部，每一类可看做一个节点，两个节点的"即是"关系可以用父类节点指向子类节点的矢量来表示，矢量的方向表示从上到下、从一般到特殊的特点。

继承不仅可以把父类的特征传给中间子类，还可以向下传给中间子类的子类。图4.6是有三个层次的继承体系。"建筑物"的特征(如"户主"、"地址"等)可以传给中间子类"住宅"，也可以传给中间子类的子类"城市住宅"和"农村住宅"。

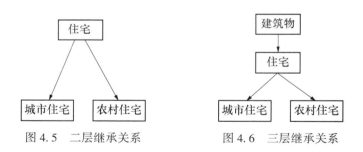

图4.5 二层继承关系   图4.6 三层继承关系

多重继承是指允许子类有多于一个的直接父类的继承。严格的层次结构是一种理想的模型，对现实的地理数据常常不适用。多重继承允许几个父类的属性和操作传给一个子类，这就不是层次结构。

GIS中经常遇到多重继承问题。图4.7是两个不同的体系形成的多重继承的例子，一个体系为交通运输线，另一个体系为水系。运河具有人工交通运输线和河流等两个父类特性，通航河流也有自然交通运输线和河流两个父类的特性。

2. 传播

传播是一种作用于聚集和联合的工具，用于描述复合对象或集合对象对成员对象的依

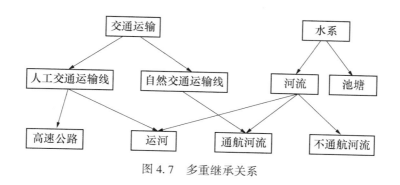
图 4.7　多重继承关系

赖性，并获得成员对象的属性的过程。它通过一种强制性的手段将成员对象的属性信息传播给复合对象。

复合对象的某些属性不需单独存储，可以从成员对象中提取或派生。成员对象的相关属性只能存储一次。这样，就可以保证数据的一致性，减少数据冗余。从成员对象中派生复合对象或集合对象的某些属性值，其公共操作有"求和"、"集合和"、"最大"、"最小"、"平均值"和"加权平均值"等。例如，一个国家最大城市的人口数是这个国家所有城市人口数的最大值，一个省的面积是这个省所有县的面积之和，等等。

继承和传播在概念和使用上都是有差别的，这主要表现在：继承是用概括（"即是"关系）体系来定义的，服务于概括，而传播则是用聚集（"成分"关系）或联合（"成员"关系）体系来定义的，作用于联合和聚集；继承是从上层到下层，应用于类，而传播则是自下而上，直接作用于对象；继承包括属性和操作，而传播则一般仅涉及属性；继承是一种信息隐含机制，只要说明子类与父类的关系，则父类的特征一般能自动传给它的子类，而传播是一种强制性工具，需要在复合对象中显式定义它的每个成员对象，并说明它需要传播哪些属性值。

4.2.1.6　面向对象数据模型的概念

1. 基本含义

任何一种模型都无法反映现实世界的所有方面，对于复杂的事物和现象更是如此。因而不可能设计出一种通用的数据结构和数据模型来适应所有的情况，往往是在描述一类问题时，体现了优越性，而在描述另一类问题时，却是低效的。

为了有效地描述复杂的事物或现象，需要在更高层次上综合利用和管理多种数据结构和数据模型，并用面向对象的方法进行统一的抽象。这就是面向对象数据模型的含义，其具体实现就是面向对象的数据结构。

2. 复杂对象及其特点

面向对象的地理数据模型的核心是对复杂对象的模拟和操纵。

所谓复杂对象，是指具有复杂结构和操作的对象。复杂对象可以由多种关系聚合抽象而成，或由不同类型的对象构成，或具有复杂的嵌套关系等。

例如，在 GIS 中的一个复杂地理实体（如学校）可能含有矢量数据、栅格数据、属性数据，甚至多媒体数据，而且可以认为是由其他较简单的实体（如道路、教学楼、操场等）组成的，因此，可以作为一个复杂对象。GIS 的地理实体所具有的矢量数据也可以认为是一个复杂对象，因为它包含了几何数据和属性数据，而几何数据又是由点、线、面等

117

简单对象组成的。

因此，复杂对象的特点可归结为：

（1）一个复杂对象由多个成员对象构成，每个成员对象又可参与其他对象的构成；

（2）具有多种数据结构，如矢量、栅格、关系表等；

（3）一个复杂对象的不同部分可由不同的数据模型所支持，也就是说，可以分布于不同的数据库中。

4.2.1.7 面向对象数据模型的特点

面向对象的数据模型有三个特点：

（1）可充分利用现有数据模型的优点，面向对象的数据模型是一种基于抽象的模型，允许设计者在基本功能上选择最为适用的技术。例如，可以把矢量和栅格数据结构统一为一种高层次的实体结构，这种结构可以具有矢量结构和栅格结构的特点，但实际的操作仍然是矢量数据用矢量运算，栅格数据用栅格算法。

（2）具有可扩充性。由于对象是相对独立的，因此可以很自然和容易地增加新的对象，并且对不同类型的对象具有统一的管理机制。

（3）可以模拟和操纵复杂对象。传统的数据模型是面向简单对象的，无法直接模拟和操纵复杂实体，而面向对象的数据模型则具备对复杂对象进行模拟和操纵的能力。

4.2.1.8 对象在 GIS 数据模型中的应用

对于传统的数据模型，其数据结构是与之分离的。而对于面向对象的数据模型，其数据模型和数据结构则是一致的，数据模型的具体实现就是数据结构。

在 GIS 的面向对象的数据结构中，通常可以把空间数据抽象为点、线、面三种简单的地物类型，作为三种简单对象：

（1）点对象。如塔、车站等。具有标识号、编码、定位点坐标等数据项，并且有显示、增加、删除、修改等操作。当点对象是有向的对象时，通过定义起点坐标和终点坐标来定义方向。

（2）线对象。如道路、河流等。线对象由一条或多条弧段组成，弧段还涉及两端的节点。具有显示、增加、删除、修改、计算长度等操作。

（3）多边形对象。如湖泊、街区等。由一条或多条弧段构成。具有增加、删除、修改、显示等操作外，还应具有计算面积和周长的操作。

点、线、多边形这三种简单对象类型涉及了孤立点、节点、交点、弧段等数据类型，并且还应该与注记有紧密的联系。

一个地理对象可以由这三种简单对象之一构成，复杂的地理对象可以由多种简单对象构成，甚至可以由其他复杂对象构成。每个地理对象都可以通过其标识号和其属性数据联系起来。若干个同类地理对象可以作为一个图层，若干个图层可以组成一个工作区。在 GIS 中可以开设多个工作区。

在 GIS 中建立面向对象的数据模型时，对象的确定还没有统一的标准，但是，对象的建立应符合人们对客观世界的理解，并且要完整地表达各种地理对象，及它们之间的相互关系。

面向对象的数据模型是面向对象技术的一个应用，这个技术现在已被 Intergraph、MapInfo 和 ESRI 软件采用，并推出了新一代 GIS 软件。在 ArcInfo 8 以后，数据模型不再采用 Coverage 数据模型，而是采用 GeoDatabase 的数据模型，并将几何数据、属性数据使用扩展了的关系数据库统一存储管理，即演变为地理对象关系数据模型。

4.2.2 地理空间对象的基本特征和描述内容

空间位置特征、空间属性特征、空间时间特征认为是完整描述空间数据的三个基本特征。它们描述了地理实体或现象的定位关系(绝对定位关系、相对定位关系)、属性关系(定性关系、定量关系)和时间关系(事务处理时间关系、有效时间关系)。为了描述这三个基本特征，需要从几个方面对其综合描述。

4.2.2.1 地理空间对象基本特征

地理空间对象具有的三个基本特征，是 GIS 重点表达的内容。在 GIS 的技术发展中，有许多研究和发展的内容都与它们有关。

1. 空间位置特征

空间位置特征表示地理实体或现象在空间参照系中的位置，其绝对位置定位关系和几何特征由空间坐标定义，相对位置定位关系由空间关系定义。

2. 空间属性特征

空间属性特征是对所对应的空间实体或现象的特性的描述信息。用定量关系和定性关系描述和区分不同的地理实体或现象，如分类、数量和名称等。一般来讲，属性描述的内容的多少与建立数据库的目的有关。其内容可进一步分为主导属性和扩展属性。前者是描述一个地理实体或现象所必需的基本内容，后者是根据用户的需要添加的。例如，对道路的属性，标识码、分类码、名称、宽度、长度、路面材料、等级等则是主导属性，而车流量、车道数量、建设年代、权属等则是扩展属性。但有时这种划分也并不明显，关键是其在信息系统中的重要性。

3. 时间特征

时间特征是用时间关系描述地理实体或现象随时间变化的特征。按照信息系统记录时间的方式，可分为有效时间和事务处理时间。前者是地理实体或现象实际发生变化的绝对时间，后者则是数据库中数据的处理时间。

地理数据的位置特征和属性特征相对时间特征来讲，常常呈相互独立的变化，即在不同的时间，空间位置不变，但属性可能发生变化；反之亦然。这种变化可能是局部的变化或整体的变化，对于一个空间数据库来讲，两者可能是并存的，这就为地理空间数据的管理和更新带来了复杂性。

4.2.2.2 地理空间对象的描述内容

从上述内容可以知道，要完整地描述地理空间对象，必须从以下几个方面进行：

(1)编码，用于区别不同的地理空间对象，有时同一个地理空间对象在不同的时间具有不同的编码，如上行和下行的火车。编码通常包括分类码和标识码。分类码标识实体所属的地物类别，同一类地物具有相同的编码。标识码是对每个实体进行标识，是唯一的，用于区别不同的实体或同类地物的不同个体。标识码由计算机系统自动确定，也可根据需要，由系统的开发者确定。分类码涉及面较广，如数据的共享，一般必须有相应的标准。

(2)位置，通常用坐标值的形式或空间关系给出实体的空间位置。

(3)行为，指明该地理实体可以具有哪些行为和功能。

(4)属性，指明该地理实体所对应的非空间信息，如道路的宽度、路面质量、车流量、交通规则等。

（5）说明，用于说明实体数据的来源、质量等相关的信息，一般由元数据来描述。

（6）关系，数据和数据集合之间的关系，如空间索引、数据层的联系等。

4.2.3　地理数据模型的进展

地理空间数据模型是通过一组空间数据对象对真实世界地理实体或现象的一种抽象表达和建模的结果，以支持对空间数据对象的地图显示、查询、编辑和分析。为了更好地理解地理空间数据模型的概念，我们先回顾和评价三个著名的数据模型。

4.2.3.1　CAD 数据模型

这是计算机辅助制图系统或计算机辅助设计系统经常采用的一种数据模型。CAD 数据模型按照点、线、多边形表达方法，采用二进制数据文件存储地理数据。有限的属性信息也保存在这些文件之中。几何图层和注记是属性的主要表达载体。数据图层仅描述空间数据对象的几何信息，不描述和存储空间关系信息，如拓扑关系，称为无拓扑关系的数据模型。后来，CAD 数据模型支持属性表管理，将几何数据和属性数据分别用图层文件和属性文件分开建模，但仍不支持空间拓扑关系存储。CAD 模型仅支持简单的制图、编辑、显示、查询功能，不支持复杂的空间分析。

4.2.3.2　Coverage 数据模型

Coverage 数据模型是 ArcGIS 8 软件以前版本使用的地理空间数据模型，也称为地理关系数据模型，是面向特征建模的数据模型，Coverage 数据模型存储和管理数据的基本单元是数据层。使用关系数据模型，用一组文件描述空间对象、对象之间的关系和属性。Coverage 数据模型的主要先进性在于用户具有自定义属性表的能力，不仅能够添加字段，而且能够建立与外部数据库表的联系。如图 4.8 所示。

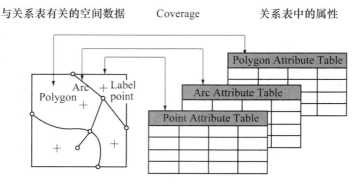

图 4.8　空间数据与属性的联系

这个模型有两个关键点：

（1）空间数据与属性数据相结合。空间数据按索引二进制文件存储，起到对数据访问和显示进行优化作用。属性数据按照二进制的数据表存储，列数等于属性个数，行数等于对象的个数，并通过一个公共的标识编码与空间数据文件相联系。如图 4.9 所示。

存储在一个 Coverage 图层的每个特征类具有自己的属性表。属性表包含每个特征类的每个特征的一个对应记录。

（2）存储矢量特征之间的拓扑关系。这意味着空间数据记录了结点和弧段之间联系的

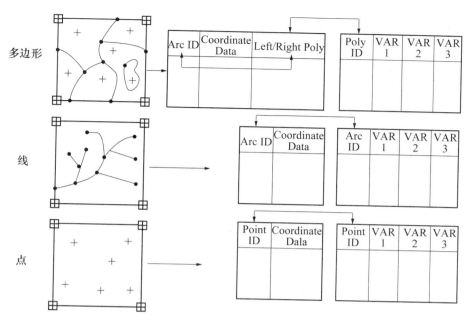

图 4.9　空间特征通过 ID 关联

信息，并通过推理可以获得线段或弧段之间的连接性或连通性。也包含了线或弧段两边的左多边形和右多边形信息，可以推断多边形的邻接性。如图 4.10 所示。支持空间特征之间的连接关系、邻接关系和包含关系等与欧普关系的存储与维护。

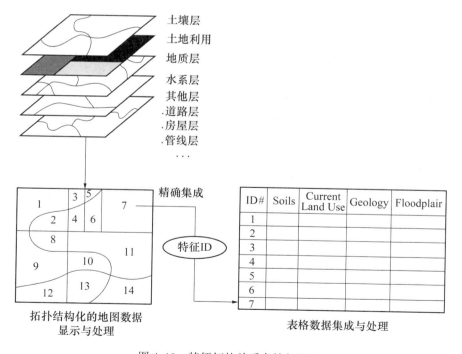

图 4.10　特征拓扑关系存储与维护

空间数据文件不是直接存储在关系数据库里，而是存储在目录里。属性数据表存储在关系数据库里。尽管空间数据和属性数据的分离存储是一个妥协的方案，但是 Coverage 数据模型仍然成为了 GIS 的占主导地位的空间数据模型。其主要原因是 Coverage 数据模型使 GIS 具有良好的表现性能称为可能，存储拓扑关系改善了地理空间分析性能，提供了更准确的数据实体精度。

然而，Coverage 数据模型也存在明显的缺点。特征被聚集成具有通用行为的点、线和多边形同性质的数据集合。表达一条道路的线的行为与表达一条河流的线的行为是一样的。Coverage 数据模型支持的通用行为需要保证一个数据的拓扑完整性。例如，如果你添加了一条穿越多边形的线，它将会使多边形自动分裂为两个。人们希望模型能支持河流、道路或其他真实世界对象的特定行为，例如，下游河流的流量，当两条河流合并为一条时，合并后的河流的流量应该是两条上游河流流量的之和，如图 4.11 所示。再如，当两条道路交叉时，交通路口应该位于它们的交点处，除非它们是天桥或地道。

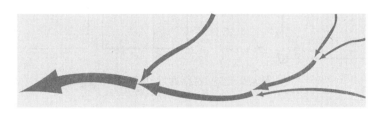

图 4.11　河流的流量问题

为了实现这个愿望，ArcGIS 的应用开发者为特征添加这种特定类型的行为，通过 AML 语言，取得了显著成绩，建立了许多成功的、大规模的和工业标准的应用。但是，当应用变得越来越复杂时，需要以一种更好的方式建立与特征相联系的特定行为。但问题是开发者很难保证应用代码与特征类型变化同步发展。这就需要一种新的数据模型。

4.2.3.3　Geodatabase 数据模型

Geodatabase 数据模型是面向对象的数据模型。定义这个模型的目的是让人们能够通过赋予地理特征的自然行为，使数据库中的特征更具智慧，并允许定义特征之间的任何一类关系。Geodatabase 数据模型使物理数据模型与定义它的逻辑模型更为接近。在 Geodatabase 数据模型中的数据对象与逻辑模型中的数据对象很大程度可以认为是相同的对象，如所有者、建筑物、道路和河流等。

此外，Geodatabase 数据模型可以实现绝大多数特征的自定义行为，而不需要编写代码。大多数行为的实现是通过值域、验证规则和软件提供的其他功能。编写软件代码仅仅是对更为特别的特征行为才是需要的。面向对象的数据模型具有以下优点：

（1）一个统一地理数据库。所有的地理数据可以在一个数据库里集中存储和管理。

（2）添加和编辑特征。当向 GIS 数据库添加特征时，必须保证按照以下规则特征被正确放置：

①赋给属性表的值落入一组规定的允许值的范围内。如一个地块只能属于一个特定的土地利用类型，如居住用地、农业用地或工业用地等，如图 4.12 所示。

②特征可能是邻接的，或仅当特定的约束满足时才连接到其他特征。如公路不能连接

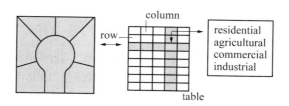

图 4.12　域约束的例子

到铁路，加油站不能与学校邻接等。

③某些特征集合应符合它们的自然空间布局，如图 4.11 所示的情况。

④特征几何符合按照下面的逻辑放置。如构成道路的曲线和直线是相切的，或建筑物的角通常是直角等，如图 4.13 所示。

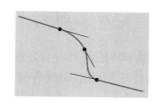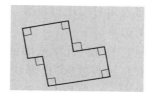

图 4.13　特征的逻辑约束

（3）用户操作更直观的数据对象。在良好的设计前提下，数据库中的数据对象与数据用户模型一致。代替更一般的点、线和多边形数据对象，用户可以直接操作感兴趣的对象，如道路、河流、变压器等。

（4）特征具有更丰富的上下文联系。通过空间关系，不仅可以定义特征的质量，而且也定义了特征之间的关系。这可以让用户指定当相联系的特征被移动、删除和添加时，特征发生了什么。这些关系也可以让用户定位和检查与其他对象由联系的特征。

（5）特征之间的空间关系。现实世界中的所有对象都是通过空间关系联系在一起的。从 GIS 描述的角度，这些关系分为拓扑关系、空间几何关系和一般关系。如在编辑网络特征数据时，保证和验证节点和边界的连接，学校、商店等被包含在哪个社区等。

（6）地理显示。面向对象模型可以有效控制地理数据制图的显示绘图行为，如注记与等值线的显示关系、控制等高线的相交、保证绘制道路时的线的平行等。

（7）交互空间分析。支持基于各种拓扑关系、空间几何关系和一般关系的空间数据分析。

（8）在地图上显示的特征是动态的。当邻近特征变化时，与之联系的特征也会及时发生变化。

（9）特征的形状可以被更好地定义。可以通过直线、圆形曲线、椭圆曲线或样条曲线定义特征的形状。

（10）特征是连续的。在一个大型数据集中的特征仍然可以是连续的。

（11）支持多用户编辑特征。多个用户可以同时编辑一个局部范围的特征。

如果不使用面向对象的数据模型，这些功能也可能实现，不过需要编写复杂的程序代码。

4.2.4 矢量数据模型

矢量数据是以点、线和多边形为基本表达特征元素，并用以表达具有形状和边界的离散对象。特征元素具有精确的形状、位置、属性和元数据，以及与之有关的可用的空间关系和行为。矢量数据模型是以特征数据集合特征类存储特征元素的。

4.2.4.1 几何元素与特征定义

按照特征对数据建模具有以下优点：

（1）特征按照具体属性、关系和行为存储为不同的实体，这有助于建立一个丰富的模型以获取一组地理特征的完整信息；

（2）特征具有精确的位置和良好定义的几何形状，这有助于 GIS 软件的空间操作；

（3）特征在地图上可以按照任意的颜色、线宽、填充类型或其他制图符号绘制，这可以符号化显示特征属性来产生地图，也可以以任意比例尺打印地图；

特征也特别适合对人工对象进行建模。这是因为道路、房屋、机场或其他人工对象具有明显的和良好定义的边界。

特征表达的基础是它的几何元素或形状。每个特征都具有与之联系的几何或形状。在数据结构中，几何元素是按照被称为"形状"的特征类的空间场存储的。在几何数据模型中，几何元素有两种类型，一类是由特种形状定义的，另一类是由形状的组合定义的。

特征可有点、点集、线、多边形等几何元素之一产生。外接矩形是一种形描述几何元素的空间范围的几何元素。面向对象的数据模型与面向特征的数据模型的重要区别和优点就是简单几何元素和复杂几何元素可以组合为一个特征类，即复合对象。一个折线几何元素的特征类可以有单个部分或多个部分的折线组成。一个多边形几何元素的特征类可以有单个部分或多个部分的多边形组成。这对特征形状的建模提供了极大的灵活性，并简化了数据结构。

点（Point）和点集（Multipoint）是零维几何元素。点具有 x，y 坐标，一个可选项 z 或 m，分别对应于构建三维的位置或线性参考系统的测量值。点数据还有一个识别码（ID），点用于表达小的特征，如井或测量点的位置。点集是点的无序集合。点集特征表达具有一组共同属性的一组点，如一组井形成的一个独立单元，如图 4.14 所示。

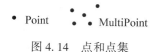

图 4.14　点和点集

折线（Polyline）是一组可能不连接或连接的链或路径（Path）的有序集合，是一维几何元素，用于表达所有线性特征几何元素，如图 4.15 所示。

折线用于表达道路、河流或等高线。简单的线性特征仅用有一条链的折线表达，复杂的线特征则用多条链的折线表达，如路径。

多边形是部分由它们的包含关系定义的环的集合，是二维几何元素，用于表达所有的面特征几何元素。简单的面特征由单个环的多边形表达。

当环是嵌套的时候，内部环和岛环相互交替。多边形中的环可以不连接，但不能覆

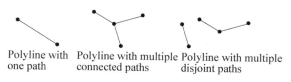

图 4.15 折线

盖，如图 4.16 所示。

图 4.16 多边形

外接矩形表达特征的空间范围，由平面矩形的最大最小坐标定义，也可以由三维的最大最小坐标定义，矩形的边界平行坐标系统的坐标轴，如图 4.17 所示。

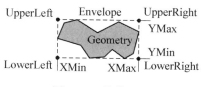

图 4.17 外接矩形

所有的几何元素都有外接矩形，用于特征的快速显示和空间选择操作。

线段（Segment）、链（Path）和环（Ring）是特征形状的组合几何元素。线段是由一个起点和终点组成，且点之间由一个函数定义的曲线，如图 4.18 所示。

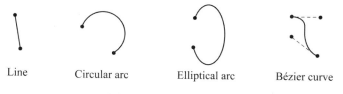

图 4.18 组合几何元素

线段有直线段、圆弧、椭圆弧和 Bézier 曲线四种类型。

直线段是由两个端点定义的直线段，是线段的最简单类型。线段用于表达直线结构，如公路、地块的边界等。

圆弧是圆的一部分。圆弧最常用的地方是表达道路的转弯，并广泛用于坐标几何（COGO）。但它作为特征的一部分时，与要连接的线段是相切的。

椭圆弧是椭圆的一部分。不经常用于表达特征，但可以用于近似过渡的图形，如公路斜坡的一部分。

Bézier 曲线是由 4 个控制点定义的曲线，是由三次多项式定义的参数曲线，常用于表达光滑的特征，如河流和等高线等。在注记时也经常使用。

链是相连接的线段的序列。链中的线段是不相交的。一条链可以由任意多的线、圆弧、椭圆弧或 Bézier 曲线组成。链用于构造折线，如图 4.19 所示。

Path with one line segment　　Path with two tangent Bézier curve segments　　Path with one circular are and two tangent line segments

图 4.19　链或路径

通常由链组成的线段彼此之间是相切的。这意味着线段的连接是按照相同的角度。例如，道路是典型的直线和圆弧组成的。当一条线和圆弧连接时，是以同样的角度，或彼此相切连接的。等高线也是如此，是由 Bézier 曲线相切连接的。

环是一条闭合的链，具有明确的内部和外部，如图 4.20 所示。

图 4.20　环

链的起点和终点坐标是一样的，环被用于构造多边形。

特征或对象具有以下特点：

（1）特征具有形状，如点、线和多边形；

（2）特征具有空间参考，如地理坐标或投影坐标；

（3）特征具有属性；

（4）特征具有子类，如建筑物分为居住、商业和工业建筑物等；

（5）特征具有关系，如非空间对象之间的关系，房屋和户主的关系；

（6）特征属性取值可以被约束在一个范围内；

（7）特征可以通过规则加以验证；

（8）特征之间具有拓扑关系；

（9）特征具有复杂的行为。

4.2.4.2　对象的几何模型

面向对象的矢量数据的几何模型如图 4.21 所示，用 UML 表达了几何元素的构造关系。这个模型对程序设计者非常有用，同时也将数据模型细化到了特征形状的结构关系。

4.2.4.3　类定义

面向对象的数据模型是数据集、特征类、对象类和关系类的集合，是按照无缝图层组织和管理地理数据的。它不是将地理区域划分为切片的单元；相反，是使用有效的空间索

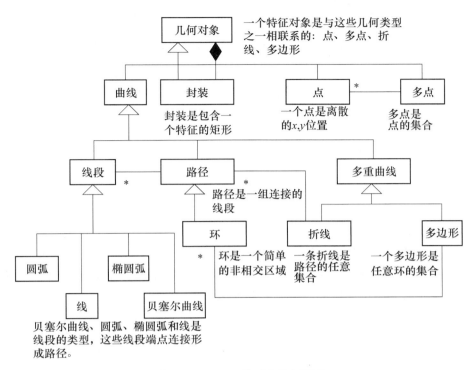

图 4.21 ArcGIS 的对象几何模型

引来表达连续的空间范围。数据集有三种基本类型，即特征数据集、栅格数据集合 TIN 数据集，分别用于表达矢量、栅格和 TIN 数据。

特征数据集是特征类的集合，具有共同的坐标系统。可以选择组织一个简单的特征类，位于特征数据集内或外，但拓扑特征类必须包含在特征数据集内，以保证处于一个公共的坐标系统。

栅格数据集要么是简单数据集，要么是由多波段或分类值形成的组合数据集。

TIN 数据集是由一组具有三维坐标顶点组成的不规则三角形构成的，用于表达一些类型的连续表面。

对象类是数据模型中的与行为有关的数据表。对象类保留了描述与地理特征有关的对象的信息，但不是地图上的特征。例如，对象类可能是地块的所有者。据此，可以在数据库中建立地块的多边形特征类与所有者对象类之间的联系。

特征类是具有相同几何类型的特征的集合，包括简单特征类和拓扑特征类。

简单特征类包括彼此之间没有任何拓扑联系的点、线、多边形或注记特征，即在一个特征类中的点是一致的，但不同于来自其他特征类的线的端点。这些特征可以独立编辑。

拓扑特征类是与一个图形绑定的，这个图形是一个对象，绑定了具有拓扑关系的一组特征，如 ArcGIS 的几何网络。

关系类是存储了特征之间，或两个特征类对象之间，或表之间关系的一个表。关系模型依赖于对象之间的关系。通过关系，可以控制当一个对象被删除或改变时，与之相关的对象的行为。图 4.22 表示的是对象类的定义关系。

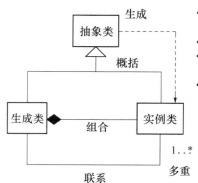

- 一个抽象类是其他类被继承的特性和方法的规范标准，不能从一个抽象类产生对象；
- 可以从一个生成类直接产生对象；
- 可以从一个继承类，通过调用另一个类的方法，继承生成的对象；
- 简单的多重联系：1，或0.1，即0或1，*是0对任意整数，1...*是1对任意整数。

图 4.22　对象类的定义关系

4.2.4.4　Coverage，特征和拓扑关系

Coverage 数据模型是空间数据、属性数据和与特征有联系的拓扑关系的结合体。空间数据使用二进制文件存储，属性数据和拓扑关系用关系数据库表存储。Coverage 数据模型包含的特征类是同类的特征集合，如图 4.23 所示。

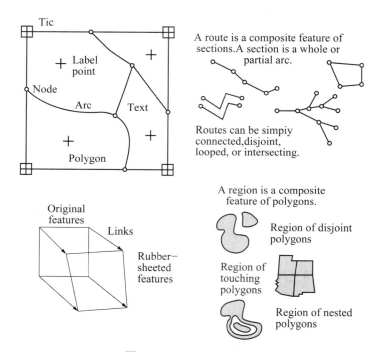

图 4.23　Coverage 的特征

Coverage 的主要特征类型有点、弧段(线，ARC)、多边形和节点。这些特征具有拓扑联系。弧段形成多边形的边界，结点形成弧段的端点，标志点形成多边形的内点(中心点)。点具有两重意义，一是实体点，二是标志点。Coverage 的第二类特征是控制点(Tic)、链接(Link)和注记。控制点用于地图的配准，链接用于特征的调整，注记用于在地图上标识特征。

Coverage 也包含一些组合特征。路径是与测量系统有关的弧段的集合。路径的最常用例子是交通运输系统。区域（Region）是多边形的集合，它们可能是邻接的、非连接的或重叠的。区域用于土地利用或环境应用。

4.2.4.5 Shapefile

具有拓扑关系的数据集提供了丰富的地理分析和地图显示的基础。但一些地图使用者更愿意使用较为简化的简单特征数据格式。简单特征类用点、线、多边形存储特征形状，但不存储拓扑关系。这种结构的最大优点是简单和显示快速。但缺点是不能强化空间约束。例如，当制作一幅土地分类图时，希望保证形成地块的多边形不重叠，或彼此之间没有缝隙，简单特征类型不能保证这类空间完整性。但简单特征类可以形成大的、有效的地理数据集，因为体容易创建，并能有效用于地图的背景图层。

Shapefile 主要由包含空间和属性数据的 3 个主要文件构成，也可能包括任选具有索引信息的其他文件。这些文件由图 4.24 所示的特征组成一个特征类。可以是点、点集、折线或多边形组成的同类特征的集合。点文件包含一些具有点几何元素的特征，点具有独立坐标对。点集文件包含点集几何特征，多个点表达一个特征。线文件包含折线几何元素。折线由链组成，是一组线段的简单连接，链可以是不连接的、连接的或相交的。多边形文件包含多边形几何元素的特征。多边形包含一个或多个环。环是封闭的链，但自身不相交。多边形中的环可以不连接、嵌套或彼此相交。属性数据表存储在嵌入式 dBASE 文件。其他对象的属性存储在另外的 dBASE 表中，可以通过属性关键字与 Shapefile 文件关联。

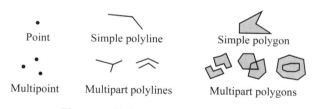

图 4.24　组成 Shapefile 特征类的特征

Coverage 模型与 Shapefile 模型的主要区别是，前者具有拓扑关系，后者没有拓扑关系；前者有多个类，后者只有一个类。

4.2.4.6 CAD Drawings

大量的地理数据按照 CAD Drawings 文件组织。CAD 文件的一个特点是特征被典型地分解为许多图层。CAD 文件的图层与地图的图层具有不同的意义。在 CAD 文件中，它表达一组类似的特征。在地图上，它表达对一个地理数据集或与绘图方法有关的特征类的引用或参照。CAD 数据集是 CAD Drawings 文件的目录表达。它被分解为 CAD 特征类。每个特征类聚集了点、线、多边形和注记的图层的全部。如果一个 CAD 数据集由 17 个图层构成（3 个点层，8 个线层，4 个多边形层，2 个注记层），那么它们将构成一个点特征类、一个线特征类、一个多边形特征类和一个注记特征类。

4.2.5　栅格数据模型

栅格数据具有不同的类型，栅格数据模型具有不同的存储格式。

4.2.5.1 栅格数据来源

栅格数据表达影像或连续数据。栅格数据的每个单元(或像素)是测量的量。栅格数据集最常用的数据源是卫星影像、航空影像、某个特征的照片，如建筑物的照片，或扫描的地图文件、矢量转换成的栅格数据等，如图4.25所示。栅格数据擅长存储和操作连续数据，如高程、污染物浓度、环境噪声水平、水位等。

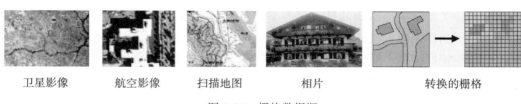

卫星影像　　　航空影像　　　扫描地图　　　相片　　　　转换的栅格

图4.25　栅格数据源

4.2.5.2 栅格数据类型

栅格数据有两个基本的类型，专题数据和影像数据。专题数据可能用于土地利用的专题分析，影像数据可能用于其他地理数据的地图和导出专题数据。

专题栅格数据的每个单元(像素)的值可能是一个测量值或分类值。制图时，表达为专题地图，包括空间连续数据和空间离散数据。

空间连续数据的栅格单元值可能是高程、污染浓度、降雨量等。从一个单元到另一个单元，其值是连续变化的和具有共性的，其值可以建模为某些表面模型，其单元值是单元中心的采样值。

空间离散数据表达的是类或数据的分类，如土地所有者类型或植被分类。从一个单元到另一个单元的值是相同的或激烈变化的。数据类型表现为具有共同值的一组分区，如土地利用图或林分图。栅格单元的值表示整个单元的值。这两类数据如图4.26所示。

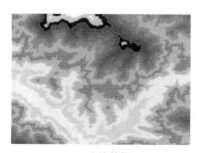 

连续数据　　　　　　　　　　　　离散数据

图4.26　连续和离散栅格数据

栅格数据可用于对离散的点、线和多边形特征进行表达，如图4.27所示。

影像数据是由成像系统获取的数据。成像系统记录栅格数据是基于一个或多个波段的光谱反射值或辐射值。相片主要记录红、绿、蓝波段的光谱反射值，卫星影像则有更宽的光谱反射或辐射范围，用于分析地学表面或植被。

栅格数据主要用于底图、土地和地表覆盖分类、水文分析、环境分析、地形分析等。

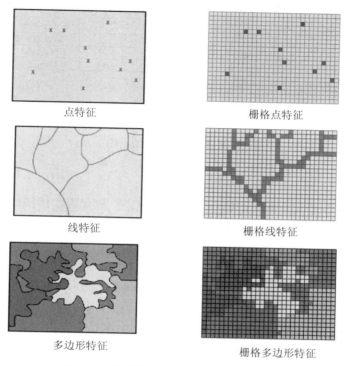

点特征　　　　　　　　栅格点特征

线特征　　　　　　　　栅格线特征

多边形特征　　　　　　栅格多边形特征

图4.27　栅格数据表达的点、线和多边形

4.2.5.3　栅格数据建模

栅格数据由栅格单元构成。每个单元具有统一的单位，表达地表上的一个定义的区域，如一平方米或一平方公里。每个单元的值表达这个位置的光谱反射或辐射值，或其他特性取值，如土壤类型、人口数据或植被分类等。单元的其他值用属性表存储。

栅格单元的属性值定义了单元位置上的分级、分组、分类或测量值。栅格单元的值是数值型的，如整数的，或浮点数的。

当栅格单元的值是整数时，它可能是一个更为复杂的识别代码，如4可能代表一个土地利用格网上的4个独立的居住单元个数，与这4个值相联系的可能是一系列属性，如平均的商业价值、平均的居住人数或调查编码等。

栅格单元值(或代码)之间通常具有一对多的关系，并将栅格单元的个数赋给这个代码。例如，在土地利用格网上，有400个单元或许与值4有关(代表单一家庭住宅)，150个单元与值5有关(代表商业分区)。

代码值在栅格数据中可以出现多次，但在属性表中仅出现一次，用于存储与代码有关的附加属性。这种设计减少了存储和简化了数据更新。对于一个属性的单个变化，可以用于数百个值，如图4.28所示。

栅格单元的数值类型有名义型、序数型、区间型、比率型等。

名义数据值标识和区分不同的实体。这些值用于建立与单元有关的位置上的地理实体的分级、分组、个数或分类。这些值可能是一个实体的品质值，也可能不是一个品质值。可能与一个固定的点或线性尺度没有关系。土地利用的代码、土壤类型或其他属性特性都

131

OID	VALUE	COUNT	TYPE	AREA	CODE
0	1	9	Forest land	8100	FL010
1	2	5	Wet land	4500	WL001
2	3	9	Crop land	8100	C301
3	4	11	Urban	9900	UL040

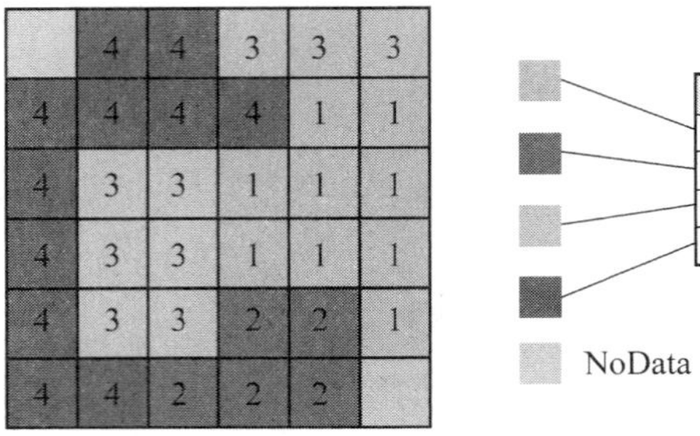

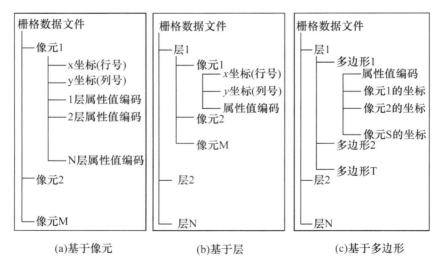

图 4.28　栅格数据的属性

属于这一类取值。

序数值定义了一个实体相对于另一个实体的排序。值代表实体所处的排位，如第一、第二、第三等。但它们没有大小或相对的比例之分。它们可以区分实体的品质，如这个比那个更好等。

区间值表示在一个尺度上的测量值，如每天的时间、温度变化、PH 值等。这些值位于一个标定的尺度上，与实际的零点没有关系。区间值之间可以相互比较，但与零点的比较没有意义。

比率值是相对一个固定的或有意义零点尺度上的测量值。可以对这些值进行数学运算，以获得预测或由意义的结果，常用于年龄、距离、权重或植被指数等。

栅格数据是按照栅格数据所表达的类型分层组织和存储的。在 GIS 数据库中，对于分层的栅格数据的存储结构有三种基本方式(图 4. 29)：

图 4. 29　栅格数据的三种存储方式

(1)基于像元：以像元作为独立存储单元，每个像元对应一条记录，每条记录中的记录内容包括像元坐标及其属性值的编码。不同层上同一个像元位置上的各属性值表示为一个数组。

(2)基于层：以层作为基础，每层又以像元为序，记录坐标和属性值，一层记录完后再记录第二层。

（3）基于多边形：以层作为基础，每层以多边形为序，记录多边形的属性值和充满多边形的各像元坐标。

在数据无压缩存储的情况下，栅格数据按直接编码顺序进行存储。所谓直接编码，是将栅格数据看成一个数字矩阵，数据存储按矩阵编码方式存储。栅格单元的记录顺序可按图 4.30 所示的顺序记录。

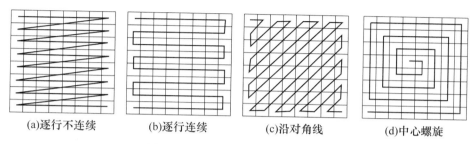

(a)逐行不连续　　(b)逐行连续　　(c)沿对角线　　(d)中心螺旋

图 4.30　栅格数据单元的存储顺序

根据栅格单元的邻近性特点，栅格单元的记录顺序可以按照特定的编码顺序记录，如 MORTON 编码、HILBERT 编码或 GRAY 编码等，如图 4.31 所示。

MORTON编码　　　　HILBERT编码　　　　GRAY编码

图 4.31　栅格数据单元的编码存储顺序

值得指出的是，在当前的一些 GIS 软件中，栅格数据的存储多采用与影像相同的格式存储，这样做至少有三个好处：一是支持的数据格式更多；二是不必为栅格数据的处理和分析设计特殊的算法，可以使用图像处理的算法完成大多数的操作；三是 GIS 与图像处理系统的集成更容易、更紧密。

4.2.6　连续表面数据模型

表面数据的来源和表达方式主要有如图 4.32 所示的几种形式。

连续表面用于表达有限点数的具有 Z 值的连续场。连续表面数据模型常用的有两种类型，即栅格数据模型和不规则三角网(TIN)模型。常见的应用是对如地形变化这类连续值的建模表达。

栅格数据按照采样的位置或 Z 值的插值将表面表达为规则的格网。TIN 将不规则的采样点，按照每个顶点都具有(x,y,z)三维坐标的三角形构造成不规则三角网表达为表面。

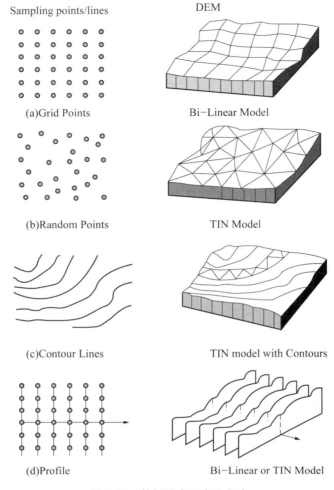

图 4.32　数据及表面表达方式

4.2.6.1　表面的栅格数据表达

栅格数据采用对具有 Z 值的位置按照均匀间隔的栅格将表面表达为格网，值的位置是格网中心，是数据矩阵形式的，如图 4.33 所示。任意位置的表面估值可以通过格网点的 Z 值直接插值获得，如图 4.34 所示。

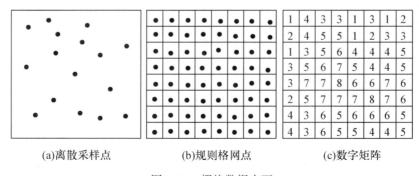

(a)离散采样点　　　　　(b)规则格网点　　　　　(c)数字矩阵

图 4.33　栅格数据表面

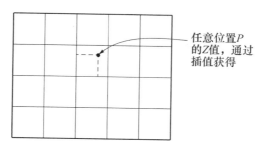

图 4.34　插值示意

栅格单元的大小称为空间分辨率，表示对表面表达精度。使用栅格数据表达表面具有较低的成本，如地形变化的 DEM 数据。栅格数据支持丰富的空间分析功能，如空间一致性、邻近性、离差、最小成本距离、通视性等分析，以及坡度、坡向、体积等计算。可以表现出较快的计算性能。

栅格数据表达表面的缺点是像谷底线、山脊线等特性线不能很好地融入表面不连续性的表达中。一些重要的特征点的位置，如山峰，在采样时可能丢失，这会影响表面的精细表达。如图 4.35 所示。

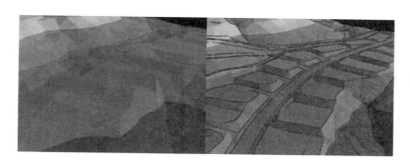

图 4.35　特性线的作用

栅格数据适合小尺度的制图应用，位置精度不要求很高，表面特征不要求精细表达。

4.2.6.2　表面的 TIN 数据表达

表面可以用连续的、不重叠的三角面表达。表面任意位置的值可以通过简单的或多项式插值获得。

由于在地形变化表达时，TIN 的采样点是不规则的，所以对数值变化剧烈的区域采集密集的点，变化平缓区域采集较为稀疏的点，这样有利于产生高精度的表面模型，如数字地形表面。TIN 模型保留了原始表面特征的形状和精确位置。区域特征，如湖泊和岛，可以通过一组闭合的三角形边界表达。线性特征，如谷底线、山脊线，可以通过一组连接的三角形边界表达，山峰可以表达为三角形的顶点。特性线可以作为表面建模的约束条件，实现表面模型的精细建模。

TIN 支持各种表面数据分析，其缺点是不是即时可得的，需要进行数据采集。TIN 适合大尺度的制图应用，其位置和表面形状需要精确表达的场合。栅格数据和 TIN 表达表面如图 4.36 所示。

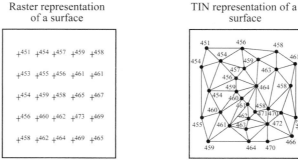

图 4.36　TIN 和栅格表达

TIN 的定义。构成 TIN 的每个三角形由具有 (x, y, z) 坐标的三个点组成，是一个空间三角面。由这些三角面相互连接，不重叠构成三角网络，如图 4.37 所示。

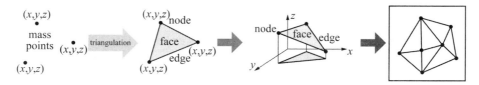

图 4.37　TIN 的构建过程

如果给定一组离散的数据点，构建三角网的可能结果会有多种，不同的方法构建的 TIN 精度有差别。使用狄罗尼多边形作为约束和优化，是其中的一种方法，如图 4.38 所示。

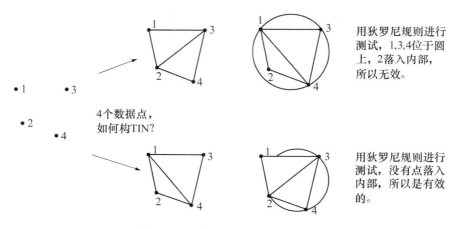

图 4.38　三角网的狄罗尼构建规则

狄罗尼构建规则是对任意一个三角形，根据三个顶点绘制一个圆，内部不包含任何其他的三角形顶点。

TIN 除了存储三角网的顶点坐标数据外，还应存储三角形之间的拓扑关系，如图 4.39 所示。

136

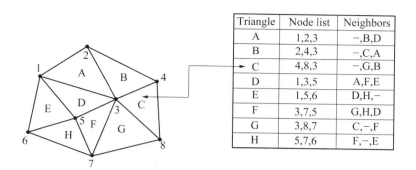

Triangle	Node list	Neighbors
A	1,2,3	-,B,D
B	2,4,3	-,C,A
C	4,8,3	-,G,B
D	1,3,5	A,F,E
E	1,5,6	D,H,-
F	3,7,5	G,H,D
G	3,8,7	C,-,F
H	5,7,6	F,-,E

图 4.39　拓扑关系表达

4.2.6.3　表面模型的精细化建模

在创建 TIN 时，可以加入一些表面的特征元素作为约束条件，使表达的表面模型更精确、精细和符合实际情况。这些特征元素包括山峰、控制点、等高线、谷底线、山脊线、河流、湖或其他可使用的约束特征元素。这些特征元素的添加会改变 TIN 的表面形状，它们与数据点一同构成 TIN 表面，如图 4.40 所示。

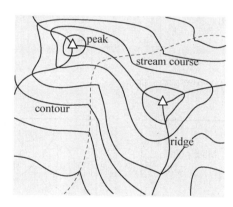

图 4.40　约束特征

点特征点具有测量的 Z 值，构网化后作为三角形的顶点按原位置和值被保留。

线特征是自然的线性特征线，有两种类型：硬线和软线。硬线是坡度不连续的分界线，如河流的中心线、山脊线、谷底线等。表面总是连续的，但它的坡度变化不一定。硬线保留了表面的剧烈变化特征，改善了对 TIN 的分析和显示。软线允许添加线性特征的边界，但不代表它是表面的坡度不连续性的变化的地方。如添加一条道路到 TIN，但它不会明显改变表面的局部坡度，坡度变化不受它的影响，不参与构网。面特征是一些多边形区域，有四种类型：置换多边形、擦除多边形、填充多边形和剪裁多边形。置换多边形的边界和内部被赋予了同一个 Z 值，用于替换表面中某个区域的数据点。擦除多边形用于标记多边形的内部所有区域，构网时，仅在这个多边形外部的数据点才参与构网。在进行体积计算、绘制等值线或插值计算时，忽略这些区域。剪裁多边形标记多边形的外部所有区域，构网的数据点仅局限在内部和外部分别构网，是构网的分界线。填充多边形对多边形区域赋给一个整数属性值，不替换 Z 值，不擦除也不剪裁，仅起到补充数据点的作用。

    TIN 模型是每个数据点具有单一的 Z 值表面，有趣的是 TIN 表达的表面，其数据点在三维空间，但三角面的拓扑网络被约束在二维空间。因此，有时将 TIN 表面称为 2.5 模型。这种说法还不够准确，准确的说法应该是表面具有在三维空间可量测的点，但每个点仅具有一个 Z 值，Z 值是平面位置 (x, y) 的函数，应称为函数表面。因此，TIN 是一个单值函数的例子，给定一个输入值的位置，仅可以插值得到一个 Z 值。TIN 的一个轻量的限制是不能对偶尔出现的负斜率表面，如斜率跳变的悬崖或洞穴。这需要使用一些技术来进行处理。特征约束精细化建模的效果如图 4.41 所示。

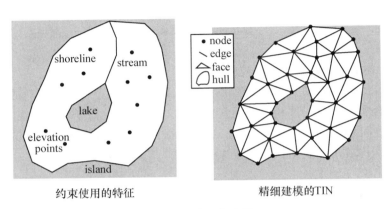

约束使用的特征   精细建模的TIN

图 4.41　精细化建模

    特征约束在建模中的作用如图 4.42 所示。

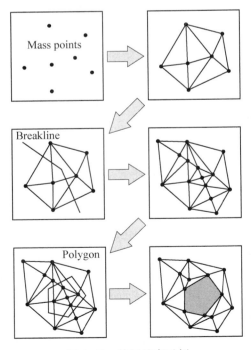

图 4.42　特征约束示例

138

TIN 模型的图形和渲染显示的例子如图 4.43 所示。

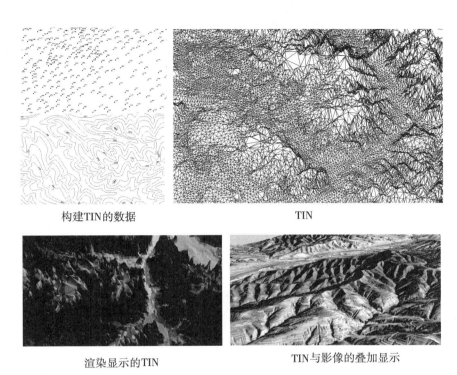

构建TIN的数据   TIN

渲染显示的TIN   TIN与影像的叠加显示

图 4.43   TIN 的例子

4.2.7   网络数据模型

网络是 GIS 的一种特殊数据,是建立网络数据分析的基础。网络分析是 GIS 的重要应用分析内容之一。存在于现实世界的网络有多种类型,如电网、电信网、地下管网、河网、路网等。

一个支持网络分析的网络数据模型,由几何网络和逻辑网络两部分组成。几何网络,由线性系统的一组特征组成,是边界和连接点的集合。边界和连接点称为网络特征元素,表现为图形和属性表(图 4.44)。边界特征元素是网络的线性特征元素,如管线、电力线、电线、河流等,一条边界有两个结点。网络的连接点元素是网络线元素彼此互连的连接结点,如装配接头、阀门、消防栓、开关、保险丝、仪表、回合点、测试站点、水质检测设施等,一个结点可以连接任意多的边界。逻辑网络,是与几何网络相联系的,定义非图形化的网络关系(图 4.44)。它与几何网络最大的区别是没有坐标、没有几何特征,但有元素。逻辑网络描述几何网络元素之间可能存在的关系,可能的关系包括一对一、一对多等。元素是与特征相联系的,编辑特征,影响元素。逻辑网络表现为联系表。

一个几何网络可以包含任意多的特征元素类。上述例子中,有一个连接点特征类(城市)和两个边界特征类(铁路和公路)。

逻辑网络对应于几何特征,ID 是特征类的标识编码,每个特征类与一个特定的特征 ID 编码对应。逻辑网络对它的元素产生自己的元素 ID 编码。

对网络数据进行建模时,包括以下内容:

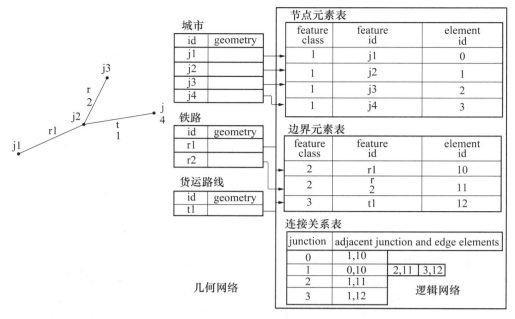

图 4.44　交通系统的几何网络

4.2.7.1　简单边界的连接关系

当几何网络的边界连接关系较简单时，可以直接建立逻辑网络，如图 4.44 所示的情况。有时也需要对管段进行简单的分割处理，如图 4.45 所示的情况，将一根管段，通过节点简单分为三个管段。

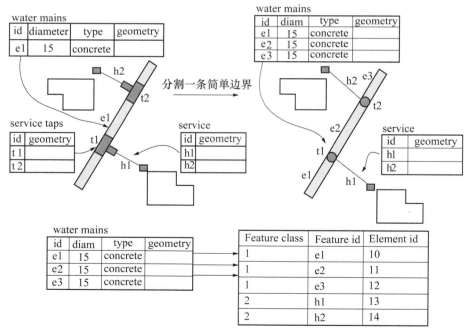

图 4.45　简单边界连接处理

在上述的例子中，有一条主供水管线向两个供水区域供水，根据网络建模的要求，需要在两个供水阀门处增加两个连接点。作为简单边界处理，只需要增加结点，将一条管线简单分为三条管段即可。几何特征与逻辑元素之间只有一对一的关系，形成的网络称为简单逻辑网络。本例中仅涉及边界元素，未涉及连接点的情况。

4.2.7.2 复杂边界连接

构成逻辑网络的管段不能简单分为三段，需定义子管段与主管段的关系（图4.46）。

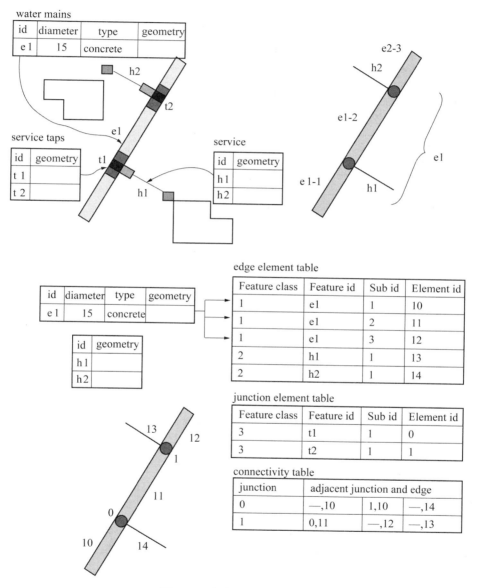

图4.46 复杂边界连接处理

上述例子中，作为一种复杂边界处理，主供水管线从一条边界特征产生了三个边界元素。每个边界元素被赋予相应的三个子编码（e1-1，e1-2，e1-3）。逻辑网络也作了相应的改变。几何特征与逻辑元素之间只有一对多的关系，形成的网络称为复杂逻辑网络。

4.2.7.3 复杂的连接点

对于复杂的连接点，需要进行几何和逻辑上的处理(图4.47)。

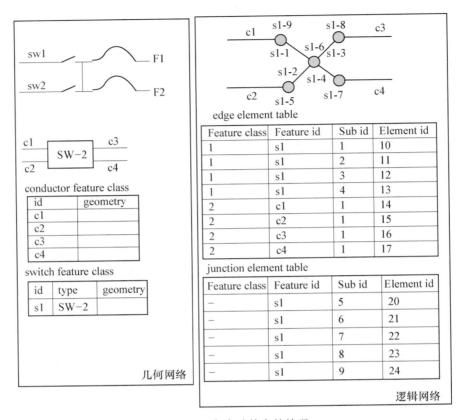

edge element table

Feature class	Feature id	Sub id	Element id
1	s1	1	10
1	s1	2	11
1	s1	3	12
1	s1	4	13
2	c1	1	14
2	c2	1	15
2	c3	1	16
2	c4	1	17

junction element table

Feature class	Feature id	Sub id	Element id
—	s1	5	20
—	s1	6	21
—	s1	7	22
—	s1	8	23
—	s1	9	24

图4.47 复杂连接点的处理

复杂的连接点处理经常出现在电力网络中。图4.47的例子是两个开关与保险丝的连接情况。在几何网络中，开关被表示为简单的"口"形符号，并标以开关类型SW-2，以及两条输入和输出线路。在逻辑网络中，这个开关被分解为4个边界元素和5个连接点元素。

4.2.7.4 流向定义

对于具有流向的线特征，需要定义流向(图4.48)。有时可以通过改变结点的顺序实现。

在几何网络中，所有的边界特征都有数字化方向。在上述的河流网络的例子中，水流的方向总是指向汇流点，其方向可能与数字化方向同向，也可能反向。如图4.48中的e1为反向，e2、e3为同向。流向属性的定义在逻辑网络的边界元素表中，可能的取值只有两种可能：同向与反向。流向信息的定义是严格的，它影响网络分析的正确性。

4.2.7.5 网络其他属性定义

在进行网络分析时，需要定义网络元素的权重(消费代价，成本)、网络标志点(网络分析路线的必经点)、网络障碍点(网络元素失效的位置)等，如图4.49所示。

权重存储在逻辑网络边界表中。上述例子中的管线直径、长度、经过的时间、速度等

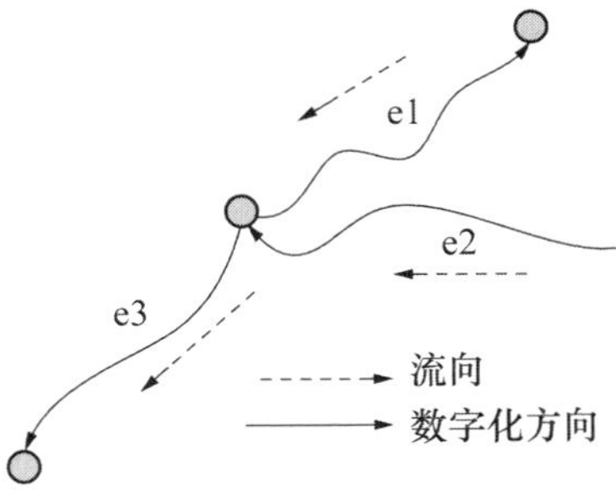

edge feature class

id	geometry
e1	
e2	
e3	

edge element table

Feature class	Feature ID	Sub ID	Element ID	Flow direction
1	e1	1	10	against
1	e2	1	11	with
1	e3	1	12	with

图 4.48　流向定义处理

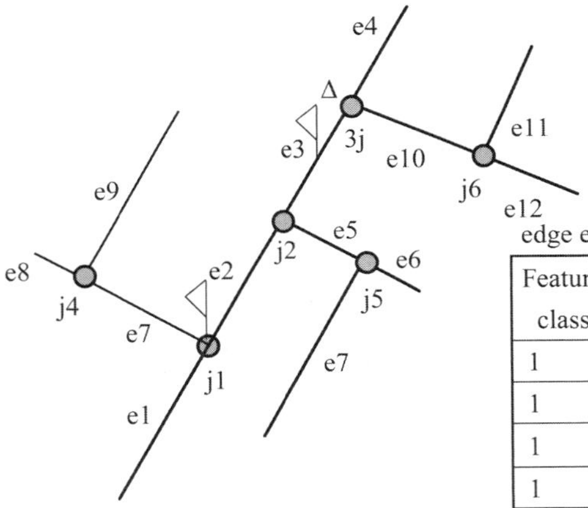

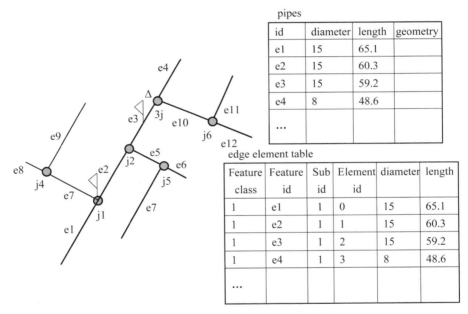

pipes

id	diameter	length	geometry
e1	15	65.1	
e2	15	60.3	
e3	15	59.2	
e4	8	48.6	
…			

edge element table

Feature class	Feature id	Sub id	Element id	diameter	length
1	e1	1	0	15	65.1
1	e2	1	1	15	60.3
1	e3	1	2	15	59.2
1	e4	1	3	8	48.6
…					

图 4.49　权重及其他网络元素定义

都可视为权重元素。图中“Δ”符号表示网络障碍结点，即资源不允许通过的点。“⊲”符号为网络标志点，允许资源通过的必经路线或点。网络标志点可分为连接点标志点和边界元素标志点。边界元素的网络标志点还可设置分配资源的百分比值。

4.2.8　动态分段数据模型

动态分段数据结构是图层与线性量测系统，如里程标志系统结合形成的一种数据结构。在 ArcInfo 中，使用区段、路径和事件三个基本元素来描述。区段指线图层的弧段和沿弧段的位置。因为线图层的弧段是由一系列真实世界坐标(x，y)构成的，并以真实世界坐标来量测。路径是区段的集合，区段表示诸如高速公路、自行车道、河流等线性对象。与路径关联的属性数据称为事件。诸如路况、事故、限速等事件，均以里程标志类的线性系统量算。但只要事件具有其位置，事件与路径就能联系起来。图 4.50 和表 4.1~表 4.4 说明的是在名为 ROADS 的线图层中，路径 109 是如何编码为 BIKEPATH 路径系统的。在该图层中含有以细线表示的具有拓扑结构的弧段。以粗阴影线表示路径 109 是三个区段的集合，其 ID 号依次为 1、2、3。

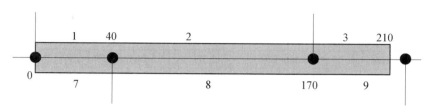

图 4.50　动态分段

表 4.1　　　　　　　　　　　　区　段　表

路径链路号	弧段链路号	起始测度	终点测度	起始位置	终点位置	Bikepath#	Bikepath-ID
1	7	0	40	0	100	1	1
1	8	40	170	0	100	2	2
1	9	170	210	0	80	3	3

表 4.2　　　　　　　　　　　　路　径　表

Bikepath#	routelink-ID
1	109

表 4.3　　　　　　　　　　　　点　事　件　表

Bikepath-ID	位置	属性
109	40	停车标志

表 4.4　　　　　　　　　　　　线　事　件　表

Bikepath-ID	起始位置	终点位置	属性
109	100	120	悬崖

区段表记录了 ROADS 图层中的区段和弧段的联系。区段 1 涉及弧段 7 的全长，因此，起始位置为 0%，终点位置为 100%。区段 1 的起始测度为 0，因为它是路径 109 的起点，它的终点测度为 40。区段 2 与区段 1 类似，包括弧段 8 的全长，起始、终点测度由区段 1 延续。区段 3 覆盖了弧段 9 的 80%，因而终点位置为 80%。路径表给出了路径的机器编码 1 和用户编码 109。

144

4.3 地理时空数据模型

地理空间数据模型表达了空间对象和关系的静态结构，时空数据模型则表达了随时间变化的动态结构。时空数据模型用于地理空间数据的时态变化分析。地理空间数据的动态建模比静态建模要复杂得多。根据表达的变化类型、方法和应用目的，时态数据模型具有多种类型。

4.3.1 时空数据的概念

时空概念体现了时间和空间概念的集成。时空数据的概念需要内嵌时态数据和空间数据的概念。因此，理解空间数据、时态数据和时空数据的概念是建立时空数据模型的基础。时态数据表达随时间变化的对象的属性。

4.3.1.1 时态语义

粒度（Granularity）是由时间轴上的锚点和划分长度定义的概念。锚点是划分时间轴颗粒的起点，划分长度是颗粒的尺寸。不同的应用，需要不同的粒度层次。

时态操作（Temporal Operations）是指在处理任何时间参考信息方面，已经被提出和被证明的描述时间关系一系列特定的操作，如对与时间周期 B "相接"（Meets）的"在"（Inside）时间周期 A 内的时间点 T 的查询。

时间密度（Time Density），这个问题出现在时间应当按照离散元素建模，还是连续元素建模。具体地说，时间密度与属性值或空间特性发生的变化或事件类型密切相关。第一类是暴露出来的突发事件的静态特征表现为阶梯式的恒定值。第二类是连续变化的属性按照它们的变化模式可以分为两个子类：光滑的和不规则的。第三类是表现为离散的值。第四类是静态的和从不变化的。如图 4.51 所示。

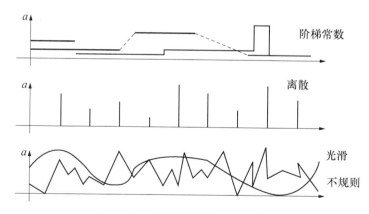

图 4.51　根据时间密度的变化类型

时间表达（Representation of Time）。在一个模型中，时间表示为时间标记。表达方法随模型不同而不同。这个概念被用于比较不同的建模技术，是维护一个对象的持续时间，还是记录意味着状态变化的事件，即是面向对象，还是面向事件来标记时间。表达时空数据产生的一个实际问题是使用与时间参考有关的什么时间标记和哪一个层次。有两种选择：一是对整个地理空间对象使用时间标记，二是将时间和空间在原子空间对象上（点、多边形）进行融合。前者占用较少存储空间，但仅能有限表达对象生命周期内的时态特性；后者占用较多的存储空间，可以在对象内表达更细粒度的时间变化特性。

事务时间和有效时间（Transaction /Valid Time）。事务时间是一个事件被实际记录在数据库所使用的时间。有效时间（真实世界时间）是事件在真实世界发生的时间。

时间顺序（Time Order），从描述时间的角度，有两个标准，一是顺序的，表达向前的时间；二是循环的，表达稳定的和持续的时间。它们完全可以用另一个标准表达，即分支的和多维的时间。

生命期（Lifespan），是表示一个模型支持和处理一个对象持续的时间。

4.3.1.2　时空语义

数据类型（Data Type），是指由每个模型采用的基本的空间、时间或时空数据类型。点、线、多边形是空间数据类型的例子，时间点、时间间隔是时态数据类型的例子。

基元概念（Primitive Notions），用于定义每个模型使用的抽象概念。每个模型关注真实世界的不同方面，以表达信息系统的时空特性。基元不仅随使用的方法变化，而且随观测者或特定模型建模者而变化。

变化类型（Type of Change），如果模型能够处理对象的形状和尺寸变化，则可用于对模型进行比较。图 4.52 所示是主要的变化类型。

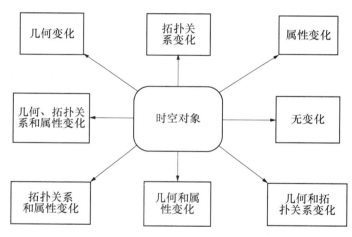

图 4.52　时空对象变化的 8 种可能类型

时空演变（Evolution in time & space），这个概念表明是否有不同的定义的功能，如演变、产生、融合等，专门用于对象识别方面，观察和描述空间对象的位移或变化，也用于比较现有模型存在的操作。

时空拓扑（Space-time Topology），这个概念用于判断模型可以估计的指标，如一个特定对象的方向和尺寸变化、距离的值等，也用于评估模型在特定时间段表达拓扑关系的能力。换句话说，它综合考虑空间拓扑关系和时态关系。

对象标识（Object identities），在评估现有时空数据模型能力时，需要处理对象的识别问题。特别是，对象的生命周期是作为因变量的一种重要应用。问题是当"变化"影响一个对象时，就不能称为是同一对象了吗？由于发生的变化太多，有时更适合删除一个对象的实例,而重新产生一个新的实例。另一方面是分割或合并一个对象使用这个概念。

维数(Dimensionality),用于判断模型是否像 GIS 那样,对时空对象建模时支持 2 维空间。尽管存在 2.5 维的解决方案,但在显示时空对象时,3 维 GIS 提供了更多的好处。在当前的一些方法中,属性加 3 维空间坐标,构成 4 维,再考虑时间维,构成 5 维表达。

4.3.1.3 时空数据建模思想

时空数据模型是表示、组织、管理、操作随时间变化的空间数据的数据模型。用于重建历史状态、跟踪变化、预测未来。时空信息系统的基础是时空数据库模型。时空数据库模型定义对象的数据类型、关系、操作和规则,以维护时空实体对象的数据库的完整性。它也必须提供对时空查询和时空分析的有效支持。一个合理的时空数据模型必须考虑以下几方面的因素:

(1)节省存储空间。

(2)加快存取速度。

(3)表现时空语义:时空语义包括地理实体的空间结构、有效时间结构、空间关系、时态关系、地理事件、时空关系。

建立时空数据模型的基本思想是:

(1)根据应用领域的特点(如宏观变化观测与微观变化观测)和客观现实变化规律(同步变化与异步变化、频繁变化与缓慢变化),折中考虑时空数据的空间/属性内聚性和时态内聚性的强度,选择时间标记的对象。

(2)同时提供静态(变化不活跃)、动态(变化活跃)数据建模手段(静态、动态数据类型和操作)。

(3)数据结构中显式表达两种地理事件:地理实体进化事件和地理实体存亡事件。

(4)时空拓扑关系一般是指地理实体空间拓扑关系的拓扑事件间的时态关系。

在设计时态数据模型时,粒度、时态操作、时间密度和时间表达等必须考虑。对于空间数据模型,定位、方向、空间结构、拓扑关系和信息测度等,是必须考虑的因素。时空的语义是结合这两个领域,定义数据类型、对应时间和空间的变化类型、空间-时间拓扑关系、对象标识和维度。

4.3.2 时空数据模型

下面介绍 12 种时空数据模型,它们分别支持不同的应用目的和类型。

4.3.2.1 快照模型

快照模型(Snapshot Model),在空间数据模型顶层,用时间标记表达时间特性。这种模型最简单,但是在存储冗余信息时占用最多内存。在这个模型中,每个层在专题方面是时态一致单元的集合。它表示的是地理分布在不同的时间的状态,但各层之间没有明确的时态关系。时空表达快照方法通常使用栅格数据模型,但也可使用矢量数据模型。

单一层内并不存储和给定专题域相关的所有信息,而是存储单一已知时刻、与单一专题域相关的信息。因此,时空表达快照方法根据离散的时间间隔序列来记录数据。快照表达的显著特征是在时间 t_i 时给定处的"全局状态",S_i 以完全的图像或快照方式存储。从先前的快照开始,要包括所有的信息,无论其变化与否。快照之间的时间距离也不一定是均匀的。根据这种概念上的直接方法,就可以检索给定时刻任意位置或实体的状态。

快照模型的时间维是基于线性的、离散的和绝对的时间的模型。只支持有效时间。时间被认为是位置的属性。支持复杂查询的功能最有限。因此，能够回答简单的空间、时态和时空查询，但解决所有其他类型的查询是困难的。这种模型有以下主要的不足：（1）模型不适合描述通过时间的空间变化。每个快照描述在时间 t_i 存在什么，但要检测 t_i 如何不同于 t_j 时，两个快照必须进行彻底的比较。（2）无论大小幅度的变化，在每个时间片上需要产生完整的快照，并复制所有未变化的数据。当快照数量增加时，数据量急剧增加，造成巨大的数据冗余。因为两个连续的空间快照变化的部分毕竟是少数。（3）对制定或执行内部逻辑规则或完整性是困难的，因为模型不能提供时态结构上的约束。（4）两个时间点之间所积累的空间实体的变化在快照中隐式存储，只能通过相邻快照的单元与单元的比较才能对其检索，这种方法是耗时的。但更重要的是，一些重要的、短暂的变化可能发生在两个快照之间，从而无法表达。（5）不能准确确定任何独立变化所发生的时间。

快照模型的概念如图 4.53 所示。

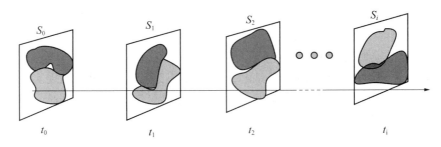

图 4.53 每个"快照" S_i 表达给定时刻 t_i 的状态

后来，Langran 提出修正 GIS 栅格模型，允许记录独立变化的事件的时间和空间（图 4.54）。

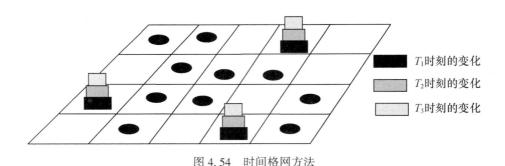

T_1 时刻的变化

T_2 时刻的变化

T_3 时刻的变化

图 4.54 时间格网方法

栅格模型不仅记录每个像元的单一值，而且是把一个长度可变的列表与每个像元关联起来。列表中的每个内容记录了该特定位置的变化，并由新值和发生变化的时间来标识。将给定位置的每个新变化加到该位置的列表，变化结果参考网格单元上可变长度的列表集合。每个列表代表该单元位置按时间顺序排列的历史事件。与快照模型相比，仅存储与特定位置相关的变化，避免了数据冗余。

4.3.2.2 时空组合数据模型

时空组合模型（Space-Time Composite）将空间分隔成具有相同时空过程的最大的公共

时空单元，每次时空对象的变化都将在整个空间内产生一个新的对象。对象把在整个空间内的变化部分作为它的空间属性，把变化部分的历史作为它的时态属性，时空单元的时空过程可用关系表来表达。若时空单元分裂，则用新增的元组来反映新增的空间单元。这种设计保留了沿时间的空间拓扑关系，所有更新的特征都被加入到当前的数据集中，新的特征之间的交互和新的拓扑关系也随之生成。时空组合模型的数据库中，对标识符的修改较复杂，涉及关系链层次很多，必须对标识符逐一进行回退修改。

尽管这种模型能够记录属性、空间和时间的时态性，但不能获取跨越空间属性之间的时态性。每个多边形由独立的历史形成。在土地信息系统中的例子如图 4.55 所示。从中可以看到，每个变化引起的覆盖的变化部分都是从它的父对象分割来的，并变成具有自身独特历史的离散对象。

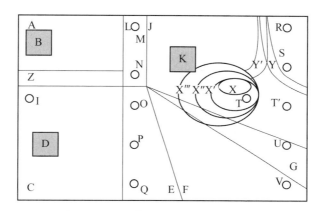

图 4.55　土地信息系统的时空组合模型

时空组合数据模型的时间维是基于线性的、离散的和相对时间的模型。有效时间和事务处理时间均支持，同时支持多粒度，时间被表达为空间实体的一个不可分割的部分。模型假定空间结构是矢量的，基本数据类型是多边形。时空组合的概念描述了空间对象通过一个时间段的变化。属性变化按照离散时间记录，尽管它的时间分辨率不需要十分准确。时空组合数据模型能够记录在时间、属性和空间的最大公共单元内的时态特性，但不能获取跨越空间的属性之间的时态特性。此外，更新时空组合数据模型的数据库，需要重构模型的单元。

模型支持大多数类型的时空查询，但在协助查询关于时态行为和关系方面存在困难。时空组合数据模型的一个严重问题是对标识码所关心的追溯变化。每一次时空组合把一个对象分割成两个，旧对象被两个具有新的标识码的新对象替代。这意味着在整个数据库中，旧对象标识码的每次变化不能被新对象的一个或两个标识码替代。

4.3.2.3　简单时间标记模型

简单时间标记模型(Simple Time Stamping)中每个对象包含一对时间标记，表达对象产生和删除的时间。其优点是容易获取对象在任意特定时间的状态，缺点是获取变化历史是困难的。

简单时间标记模型是基于线性、离散和绝对时间的模型。仅支持有效时间，同时支持多粒度。时间被表达为对象的属性，使用矢量数据结构。但是，这种模型把同一对象在同一个表中的几个不相关元组传播到不同的版本，这使它很难跟踪一个单独对象的历史。这种不足可以通过添加对象的前一和后一个版本的显式引用来解决(图4.56)。

简单时间标记模型的强项是相对容易获得在一定时间对象的状态。主要的不足是不能够获取发生什么变化，为什么发生变化的直接信息。

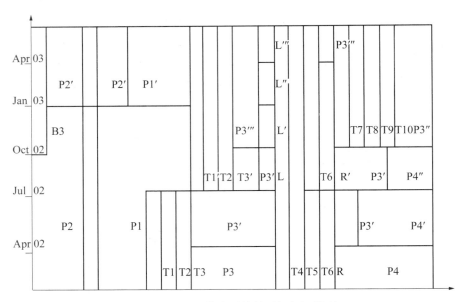

图 4.56　土地信息系统的时间标记模型

4.3.2.4　面向事件的模型

面向事件的模型(Event-oriented Model)，为对象和事件的变化设计的记录，被记录在事务的日志里。在任何时间点，实际数据库表现为现状状态，通过结合来自日志的数据获取历史变化信息。

模型不能识别数据集的独立变化或事件。一个解决办法是对事件进行明确表达。想象在传统 GIS 中，每个数据集所产生的所有变化被标记在事务处理的日志里，那么日志本身将提供在时空系统里需要的所有信息，然后实际数据库将按照当前状态数据库运行。为了获取地图的历史状态，通过向后跟踪事务日志，可以获取一个"快退"。因此，事务日志本身确实是一个时态数据库。

在处理时空数据方面，已经实现的或正在讨论的一些模型都是对传统的或矢量数据模型的扩展。这些传统的数据模型被看做是基于位置的或基于对象的。现在很清楚的是，如果基于位置的查询和基于对象的查询都需要有效处理的话，这两种模型在一个 GIS 中都是需要的。它遵循的是，无论哪种形式，甚至扩展到时间，都将与基于时间查询的时态表达一样有效。

ESTDM 是基于栅格的面向事件的时空信息系统。它把时间标记数据层组织成一组，以显示对在一个时间序列中的一个单独事件的观察。ESTDM 存储与以前的状态有关的变化，而不是一个实例的快照。一个头文件包含了这样的一些信息：它的专题域、指向底图的指针、指向第一个和最后一个事件列表的指针等。底图显示在一个地理区域感兴趣的单个专题的一个初始快照。每个事件是一个时间标记，且与事件部件列表有关，以指明哪里发生了变化。如图 4.57 所示。

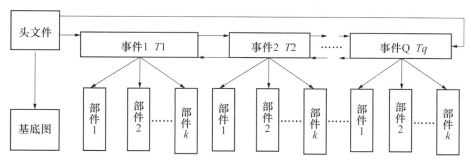

图 4.57　面向事件模型的主要元素

　　每个事件部件显示一个预先定义的位置(栅格单元)在特定时间点的变化。ESTDM 支持空间和时态查询。但是，将 ESTDM 转换到基于矢量的系统，需要对事件部件进行重大的重新设计。

　　另一种面向事件的方法是修正的矢量方法，其中，基本状态(或最终状态)是与修正地图重叠的，用于表达数据库中的事件，如图 4.58 所示。这种表达的好处是关于对象发生了什么变化的信息存储在数据库中。事件域被认为是离散的、相对的和线性的。

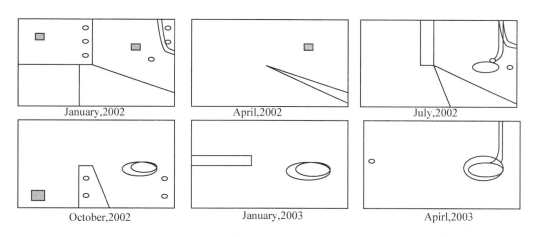

图 4.58　土地信息系统的基态修正矢量模型

4.3.2.5　三域模型

　　三域模型(Three Domain Model)，在保持语义、时间和空间独立建模的同时，提供它们之间的联系，以描述地理过程和现象，如图 4.59 所示。例如在土地信息系统中，存储土地所有者和土地详细信息，土地所有者是对象，地块是空间方面的，发生在地块上的时间线是时态方面的。唯一的缺点是涉及对象之间关系的操作算子还没有很好地被定义。

　　语义域保持唯一的可标识的对象，对应于独立于它们空间和时间位置的人文概念。语义变化包括随时间变化的属性变化和地理现象的静态空间分布。空间变化可能是静态的，看做是地理现象在一个快照上的变化，或传统上，一个事件在不同地点的比较状态。时态变化要么是一个事件的空间固定的突变，要么是它从一个地方到另一个地方的实际移动。

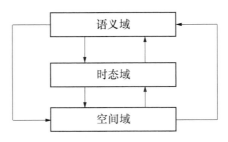

图 4.59　三域模型的概念框架

由于它的高度的抽象结构，在现实中是非常适用的。模型支持有效事件和事务处理事件，且时间可以按照绝对时间和相对时间建模。因为三域模型将语义、时间和空间独立处理产生信息的灵活性，三域模型的框架支持广泛的时空查询。

另一种替代的三域模型是，除了空间域和时间域外，增加一个专题域来表达一个时空对象的完整描述状态。

分别来自空间和时态属性的描述特性的记录允许获取一个对象的非空间属性的变化。时间域通过索引指向空间域和专题域，因此它能够在相同时间标记时空对象的空间和专题特性。类似的域之间的关系(图 4.60)允许不同版本指向类似的专题和空间描述，明显减少了数据处理。

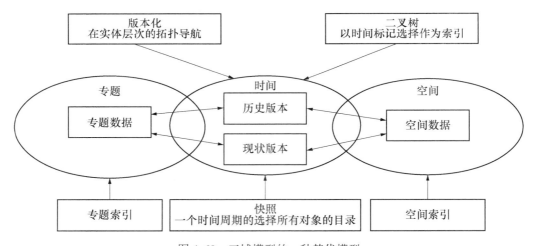

图 4.60　三域模型的一种替代模型

这个模型关注时空事件。事件特性被分类为专题、空间和时态，每次变化发生时，被记录在对应的表中。时间域包含三个版本的表，分别记录过去、现在和将来。在这些表中，实现了有关图形和属性的记录，所以可以从专题和空间域导出它们的记录。在时态表中的排序是双向的，支持有效时间和事务处理时间。复杂过程的描述可以通过扩展版本图进行，引用多个实体和链接。一种形式的空间树可以跟踪在时间线上的空间对象的拓扑关系和几何体。空间变化可以记录在表 4.5 所示的空间域。版本表包含引用属性表、空间表、有效和事务处理时间的元组组成。空间对象如图 4.61 所示，空间树如图 4.62 所示。

表 4.5 　　　　　　　　来自应用三域模型的土地信息系统的版本表

ID	Attribute	WD_Time	VL_Time	Graph	Prev	Next	Last
1	1	January 2002		1，2，3，4，5	0	2	
2	2	January 2002		12	1	3	
3	3	January 2002		6，7，8，9，10，11	2	4	
4	4	January 2002		13	3	5	
5	3		February 2002	15	4	6	
6	3	April 2002		7，15	5	7	
7	4	April 2002		14	6	8	
8	1		May 2002	17	7	9	
9	3	July 2002		17，18，19，21，22	8	10	
10	4	July 2002		20	9	11	
11	2		July 2002	24	10	12	
12	3	October 2002		20，25，26，27，28，23	11	13	
13	2	October 2002		24	12	14	
14	3	January 2003		29	13	15	
15	3	April 2003		22，30	14	16	
16	2	April 2003		31	15	17	17

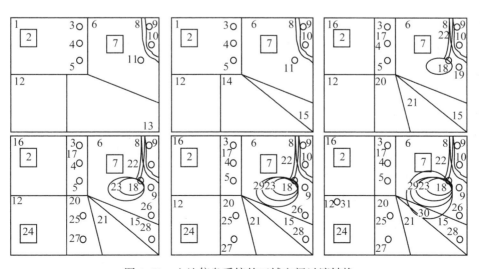

图 4.61　土地信息系统的三域空间过渡转换

153

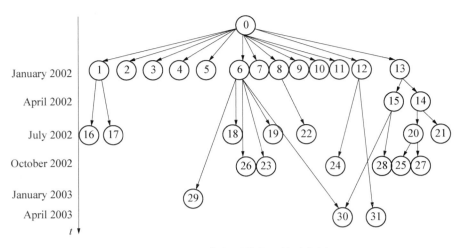

图 4.62   土地信息系统的三域时态树

这个模型在时空数据库发展中是具有革命性的，因为它第一次成功地企图记录动态对象的独立描述特性。在每一次专题或空间变化发生时，一个新的时间版本被添加到版本表中。空间树允许跟踪与时间线一致的空间域的变化。在同一时间，它可以获取事件和连同空间坐标、几何特性和拓扑特性一起的时空数据库的过程。然而，它没有定义处理空间对象之间关系的操作算子，并需要一种机制来计算变化。

4.3.2.6   历史图形模型

理解时态行为是时空系统最基本的问题之一。许多研究者似乎采纳的一个简单观点是，仅根据静态表达来表达对象，按照突发事件来观察变化。然而，我们知道，在真实世界，许多变化具有持续时间。实际上，在真实世界的特征展现了一个广泛的时空行为。由此，可以把真实世界的对象分为三类：（1）连续变化的对象；（2）基本上是静态的对象，但它们被具有持续时间变化的事件改变；（3）对象始终是静态的，变化仅被突发事件引起。

历史图形模型的主要目的是识别所有时态行为的类型并管理对象和事件。历史图形标记法是可视化地理或其他信息的时态元素。它是基于这样的一个简单思想：对象要么是静态的、正在变化的，要么是一个停止状态。在历史图形标记法中，对象版本的静态状态，用矩形框表示。版本之间过渡的变化状态，用圆角矩形框表示(圆表示突发变化)。

每个对象版本通过描述在对象状态是有效的时间间隔的两个时间标记定义。每次转换都是与它的前任和继任者相联系对象版本的一个实体。对过渡发生的时间段也用两个时间标记定义。状态之间的箭头或链接表示状态之间的前任-继任者之间的关系。一个对象的历史可以通过一系列连续的版本和过渡描述。突变的对象由具有零持续时间的过渡(即事件)描述。同时，持续变化的对象由描述中间状态的具有零持续时间的版本(即快照)描述。总的来说，至少有6种过渡类型表达在前任和继任对象可以被识别的不同的基数约束。图 4.63 表示了历史图形标记法的语义。图 4.64 所示为6个不同的变化类型。

图 4.64 中，Creation：产生一个对象；Alteration：一个对象被改变或修改，要么通过属性，要么通过几何图形；Cessation：一个对象被删除或被移动，以及在现实世界不再存

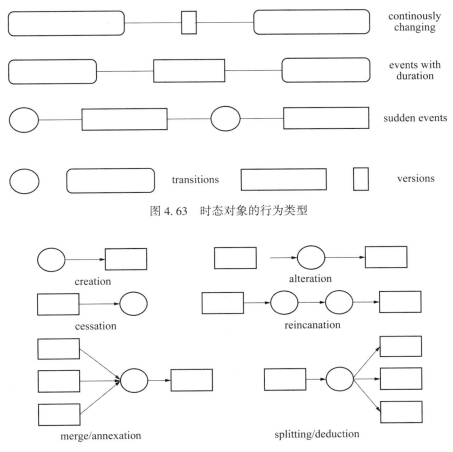

图 4.63　时态对象的行为类型

图 4.64　在历史图形模型中的 6 个基本变化类型

在。Reincanation：先前已经被删除或移动的对象被重新产生，可能具有新的状态和位置。Split/Deduction：一个对象被分割为两个或更多的新对象，或一个或更多的对象是从一个现存的对象演化产生的；Merge/Annexation：两个或更多的对象合并产生一个新对象，或一个或更多的对象被其他对象"吞并"。

　　虽然基于事件的模型和简单时间标记模型各有优缺点，但它们彼此具有互补性。因此，建议时空数据库应当对数据集的对象和事件二者都进行管理是自然的。历史图形方法就是这种观点的结果。历史图形的主要应用是描述时间和空间的有限内容，称为一个情节。实际上，这个模型并不一定要描述一个空间系统，尽管分裂和合并概念出自空间过程。在土地信息系统中，历史图的应用就是明显的方式，它认为事件是瞬时的，因此没有持续时间(如图 4.65 所示)。但通常来说，这是没有的情况。

　　例如，道路的建设可能要持续几年，但在数据库中，道路的存在是从开通那天计算时间的。道路的开通按照突发事件进行建模，但它的规划和建设可能需要几年。如果我们假定事件没有持续时间，那么道路的开通日期就是它的创建日期。

　　总之，历史图可以认为是面向事件思考方式的扩展。它的优点是时态关系可以被直接导出，且时间建模可以按照离散的或连续的，以及绝对的或相对的两种方式进行。时间轴

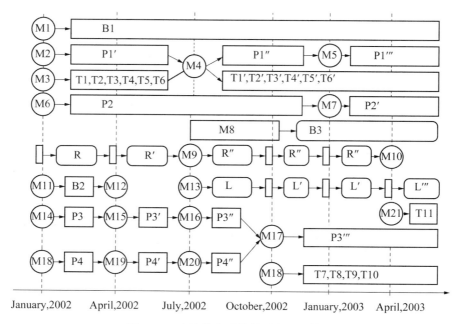

图 4.65　土地信息系统的历史图形模型

是线性的，并支持有效时间和事务处理时间。这种矢量模型的主要优点是，为了进一步开发一个时空信息系统，历史图可以获取我们需要的所有知识。而且它们可以获取变化和移动的标记，可以很容易支持大多数时空查询类型。使用面向对象的技术实现这个模型也有很多优点。基本思想是，按照处理对象的子类的方法实现过程的 6 个不同类型（图 4.66）。如果概念模型的数据结构能被可视化，对程序员来讲，实现起来会相对简单。而且基于过程和状态的实现应当适合大多数查询类型，与面向事件和面向数据的模型没有差别。

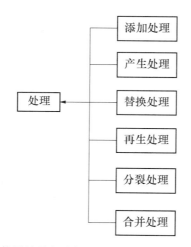

图 4.66　使用继承方法的历史图形模型的面向对象设计

4.3.2.7　时空实体关系模型

实体-关系（E-R）是最早和概念数据模型中最知名的数据模型，近几年被扩展到时空数据建模。一些年来，E-R用于表达具有时态参考的商业数据，或为了仅处理空间数据而被扩展。然而，满足时空信息系统需求的模型还没有出现。后来有学者提出了一个扩展的E-R模型，是为了对真实世界的现象进行建模，并将它用于时空应用。这种扩展是使用符号表达时空实体集的几何和时态特性。尽管模型在时空应用方面是事实，但属性的时态语义是缺失的，且时间基数的灵活性不能足以满足时空数据库的需求。此外，整个模型的正式定义没有被证明。图4.67所示是时空实体模型(STER)在土地信息系统中应用的例子。

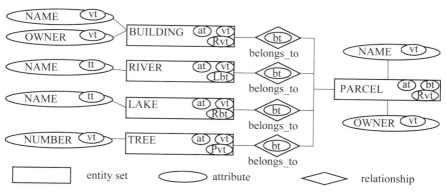

图4.67　时空实体模型(STER)在土地信息系统中的一种引用

　　这个应用中，时态和空间变化可以识别，属性描述可以按照有效时间和事务处理时间线定义。但是，它缺乏获取变化过程的实际位移的能力，不能指明空间对象是动态的，还是静态的。

4.3.2.8　对象-关系模型

　　前述的时空数据库模型概念层次的发展可能提高了当前GIS在时间和空间方面变化和过程的更多的真实世界描述。但是还没有一个涵盖变化过程描述之上的。考虑到这个事实，有学者对能够获取环境变化的自然现象的引用进行了建模研究，认为现有的模型更关心设计，而不是自然环境变化、过程和事件的表达。

　　对象关系模型描述实体几何属性行为的过程，并说明获取导致时间和空间变化的过程的重要性。时空数据过程允许用户处理高层次抽象的、时空应用需要的复杂数据模型。因此，过程的类型可以分类，并表达为所涉及时空对象之间的关系。同时，需要从时空数据库获取的对象的特性要被描述。指明引起变化的过程是重要的。因此，按照时空对象之间的关系类型的过程描述，能最好描述时空现象。影响一个单独对象的过程被描述为几何形状特性的属性。时空过程通过图标的模式可视化。图4.68所示是利用该模型表达的土地利用的应用。

　　这个方法是时空数据库概念层次的表达，并提供实际应用过程的基本查询。虽然需要在概念层次表达过程和变化是显然的，但是不需要扩展定义和既定的操作。过程的建模是真实世界的一个抽象，适合一种应用的模型当被用于另一种应用时可能是不足的。

4.3.2.9　面向对象的时空数据模型

　　软件工业基本的挑战之一是处理数据库中的变化。面向对象技术，具有处理独立对象的能力，在时空数据库管理方面表现出了乐观的结果。在时空数据库的开发中，综合利用面向对象的技术特征的想法不断产生。这些特征包括类和实例、属性和抽象数据类型、操

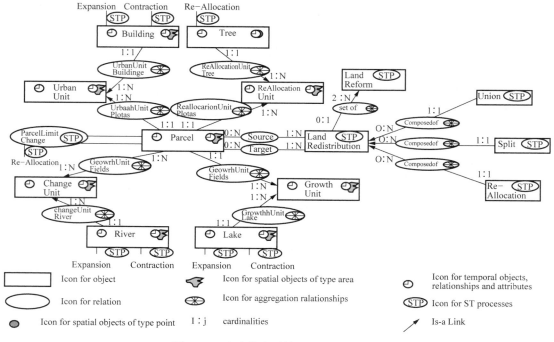

图 4.68　土地信息系统的面向对象模型

作和方法、分类和封装、聚集、信息隐藏、继承、多态和动态绑定等。在时空数据库建模中，使用面向对象的技术有 4 个优点：(1)一个单独的对象可以表达一个实体对象的整个历史；(2)查询简单，因为它们处理一个实体的每一个单独的对象；(3)有效的时态数据处理；(4)空间和时态数据处理的统一处理。

　　面向对象的时空数据模型(Spatial-temporal Object-oriented Data Models)，是基于面向对象的技术产生的模型。在这类模型中，一个单独对象可以表达一个实体的全部历史，查询简单，处理时间和空间数据方法一致。

　　在这个模型方法中，真实世界的现象被表达为具有几何、拓扑关系和专题属性的复杂的版本化对象。为用于建立一个对象的过去、现在和当前的层次结构的对象的每个版本产生一个新的具有不同标识码的新对象实例。另一方面，事件是对一个或多个对象调研更新程序的行为的表现。时间被表达为一个独立的线性维，不像其他的表达，时间轴是正交的(即与空间维一起建模)。时间参考是绝对的，时序是线性的。当空间被概念化为不仅是一个，而是三个线性维时，可以使用离散时间密度。

　　为了整合对象和事件元素，该模型引入了版本管理的概念。有两个主要的版本层次需要区分：对象版本和对象配置。在对象版本层次，有 4 个基本前提基础：(1)每个对象必须有一个初始版本；(2)层次结构被施加于一个对象的版本；(3)一个对象的不同版本表示对象的不同实例；(4)在版本之间，当前版本总是可以被区分的。

　　在对象配置层次，有两个主要的面向对象机制，即概括和聚集，是时空建模的重要工具。模型支持 4 种主要的更新过程，对应各自的时空变化(见表 4.6)。当一个更新过程产生一个新的对象时，一个新的版本集被产生。一旦这个版本集在一个版本配置中存在，其他的更新过程就可以在任何时间 t 对这个对象进行。

158

表 4.6 模型更新对应的时空变化

时空变化	涉及的更新方法
无变化	产生一个新对象
几何、拓扑关系、专题	从已经存在的对象产生一个新对象
专题	描述已经存在对象的更新
几何	一个对象的重新定位

另外一些学者描述了对地理结构和地理现象二者集成建模的方法。他们认为对象之间的交叉参考对表达关系是模糊不清的，因此，需要的最好方法是描述对象的结构和行为。方法是利用由几个部件组成的复杂对象表示结构和关系。此外，用一些法则描述部件的行为。法则是对象状态规则的谓词，因此，能确定一个对象可能的状态。其制定没有考虑如何使它们满意，相对于这个特定对象的行为，它们的每一个都是真实的片段。当把这个法则映射到一个信息系统时，它们要么变成针对非法状态转换的约束，要么是将系统从非法移动到合法的行为。其他一些法则可能描述对象部件的独立性。

按照将时间标记与对象（部件）相联系和按照复杂对象法则表达位移，时空过程的建模可能是相当容易的。如果位移表现是规则的，那么法则描述是容易的。在应用建模中存在一个问题，空间域很难形成顾及状态如何变化的法则。然而，我们使用这个模型来解释它被应用于应用域的不同方面。这可以通过将复杂对象结构和现象分解为它们的构成元素而获得。一些对象可以描述如下：

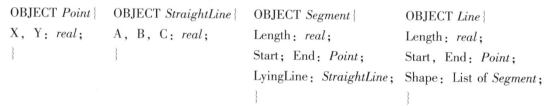

第二步是定义法则和对复杂对象的行为进行编码。例如一条直线段，被定义为两个点、一个长度和三个系数形成一个线方程，用法则描述是：两个点必须位于由方程确定的线上且长度必须等于两点之间的距离。下面用更正式的法则语言描述是：

Law 1：LyingLine. A * Start. X+LyingLine. B * Start. Y+LyingLine. C = 0

Law 2：LyingLine. A * End. X+LyingLine. B * End. Y+LyingLine. C = 0

Let L = Dist（Start，End）then Law 3：Length = L

无论是空间的还是时间的，公式法则的概念都不适合于土地信息系统。但对于像模拟建模、电子收费、环境管理等时空领域的应用，使用这个模型则更为合适。对于这类应用，规则将起到明显的作用，因为它们表达的行为知识通常是其他概念模型忽略的。

另一种对于时空数据的面向对象的模型是由洛加斯-维嘉和坎普（Rojas-Vega and Kemp）提出来的，他们描述了一种关于分布式多媒体空间应用的结构，并且为此发展了结构和接口定义语言（SIDL）。为了实现对分布式空间数据库特性的完全封装，基本对象类具有结构和接口两个部分，结构部分由系统生成的对象标识编码、常规属性组成，用于形成对象状态的一部分、对象部件的语法和概念关系及外部对象约束条件的列表。对象部件的语法包含形成这个对象的其他对象的列表，包括确定一个部件是强制性的还是选择性的，是可共享的还是不可共享的；对象是依赖性的还是非依赖性的组合语义。接口部分表达了封装在一个对象中的方法的行为语义。

在这些部件的支持下，组合对象结构可以被构建，用于全面模拟真实生活中的各种实体和它们之间的交互作用。时间要素通过与时态变化部件有联系的独立对象引入，独立对象使用不同的时间模型。图 4.69 表达了在概念层次关于土地信息系统的地块对象的这些思想。地块对象是这个案例中的核心对象。

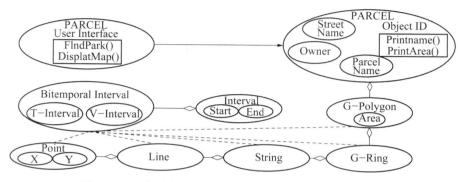

图 4.69　面向对象的模型在土地信息系统中对地块的建模

一个用户接口对象提供了关于这个对象的空间和非空间的信息，它与地块对象交互，用于查询和恢复与一个具体地块有关的特定信息。地块对象的空间部分反映了一个复杂结构，这个结构是按照单几何空间对象 G-多边形建模的。具体来说，一个 G-多边形包含一个内部区域和一组 G 环，G 环是线串的聚合，线串是点的聚合。一个点对象必须由一个 X 坐标和一个 Y 坐标定义，但是一个 X 坐标或 Y 坐标可能会属于几个点对象。对象之间的关系是组合关系，此外，为了满足时态需求，还定义了两个类：时态区间类和辅助双时态区间类。

BVH96 和 FMN98 两种标准主张面向对象的模型是分别建立在扩展的对象存储和面向对象基础上的。BVH96 定义了具有几何和参数专题属性的基本空间类的层次结构。时间属性通过添加实例和区间时间标记关键字融入查询语言。在 FMN98 标准中，时间和空间属性通过与它相关的、预先定义的时间和空间对象类被添加到对象类的定义之中。这个解决方案不适合表达在属性层次上的时间或空间变化，因为时间标记和空间位置只能在对象部件层次定义。另外，BVH96 和 FMN98 提供的是基于文本的查询语言，这些模型中的非图形查询语言降低了它们作为概念建模语言的合适性。

另一种面向对象的模型是建立在由对象建模技术支持的对象模型基础上的。这种方法的主要优点是它的高级抽象表达，这种表达涉及建模的概念而不是其实现。这种有趣的基于对象模型的方法，是模型在表达数据变化时在 3D 空间和具有时间要素的 4D 空间，用于存储环境监测和模拟的数据集。

模型假定了一个离散的时间轴，并存储数据值的绝对时间，但仅存储数据采集时的时间(有效时间)。数据集中的值可以在由 x、y、z 和 t 定义的 4D 空间中以规则或不规则方式的传播。简言之，它假设每个数据集中的每个参数都有相同的变化模式，而且与每个参数相联系的一组值都是由一个表明沿着每个区位轴的相对位置的整数索引来设定的。一个

160

数据集具有的属性用于定义在时间和空间上位置、范围和拓扑关系，以及描述其他专题性质的属性。图4.70是使用OMT表示法来描述模型的。

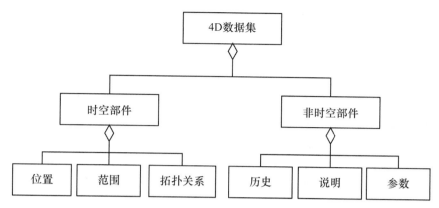

图4.70 4D数据集中部件概览

更重要的是，在这个模型中，4D数据集是通过检查它们的参数值在时间和空间中是如何传播进行分类的。这就产生了被称之为点、点序列、平面、体和时间体的类。其中位数分别在0到4维空间进行传播。维数表示有多少个位置参数在数据集内变化。除了点以外，所有的类都可以根据连续值是规则还是非规则分布，进一步划分为子类。对于点序列来说，在分类层次的下一个层次上，可以被进一步分为规则的点类和不规则的点类两个子类。这些类可以再次被划分为以下子类：规则经度序列、规则纬度序列、规则深度序列和规则时间序列，对不规则点序列也可以按照类似方法进行划分。其他主要类也可以进一步被分解，而且所有的类可以按照它们表现出的是如何联系的，被安排在一个层次结构里（图4.71）。

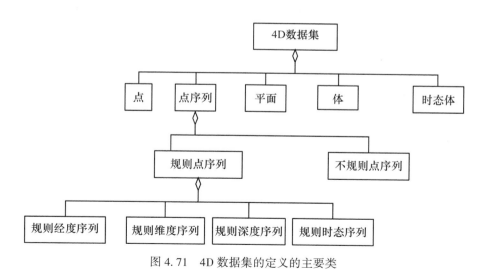

图4.71 4D数据集的定义的主要类

总结对面向时空对象的数据模型的描述，我们必须指出，用于创建、更新和删除对象的操作是允许的，以及不同类型的数据集定义类型之间的限制条件和关系可以被说明。最后，这种

161

实现方法表明，在这种时空模型中，矢量和栅格数据都可以与非空间数据进行集成。

对象模型中的关键要素也被用于 TPH98 标准，用来开发地理对象模型（Geo-OM）。一个地理对象的位置、空间变化的动态属性、空间关系以及对这个对象的操作，对空间参考数据来讲，这些信息通过添加对象类和关系可以获得。该模型允许表达空间数据库的静态和动态性质。获得的性质不仅是属性和关系，还包括在对象上的操作。用于地理对象模型开发的方法表明，面向对象的方法可以很容易地被用于捕捉空间静态和动态特性，也可以称为时态语义。

有学者使用对象建模技术中的对象建模语言来表达时空现象。最初，需要开发一个时态模型，用于通过时态对象和对它们的描述来表达实体和性质。这里，一个描述符的静态状态由它的版本来表示，其动态状态由转换过渡来表示。这些静态和动态的描述符后序可以由历史图表来表示，这在前面已经有了介绍。此外，过渡转换及其操作是定义在对象级别的，提供了沿时间线的对象联系。基于时间的模型被扩展为时空对象模型（STOM），如图 4.72 所示。

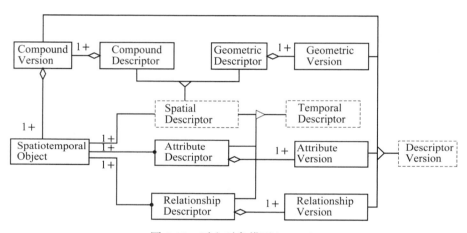

图 4.72　时空对象模型（STOM）

每个几何描述符由简单的点、线、面对象组成，而复杂的对象则是由复合描述符来表示的。对象特性是由属性和关系描述符来表达。STOM 可以用增强的符号来进行扩展（图4.73），以说明模型的时空对象语义。

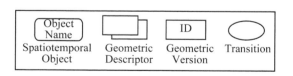

图 4.73　STOM 方案的扩展

STOM 允许独立地获取时空对象的特性和性能，因此能表示对象不同的行为。对时态对象，空间属性用来描述其几何形状、它们与其他对象的关系以及它们的大小。虽然模型可以处理对象的时空行为，而且任何行为的变化都可以通过面向对象的方法很容易实现，然而表示法不够简洁、清晰、一致，不足以满足动态时空建模的需求。

Worboys 在动态空间系统建模方面，为了分析开发一个时空数据库方面的基本模型变化、事件和过程的基本结构，研究了使用面向对象方法的可能性。有学者比较了与面向对象的模型结构相关的事件、变化和过程，突出了增加概念的必要性，以便处理动态的空间应用。Raza 和 Kainz 提出了一个概念数据模型作为 Worboys 模型的扩展。这个模型从概念上将空间、时间和属性进行分割，并将它们按照独立元素固定为模块形式。

最近，有学者描述了一种可视化语言来对对象变化进行明确说明，这种语言称为变化描述语言。这项工作的重点集中在实体对象的出现/消失，特别是从一个对象到另一个对象的过渡转换识别。识别被看做是跟踪和查询具体的对象存在性和独立于具体属性值的对象类的一种方法。Livs 语言，最初被设计用于空间数据的可视化查询，现在被扩展应用于时空可视化能力查询。这些可视化查询是通过把时空扩展的语言翻译为一种 SQL 语言来实现的。

统一建模语言是另一种面向对象的建模语言。UML 被扩展到时空 UML（STUML），用于开发一个高标准的时空数据库语言，该语言使用明确、简单和一致的符号，能够支持一系列的时空模型和数据类型。将 OMG 标准扩展到面向对象建模是最好的选择，这种方法具有极高的可接受、工具支持性，可理解性和可扩展性。

扩展的时空 UML 通过引入空间的、时间的和专题的一组基本建模结构，保持了语言的清晰性和简洁性。这些结构后续可以被组合并应用于属性、属性组、关系或面向对象模型的类的层次。属性组是对具有相同的时空属性情况下被引入的辅助结构。一个对语义建模概念正式的功能规范以及它们之间符号化组合和应用的例子见图 4.74，表明了该方法的灵活性。图 4.74 是 STMUL 模型在土地信息系统中的应用。这种模型具有简单和清晰的特点，与其他各种模型相比具有优势。

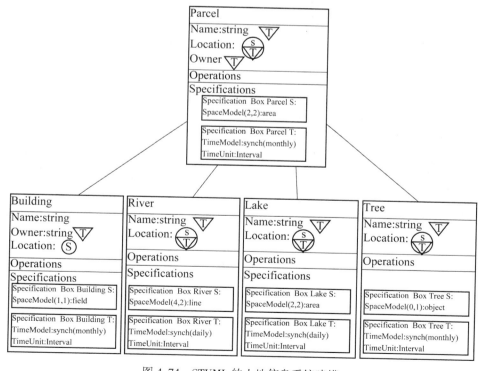

图 4.74　STUML 的土地信息系统建模

4.3.2.10 位移对象数据模型

很明显，当我们企图集成时间和空间时，我们需要通过时间来处理几何变化。一般来讲，几何变化不只是按照离散的步骤变化，而可能是连续的。如果只有一个对象在空间中的位置是相关的，那么位移的点就是一个基本的抽象。如果对范围也感兴趣，那么，位移区域抽象可以按照区域的扩大和缩小获取位移信息。一些研究者企图使用位移对象的概念对时空数据库进行建模。一些学者提出了一个新的研究方向，即将位移的点或移动的区域看做是三维的(2D+时间)，或更高维的实体，其结构和行为按照抽象数据类对其建模来获取。关于位移点或位移区域的抽象数据类，连同对其操作方法，已经在一些文献中有介绍。

这种建模方法，将时间作为空间实体的一个组成部分。时间维是基于线性的、离散的和连续的、绝对时间模型，起初只考虑有效时间。模型可以获取变化和位移信息。这个模型也能适用时空查询的所有类型。在土地信息系统中的对象可以表达如下：

Parcel(name：string, owner：string, area：mregion)

Building(name：string, owner：string, area：mregion)

Lake(name：string, area：mregion)

River(name：string, route：mline)

Tree(name：string, centre：mpoint)

定义为 mpoint、mline 和 mregion 的类型是封闭的和一致的，且携带时态值和空间值。引入模型的操作可以用于描述土地信息系统，例如：

Operation（mregion-> mreal）**area**　用于对湖泊的操作；返回一个表达在所有时间表达湖泊面积的时间变化实数。

Operation（mregion×mpoint -> mboolean）**inside**　用于针对地块和树的操作；计算表达当树已经位移或植入一个地块时的时态变化的布尔运算。

Operation（mpoint×mpoint -> mreal）**distance**　计算在所有时间两棵树木之间时态变化的距离。

与早期提出的数据模型相比，在时空数据库中，位移对象的表达是面向数据类型的。强调概括性、封装性和一致性。此外，抽象层次更高，可以认为是第一次企图通过引入处理抽象数据类型实际值的功能来处理连续位移问题。连续性的定义用功能表达，并且在时态和空间数据类型之间的操作在以前的工作中没有涉及。

在一些文献中，关于这个模型的表达，还缺少设计和实现的内容。一些文献也只是对上述讨论的抽象数据类型的离散表达进行了定义。离散模型有趣的地方是位移类型如何表达。有研究者提出了"切片表达"，其基本思想是将一个值的时态发展分解为称之为"切片"的片段。在切片内，以便时间发展可以通过一些简单的功能表达。如图 4.75 所示。

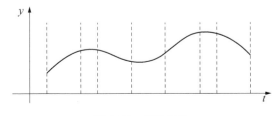

图 4.75　切片表达

切片表达是通过描述单个切片类的、称之为"单元"类参数化的构造函数类"映射"建立的。一个单元类的值是一对 (I, u)，其中 I 是一个时间区间，u 是在这个时间区间定义的一些简单函数的表达。具体地说，它们定义的单元类是 ureal、upoint、upoints、uline 和 uregion。值只能离散变化，由一个"常量"类型的构造函数来产生单元，其第二部分的参数类型只是一个常数。这对表达位移的整数、字符串和布尔值是特别需要的。"映射"数据结构基本上只是一组单元的组合，并确保它们在时间区间上是不相交的。

4.3.2.11 基态修正模型

为避免连续快照模型将未发生变化部分的特征重复记录，基态修正模型只存储某个时间点的数据状态(基态)和相对于基态的变化量。只有在事件发生或对象发生变化时，才将变化的数据存入系统中，时态分辨率刻度值与事件或对象发生变化的时刻完全对应。基态修正模型对每个对象只存储一次，每变化一次，仅有很少量的数据需要记录。基态修正模型也称为更新模型，有矢量更新模型和栅格更新模型。其缺点是较难处理给定时刻时空对象间的空间关系，且对很远的过去状态进行检索时，几乎对整个历史状况进行阅读操作，效率很低。

基态修正模型按事先设定的时间间隔采样，只储存某个时间的数据状态(称基态)和相对于该时间数据状态的变化量。基态修正模型不存储每个历史时间的全部数据，只存储基态数据和某个时刻相对于基态的变化量，称为差文件(Delta-file)。由于空间变化一般不会太大，因此差文件的数据量远小于基态文件，如图 4.76 所示。

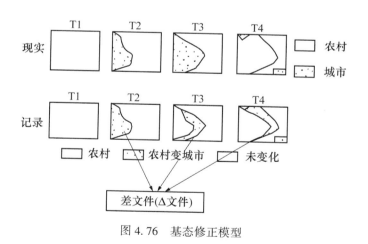

图 4.76　基态修正模型

4.3.2.12 时空立方体模型

时空立方体模型用几何立体图形表示二维图形沿时间维发展变化的过程，表达了现实世界平面位置随时间的演变，将时间标记在空间坐标点上。给定一个时间位置值，就可以从三维立方体中获得相应截面的状态，也可扩展表达三维空间沿时间变化的过程。缺点是随着数据量的增大，对立方体的操作会变得越来越复杂，以至于最终变得无法处理，如图 4.77 所示。

165

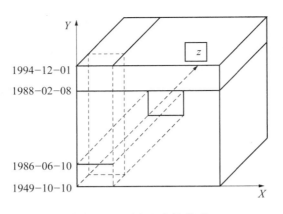

图 4.77 时空立方体模型

练习与思考题

1. 请从地理空间数据获取的角度来说明人类空间认知的基本过程。

2. 试结合实例说明空间数据模型与空间数据结构的联系及区别。

3. 画图说明 GIS 中主要数据模型的组成及其相互关系。

4. 请说明面向对象数据建模的基本思想及其优点。

5. 试概括地理空间数据的基本特征。其中，其区别与其他数据的主要特征是什么？

6. 请安装 AutoCAD 和 ArcGIS 软件，并结合软件使用体会来说明 CAD 数据、Coverage 数据和 Geodatabase 数据库三种不同数据管理方式的特点。

7. 试概括矢量数据中的不同类型几何要素及其特点，结合实例说明不同要素在实际中应用。

8. 结合 ArcGIS 的使用经验，说明 Coverage 和 Geodatabase 两种不同数据管理模式的区别及各自的特点。并说明拓扑关系在这两种管理模式中的存储方式。

9. 比较离散栅格数据和连续栅格数据的特点，说明其在空间要素表达方面的不同应用。

10. 请比较栅格数据和 TIN 数据表达高程的优缺点。

11. 请结合实例说明网络数据的定义方法和组成要素。

12. 参考相关文献，总结时空数据模型的发展历程及不同模型的表达特点。

第5章 地理空间数据库

地理空间数据是地理空间数据表达和建模的结果。本章主要介绍了空间数据库的概念、类型、结构、组成,空间数据的访问方法、空间索引方法、空间数据查询,空间数据库的设计内容和一般过程、方法、数据库管理、更新、备份等。

5.1 概述

空间数据库的技术经历了复杂多变的演进过程。空间数据库的结构比非空间数据库结构要复杂得多。空间数据库的建库、设计与操作,与使用的 GIS 软件具有密切关系。

5.1.1 建立空间数据库的重要性

空间数据库(Spatial Database)在地理信息处理、计算机视觉、自动制图、计算机图形学、计算机虚拟现实、计算机辅助设计、医学影像、生物分子学、立体建模和机器人技术等诸多方面的应用已变得越来越重要,这是因为其应用范围已远远超出了传统的地理信息系统(Geographic Information System,GIS)的领域。位置和时间是鉴别和刻画信息的强有力方法,因为许多数据集(Data sets)都具有位置和时间"印记"。地图和各类地球影像显然如此,它们在统一的空间参考框架下实现了对空间数据的处理,这个参考框架就是地球表面。然而,地图和地球影像并不是空间数据的唯一来源,地球表面也不是可参照的唯一框架。一块芯片也常常作为一种参考框架。在医疗成像中,人体就可视为参考框架。而这些参考框架所处的空间,可以是二维空间、二维半空间、三维空间,甚至更高维数的空间。位置信息成为在分布的信息源中搜索相关信息的强大基础,空间和时间提供了信息集成的重要方法。

建立空间数据库的主要目的是提供一个对数据进行管理的软件系统,为存储和恢复这些空间数据提供管理,并保证空间数据的一致性和安全性,以及提供一套处理空间数据的访问接口。传统的数据库技术主要关注商务和管理应用这样的领域,它将重点放在高效且安全处理大量相对简单的事务上。随着大量空间数据的积累和使用,不能再将数据库看成是一个全封闭的数据储藏库,而应用是多系统计算环境中一个活跃的组成部分。事实上,将计算密集型的任务直接转移到数据库管理系统中,已是大势所趋,GIS 就是一个实例。通常来说,数据库的设计和实现是计算机领域专家解决的问题,而数据的处理则是 GIS 领域专家或应用领域专家解决的问题,长久以来,它们各自沿着不同的道路发展。

空间数据是空间信息的载体。空间信息是指与位置(特别是与地理位置)有关的信息。它在人类利用的信息中占有超过 80% 的比重。空间数据具有数据量大、结构和关系复杂多样、计算操作处理密集以及自相关性强等特点,长期以来被视为特殊的计算问题。

虽然数据库技术的应用在过去的几十年中得到了极大发展和广泛应用,但一直以来,其存储的数据类型比较简单，通常仅包括数字、姓名、地址及产品描述等信息。它们在查询诸如顾客消费信息、年销售额等这类信息时，非常的快速有效，但要列举距离公司总部50公里以内所有顾客名单这样简单的问题，则会遇到难题，因为缺少将公司和顾客变换到一个可供计算和比较距离的适当的参照系的方法。对于复杂的空间应用问题，查询处理难题远比上述问题复杂得多。因此，一个高效的空间数据库的支持，是解决这些难题的重要途径。

近年来，许多计算机应用领域通过扩充数据库管理系统的功能来支持与空间数据相关的数据。空间数据库管理系统(Spatial Database Manage System，SDBMS)的研究是找到有效处理空间数据的模型和算法的重要步骤。空间数据库的研究已成为热点研究领域，其研究成果(如空间多维索引)已应用到许多不同领域，这些应用包括 GIS、CAD 以及多媒体信息系统、数据仓库和一些对地观测系统等。空间数据库厂商已推出专门处理空间数据的产品，如 ESRI 的空间数据引擎(Spatial Data Engine，SDE)，以及 Intergraph、AutoDesk、Oracle、IBM 和 Informix 等公司在对对象-关系数据库服务器上开发的空间数据插件，它们都提供一组空间数据类型(如点、线和多边形等)和一组空间操作功能。这些努力的结果，不仅拓展了传统商业数据库的功能，而且将数据库技术很好地引入到了空间信息存储与处理领域，极大地增强了 GIS 存储、管理、处理和分析空间数据的能力。

建立数据库的三个必要条件是：

(1)管理的数据量很大。使用数据库管理数量很大的数据，可以提高管理的效率。

(2)随机使用管理的数据。通过数据查询，可以快速搜索需要的数据。

(3)随机提取数据子集。通过随机提取数据子集，可以满足某种目的的数据分析。

5.1.2 GIS 与 SDBMS 的关系

现在回答 GIS 与 SDBMS 的关系，似乎是小儿科问题。其实正是 GIS 技术的发展，激发了人们研究和开发 SDBMS 的兴趣。GIS 提供了便于分析地理数据和将地理数据可视化的机制。GIS 提供了丰富的分析功能，可对地理数据进行相应的变换。利用 GIS 可对某些对象和图层进行多种操作，而利用 SDBMS，则可对更多的对象集和图层集进行更为简单的操作。SDBMS 在回答集合查询时比 GIS 更优越。尽管 GIS 可作为 SDBMS 的前端，在分析空间数据之前，通过 SDBMS 访问数据，但它们之间的差别也是明显的，见表 5.1。

表 5.1 GIS 与 SDBMS 的比较

GIS	SDBMS
图形界面	数据自主、独立
空间和统计分析工具	完全集成的空间数据
数据转换，导入和导出	事务处理，并发、备份、恢复
几何和拓扑关系支持	统一的查询语言
空间索引算法	空间索引算法

SDBMS 还可以用来处理存储在二级设备(如磁盘、光盘、光盘机)上的海量数据，它们使用专门的索引和查询处理技术完成任务。而且 SDBMS 继承了传统数据库系统所提供

的并发控制机制，这一功能可让多个用户同时访问共享的空间数据，并保持数据的一致性。

在技术的发展方面，GIS 厂商和数据库厂商的步伐也从来没有一致过，这不难从历史的回顾中得出结论。存储处理和管理非空间数据的数据库技术比空间数据要成熟得早。数据库厂商早期的产品注意力并不在空间数据方面，真正考虑区别对待空间的或地理的数据是近几年的事情，如 Oracle 公司的 Oracle Spatial 和 Georaster，以及 SQL Server 等，分别以空间附件的形式，并冠以暗盒（Cartridge）、数据刀片（Data Blade）等隐喻性的名称，或采用空间选项（Spatial Option）之类的温和称呼来提高 DBMS 的空间数据处理能力。而 GIS 厂商则是利用传统的 DBMS 管理属性数据外，通过专门设计的文件系统来存储管理空间数据。在一个 GIS 中，一般存在两个数据管理系统，空间数据和非空间数据分别由不同的管理软件管理，数据之间通过空间对象的特征码连接，最典型的是 ESRI 的早期 Arc/Info 软件。空间数据和非空间数据的一体化存储管理，得益于数据库厂商近几年对传统数据库技术的发展，特别是对非规则的空间数据存储的发展，例如多数数据库厂商都定义了在关系数据库能存储图形、图像以及多媒体数据的大二进制数据字段，就连微软的 Office 2003 也在其电子表格和数据库工具 Access 中增加了和空间相关的搜索引擎和地图软件。ESRI 的 ArcSDE 正是利用这些成果的杰出产品之一。ESRI 产品由 Arc/Info 到 Arcinfo，到 ArcGIS 的发展历程，也正是追踪数据库技术发展的例证。图 5.1 说明了 GIS 技术的发展历程。

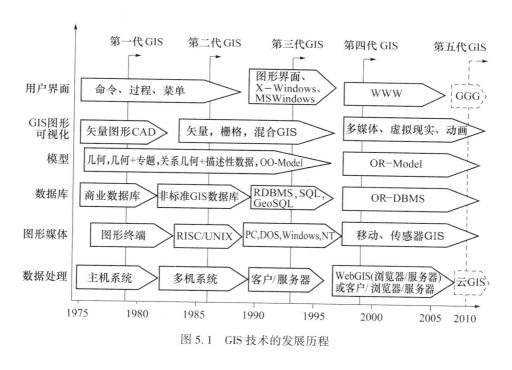

图 5.1　GIS 技术的发展历程

目前，GIS 技术的发展已经经历了 4 代，正向第 5 代网格或云计算 GIS 发展。就数据处理的计算模式来说，由主机系统、多机系统发展到了客户/服务器系统、WebGIS 系统（浏览器/服务器系统），或者客户/浏览器/服务器系统的混合系统、网格 GIS 系统、云计算服务；图形显示媒体由图形终端、图形工作站（UNIX）发展到了 PC DOS、PC Windows

169

2000、PC Windows XP、PC Windows NT 以及 Mobile 或 Sensor-GIS 阶段；数据库管理方面，由商业数据库系统、非标准的 GIS 数据库（文件系统管理和商业数据库的混合管理）发展到了关系数据库（扩展的商业关系数据库）、对象关系数据库（根据对象定义数据类型的扩展的关系数据库）阶段；在数据模型方面，由纯几何表达模型、几何与专题属性表达模型，发展到具有空间关系的几何表达和专题属性描述（地理相关模型）、面向对象的表达（纯面向对象模型）、对象-关系模型表达；在图形显示方面，由矢量图形显示发展到矢量（CAD）、栅格混合的 GIS 显示，以及多媒体、虚拟现实、动画等综合显示技术；在用户界面方面，由命令、过程、菜单操作发展到图形界面、多文档界面，以及网页界面。

从数据库厂商的观点来看，管理空间数据需要专门的产品，但空间数据显然不是商务使用中的唯一数据类型。其实，空间数据并非仅有的特殊数据类型，除了空间附件外，它们还发布了用于时序的、可视化的以及其他多媒体形式数据的附件。另一方面，GIS 厂商所定位的客户群体是那些只关注空间数据分析的用户，这块市场相对较小。与其他信息技术的用户相比，他们更多是在相对封闭的环境工作，使用特别为他们设计的专用数据库。为了管理日益增长的空间数据，并链接到商业数据库中，GIS 厂商提供了像 SDE 这类产品。

近几年，GIS 业界关注的焦点发生了重大变化。如图 5.2 所示，GIS 的概念已经从最初作为一种用分层方式表示地理信息的软件系统，发展到关注地图代数和空间操作的地理或地球空间信息科学的阶段，现在正朝着地理信息服务的方向发展。

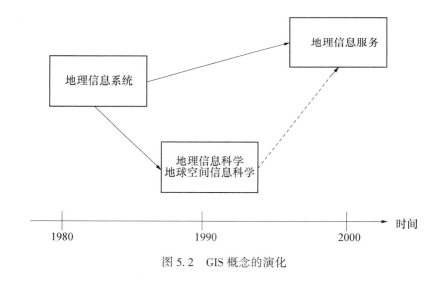

图 5.2　GIS 概念的演化

随着 Internet 的广泛应用，出现了另一类使用空间数据库的用户群，但他们更喜欢在一个非常高级的、用户界面非常友好的层次上使用空间数据库。例如，现在很受欢迎的一类网络站点是能提供与空间搜索相关的搜索引擎，并能回答像"找出武汉市所有的星级宾馆"、"查找出从武昌到汉口的所有公交路线"等这样的查询。移动定位服务，通过无线网络、移动电话网络，借助个人数字助理（Personal Digital Assistant，PDA）、移动电话，为流动工作人员提供了使用空间数据的机会，是近几年出现的一个重要趋势，这类服务彻底改变了对用户地理位置的依赖。通过与全球定位系统（Globe Positioning System，GPS）的结合使用，还可做到精确定位，进而产生一种广泛使用的信息服务模式，即基于位置的服务（LBS）。

从最严格的意义上讲，GIS 是一个计算机系统，用于采集、存储、操纵和显示与地理位置相关的数据。然而，现代 GIS 通常要从多个不同来源接收各种不同形式的数据，以便查询处理和分析信息。从广义上讲，GIS 不仅能将地理信息转换存储为数字形式进行分析，而且必须能在数据库中进行收集、变换、聚集、索引、链接和挖掘。现代 GIS 能够集成用其他方法很难关联起来的信息，同时可以结合地图化的变量来构建和分析新的变量。

5.1.3　数据库技术的演进

在数据库技术的发展中，关系数据库是应用最为广泛和普及的数据库技术。在一个关系数据库中，所有明确标识的对象、实体及概念都表示为关系或表。一个关系由一个名字和一组用于描述这些关系特征的属性来定义。该实体的所有实例都作为元组存储在表中。但是，一般来说，要将反映空间实体的数据或数据模型映射到关系数据库，也不是一件容易的事，存在着数据用户视图（逻辑模型）与数据库实现（数据结构）之间的语义鸿沟。为缩小这种差别，人们提出了面向对象的方法，它基于用户定义数据类型的原理，并具有继承性和多态性。毫无疑问，面向对象方法的抽象数据类型的引入，增加了 DBMS 的灵活性。面向对象的方法与 DBMS 的结合，产生了新一代的数据库系统，即对象-关系数据库系统（OR-DBMS）。数据库技术的演进历史如图 5.3 所示。

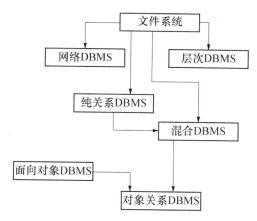

图 5.3　数据库技术的演进历史

当前的对象-关系数据库系统提供了构建抽象数据类型的模块化方法，一个抽象数据类型可以嵌入到系统中，也可从系统中删除，不会影响系统的其他部分。

5.1.4　SDBMS 的特殊结构

Shashi Shekhar 和 Sanjay Chawla 在 *Spatial Database* 一书中对 SDBMS 给出了如下的定义：

（1）一个 SDBMS 是一个软件模块，它利用一个底层数据库管理系统（如 OR-DBMS，OODBMS）为支撑。

（2）SDBMS 支持多种数据类型，相应的空间数据抽象类型以及一种能够调用这些数据类型的查询语言。

（3）SDBMS 支持空间索引，高效的空间算法以及用于查询优化的特定领域规则。

书中给出了在 OR-DBMS 基础上搭建 SDBMS 体系结构的三层结构示意图（图5.4）。

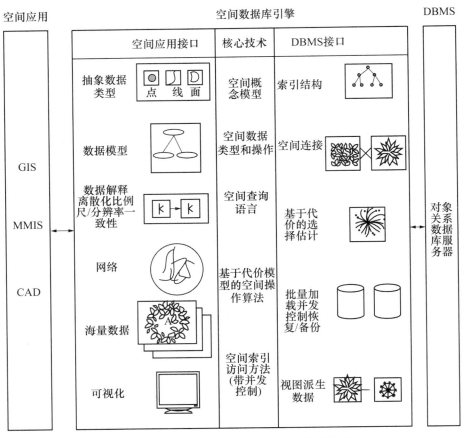

图5.4　空间数据库管理系统的三层结构体系

图5.4 中，从左至右，左边为空间应用，如 GIS、MMIS（多媒体信息系统）或 CAD 系统等。右边为 OR-DBMS。应用层并不直接与 OR-DBMS 打交道，需要经过一个中间层，即空间数据库（主要是插件）。中间层是封装大多数空间领域知识的地方，被"插入"到 OR-DBMS 中。由此，对于称为空间数据暗盒、数据刀片、空间数据引擎的商业 OR-DBMS 产品也就不足为奇了。中间层成为 GIS 工作者为提高空间数据处理能力大显身手的地方。从这个结构体系中，也不难看到，空间数据库系统和 GIS 的技术重点的未来发展路线图可能存在不同。前者以现有数据库技术为基础，研究起点是逻辑水平上的，即数据模型水平的，实现问题将是逐步得到解决的技术路线；后者将扩大与数据库技术之间的独立性，研究起点是物理水平的和图形界面上的技术路线。

正是由于图5.4 所具有的这种特殊的结构，在研究和利用商业数据库及其数据库管理系统的前提下，GIS 用户为了更好地组织和管理其使用的空间数据，在数据的有效存储和管理方面，具备了很大的将空间领域知识应用其中的开发利用空间。也就是说，以数据库厂商提供的 OR-DBMS 为基础平台，GIS 用户仍有机会将自己对空间数据存储与管理的技

172

术集成在这个平台上；如海量数据存储策略的技术(分层、分块或分区、缓存等)、数据压缩的技术、数据传输的技术、支持数据网络化存取的数据引擎技术、多数据库空间索引的技术、数据安全的技术，等等。

把空间数据集成到传统商业数据库中，意味着要在不同层次上解决许多重要的问题，这些问题范围广泛，从空间建模的深奥本体论问题(例如它应该是基于空间域的，还是基于对象的?)到文件管理这类平凡但很重要的问题。这些不同类型的问题使空间数据库管理系统的研究实际变为多学科的问题。

5.2 空间数据库的概念

什么是空间数据库？哪些人在使用空间数据库？空间数据库的基本结构和组成内容是什么？这些是本节要回答的问题。

5.2.1 空间数据库的定义

空间数据库定义为具有内部联系的空间数据的集合，可以管理和维护海量数据，并为不同的 GIS 应用所共享。具体地说，空间数据应满足以下要求：

(1)空间数据库系统是数据库系统，它具有商业数据库系统的一切功能和特点。但这个要求强调了空间事实，或几何信息与非空间信息的关联要求。也就是说，空间数据库系统必须具有能对空间数据进行处理的能力。

(2)空间数据库系统在它的数据模型中，提供空间数据类型及其空间查询语言。空间数据类型是建立基本抽象空间数据模型的基础，它是描述空间实体、关系、属性和空间操作的依据。究竟应该定义何种空间数据类型，取决于它所支持的空间应用。

在空间数据库的实现中提供对空间数据类型的支持，并至少提供空间索引和有效的空间连接算法。这是从海量的、复杂的空间数据库中快速恢复数据的基础。

(3)数据库应当具备两个最核心的特征，但对用户来讲又是不可见的。一是持久性，即处理临时和永久数据的能力。临时数据在程序结束后就消失了，而永久数据不仅在程序调用时可以用，并且在系统和媒介崩溃后仍可以使用。这保证了在系统崩溃后可以顺利恢复数据。在数据库系统中，永久对象的状态不断变化，有时可能访问前面的数据状态。二是事务，事务将数据库的一个一致状态映射到另一个一致状态，这样的映射是原子性的(要么完全执行，要么完全放弃)。

一个空间数据库和非空间数据库相比，有一些特殊的需求。例如，一个关于国家的数据集，至少有一个空间数据(国界)和非空间数据(国名)。国名的存储和表示不会产生任何问题，但国界的存储和表示就不那么简单了。假如用一个直线段的集合表示国界，这时会要求数据库管理系统支持空间数据类型"点"、"线"和"面"，以便对"国家"这个空间对象进行空间查询。操作和组合这些新的数据类型需要遵从某些固定的准则，于是产生了空间代数。由于空间数据具有可视性和数据量庞大等特点，所以必须扩展传统的空间数据库系统，以便提供可视化查询处理和特殊的空间索引。数据库的其他重要问题，如并发控制、批量加载、存储和安全机制等，也必须重新加以考虑和调整，以便建立高效的空间数据库管理系统。

空间数据库的实现涉及多方面的问题，主要包括数据源的选择、不同类型的数据表达方法的选择(拓扑的、网状的、方位的、欧氏空间的)、空间查询语言设计(关系代数(RA)、SQL)、数据空间操作(插入、删除、更新)和查询处理优化(选择与连接操作顺序)、空间数据与非空间数据的集成(一体化存储)、数据文件的组织、空间索引与存储机制的建立等。空间数据库是通过空间数据库管理系统对空间数据进行存储和管理的,并提供数据库使用者的访问接口。

5.2.2 空间数据库的适用人群

各行各业的专业人员都可能遇到空间数据的存储、管理和分析问题。下面列出了可能用到空间数据管理的不同类型的专业人员,以及一个与它们工作相关的空间数据查询的例子。

(1)移动查询用户。最近的加油站在哪里?我回家的路上有无宠物食品店?

(2)军队作战指挥官。军队从昨晚起有无明显的调动迹象?

(3)保险公司风险经理。密西西比河流域哪些房屋最有可能受到下次洪水的影响?

(4)医师。根据这名患者的核磁共振影像,我们是否医治过有类似病症的病人?

(5)分子生物学家。基因组中氨基酸合成基因的这种拓扑结构能从数据库的其他序列特征图中找到吗?

(6)天文学家。怎样找出在类型体二弧分范围内的所有蓝星系?

(7)气象学家。怎样才能测试和检验新研究出的全球变暖模型?

(8)药剂研究者。哪些分子能与给定分子进行几何形状的对接?

(9)运动员。棒球场中哪些座位是观看投球手和击球手的最佳视角?电视摄像机应该安在什么位置?

(10)公司供货经理。根据未来顾客购物方式的发展趋势,建造物流仓库和零售店的最佳位置在哪里?

(11)运输专家。应该怎样扩充网络才能减少交通堵塞?

(12)城市规划专家。新的城市用地开发是否会减少耕地?

(13)滑雪胜地的拥有者。我的地产中,哪座山适合初学者使用?

(14)农场主。怎样才能把喷杀在农场的杀虫剂用量降到最低?

(15)高尔夫球场开发者。考虑到天气因素、国家环保署关于杀虫剂的使用规定、濒临物种的保护法令、地价以及附近人口分布的限制,在哪里修建球场可以得到最大利润?

(16)应急服务。求助的人位于什么地方,抵达那里的最佳路线是什么?

从这些适用的人群中,不难归纳出三类使用空间数据库的群体:一是只关注空间分析的用户,他们是 GIS 的传统用户,相对数量较小,主要为专家层次的领域专家或政府部门的专家;二是因特网用户,通过提供的空间数据搜索引擎和高级的、友好的用户界面,享用站点提供的一般的空间信息查询服务,他们或是 GIS 的流动工作人员,或是具有一定专业水平的空间信息用户;三是通过 PDA 或移动电话,享用移动定位服务的用户,称为移动定位服务,是空间数据服务与电信基础设施集成的结果。从发展来看,这类用户数量较大,且专业水平较低,或只需要经过简单的专业训练。

5.2.3 空间数据库的概念结构

数据库系统是对数据存储管理的基本工具,是从建立数据模型、设计数据结构到数据存储与管理过程的必然结果。建立数据库系统的目的不仅仅是保存数据、扩展人的记忆，而且也是为了帮助人们去管理和控制与这些数据相关联的事物。GIS 的数据库系统具有明显的空间特征，它与传统的非空间数据库系统具有差别。数据库系统主要有集中式系统和分布式系统。

数据库系统是一个复杂的系统。数据库系统的概念结构由三个层次构成，即物理级、概念级和用户级，分别对应于存储模式、模式、子模式(图 5.5)。

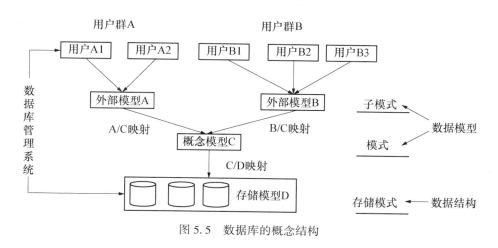

图 5.5　数据库的概念结构

(1)存储模式：是对数据库在物理存储器上具体实现的描述。它规定数据在存储介质上的物理组织方式、记录寻址技术，定义物理存储块的大小、溢出处理方法等，与模式相对应。存储模式由数据存储描述语言 DSDL 进行描述。核心由数据结构定义。

(2)模式：是数据库的总框架。描述数据库中关于目标存储的逻辑结构和特性，基本操作和目标与目标及目标与操作的关系和依赖性，以及对数据的安全性、完整性等方面的定义。所有数据都按这一模式进行装配。模式由模式描述语言 DDL 来进行描述。核心由数据模型定义。

(3)子模式：是数据库用户的数据视图。它属于模式的一部分，描述用户数据的结构、类型、长度等。所有的应用程序都是根据子模式中对数据的描述而不是根据模式中对数据的描述而编写的。在一个子模式中可以编写多个应用程序，但一个应用程序只能对应一个子模式。根据应用的不同，一个模式可以对应多个子模式，子模式可以互相覆盖。子模式由子模式描述语言 SDDL 进行具体描述。核心由数据子模型定义。

数据库不同模式之间通过映射进行转换。映射是实现数据独立的保证。当数据结构变化时，数据独立性是通过改变相应的映射保持独立性。数据库系统的三级模式结构将数据库系统的全局逻辑结构同用户的局部逻辑结构和物理存储结构区分开来，给数据库系统的组织和使用带来了方便。不同的用户可以有各自的数据视图，所有用户的数据视图集中在一起统一组织，消除冗余数据，得到全局数据视图。用存储描述语言来定义和描述全局数据视图数据，并将数据存储在物理介质上。这中间进行了两次映射，一次是子模式与模式之间的映射，定义了它们之间的对应关系，保证了数据的逻辑独立性；另一次是模式与存储模式之间的映射，定义了数据的逻辑结构和物理存储之间的对应关系，使全局逻辑数据独立于物理数据，保证了数据的物理独立性。

5.2.4 空间数据库的基本组成

数据库是为了一定的目的，在计算机系统中以特定的结构组织、存储和应用的相关联的数据集合。数据库作为一个复杂的系统，由以下三个基本部分构成：

（1）数据集。一个结构化的相关数据的集合体，包括数据本身和数据间的联系。数据集独立于应用程序而存在，是数据库的核心和管理对象。

（2）物理存储介质。这是指计算机的外存储器和内存储器。前者存储数据；后者存储操作系统和数据库管理系统，并有一定数量的缓冲区，用于数据处理，以减少内外存交换次数，提高数据存取效率。

（3）数据库软件。其核心是数据库管理系统（DBMS）。主要任务是对数据库进行管理和维护。具有对数据进行定义、描述、操作和维护等功能，接受并完成用户程序和终端命令对数据库的请求，负责数据库的安全。

数据库系统可以看做是与现实世界有一定相似性的模型，是认识世界的基础，是集中统一存储和管理某个领域信息的系统，它根据数据间的自然联系而构成，数据较少冗余，且具有较高的数据独立性和数据保护性，能为多种应用服务。

地理空间数据库是某区域关于一定地理要素特征的数据集合。与一般数据库相比，具有以下特点：数据量特别大、具有地理空间数据和属性数据、数据结构复杂、数据应用面相当广、数据应用层次多，等等。

5.3 空间数据库类型

空间数据库有多种类型，它们分别适用于不同的应用场合，提供不同的空间数据操作性能。

5.3.1 分布式数据库

在 20 世纪 80 年代，数据库多数是集中式的，即数据集合都集中存储在一个数据库系统，数据和应用服务器位于同一台服务器上。但 20 世纪 90 年代后，随着网络的应用，为满足数据的共享，数据库出现了分布式数据库（图 5.6）。

与集中式系统相比，分布式数据库至少具有以下优点：

（1）更好的数据存储和更新。数据存储分布在专业职能部门，减少了数据集中存储的复杂性和数据量，并由数据所在部门进行维护和更新。

（2）更有效的数据恢复。专业数据存储在专业职能部门，数据责任明确，数据组织更有效，数据查询方向明确。

（3）更有效的数据输出。数据由专业职能部门维护，可提供有权威的数据供给。

分布式空间数据库的出现是互联网高速发展的结果。分布式数据库是一组物理上分布的数据集合，每个数据集合有分布其位置上的数据库管理系统管理。这种结构非常适合空间数据库的建立，因为空间数据是由不同组织采集的，而将数据集中复制到一个站点不仅是不现实的，而且也是非常困难的事情。

根据如何在不同的 DBMS 之间相关进程之间划分功能，可以采用两种结构体系，即客户/服务器系统和协同服务器系统。

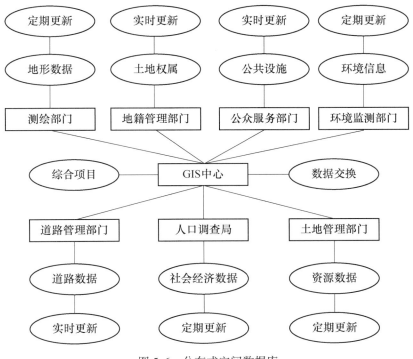

图 5.6　分布式空间数据库

在客户/服务器系统中，有一个或多个客户进程和一个或多个服务器进程。客户进程可以发送查询至任意服务器进程。客户端负责用户界面，服务器管理数据并执行事务处理。这样，客户进程可以运行在 PC 上，并将查询发送至主机上运行着的服务器上。

协同服务器系统包括一组数据库服务器，每个服务器都能运行针对本地数据的事务，通过合作执行跨多个服务器的事务。

客户/服务器系统比协同服务器系统更常用，原因是前者更容易实现，且能充分利用服务器的功能。但当简单查询必须跨越多个服务器时，就要求客户端的复杂度和功能达到一定的标准。这将导致功能与服务器有所重复。消除这种差别，就变成了协同服务器系统。

客户/服务器系统提供了优化每个模块并减少数据传输量的可能性，在独立实现的 GIS 的应用和海量数据处理的领域应用广泛。

5.3.2　基于 Web 的空间数据库系统

因特网技术和编程环境（Java applet ActiveX 控件）的发展，促进了更为复杂的 WebGIS 的应用和发展。图 5.7 是一种 WebGIS 的三层结构。

第一层为客户端，通常是任意标准的 Web 浏览器。如果要使其具有显示空间数据的功能，必须进行功能扩展，使其能够显示空间数据，并能向 Web 服务器发送数据请求。

第二层为服务层，一般有多个有序的层级组成。第一级为 CGI/Java applet/ActiveX 模块，或类似的其他能够响应用户请求的模块（如 API），负责解析用户的任务请求，并将请求发送到相应的处理层，从处理层获得处理结果，发送到用户。这一级主要是对标准

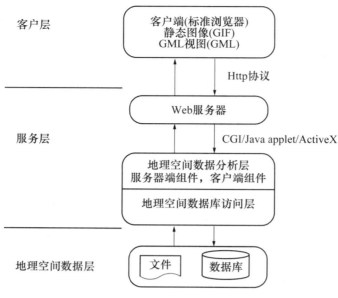

图 5.7　WebGIS 的三层结构

Web 服务器功能的扩展。第二级为空间数据分析层，处理第一级模块输入的请求，向访问层发送数据请求。主要由一些在服务端或在客户端运行的一些远程组件组成。这些组件执行对地理数据的处理任务。由于 WebGIS 是分布式系统，数据和应用服务器不必位于同一台服务器。甚至数据可以驻留在多台服务器上。第三级为访问层，负责与地理空间数据库服务器进行对话，通过地理数据库系统识别并访问需要的数据集，并将结果返回空间数据分析层。

第三层地理空间数据层，是一个开放的结构，不受特定的关系数据库系统和文件格式约束，由一系列自定义的开发接口构成。这个结构应支持 OpenGIS 协会的 WMS 和 GML 标准。

5.3.3　并行数据库系统

并行是分布式空间数据库系统的发展趋势。随着数据的快速增长和使用 WebGIS 的需求增加，查询的快速响应时间变得极为重要。早期建立并行环境的昂贵设备约束已不复存在，现在连 PC 都可连接在一起创建并行环境。并行的实现与并发不同，因为并发是在一台串行执行的机器上模拟并行环境，以便多个用户可以同时访问系统。

评估并行系统有两个重要的度量标准，即线性加速和线性扩展。线性加速意味着如果硬件数量加倍(处理器、磁盘等从 X 到 2X)，则完成任务的时间减半。线性扩展意味着如果硬件大小加倍，则完成大小为 2X 的任务所需的时间与原系统完成大小为 X 的任务所需的时间一样。尽管初看起来，线性加速和线性扩展很容易从串行系统推广到并行系统，但是仍存在一些降低性能的因素。其中一部分因素是：

（1）启动。如果一个并行操作被划分为数千个小任务，那么启动每个处理器的时间占总处理时间的绝大部分时间。

（2）干扰。当不同的处理器都视图访问共享资源时，就会导致性能下降。

（3）扭斜。如果处理间的负载不平衡，那么并行系统的效率就会大大降低。因为处理时间与最慢的工作所需的时间相关。

与串行情况一样，并行空间数据库系统的需求与传统的关系数据库的需求是有区别的。最根本的区别在于，空间操作既是 CPU 密集型的，又是 I/O 密集型的。此外，SDB 是通过高级的、空间可用的声明性语言（例如 OGC 的 GeoSQL）来访问的，它们比传统的 SQL 具有更多的基本操作。下面是并行数据库系统可用的体系结构。

并行数据库系统中有三类主要的资源：处理器、主存模块和二级存储（磁盘）。并行分布式空间数据库管理系统的不同体系结构，就是按照这些资源相互作用的方式来分类的。三种主要的体系结构为共享内存（Shared-Memory，SM）、共享磁盘（Shared-Disk，SD）和无共享（Shared-Nothing，SN），如图 5.8 所示。

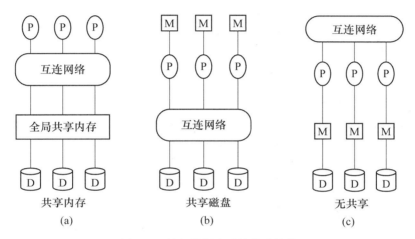

图 5.8　并行数据库系统体系结构

SN 体系结构中，每个处理器只与供其访问的主存和磁盘单元相关。每一组主存和磁盘单元称为一个节点，连接这些节点的网络负责节点之间的信息交换。因为将资源共享最小化，所以这种体系结构倾向于将处理器之间的冲突最小化，而这是 SM 和 SD 体系结构中的基本问题。其结果是 SN 体系结构的扩展性比其他两种体系结构要好得多。其线性加速和线性扩展的能力已经经过实践的检验。但如何在不同节点之间平衡负载就成了困难的任务，特别是在数据高度扭斜的情况下更是如此。数据可用性也会成为一个严重问题，因为当一个数据处理器失效时，对应磁盘上的数据也就不可用。这种体系结构也要求更频繁地重组 DBMS 的代码。

SN 体系结构比较流行，一些商业并行数据库系统和原型系统都基于该体系结构。但是在 SDB 中，并行算法的设计和实现中的通信代价以及动态负载平衡都是非常重要的问题，因为需要处理的是大而复杂的对象，或是非常扭斜的数据分布。当前人们主要关注最小化 I/O 所需的代价，因此该领域内大量的研究都基于 SD 体系结构、甚至基于更简单的单处理器对磁盘的系统，目的是为了减少通信代价。例如，paradise 对象关系数据库系统是一个并行的地理空间数据库管理系统，它采用共享磁盘体系结构。并行范围查询要求在运行时进行工作迁移，以便在空间数据对象大小各异和形状复杂的情况下，系统也能够达到较好的负载平衡。SN 体系结构的缺点在于：为了在运行时获得动态负载平衡，必须在处理器之间复制数据，而复制就会减少用于存储空间数据的主存总量。SM 体系结构使运行时的工作迁移更加容易，因为所有处理器可以平等地访问所有数据。

在 SM 体系结构中，多个 CPU 通过一个交互网络相连，并能够访问一个公共的、系统范围的主存，系统中的所有磁盘也是如此。采用 SM 体系结构可以减少通信的开销，并且很容易实现处理器同步。由于每个处理器都能平等地访问任意一部分数据，所以该体系结构很适合于使负载保持平衡。但是，随着处理器数目的增加，不同处理器对 SM 和磁盘的频繁访问会导致网络出现瓶颈。由于上述这些原因，加上数据库应用通常都是数据密集型的，所以该体系结构的扩展性很差。

在 SD 体系结构中，每个处理器都有一个只能被该处理直接访问的专用主存，但所有处理器都能直接访问系统中的所有磁盘。减少资源共享，就会减少 SM 体系结构中争用网络带宽这个主要问题。该体系结构也因此更具扩展性，但同时它也丧失了 SM 体系结构在贮存方面的优点。与 SM 体系结构中的原因一样，这时保持数据负载平衡就相对简单了。

5.3.4 时空数据库系统

近年来，时空数据库变得非常重要，如在现实世界应用中的地理监测、基于位置的服务和 GIS 等，需要在数据库中存储具有时间和空间特性的现实世界数据。许多在现实世界中的数据对象都具有与空间和时间相联系的属性。使用现有的关系数据库系统对其进行管理，是复杂的和低效的，因为这些对象表现的时空行为在自然界是多维的。例如，一个对象改变其几何对象的过程表现出空间和时间两种性质，因为它可能在不同时间点改变其形状和位置。这就需要存储这些对象，并以同样的方式在任何特定的时间点观察它们。这里主要的挑战是，传统的数据库管理系统是面向仅具有离散值的简单对象提供有效支持而产生的，然而，在时空对象的情况下，除了对象的值，对象发生的时间和空间位置也需要考虑。因此，将这些因素纳入数据库管理系统是非常重要的。时空数据库是空间数据库和时态数据库交叉的概念。

5.3.4.1 时空数据类型
时空数据是空间数据和时态数据的集合，兼有空间数据和时态数据的特性。时空数据的类型和含义如图 5.9 所示。

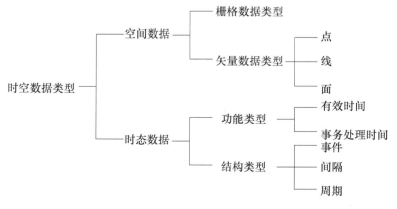

图 5.9　时空数据类型

5.3.4.2 时空数据库的概念

时空概念体现了时间和空间概念的集成。时空数据库的概念需要内嵌时态数据库和空间数据库的概念。因此,理解空间数据库、时态数据库和时空数据库的概念,是建立时空数据库管理系统的基础。

空间数据库是为有效存储和处理时空数据,并为空间信息系统提供支持而设计的,主要存储与空间对象及其有关的属性,而时间内容则是缺乏的。例如,空间属性除了具有空间特性外,还有一个属性值,如在一个地块中的植被,属性值取决于空间位置,而不是这个对象。空间数据库提供对空间数据类型、空间数据模型和空间查询功能。基本的空间数据类型是点、线、面以及它们之间的空间关系和诸如面积、体积、长度等这样的特性。

时态数据库表达随时间变化的对象的属性。例如,表达连续取值范围的功能,或在不同的时间点上,表达离散取值范围的功能。时态数据库的目的是将获取的时间特性纳入数据库管理系统。时态数据库管理系统具有内置时间的概念,用于处理回答与时间变化有关的问题。如天气预报系统通过一个特定的时间周期预报在一个特定位置的天气。时态数据库系统在处理空间对象时,应当具有有效时间和事务处理时间的概念。有效时间是指一个对象的值与对应的现实世界保持一致经历的时间周期。事务处理时间是指对象被存储在数据库经历的时间周期。

时空数据库需要为经过时间持续改变形状的位移对象提供 DBMS 支持。因为位移对象的变化体现在时间和空间两个方面的内容。在大多数应用中,这种现象是共存的。例如,地块的变化表现了空间的内容,但事件经历的时间段则是时态的内容。

5.3.4.3 时空数据库的定义

时空数据库的目的是为表现时间和空间特性的应用提供数据库支持。它提供对现有空间数据库模型在时间方面的扩展,以更好地应对动态环境,如移动对象、交通流、全球变化等。时空数据库可以定义为体现空间、时间和时空数据库概念,并获取数据的时间和空间特性的一种数据库。在现实世界的应用中,时间和空间通常是并存的,因此,处理空间问题时,如不考虑时间问题,则会限制应用。图 5.10 表达了空间、时态和时空数据库管理系统之间的关系。

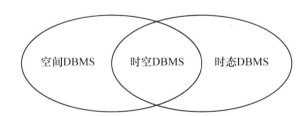

图 5.10　时间、空间和时空数据库管理系统之间的关系

5.4　空间数据访问方法

数据库中的数据搜索操作需要物理层特殊的技术支持,无论对传统数据库还是空间数据库,这是一个事实。这里典型的搜索操作方法包括点查询(寻找包含一个给定搜索点的

所有对象)和区域查询(寻找覆盖一个给定搜索区域的所有对象)。数十年的空间数据库技术研究成果,产生了大量的支持这些操作的多维数据库访问方法。索引是支持有效数据查询的一种数据结构。索引可以驻留在内存设备,也可以驻留在外部磁盘设备。索引要解决的问题是,对给定的对象集合,将它们在磁盘上进行有效组织,并支持有效的数据查询操作。

在 CAD 和地图制图领域,其应用很大程度是依赖二维或基于层为基础的二维数据。在 CAD 中,空间数据通常由直线多边形或边界同向多边形表示,即边界平行于坐标轴的多边形。典型的操作包括求交运算或几何路径分析。在地图制图领域,地图数据也通常以二维的点、线、面为基本元素表示。然而,与 CAD 相比,图形的几何形状极度不规则。常规的操作包括空间查询和地图恢复,以及与距离相关的操作。另外,在机械 CAD 中,数据对象通常是三维实体。它们或许有多种数据格式,如单元分解框架、结构实体几何、边界模型表示等。但是,在另外一些应用中,也强调对 X 射线或卫星影像的处理应用,用于从其中提取线性目标。因此,在这些领域,也经常涉及空间数据库和影像数据库的概念。

然而,严格地说,空间数据库包含具有关于对象、对象范围以及在空间中的位置等外在信息的多维数据。这些对象通常以矢量的形式表达,它们的相对位置关系以内在的或外在的方式表达。影像数据库通常不把数据分析作为重点,它们为非空间分析的目的提供数据显示的存储和恢复。典型的表达形式是栅格数据格式。

空间数据与非空间数据存在很大区别,在数据存储、访问等方面有自己的独特需求。

5.4.1 空间数据的操作特点

空间数据具有数据量大、结构和关系复杂的特点。空间数据是一种特殊的数据类型,之所以这样认为,是因为对其进行处理时,具有需要非标准的空间数据管理和操作方法的一些特性特点。这些特点可归纳为:

(1)空间对象具有复杂的结构。一个单点、一组任意分布的多边形都可定义为一个空间对象。具有定长记录约束的标准关系数据库不适合存储可变长记录的空间数据。如果使用标准的 RDBMS 处理空间数据,其对空间数据的操作(空间求交、空间合并)比使用标准的关系数据库计算代价高得多。

(2)空间数据通常是动态的。这个特点要求空间数据应当具有稳定的结构来应对对象的频繁插入、删除和更新等处理。

(3)空间数据库趋于越来越大。一个地图文件或一个大规模集成电路可能需要数个 GB 的存储空间,将二级或三级存储设备集成在数据结构中是必需的或是有效的。

(4)不存在标准的空间代数运算。没有一组标准定义的空间操作算法。空间操作算法通常是针对特定领域的空间数据库应用而定义的。

(5)空间操作不是封闭的。如两个空间对象的求交运算结果可能返回一组点、线段或不邻接的多边形。这特别是与所使用的算法相关。

(6)多维性。空间数据另一个重要的特性是多维性。空间对象之间不存在总排序,仅保留邻近特性。也就是说,没有办法对其在 2 维或更高维空间中进行线性排序。这使得使用传统的空间数据库索引方法对空间数据进行索引变得非常困难,如使用 B 树或线性哈希表。

（7）计算处理代价高。尽管计算代价在空间数据库中是可变的，但总体高于非空间数据库。

鉴于上述空间数据的特点，空间查询操作是需要在特定的物理层次上获得特殊支持的一种图形数据操作。空间数据的恢复与更新不仅涉及属性操作，而且还涉及空间对象的位置。空间数据库的查询通常需要通过快速的空间查询算法来实现，如点查询或区域查询。这两个操作需要给定查询位置，通过快速访问数据库数据来完成。为了支持查询操作，人们需要设计特定的多维数据访问方法。然而，设计这些访问方法的主要问题是除了空间对象之间的临近特性外，空间对象之间不存总排序特性。换句话说，不存在将在高维空间原本相邻近的任何两个空间对象映射到一维空间，其存储顺序也相邻近的算法。这使得在空间领域设计有效访问方法的难度高于传统的数据库。空间数据库与传统的数据库不同，主要表现在：

（1）空间数据量大，数据恢复的代价高；

（2）空间数据类型包含复杂的空间对象，如线和多边形；

（3）空间算子通常比数字算子更复杂；

（4）定义空间对象的排序困难。

5.4.2 空间数据访问的基本思想

数据库的数据量可以从数百兆到数千兆，乃至 TB 级。存储着数十万甚至数千万个空间实体或空间对象。这些空间对象或者是"相交"的，或者是彼此"相邻"的，或者是被"包含"的。从空间数据库中恢复数据，意味着必须执行一些空间操作，如空间选择、空间连接，这些空间操作比传统的关系数据库的选择和连接操作计算代价要高出许多。这些空间操作的效率和速度与空间数据在数据库中的表达方法有关，也与特定的空间数据恢复计算方法有关，而空间数据在存储介质上的存储表达方法又与空间的操作方法密切相关，这就意味着减少数据存储的磁盘页面总体数量和减少数据冗余，可以提高数据的访问效率。

提高查询操作空间数据的处理效率需要依靠辅助的空间索引结构。由于空间数据量大，试图对所有的空间实体或对象进行空间关系的预计算和预存储操作是非常低效的。可以代替的方法是，空间关系可以在查询过程动态产生。为了利用空间邻近关系有效地查找空间对象，基本的地方法是对这个位置上的空间对象建立空间索引。但根本的要求是，索引的数据结构必须有效支持空间操作，如邻近对象的定位以及定义的查询范围内的对象的识别操作等。

空间数据库中的对象具有不规则的形状，正是这种不规则的形状造成计算代价的提高。当数据存储在磁盘时，数据的语义必须被获取，以便能够被正确和有效地重建结构。一个提供快速访问特定数据对象的索引结构，也仅能减少被访问数据页面地数量以及被查找和测试的冗余数据的数量。任何基于精确的空间位置和内容的空间测试都是高代价的（如相交或包含）。因此，一些初级的逼近方法或过滤方法将被使用。到目前为止，最常用的过滤方法是容器方法。在容器方法里，最小外接边界矩形或圆（立方盒或球面）被用于表达一个空间对象。测试时，仅检测其容器，而不是实际的对象本身，这样就减少了测试的代价。图 5.11 是用外接边界矩形和格网逼近空间对象的基本处理方法。

通过近似处理和索引的支持，可以排除那些与查询答案不相关的空间实体，过滤掉一些冗余的对象，仅留一些少量的备选对象。索引的目的是减少被访问的数据页面的数量，

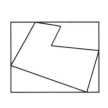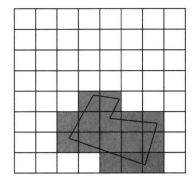

(a)矢量数据(边界矩形)　　　　　　　(b)栅格数据(窗口)

图 5.11　空间对象的边界矩形和格网窗口

过滤处理的方法是减少计算的时间。空间索引是建立在它所支持的过滤方法基础之上的，并由这样的索引提供插入、删除和搜索操作。普遍使用的传统基于主键值范围的搜索方法是求交搜索，即给定一个由两个数值确定的值的范围，搜索落入这个数值范围的所有对象。求交搜索算法很容易通过点搜索和包含搜索来实现。点搜索的查询区域是一个点，用于寻找所有包含这个点的对象。包含搜索是查询严格落入给定查询区域的所有对象。由索引支持的搜索操作用于简化空间选择和空间连接操作。对于空间选择操作，如果没有空间索引支持，则所有的关系都将被搜索，这样空间连接就变得计算代价更高，每个关系的每个对象，二级关系都将被访问。如果有了空间索引，情况就会大不一样。因为空间索引按层次把空间划分为许多子空间，每个子空间的信息被组织为内部节点。搜索在这些节点间按规则进行。

对处于一个空间中的空间数据建立索引的基本概念是划分这个空间为可管理的若干较小的子空间，在此基础上，进一步划分为更小的子空间，这个过程一直重复到每个子空间刚好能将较少数量的空间对象存储在一个数据页面为止。因此，不同的空间划分策略，对减少数据的恢复时间和存储空间很重要。这样空间划分的结果，就形成了索引的层次性。

5.4.3　空间数据访问的基本需求

上述的空间数据特点，使设计有效的空间数据访问方法变得艰苦和具有挑战性。对空间数据的访问必须满足下面的一些需求：

(1)动态性，在空间数据库中，一个空间对象应能以任何给定的顺序被插入或删除，数据的访问方法应能连续跟踪这些变化。

(2)附存(二级/三级)的存储管理，空间数据的访问方法需要有效地以无缝地方式集成二级存储或三级存储设备。

(3)多种操作支持，空间数据的访问方法不应当集中在一种操作方法的性能表现上(如搜索)，而降低其他操作方法的效率(如删除)。

(4)输入和插入顺序的独立性，访问方法的性能既不能依赖数据输入的种类，也不能依赖插入数据的顺序。

(5)可升级性，访问方法应适应空间数据库的增长。

（6）时间效率和空间效率，对于给定的任意一组数据，时间效率是指空间访问方法应当快速，耗时呈对数变化。空间计算占用的空间小，并保证满意的空间应用。

（7）简易性，复杂的访问方法会造成大规模应用的不稳定。

（8）在多用户系统中支持并发性访问。

（9）一个访问方法集成到数据库中，应对现有的系统产生最小的影响。

5.4.4　空间数据访问方法的分类

空间数据访问是基于多种类型的索引数据结构的，如 B 树、二叉树、散列树等，被广泛用于大型数据库的操作处理。但它们都是基于主键值的，不足以支持大量使用副键（第二主键）操作的数据库。这类应用需要使用多维的索引数据结构，如 grid 文件、多维的 B 树、KD 树、四叉树等，适合对多属性域建立索引。而空间搜索类似于非空间领域的多键值搜索。

空间数据库存储的数据对象是多维的。多维数据包括点、线段、矩形、多边形、区域、体、2 维和 3 维或更高维数的多面体。空间数据库包含关于空间对象以及它们的内容、在空间中的位置、相对位置等知识的多维数据。空间对象被表达为一些基于矢量的格式，它们的空间关系是显式的或隐含的。已经存在多种对多维数据的访问方法，一些是一般的，一些是特定的，它们支持在空间数据库中的搜索操作已有30 余年的历史。

在空间数据库中，数据是与空间坐标和空间实体或空间对象相联系的，空间数据的恢复是基于空间邻近关系的。为数众多的空间索引方法的提出，无疑提高了空间数据的恢复速度。多数的索引结构是层次结构，它特别适合内存有限的数据库系统，因而也必须对搜索的范围进行剪裁，以便减少检查对象的数量。空间数据库中的索引不同于传统数据库中的索引，因为空间对象是多维的，而且与空间坐标相联系，其搜索也不是基于属性值的，而是基于空间对象的特性的。

Gaede 将对多维空间数据的访问方法分类为：点状访问方法（Point Access Method，PAM）和空间访问方法（Spatial Access Method，SAM）。PAM 方法主要是为点状数据的数据库空间搜索方法设计的。这种点数据库仅存储多维的空间点，而没有空间范围。另一方面，SAM 管理的空间对象，除了空间位置外，还具有空间特性（如形状）。这些空间对象如线、多边形或更高维数的多面体。

5.4.4.1　点状访问方法（PAM）

点状访问方法总的来说，是将点状数据按照桶的方式组织。每个桶对应一个磁盘页面或现实世界的一些子空间。桶，通常是直线性的，被索引为平面的或层次的数据结构。关于 PAM 的分类，存在多种分类方法，一些分类方法还不是很明确。下面是 Gaede 的分类：

（1）多维哈希访问方法（Multidimensional Hashing Access Methods）。这种方法使用 1 维的哈希表索引 d 维的点对象。虽然仍然在 1 维的表中，不能对 d 维的对象进行总的排序，但这些方法使用了启发式技术来保证多维空间中的两个彼此靠近的对象能被索引在同一个或相近的桶中。这样的哈希索引方法如 Grid 文件和 Excell 索引算法。

（2）层次访问方法（Hierarchical Access Methods）。这种方法使用层次结构来管理点状数据，如四叉数、k-d 树、k-d-B 树等。而 Buddy 树和 Bang 文件是混合的索引方法，因为它们结合了哈希索引和层次技术。

（3）空间填充曲线（Space-filling Curves）也经常被用做多维空间方法，因为当在1维空间排序多维点时，保留了点之间的空间邻近性。因为这些技术在对空间对象进行总排序时，保证了这种很高的或然性，即如果在原始空间的两个对象的位置相近，则在排序中也相近。

5.4.4.2 空间访问方法（SAM）

PAM不能直接用于管理具有空间范围的对象。SAM通常是通过对PAM的扩展达到这种目的。SAM按照对PAM扩展的方法分为：

（1）对象映射方法（Object Mapping Methods）。这些方法在高维空间把几何对象映射为点，如在R^2空间中的矩形可以看做是R^4空间中的点，然后使用PAM进行索引。例如，一种可选择的方法是将几何对象分解成简单对象（如矩形），然后对简单的对象使用空间填充曲线。另一种方法是，在k维空间具有n个顶点的对象，被映射为nk维空间的点。对于一个具有左下角坐标(x_1, y_1)和右上角坐标(x_2, y_2)定义的2维空间的一个矩形，可以映射维4维空间的一个点，每个属性被看做来自不同的维度。经过这种转换，点就可以直接使用点索引方法进行索引。

（2）对象边界划分方法（Object Bounding Methods）（区域重叠）。对于大多数的SAM来说，这些方法按照层次方式分解空间。对象处于层次结构的叶节点。内节点提供便利有效的搜索路径依据。在统一层次上的节点可能彼此重叠。因此，随着搜索对象的不同，可能有多条路径。这种方法如R树和R*树。

（3）剪裁方法（Clipping Methods）。这种方法也使用层次数据结构，与对象边界划分方法一样，但使用对象剪裁来防止同一级内节点可能出现的区域重叠情况。这样保证在对象搜索时，在层次结构中的搜索路径只有一条。为了保证不出现区域重叠，对象允许被剪裁，存入于几个节点。这样的方法如R+树。

（4）多层方法（Multiple Layer Methods）。这种方法划分空间多于一次，每次划分对应一个层。每个层按照层次结构组织数据。在同一层中划分的区域相互不重叠，每一层使用的划分方法可以不同。对象位于层次结构的尽可能低的层次上。这种方法如多层Grid文件。

按照D. Lomet、B. Seeger等对将已有索引改进为空间索引的方法分类，有三种类型的方法：

（1）转换方法。一是参数空间索引方法，将具有n个顶点的k维空间对象映射为nk维空间的点。二是将对象映射为单一的属性空间的方法。数据空间被分割为具有相同大小的网格单元。然后按照空间填充曲线进行编码。空间对象被表示为一组码值或一维对象集合，即可使用如B+树的传统方法索引。

（2）原始数据空间不重叠的方法。包括对象复制的方法，对象剪裁方法等。前者将k维空间分割成两两不相连接的子空间，然后对这些子空间进行索引。对象的识别码被复制，并且存储于所有与之相交的子空间，即对象识别码可能存储在多个存储页面。后者不是复制对象识别码，而是将对象进一步分解不相连的几个更小的对象，以便这些更小的对象能够完全包含在一个子空间。这类方法的好处是可直接对现有的点索引结构进行扩展。另外，对于点对象和多维的非点对象，可以存储在一个文件而不需要修改结构。其缺点是需要增加存储空间，插入和删除过程的代价增加；地图空间中点的密度（包含在一个索引点上的对象数量）必须小于存储页面的容量（即可以存储在一个页面的对象的最大数量）。

（3）原始空间重叠的方法。这类方法的主要思想是将空间按层次分割为可管理的数个更小的子数据空间。当一个点对象能够完全包含在一个不需要再分割子空间时，区域对象可能会跨越多个子空间。它允许子空间的重叠，这些子空间被组织成层次索引，空间对象仍在原空间被索引。这种方法的分割策略很重要，不好的策略会导致多条搜索路径，且数据的维护代价高。

索引数据按照驻留存储空间的位置分为驻留主存和驻留磁盘两类。驻留磁盘的索引主要有 Grid 文件、K-D-B 树，R 树、R* 树、R+ 树、X 树、金字塔结构、SS 树、SR 树、Hybrid 树、VA 文件、M 树等。

基于磁盘索引结构的需求包括：面向数据页面的访问，可能会产生多级高速缓冲存储结构问题；时间和空间功效，要求平衡的结构、良好的空间利用等。一个层次索引的例子如图 5.12 所示。

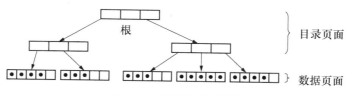

图 5.12　索引的层次结构

多数空间索引结构（如 R 树、R* 树、SKD 树）会随着对象的插入顺序不同而具有不同的结构。因此，尽管是同一组数据，它们的表现性能也可能不同。插入算法必须是动态的，以便索引的性能独立于对象插入的顺序。在索引设计时，下面的问题需要注意：

（1）考虑内节点上覆盖矩形的范围；

（2）在基于原始空间重叠索引方法中，考虑覆盖矩形之间的重叠问题；

（3）在基于非原始空间覆盖索引方法中，考虑对象复制的数量问题；

（4）考虑目录的大小以及它的高度。

没有进一步满足上述所有条件的进一步的解决方案。如能完全满足这些条件，无疑可以提高索引的效率，但对大多数应用来讲，这是不现实的。索引设计也应当把计算的复杂性考虑在内。另外一些因素，如缓冲区设计、缓冲区置换策略、磁盘空间的划分、并发控制方法等，均应当考虑。空间索引的结构分类如图 5.13 所示。

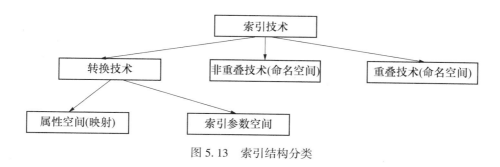

图 5.13　索引结构分类

5.4.5 多比例尺空间数据库访问

在大多数地理或地理科学数据库中，空间对象的一个显著特点是，它们在一些特定的语义和几何抽象层次，被表示为现实世界的一个视图。然而，许多对地理数据的应用，需要访问几个层次上的抽象数据对象，如数据的浏览以及特定尺度上的空间分析应用。这需要典型的显式存储与真实世界相同的数据表示来满足这种目的。在实际中，这些空间数据的表示被简单地通过测绘部门生产的特定的系列比例尺地图的数字化数据对象存储的多个版本所替代。这种处理方法由于受原始数据的影响，产生了比例尺度的非灵活性、数据复制以及多版本数据之间完整性的维护困难等问题。

以某种方式在一个空间数据库存储，以一个细节表示空间数据对象，然后再利用地图综合的在线算法，恢复在特定比例尺上的数据表示，满足用户的兴趣，在理论上是可行的。对于一些需要跨越多种细节尺度的大型数据库的应用，这种方案具有一定的现实意义。其理由涉及为恢复较小的数据集，需要处理潜在的大数据量的计算开销，以及现有的地图综合过程存在的功能和性能限制等问题。

一种注重实效的方案是注重在利用数字化人工综合地图数据和发掘现有合适的地图综合过程之间寻求平衡的预计算方案。多数的地图综合方法是简化线性特征。这个过程使用将与比例尺相关的先验值与线性特征的顶点相联系。如果这些先验值能被存储，则重新形成线特征简化版本的顶点几何特征元素的子集是可能的。这个方案是形成几个多分辨率数据结构和数据存储方案的基础，如带状树数据结构以及它的变体 arc-tree 数据结构、BLG树、二叉树结构和数据建层方案、多比例尺的线树(Multi-scale Line Tree)、使用了四叉树和 PR 文件的多比例尺不规则三角网数据结构等。

5.5 空间数据索引

空间索引的方法多种多样，这也反映了空间数据存储和搜索、查询和恢复操作的重要性和难度。人们研究索引方法的主要目的是数据存取的效率，不同的索引方法在构建和维护的难易程度、存取效率和应用场合是不同的。

5.5.1 空间数据存取

数据库管理系统是来处理海量数据的，这就可以解释 GIS 环境下的空间分析和数据库环境下的算法的区别。前者主要关注减少算法的时间，它假定所有的数据集都驻留在主存；后者是强调将计算时间和 I/O(输入/输出)时间的总和减到最小，I/O 时间是指数据从磁盘(硬盘)传输到主存的时间，这是因为主存不能容纳大型数据库的全部数据。两者的差异是概念上的，体现了人们对计算机基本设计的不同理解。对许多程序员来说，计算机主要包括两个部分，CPU 和无限量的主存。对数据库管理系统设计者来说，计算机包括三个部分：CPU、有限量主存和无限量硬盘空间。如图 5.14 所示。

虽然 CPU 可以直接访问主存的数据，但访问磁盘数据时，还需将它们调入到内存。访问主存和磁盘的时间差别是很大的，前者大约是后者的十万分之一(2000 年)。这个比率随着 CPU 的速度增长，还会降低。这里，可以将磁盘数据比做一本书，从磁盘到主存的传输单位是页，表中的记录相当于文本行。用户提交的查询，其实就是搜索这本书中某

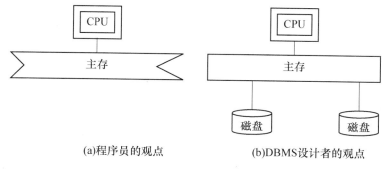

(a)程序员的观点   (b)DBMS设计者的观点

图 5.14　对计算机设计的不同观点

页的几个选定的行。一些页面可以驻留在主存，但每次只能从中取出一页。为了加快搜索速度，数据库使用索引。为了搜索某一页中的一行，数据库管理系统可以将一个表所涉及的所有页面取出来，并一行接着一行地扫描，直到找到所需的记录为止。另一种算法是在索引中搜索所需地关键字，然后直接跳到索引指定的页面。

因此，研究二级存储设备的存储特征，有利于为海量的数据存储设计选择合适的策略。数据从二级内存到主存的传输量是个关键问题，好的数据库物理设计，会使这个量保持绝对最小值。磁盘的结构对如何存储数据有一定的影响。虽然数据传输的时间在磁盘格式化时就已经确定，但将数据按照一定的策略放置在磁盘上，仍然可以很大程度减少访问时间。

缓冲区管理器是数据库管理器的一个软件模块，专门负责主存与二级存储设备的数据传输。由于一个典型数据库事物所需交互的数据量远远大于主存的容量，因此，缓冲区管理器需要为高效的事物处理实施一个协议。具体地说，必须确保事物不会因为一部分数据不在主存中而停顿下来。管理器所实施的协议称为置换策略，因为它们处理页面在主存与二级存储之间的置换。对于关系数据库的缓冲区管理，只利用传统的虚拟内存页面置换算法，如最近最少使用算法（LRU），可能是不够的。

在关系数据库管理系统中，缓冲区管理主要基于关系查询行为。一组被频繁访问的页面称为频繁访问集（hot set）。其行为在循环（例如嵌套循环）中比较常见。在这个方案中，为每个查询分配一个与其频繁访问集大小相当的本地缓冲池，新的查询只有在其频繁访问集放入内存后才能进入系统进行处理。尽管频繁访问集为关系数据库提供了一个页面访问（引用）模式的精确模型，但它是基于 LRU 置换方案的。DBMIN 算法是以查询局部集模型（QLSM）为基础的。QLSM 的页面引用模型不依赖任何特定的页面置换方案（如频繁访问集模型使用的 LRU 算法）。QLSM 将数据库操作的引用模式特征化为顺序引用、随机引用和分层引用。缓冲区是以一个文件实例（表）为单位进行分配和管理的。与一个文件实例关联的缓冲页面集合被看做是它的局部集（Local Set）。局部集的大小根据查询计划和数据库的统计信息来决定。簿记（Bookkeeping）通过维护一个全局页表和全局空闲链表来实现。如果在局部集和全局页表中找到了所请求的页面，就直接返回这一页，同时更新该页的使用情况统计信息。如果没有找到这一页，则把该页读入局部集合（一个空页）中。如果没有可用的空页（如果局不集的大小超过了最大阈值），就要根据局部集所指定的页面置换规则，替换一个已经存在的页面。一项详细的模拟研究发现，使用 DBMIN 比使用频繁集访问算法的吞吐量高出 7 到 13 个百分点。

页的概念是一个很好的抽象，有利于理解数据在不同内存设备之间的移动。而在高层次的交互中，将数据看做用文件、记录和字段这种层次结构组织起来的集合能更容易地进行交互。文件是记录的集合，一个文件(可能)跨越多个页面。一个页面是槽(Slot)的集合，每个槽包含一条记录，每条记录都是相同或不同类型的域的集合。

使用这些不同的参数，就出现了许多针对特定应用来专门组织域、记录和文件的方法。例如，一条记录的字段可以是定长或变长的；文件中的记录可以是有序的或无序的；文件可以组织成链表或页面目录。每种方法各有优劣。

二进制大对象(BLOB)域类型在空间数据库的发展中起了重要作用。传统的数据库不能显式地处理点、线和多边形这些复杂的数据类型，但它们却支持将复杂对象转换成二进制表示，并存储到 BLOB 域中。通过这个方法，RDBMS 就可以对复杂数据类型进行管理，并提供事物支持。例如 Oracle 的 RDBMS 提供的 BLOB 域，以存储超过 256 字节的字符串。尽管如此，BLOB 域在技术上还不能算做一种数据类型，因为 RDBMS 将一个 BLOB 视为没有任何结构的无格式数据。特别是，在 BLOB 上没有可用的查询操作。

文件结构是指文件中记录的组织方式。最简单的组织方式是无序文件，即记录没有特定的顺序。根据给定的关键码(如名称)查找一条记录需要扫描文件的记录。在最坏情况下，文件的所有记录都要被检查，所有存储该文件数据的磁盘页面都要被访问。平均来说，需要检索一半的磁盘页面。无序文件的主要优点是在进行插入操作时，可以很容易地在文件末尾插入一条新记录。

更成熟的文件组织形式包括散列文件(哈希文件)和排序文件。散列文件组织使用散列函数把记录分配到一系列散列单元里。散列函数将事先选择的一个主关键字(如 city. name)的值映射到一个散列单元中，它采用非常简单的计算完成这样工作，如：

$$A(R_k) = K + C$$

其中，$A(R_k)$ 是关键字值为 K 记录 R_k 的磁盘存储地址，C 是地址常数。显然，这是一种最简单、最直截了当的散列算法，称为直接定址法。散列算法还有其他一些算法，如质数除余法、平方取中法、数位分析法、折叠法、移位法和基数变换法等。

排序文件根据给定的主键对记录进行组织。可以使用折半查询算法，根据给定的主键属性值查找记录。有序文件组织对栅格数据来说，改变存储像素的顺序，也可减少访问时间。

5.5.2 空间数据索引的概念

从空间数据库中获得数据的有效方法是建立空间索引。数据库的索引可用来快速访问一条快速查询所请求的数据，而无需遍历整个数据库。索引是为提高查询效率而设计的辅助文件，它只记录两个域，主键和数据文件中的页面地址。索引文件中的记录通常是有序的。

空间索引结构用一组桶(bucket)(通常对应二级存储的页面)来组织对象。每个桶有一个关联的桶区域，即包含了存储在桶中全部对象的一部分空间。桶区域通常是矩形的。对点数据结构来说，这些区域通常是不相交的，它们将空间分区，使每个点正好属于一个桶。对于一些矩形数据结构来说，桶区域可能是交叠的。提供空间索引主要有两种方法：

在系统中加入专门的外部空间数据结构，如 B 树、R 树、KD 树等。

使用空间填充曲线(如 Z 序、Hillbert 曲线)将二维或多维空间对象映射到一维空间,以便使用标准的一维索引存储空间对象(如 B 树)。

除了空间选择外,空间索引还支持其他的操作,例如空间连接、查询最符合待查询值的对象等。

B 树和 R 树索引结构是 DBMS 应用最广泛的索引结构。有人认为,B 树索引结构是关系数据库技术广为采用的主要原因。B 树的实现主要依赖于索引域中排序的存在。图 5.15 反映了二叉树和 B 树的区别。

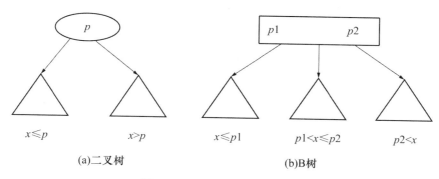

(a)二叉树   (b)B树

图 5.15 二叉树和 B 数的区别

B 树的每个节点对应于磁盘的一个页面。每个节点的条目数取决于索引域的特征和磁盘页面的大小。如果一个磁盘页面有 m 个键,那么 B 树的高度是 $\log_m n$,这里 n 是总的记录数。对于 1 万亿条记录来说,在 $m = 100$ 的情况下,只需要 6 层的 B 树。这样即使面临如此大的记录数量,对于指定一个键值,检索一条记录大约只需读 6 次磁盘。由于多维空间不存在自然排序,B 树也无法直接用于创建空间对象的索引。为了避免这种不足,通常把空间排序和 B 树结合起来,许多商业系统这种采用了方案。

R 树数据结构是最早的专用于处理多维扩展对象的索引之一。它从根本上修改了 B 树的思想,以适应扩展的空间对象,如图 5.16 所示。

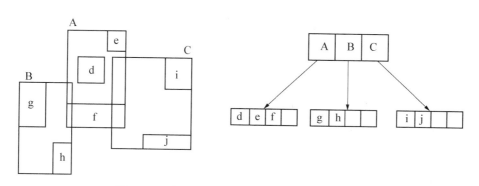

图 5.16 为了处理空间对象将 B 树扩展为 R 树

当前数据查询的一个关键问题是速度。提高速度的核心技术是建立空间索引。空间索引是由空间位置到空间对象的映射关系。当前的一些大型支持空间数据存储的数据库都有空间索引功能，如 Oracle、DB2 等。

当然，空间索引技术并不单纯是为了提高数据显示速度，显示速度仅仅是它所要解决的一个问题。空间索引是为空间查询提供一种合适的数据结构，以提高数据的搜索速度。

空间索引技术的核心是：根据查询条件，比如一个查询矩形，迅速找到与该矩形相交的所有空间对象集合。当数据量巨大、矩形框相对于全图很小时，这个集合相对于全图数据集大为缩小，在这个缩小的集合上再处理各种复杂的搜索，效率就会大大提高。

所谓空间索引，就是指依据空间实体的位置和形状或空间实体之间的某种空间关系，按一定顺序排列的一种数据结构，其中包含空间实体的概要信息，如对象的标识、外接矩形及指向空间实体数据的指针等。简单地说，就是将空间对象按某种空间关系进行划分，以后对空间对象的存取都基于这种划分空间块进行。

空间索引是对存储在介质上的数据位置信息的描述，用来提高系统对数据获取的效率。空间索引的提出是由两方面因素决定的：其一是由于计算机的体系结构将存储器分为内存、外存两种，访问这两种存储器一次所花费的时间一般分别为 $30 \sim 40 \mathrm{ns}$，$8 \sim 10 \mathrm{ms}$，可以看出两者相差十万倍以上，尽管现在有"内存数据库"的说法，但绝大多数数据是存储在外存磁盘上的，如果对磁盘上数据的位置不加以记录和组织，每查询一个数据项就要扫描整个数据文件，这种访问磁盘的代价就会严重影响系统的效率，因此系统的设计者必须将数据在磁盘上的位置加以记录和组织，通过在内存中的一些计算来取代对磁盘漫无目的的访问，才能提高系统的效率，GIS 涉及的是各种海量的复杂数据，索引对于处理的效率是至关重要的。其二是 GIS 所表现的地理数据多维性使得传统的 B 树索引并不适用，因为 B 树所针对的字符、数字等传统数据类型是在一个良序集之中，即都是在一个维度上，集合中任给两个元素，都可以在这个维度上确定其关系只可能是大于、小于、等于三种，若对多个字段进行索引，必须指定各个字段的优先级形成一个组合字段，而地理数据的多维性，在任何方向上并不存在优先级问题，因此 B 树并不能对地理数据进行有效的索引，所以需要研究特殊的能适应多维特性的空间索引方式。

多数空间索引的方法都是以这样或那样的方式基于一些已有的点索引建立的，如 K-D 树和 B 树。基于点索引扩展适用于空间索引的技术主要分为三类：对象映射、对象复制和对象空间划分。对象映射方法是把由 n 个顶点定义的一组对象，从 k 维空间映射到 nk 维空间的一组点，或在原 k 维空间的一组单值对象。对象复制方法是在允许对象覆盖的多维空间存储一个对象的标识符。对象划分方法是将层次结构树的分组与划分的数据对象子空间相联系，每个不同的分组表达一个数据空间。每种方法有自己的强项和弱点，它们直接影响索引的表现性能。

下面从分类学的角度，对已经提出的空间索引方法进行了叙述，内容包括两个方面：一是空间索引的结构，二是对这些索引方法分析评价。它们可为特定的空间应用和产生新的空间索引方法提供基础。

5.5.3 哈希索引方法

哈希索引是一种随机索引，具有不同的构建方法。

5.5.3.1 Grid 文件

Grid 文件是由 Grid 方法变化来的，在基于哈希表索引方法中具有典型的代表性。其格网单元的划分要求，非严格地说，应当是等距离划分的。它的目标是恢复记录最多只需访问两次磁盘，并能有效处理范围查询。这主要是通过模拟固定格网方法，使用包含格网分块的格网目录完成的。所有在同一个格网分块中的记录都存储在同一个桶中。然而，几个格网分块可能共享一个桶，只要这些桶的合并能在记录空间形成一个 k 维矩形。虽然桶的区域是分段不连接的，但它们跨越这个记录空间。为了保证精确匹配查询时，数据项总能被找到而不多于两次访问磁盘，Grid 文件以 1 维阵列方式驻留外存。

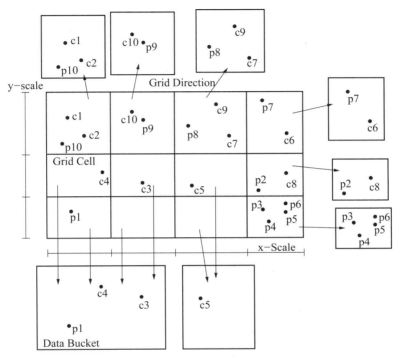

图 5.17　Grid 文件

图 5.17 表示了具有桶容量为 4 个数据点的 Grid 文件。图的中心部分表示具有 x 轴和 y 轴维度的索引目录。为了回答一个精确匹配查询的问题，首先要使用这些尺度来定位包含查询点的格网。如果有合适的格网单元不在主存，访问一次磁盘是必需的，被读入的网格单元包含一个指向有可能发现匹配数据的页面的参考信息。Merrett 和 Otoo 描述了使用"多内存分页"（Multipaging）的技术，即将 Grid 文件线性化。它使用一种被称之为"轴向阵列的线性尺度形式"的索引目录取代格网目录。当它访问一个数据页面时，潜在的溢出链的地址直接从线性尺度计算。多页技术有两个变体，一是动态的多页技术，二是静态的多页技术，前者通过设置探测因子范围来控制计算（如在一个探测中，定义一个平均的页面访问个数），后者设置一个读入因子范围，或平均页面容量。

比较 Grid 文件和多页访问方法，使用内存分页技术的 Grid 文件被当做一个索引，而不是索引目录，故而节省了空间，但它需要溢出区为代价。多页技术能获得良好的平均情形的表现性能，但不能保证恢复记录时只需访问两次磁盘。此外，插入和删除操作当分割或合并桶时，会涉及所有的数据页面的行和列（在二维情形）。而 Grid 文件能够一次分割一个数据页面，而将全局操作局限与这个目录内。

5.5.3.2 CELL 树方法

CELL 树是由 Gunther 为了削弱 R 树和 R^+ 树的边界矩形重叠问题和"死空间"问题而提出的。CELL 树是在高度上平衡的树。CELL 树的空间分割用的超平面可以不平行于坐标轴，因此，不再继续分割的子空间是多面体(图 5.18)，例子如图 5.19 所示。

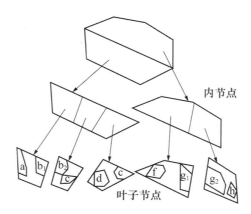

图 5.18　CELL 树的结构

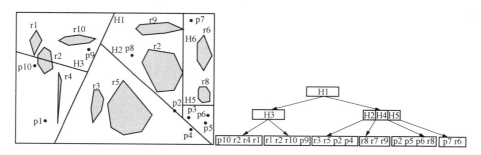

图 5.19　CELL 树的例子

5.5.3.3 多级 Grid 文件

Grid 文件结构起初的设计思想是为提取与查询条件匹配的对象，保证仅需要访问磁盘的次数为两次，一次访问目录节点，第二次访问数据页面。"二次访问磁盘"的性能仅当目录节点以阵列方式存储，且所有的网格大小相同时实现。然而，在实现这个方法时，当新的划分边界产生时，目录的数量会成倍增加。在多数情况下，目录所包含的数据对象可能是空的。试验结果表明，目录的数量会呈线性增长。为了克服这个问题，多级 Grid 文件结构被使用。

例如，两级 Grid 文件(Two-level Grid File)，基本思想是使用第二级格网文件管理格网目录，第一级称为根目录(Root Directory)，是第二级 Grid 文件的粗目录。根目录的实体包含指向低级目录页面的指针，如图 5.20 所示。

再如，双 Grid 文件，是为了改善低存储利用率提出的索引方法，使用主格网文件和次格网文件结构，如图 5.21 所示。当目录存储空间远远小于数据页面存储空间时，使用这种方法，数据存储空间可以得到优化。

这种双格网文件的方法试图通过引入第二个格网文件来增加对空间的利用。两个文件

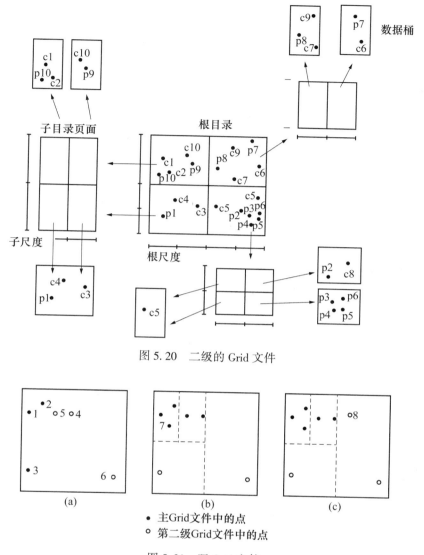

图 5.20　二级的 Grid 文件

- 主Grid文件中的点
○ 第二级Grid文件中的点

图 5.21　双 Grid 文件

之间的关系不是层次的，但有时更加平衡。两个格网文件跨越整个对象空间。两个数据文件中的数据分布是动态的。如果在一个桶中数据点的数量超过给定的限制，双格网文件方法就会在两个文件之间重新分配这些点。例如插入操作，数据点首先被插入到主格网文件。如果桶溢出，次文件还有空间的话，数据点就由主文件转移到次格网文件；否则，就要执行一次分裂操作。删除操作可能引起在一个格网文件中的桶向下溢出。如果对应的两个桶不能合并，则需要对数据点进行转移。

　　例如，在图 5.21 中，设主文件的空间划分如图所示，桶的容量为 3。图(a)是理想分布且桶的个数最少。然而当插入对象 7 以后，就需要进行重新分配(图(b))。对象 3 从主文件移到了次文件，对象 4 和 5 从次文件移到了主文件。图(c)是对象 8 被简单插入后的结果。

5.5.3.4　多层的 Grid 文件

为了改善 Grid 文件的搜索性能，避免对象映射，人们提出了多层 Grid 文件，如图 5.22 所示。在这个数据结构中，地图空间或许由若干个覆盖同一空间的 Grid 文件组成。当一个 Grid 文件被分区处理时，没有被分区超平面分割的所有空间对象在两个新的子空间被重新分配，被分割的空间对象存储在下一层 Grid 文件中。或许有若干个 Grid 文件的层来存储未分割的空间对象，每个层使用不同的分割超平面。在最高的层里，如果对象与超平面相交，则被分割。图 5.22 是一个三层 Grid 文件的例子。实线边界的点存储在第一层，短虚线的点存储在第二层，点虚线的点存储在第三层。使用多层 Grid 文件，对象被分割的数量少于单个 Grid 文件的情况。

尽管多层 Grid 文件避免了对象的映射，但降低了存储空间的利用率(利用率在 50% ~ 60%之间)。另外，查询一个跨区域的对象会涉及多个 Grid 文件，从而降低效率。

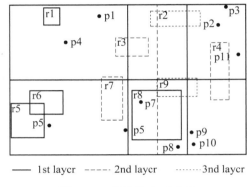

图 5.22　多层的 Grid 文件

5.5.4　四叉树索引方法

四叉树在 GIS 中具有重要应用，如建立空间金字塔结构的索引、数据压缩等。

5.5.4.1　四叉树索引的概念

四叉树是应用于对高维数据结构进行索引的最早数据结构之一。由 Finkel 和 Bentley 在 1974 年提出。到目前为止，有数百篇论文讨论四叉树问题。四叉树是有根树，每个内节点有 4 个子节点。四叉树中的每个节点对应空间的一个方形区域。如果节点 v 有子节点，则它对应的方形区域是属于 v 的四个方形区域，因此得名四叉树。这意味着树的叶子方形区域形成了对根节点方形区域的细分，称这种细分为四叉树分割。图 5.23 所示是四叉树的例子。

根节点的 4 个子节点被标识为 NE、NW、SW、SE，其中 NE 代表北-东象限，NW 代表北-西象限，依此类推。四叉数的定义是采用递归定义算法进行的。方形区域分割与输入数据集的四个象限相对应。每个象限的递归四叉树结构与它的输入数据集对应。四叉树可能因下列因素不同而不同：

(1)要表达的数据类型；

(2)指导分割过程的原则；

(3)分辨率(可变的或不可变的)。

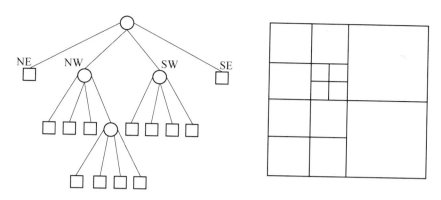

图 5.23　四叉树及其分解

　　四叉树用于对点、面数据、曲线、表面和体数据进行索引,其分割可以在同一层按等面积分割(即使用规则多边形,称为规则分割),或由输入数据决定。在计算机图形学中,常强调影响空间和对象空间的区分。分解的分辨率(分解使用的分解次数)可以预先设定,也可由输入数据的情况决定。

5.5.4.2　四叉树的变体

　　四叉树的典型应用是表达二维的二进制数据区域。多数研究方法集中在区域数据的表达。将一个有限的影像阵列连续地分割成四等分象限的四叉树,称为区域四叉树。如果一个区域没有完全包含 1 或 0,则这个区域将被进一步四等分,直到完全包含 1 或 0 为止。区域四叉树可形成可变分辨率的数据结构。图 5.24 所示是一个区域四叉树。

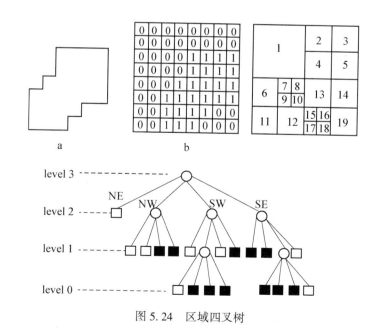

图 5.24　区域四叉树

　　多维的点状数据具有多种表达方法,表达方法的选择取决于在特定的任务中对数据操作类型的性能的影响。在高维数据(高于 3 维)方面,人们更偏爱使用 K-D 树。PR 树是基于规则分割的，它的数据组织与区域四叉树相同，不同的是叶子节点可以为空，或仅包含一个数据点和它的坐标（一个块）。一个象限至少包含一个数据点。图5.25和图5.26所示是点四叉树和PR四叉树的比较。

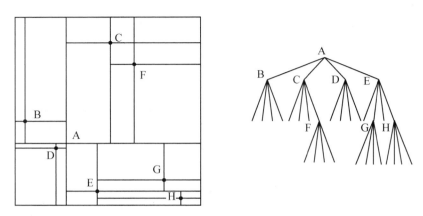

图 5.25　点状数据的四叉树

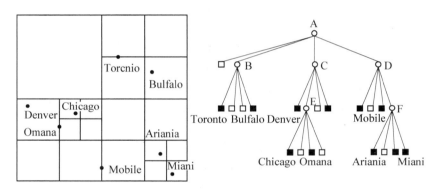

图 5.26　PR 四叉树

PR四叉树可以用来表达多边形区域数据（称为多边形图），称为PM树。PM四叉树通过说明它们的边界来表达区域。在PM树家族中，PM₁树将多边形图重复分割成四等分的象限，直到获取的块包含不多于一条线为止。为了处理线与线之间的相交，假定一个块包含一条线的端点P，则允许它包含以P为端点的多条线。一个块可以不包含任何的线（图5.27）。

PM₁可用来表达三维数据，称为PM八叉树。分割的参数不能包含多于一个面、边界或顶点，除非所有的面共享一个顶点或共享一个边。图5.28所示是表达一个多面体的例子。

5.5.4.3　四叉树的存储

1. 常规四叉树的存储结构

常规四叉树除了记录叶节点外，还要记录中间节点，需要记录中间节点与上一级节点和4个子节点的指针，共需要记录6个量。指针不仅增加了存储量，而且增加了对树的操作的复杂性。

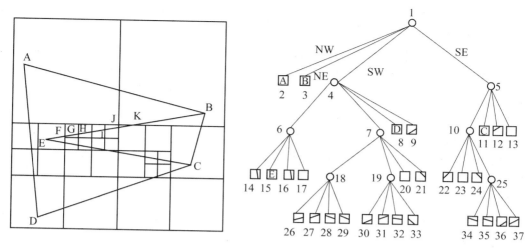

图 5.27   PM1 四叉树

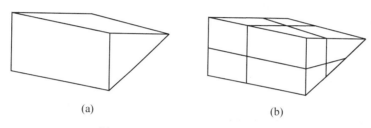

(a)   (b)

图 5.28   PM 四叉树表达三维对象

2. 线性四叉树的存储结构

线性四叉树只记录叶节点信息，不记录中间节点。不过叶节点的编码要包含叶节点在树种的位置信息。因此，对叶节点的地址编码非常重要。最常用的地址编码有四进制和十进制的 Morton 码。四进制的编码如图 5.29 所示。

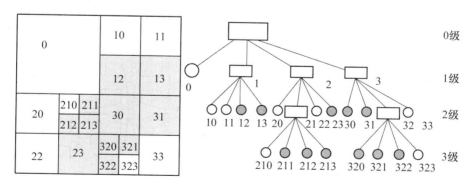

图 5.29   线性四叉树

5.5.5   空间对象的排序索引

空间对象的排序索引是基于空间填充曲线的索引方法。空间填充曲线索引是一维索引，在所有多维空间索引方法中是唯一采用降维的方法建立空间数据索引的。空间填充曲线具有不同的类型。

多维空间数据索引方法设计与一维数据索引方法相比，最大的困难是：除了空间对象的邻近性外，不存在对象之间的总排序特性。解决这个难点的方法之一是寻找一种启发式方案，即至少在一定程度上根据空间对象的邻近性寻找对空间对象总排序的方法。其思想是：如果两个空间对象在真实空间的位置是靠近的，那么在一维空间总排序上它们靠近的可能性也应当很高。那么在总排序数据组织方面，人们可以至少使用一维数据索引对点数据进行组织，并提供较好的访问性能，然而对区域对象要复杂得多。主要问题是从多维到一维对象范围查询的映射方法。映射方法的研究可以追溯到20世纪90年代。这些研究方法的共同特点是，它们使用格网来划分空间，每个格网用唯一的编码来标识格网单元在总排序中的位置(如空间填充曲线)。在给定的数据集合中的数据点根据它们所处的格网单元被索引并被存储。注意，虽然单元的标识独立于给定的数据，但它们明显地保留了空间对象在一维空间的地址的邻近性。图5.30是常用的四种编码类型，实验证明，图(b)、(c)最适合对多维数据进行索引排序。其中，图(b)是在商业数据库中使用的少数方法之一(如 Oracle 数据库)。

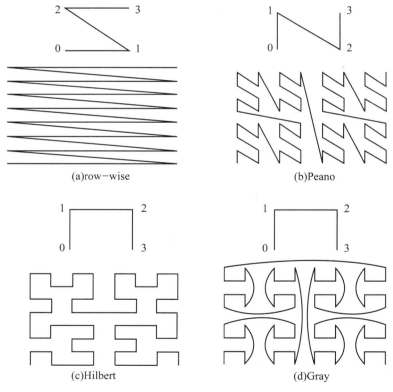

图5.30　四种填充曲线

所有空间填充曲线方法的好处是，一维关键字值增加时，对维数实际上不敏感。另一个好处是，可以用一维数据索引管理数据。但它们明显的缺点是，两个不兼容的索引分区建立的索引，如果不重新计算其中之一的编码，就不能结合一起使用。

空间填充曲线的定义：空间填充曲线是一条穿越 d 维空间所有点的一维曲线。考虑离散平面的情况，规则格网 $G = [0:n] \times [0:n]$，包含 $l = (n+1)^2$ 个点。那么，空间曲线是一个从 G 到 $L = [0:l]$ 双映射 f。我们感兴趣的是局部保存的空间填充曲线，即对于点 p_1，$p_2 \in G$，这里，如果 $\| p_1 - p_2 \|$ 是小值，则希望 $| f(p_1) - f(p_2) |$ 也将是小值，且二者之间具有高度似然性。与空间填充曲线相关的两个定义：

（1）曲线的阶数（order of curve）：生成曲线的步骤数，或重复次数。

（2）近似程度（approximation）：一条有限阶数的 Hilbert 曲线与一条 Hilbert 曲线的近似程度。这条 Hilbert 曲线不一定通过空间中的每个数据点，但它通过相等大小、有限数量的小子块中心点，这些子块由单位正方形构成。

5.5.5.1　二维空间的 Hilbert 曲线

Hilbert 在 1891 年给出了在二维空间建立填充曲线的方法，这种方法后来被称为 Hilbert 曲线。其建立过程分为两步：

第一步，对空间进行划分。

（1）一维区间 $[0,1]$ 和空间 $[0,1]^2$ 被分为 4 个合适的子块，然后每个子区间按照这样的方式被映射到子块：从相邻的子区间映射到子块，相邻的子块需要有一个公共边界。子块的排序依据是：按照图 5.31 标示的顺序排序，产生一次 Hilbert 曲线。

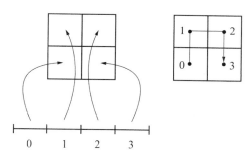

图 5.31　1 阶 Hilbert 曲线及分区映射

（2）对第一次产生的 4 对子区间和子块继续进行划分处理，产生 4 组 4 个子区间和 4 个子块。因为导出新组的原来的子区间和子块已被排序，所以新产生的组自身也被排序。

在每个组中，在子空间和子块之间需要建立一个映射，一次曲线的映射方法与第一步相似。在一个组内，子块被映射到子区间具有特定的顺序，即最后一个子块与后续组的第一个子块要共享一个边界。这样会使在这个组里的一次曲线具有不同的朝向，或与第一步产生排序的结果存在反射。从一次曲线到二次曲线的转换如图 5.32 所示。

对于一条次数为 k 的曲线（$k>1$），其创建是通过置换次数为 $k-1$ 的曲线上的每个点，逐次降低到次数为 1 为止进行的。这些 1 次曲线按照它们对应的 $k-1$ 曲线上的点自动排序。然后它们进行适当的旋转或反射，以便按照这样的方式被连接起来，一条曲线的末端与相邻的前一条曲线的首端相连接。这些点对之间的距离与次数为 k 的曲线上任何其他点对的一样，具有相同的距离。图 5.33 所示是创建 3 次和 4 次曲线的例子。

Hilbert 曲线可以用来创建高维空间的填充曲线，如 3 维空间。对一个 3 维立方体空间，每次划分为 8 个子立方体。然后按照共享一个面的原则将序号映射到二进制区间。有三种方式，如图 5.34 所示。

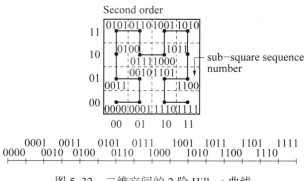

图 5.32 二维空间的 2 阶 Hilbert 曲线

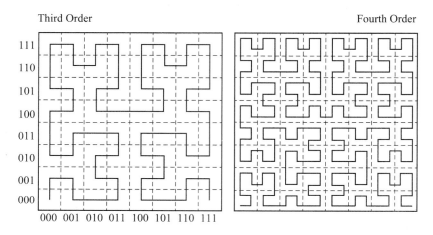

图 5.33 二维空间的 3 阶和 4 阶 Hilbert 曲线

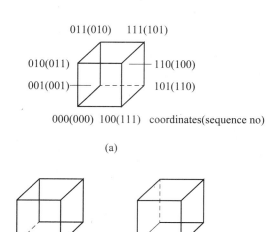

图 5.34 三维空间的 1 阶 Hilbert 曲线

在高维空间的 Hilbert 曲线不同于在 2 维空间的曲线，然而，一旦一条任意的一次曲

202

线被确定，把它转换为二次曲线有多种连接选择。例如在3维空间，图5.34(a)所示的情况，曲线上首两点的可选择的众多连接方式的两种方式如图5.35所示。但也存在无效的转换，如图5.36所示。

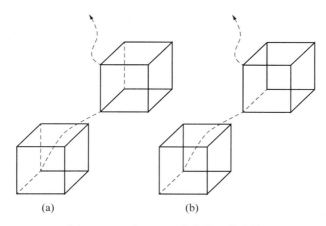

(a)   (b)

图5.35　1阶Hilbert曲线的三维连接

图5.36　1阶Hilbert曲线的三维不确定连接

　　Hilber曲线的二进制表示方法：对于在图5.31中的一阶Hilbert曲线，我们注意到，每个坐标轴按2个等间隔被分割为4个相等的块。这些子区间按顺序排列，每个子区间用二进制序号编码（即0和1）。这些二进制值序号可以用于表示子块的坐标，即(0，0)、(0，1)、(1，1)、(1，0)。子区间也被等间隔分割为4个子区间。编码为00、01、10、11。如图5.37(a)所示。

　　第二步，将一维曲线变换到二维曲线，空间被进一步分割。

　　坐标轴上的坐标变成2位的二进制数。每个子区间也被进一步分为4个子区间。因为第二步划分形成的新的子块或子区间与第一步产生的结果之间存在套合关系，所以，子区间的编码以上一次的编码为前缀进行累积编码。如图5.34(b)所示。如在第一次分割后，坐标为(1，0)的块，分割后得到坐标为(10，00)、(10，01)、(11，00)、(11，01)，这四块的次序编码的前缀均为11。

　　5.5.5.2　Peano(或Z序)曲线

　　这种曲线是由MORTON提出的。对于一个扩展的空间对象，获取Z序曲线的简单算法如下：对于包含数据对象的固定的现实空间，这个空间被d-1维超平面规则地划分为大小相等的两个子空间。与k-d树类似，分割超平面是同向的。而且它们的方向在d中可能性之间以固定的顺序交替出现。子空间的划分直到满足下述条件之一停止：

　　(1)当前的子空间没有覆盖数据对象；

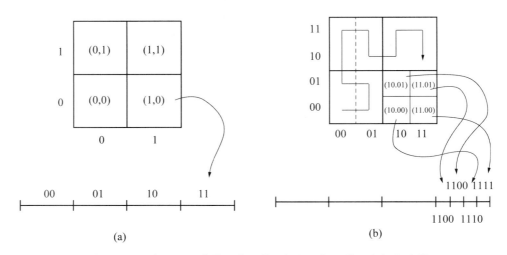

图 5.37　二阶 Hilbert 曲线，在二维空间的坐标和分区之间的映射

（2）当前的子空间完全套入数据对象；

（3）已经达到给定的精度水平。

二维空间中的一阶、二阶、三阶和四阶 Z 序曲线如图 5.38 所示。

图 5.38　二维平面的 Z 序曲线

Z 序曲线编码方法如图 5.39 所示。在一个包含有限数据点的二维空间，一个数据点对应这个空间的子块。子块的坐标用二进制表示，如对于一个数据点 P，当曲线的阶数为 k，二进制坐标可以表示为

$$p = (x_1, x_2, x_3, \cdots, x_k, y_1, y_2, y_3, \cdots, y_k)$$

则 Z 序曲线的 Z 码按照比特交叉后为

$$Z = x_1 y_1 x_2 y_2 x_3 y_3, \cdots, x_k y_k$$

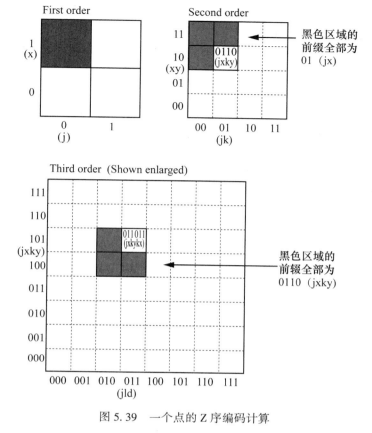

图 5.39　一个点的 Z 序编码计算

图 5.40 是 Z 序曲线应用于矢量多边形数据的例子。多边形数据对象由一组栅格单元表示，被称为 Peano 区域或 Z 区域。每个 Peano 区域可有一个唯一的比特字符串标识，称为 Peano 码、ST-Morton 码、Z 值或 DZ 表示。使用这些比特字符串，这些栅格单元可以一维的索引存储，如 B$^+$ 树。

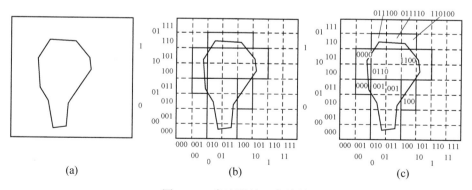

图 5.40　多边形的 Z 序编码

一个多边形的边界被近似处理(栅格化)，一个边框限制了其所处的空间范围(图 5.40(a))。经过几次空间分割后，得到图 5.40(b)。有 9 个不同形状和大小的 Peano 区域可以近似表达这个多边形对象。每个 Peano 区域的编码如图 5.40(c)。编码是从左下角开始的。如左下角 Peano 区域 $\bar{z}$，在第一层划分时，它位于竖直超平面左边，水平超平面下边，所以它的前两位比特值为 00。当进一步分割左下面这个 Peano 区域 $\bar{z}$ 时，它位于竖直超平面的左边，水平超平面的上边，所以完整的累积编码是 0001。在第三次分割时，这个 Peano 区域 $\bar{z}$ 位于竖直超平面的右边，水平超平面的上边，因此最后的编码是 000111。

当分割的超平面与坐标轴正交时，坐标轴的坐标也可用比特串标识。例如，对于 x 轴，坐标 01 表示在第一次分割时在竖直超平面的左边，第二次分割时在右边。对于 y 轴，坐标 01 表示在第一次分割时在水平超平面的下边，第二次分割时在上边。通过对坐标值比特位的交叉放置处理，就可以得到这个栅格单元的 Peano 码。注意，如果一个 Peano 码 z_1 是另外一些 Peano 码 z_2 的前缀，这个对应 z_1 的 Peano 区域与对应 z_2 的 Peano 区域邻近。例如，Peano 区域对应编码 00，则与它邻近的区域就是 0001 和 000。这正是利用 Peano 码建立空间索引的依据。

当 z 序曲线以规则格网划分空间建立索引时，Peano 区域仅能近似表达原始的对象。格网的大小取决于表达的精度。当然越多的 Peano 区域，表达对象的精度越高，但也会增加索引的大小和处理的复杂性。

5.5.5.3 Gray 曲线

该曲线由 Gray 提出。Gray 是在任何两个连续数据位上其值不相等的二进制顺序编码。Gray 编码的最初设计是电子数据传输设计的，其顺序编码不能用于表述填充曲线，但其概念被 Faloutsos 用于建立多维空间索引，并用于建立非连续曲线。该编码的按下述规则产生：

（1）顺序编码初始化为 $[0，1]$；

（2）这个顺序被反向产生 $[0，1，1，0]$，顺序码的低半部分是以数位 0 为前缀，高半部分以数位 1 为前缀，产生新的顺序编码 $[00，01，11，10]$；

（3）重复前面的步骤，产生更长的编码，每次长度增加一倍。

在经过 n 次以后，就会产生 2^n 个数位的顺序编码，称为 Gray 码，是一个整数排序的编码。长度为 4 的 Gray 码的例子如图 5.41 所示。

Sequence no.	Gray-code
0000	0000
0001	0001
0010	0011
0011	0010
0100	0110
0101	0111
0110	0101
0111	0100
1000	1100
1001	1101
1010	1111
1011	1110
1100	1010
1101	1011
1110	1001
1111	1000

图 5.41 长度为 4 的 Gray 编码顺序

Faloutsos 关于 Gray 码的应用。由 Gray 码产生 Gray 曲线有不同的方法，下面是 Faloutsos 产生 Gray 曲线的方法。

我们注意到，z 序曲线在每个点对之间存在非连续性；相反，Faloutsos 的 Gray 曲线在每个 2^n 点处存在不连续。二维空间和三维空间中的 Faloutsos 的 Gray 曲线如图 5.42、图 5.43 所示。一阶 Gray 曲线与一阶 Hilbert 曲线相似。

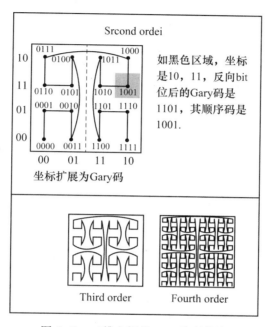

图 5.42　二维空间的 Gray 编码曲线

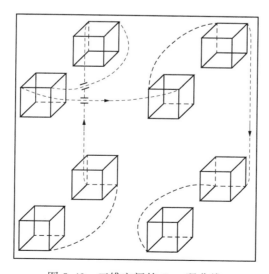

图 5.43　三维空间的 Gray 码曲线

5.5.6 基于二叉树的索引方法

二叉树是表达数据项的基本数据结构，这些数据项的索引值可以按某种线性顺序排序。采用重复划分空间的思想并有多种灵活的索引方法。

5.5.6.1 k-d 树

k-d 树是最突出的多维数据结构之一，是一种在 k 维空间存储点数据的二叉搜索树。由 Bentley 公司提出。在每一个内节点，k-d 树使用 k-1 维超平面把 k 维空间分割成两部分。超平面的方向，即维数取决于产生的分界线，从树的一个级到下一个级的生成过程中有 k 种可能性交替变化。每个分割超平面至少包含一个被用于在树中超平面表达的数据点。k-d 树用于多维属性数据的索引(图 5.44)。注意在图中，在树的深度上，x 坐标定义为偶数层(根节点的深度为 0)，y 坐标定义为奇数层。

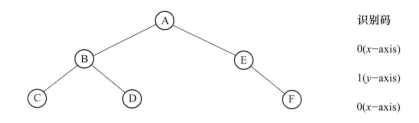

识别码

0(x−axis)

1(y−axis)

0(x−axis)

（a）2−d树的结构 (k=2)

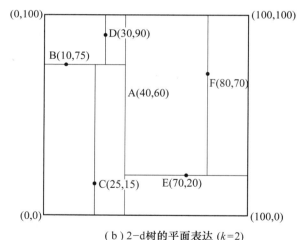

（b）2−d树的平面表达 (k=2)

图 5.44 2-d 树的数据组织(k=2)

树中的每个节点服务于两个目的：一个实际的数据点的表达和一个搜索的方向。一个鉴别器(包含 0~k-1 的取值)用于确定分支决策依据的键值。每个节点有两个子节点，左子节点为 LOSON(P)，右子节点为 HISON(P)。如果鉴别器节点 P 的值是第 j 个属性(键值)，那么任何一个在 LOSON(P)中的任何一个节点的第 j 个属性小于节点 P 的第 j 个属性，而且任何一个在 HISON(P)中的任何一个节点的第 j 个属性大于或等于节点 P 的第 j

个属性。这个特性保证在定义树的过程中横向的沿每个维度的取值范围小于树的较低层次上的范围取值。

在 k-d 树中，搜索和插入节点可直接进行，但删除节点可能引起树的重构。计算的复杂性发生在当内节点被删除时候。当一个内节点被删除时，如 Q，子树中父节点是 Q 的节点中的一个，就必须用来替换 Q。假定 i 是节点 Q 的鉴别器，那么置换的节点要么是右子树中那棵子树的具有第 i 个最小的属性值的节点，要么是左子树中那棵子树的具有第 i 个最大的属性值的节点。置换还可能引起连锁反应。

k-d 树的结构很大程度取决于节点插入的顺序。另外一个缺点是作为分割用的超平面由数据点的位置定义。它不能保证按最佳位置分割平面，结果导致树的不平衡。其改进方法是自适应 k-d 树。在进行平面分割时，它将选择能将空间分为数据点大致相等的两个子平面的分割超平面。超平面的选择仍然平行于轴向，但不要求必须包含一个点，没有严格的置换要求。树的内节点包含树的维(如 x 和 y)以及分割位置的坐标信息。所有的数据点都存储在叶节点，而且叶节点可能包含给定的最多的数据点数量。如果超过这个给定的数量，则分割将继续。直观讲，k-d 树是静态树，频繁地插入和删除节点，树的平衡很难维护。它的使用最好是数据的结构预先是已知的，且很少有更新发生。

k-d 树通常因为太大不能存储在主存中，不适应对大型空间数据进行索引，因此必须被映射到磁盘(二级存储)。映射技术可以采用二叉搜索树或 B 树的组织方法。为了改善 k-d 树的页面容量，人们提出了 k-d-b 树，它是 KD 树和 B 树相结合的结果。

5.5.6.2 k-d-b 树

在 k-d-b 树的空间分割中，每个区域内数据点的数量应尽可能相等，分割的次数应尽可能少。在每个区域内进行的分割独立于其他区域，不必考虑其他区域的分割情况。图 5.45 是 k-d-b 树分割的例子。数据点用字母表示，分割区域用数字表示，用线表示分割区域的边界。如第一次将空间分割为两个区域，即 1234 和 5678。在第二次对左边区域分割后，产生 12 和 34 两个子区域，并用 B 树来存储这些区域(图 5.46)。

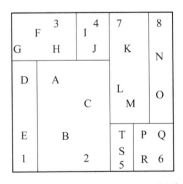

图 5.45 k-d-b 树的数据空间划分

k-d-b 树有两个基本的结构，区域页面和点页面(图 5.47)。当一个点页面包含对象识别码时，区域页面描述存储数据点的子空间信息和指向子节点的指针。

在 k-d 树中，空间是与每个节点相联系的，整体空间与根节点相联系，不能再分区的子空间与叶子节点相联系。在 k-d-b 中，这些子空间都存储在一个区域页面。这些子空间

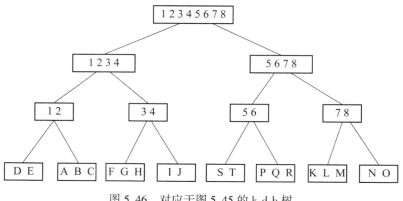

图 5.46　对应于图 5.45 的 k-d-b 树

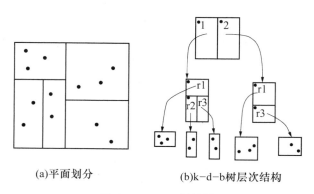

(a)平面划分　　　　　(b)k-d-b树层次结构

图 5.47　k-d-b 树结构

（如 S_{11}，S_{12} 和 S_{13}）彼此之间互不重叠，它们跨越当前区域页面的矩形子空间（如 S_1）和一个父区域页面。

当插入一个新点到一个所有点页面时，分裂将会发生。这个点页面将会分裂为两个包含几乎相等数量数据点的点页面。注意到一个点页面的分裂需要一个新点页面的额外实体，这个实体将被插入父区域页面。因此，一个点页面的分裂会引起父区域页面的分裂，也可能会影响到根节点。这样，树就能保持高度平衡。

当一个区域页面被分裂时，实体被分成包含大致相等实体的两组。一个超平面被用于将一个区域页面空间分裂为两个子空间，这个超平面可能穿过一些实体的子空间。结果，与分裂超平面相交的子空间就必须也被分裂，以便新的子空间能被完全包含在结果区域页面。因此，分裂可能向下传播。图 5.48 就是一个例子，两个子空间必须被分裂。

如果分裂一个区域页面为两个子区域页面包含大致相同的实体数量的约束条件不是强制的话，则向下传播分裂或许可以避免。

一个分裂的向上传播不会引起页面下溢，但向下传播会有损存储效率，因为一个页面会包含少于正常页面的阈值，即典型的页面的一般容量。为了避免低存储的利用，局部的重新组织是必要的。

5.5.6.3　sk-d 树

Ooi 等提出了一种称之为空间 k-d 树（Spatial k-d Tree）的数据结构，目的是避免对象的

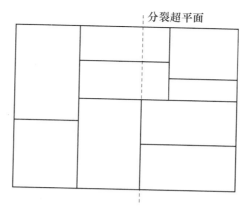

分裂超平面

图 5.48　一个节点分裂引起进一步分裂

复制和映射。在 k-d 树的每个节点，选择了维度之一的一个识别码将一个 k 维空间分割为两个子空间。两个子空间 HISON 和 LOSON，通常具有几乎相同的数据对象数量。点对象被完全包含在两个子空间的一个空间内。但非零大小的对象或许会延伸到其他子空间。为了避免对象被进一步划分以及对象鉴别器在几个空间被复制，也能够恢复所有的想要的对象，Ooi 等为原始子空间引入了虚拟子空间，以便所有的对象能完全包含在虚拟子空间中。这种方法取代了在一个子空间的对象独立取决于它的中心值的情况。

每个子空间另外需增加存储的值为：沿着由鉴别器定义的维度方向，一个在 LOSON 子空间的对象的最大值（$\max_{\text{LOSON}}$），在 HISON 子空间对象的最小值（$\min_{\text{HISON}}$）。由两个子指针的组成的 sk-d 树内部节点的结构为：一个鉴别器（对 k 维空间，维 0～k-1），一个鉴别器的值（$\max_{\text{LOSON}}$）和（$\min_{\text{HISON}}$）。LOSON 的最大范围值 $\max_{\text{LOSON}}$ 是数据对象处于的 LOSON 子空间边界最近的虚拟线确定，HISON 的最小范围值 $\min_{\text{HISON}}$ 是数据对象处于的 HISON 子空间边界最近的虚拟线确定。

叶节点包含对应的最大、最小值（代替内节点的 $\max_{\text{LOSON}}$ 和 $\min_{\text{HISON}}$），用于描述沿着由边界定义的维度方向数据页面对象的最大、最小值，以及一个指向包含对象边界矩形和鉴别器的二级存储页面的指针。图 5.49 所示是 2-d 树的例子，图中点虚线为虚拟边界。

5.5.6.4　hB 树

在 k-d-B 树中，区域节点是由平面分割区域形成的，可能造成对一些子区域的分割。这些空间的子空间分割也必定受这个分割过程的影响，引起在低一级上的节点稀疏。为了克服这个问题，人们提出了多属性索引结构，即有洞的 B 树（holey brick B tree），它允许数据空间是有洞的，即允许从一个数据空间取出任意的子空间。hB 树的结构是基于 k-d-B 树结构的。但它允许数据空间与非矩形节点相联系，用 k-d 树的内节点的空间表达方法。hB 树是在高度上平衡的树。在 hB 树中，叶节点是数据节点，内节点是索引节点。一个索引节点的数据空间是通过 k-d 树分割方法得到的它的子节点的结合点，如图 5.50 所示。

5.5.6.5　Matsuyama KD 树

多数 KD 树是为点访问方法设计的，然而由 Matsuyama 等提出的 KD 树，是为二维空间的非零大小的空间对象设计的，它通过支持对象复制实现这一目的。其目录节点对应 KD 树，叶子节点对应数据页面。一个数据页面包含部分或全部在其数据空间的对象识别码。覆盖多个未分隔数据空间的数据对象被分别复制到各自的数据页面。

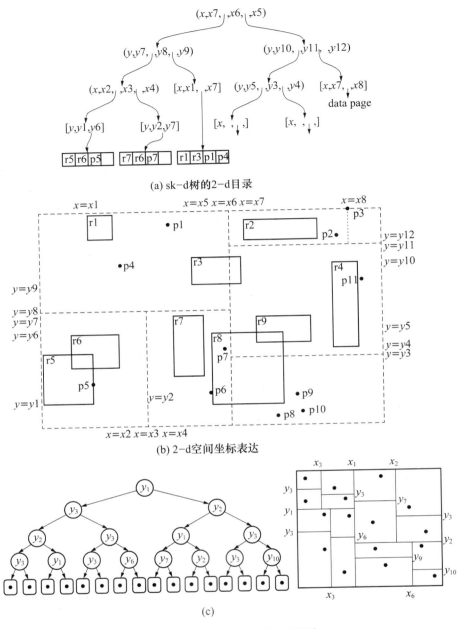

(a) sk-d树的2-d目录

(b) 2-d空间坐标表达

(c)

图 5.49　KD 树与对应的空间划分

Matsuyama 的 KD 树的数据查询类似 KD 树，但对于对象的插入操作，需要将对象的识别码插入到所有与这个数据对象相交的子空间页面。对象识别码被复制到多于一个数据页面的现象相当普遍，特别是当数据对象的大小很大时。当数据页面在任何时候溢出时，数据页面通过引入沿矩形的长边分割方法被分裂。这个子空间被进一步分割为两个子空间，数据页面被分为两个包含全部数据对象的新页面。

对于删除操作，需要搜索所有与这个对象相关的全部叶子节点。如果删除叶子节点引起这个数据页面为空，则应标识为 NIL(空)。为了简化删除操作，下游数据页面不合并。

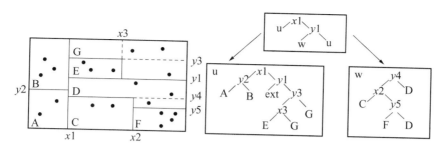

图 5.50　hB 树的例子

这个算法是早期采用的对象复制方法的索引结构，它不适合对大型数据对象建立索引，因为会产生大量数据存储冗余。

5.5.7　基于 B 树的方法

B⁺树被广泛应用于数据密集型的系统数据查询恢复的工具。其被广泛接受的原因是它在树的高度上的优越的平衡性，以及理想的数据页面传输的 I/O 性能。它是一些新索引创建的基础。

5.5.7.1　R 树

1984 年 Guttman 发表了《R 树：一种空间查询的动态索引结构》，它是一种高度平衡的树，由中间节点和叶节点组成，实际数据对象的最小外接矩形存储在叶节点中，中间节点通过聚集其低层节点的外接矩形形成，包含所有这些外接矩形。其后，人们在此基础上针对不同空间运算提出了不同改进，才形成了一个繁荣的索引树族，是目前流行的空间索引。

R 树是 B 树向多维空间发展的另一种形式，它将空间对象按范围划分，每个节点都对应一个区域和一个磁盘页，非叶节点的磁盘页中存储其所有子节点的区域范围，非叶节点的所有子节点的区域都落在它的区域范围之内；叶节点的磁盘页中存储其区域范围之内的所有空间对象的外接矩形。每个节点所能拥有的子节点数目有上、下限，下限保证对磁盘空间的有效利用，上限保证每个节点对应一个磁盘页，当插入新的节点导致某节点要求的空间大于一个磁盘页时，该节点一分为二。R 树是一种动态索引结构，即：它的查询可与插入或删除同时进行，而且不需要定期地对树结构进行重新组织。

R-Tree 是一种空间索引数据结构，具有以下特点：

（1）R-Tree 是 n 叉树，n 称为 R-Tree 的扇（fan）；

（2）每个节点对应一个矩形；

（3）叶子节点上包含了小于等于 n 的对象，其对应的矩为所有对象的外包矩形；

（4）非叶节点的矩形为所有子节点矩形的外包矩形。

R-Tree 的定义很宽泛，用同一套数据构造 R-Tree，用不同的方法可以得到差别很大的结构。什么样的结构比较优呢？有以下两标准：

（1）位置上相邻的节点尽量在树中聚集为一个父节点；

（2）同一层中各兄弟节点相交部分比例尽量小。

213

R 树是一种用于处理多维数据的数据结构，用来访问二维或者更高维区域对象组成的空间数据。R 树是一棵平衡树，树上有两类节点：叶子节点和非叶子节点。每一个节点由若干个索引项构成。对于叶子节点，索引项形如（Index，Obj_ID），其中，Index 表示包围空间数据对象的最小外接矩形 MBR，Obj_ID 标识一个空间数据对象。对于非叶子节点，它的索引项形如（Index，Child_Pointer）。Child_Pointer 指向该节点的子节点。Index 仍指一个矩形区域，该矩形区域包围了子节点上所有索引项 MBR 的最小矩形区域。

R 树是层次数据结构，是对具有空间范围的多维空间对象进行索引的有效方法。R 树用最小边界矩形（MBR）代替原始空间对象存储索引数据。一个 n 维对象的 MBR 定义为包含原始对象的最小 n 维矩形。与 B 树一样，R 树是平衡的，且能保证有效的存储空间利用。R 树是管理 MBR 的，而不是真实的对象，因此它不能全面回答查询问题，除非数据库中的对象与它们的 MBR 相等。总的来说，它主要用于有效解决查询步骤的滤波过程。

每个 R 树的节点对应于一个磁盘页面和一个 n 维矩形，每个非叶子节点包含形式为（ref，rect）的条目，ref 为子节点的地址，rect 为包含所有子节点的 MBR。叶子节点包含相同形式的条目，ref 指向一个数据库对象，rect 是这个对象的 MBR（图 5.51）。

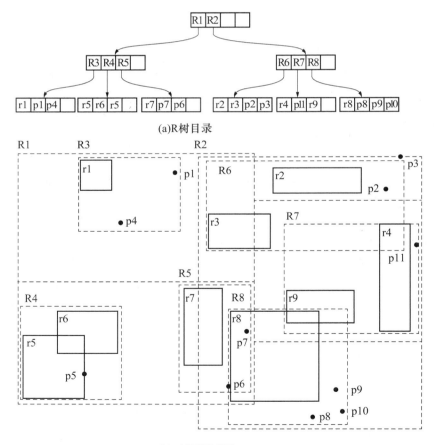

(a)R 树目录

(b)R 树平面表示

图 5.51 R 树的结构

R 树还有其他的一些特性。设 M 是一个节点包含的最大条目，m 是最小个数，则 $2<m<[M/2]$。每个节点包含的节点数在 m 和 M 之间，除非是根节点。如果一个节点包含的条目数量，在条目被删除后小于 m，则这个节点将被删除，剩余部分将在同胞之间重新分配。

根节点至少包含两个条目，除非是叶子节点。

树在高度上是平衡的，每个叶子节点到根节点的距离是相同的。对于有 n 个索引条目（$n>1$）的树，高度至多为 $[\log_m N]$。

图 5.51 中，虚线是根条目的 MBR，实线是存储在叶子节点的对象的 MBR，注意在同一个节点的条目的 MBR 可能彼此相交。

对 R 树的搜索方法类似于 B 树。与 B 树相比，对与点或区域查询来讲，R 树在查询一个对象时，不能保证足以穿越一条查询路径，因为同一节点上条目的 MBR 可能彼此重叠。最坏情况是，为了满足查询条件，算法可能需要访问索引页面。

在 R 树中插入一个对象，包括插入它的 MBR 以及对象的参考信息 ref，只有一条树的路径可以穿越，且新条目被插入到叶子节点。如果对象的 MBR 与任何内节点的条目相交，将跟随插入后不被增大的 MBR 的那个子节点。对象被仅仅插入到一个节点，如果引起叶子节点页面溢出，则将页面分解为二，依此类推。分解可能被传播到祖先节点。如果插入引起叶子页面的 MBR 增大，则适当对其做出调整，并将变化向上传播。

在 R 树中删除一个对象，需要首先对这个对象进行精匹配查询。如果对象在叶子节点被发现，就删除它。继而删除可能引起树的结构的修改，因为它可能引起删除的那个叶子页面上溢（条目的个数小于 m）。在上溢的情况下，如果整个节点被删除，则它的相关条目的内容被存储在一个临时的缓冲区，之后被重新插入到树中。关于插入、删除操作，可能影响页面的 MBR，在这种情况下，则沿着向上的路径传播。

减少同胞节点的重叠是一个重要的事情，关乎 R 树的搜索性能。

算法描述如下：对象数为 n，扇区大小定为 fan。

(1)估计叶节点数 $k=n/\text{fan}$。

(2)将所有几何对象按照其矩形外框中心点的 x 值排序。

(3)将排序后的对象分组，每组大小为 ∗ fan，最后一组可能不满员。

(4)上述每一分组内按照几何对象矩形外框中心点的 y 值排序。

(5)排序后每一分组内再分组，每组大小为 fan。

(6)每一小组成为叶节点，叶子节点数为 nn。

(7)$N=nn$，返回 1。

5.5.7.2 R⁺树

在 Guttman 的工作的基础上，许多 R 树的变种被开发出来，Sellis 等提出了 R⁺树，R⁺树与 R 树类似，主要区别在于 R⁺树中兄弟节点对应的空间区域无重叠，这样划分空间消除了 R 树因允许节点间的重叠而产生的"死区域"（一个节点内不含本节点数据的空白区域），减少了无效查询数，从而大大提高空间索引的效率，但对于插入、删除空间对象的操作，则由于操作要保证空间区域无重叠而效率降低。同时，R⁺树对跨区域的空间物体的数据的存储是有冗余的，而且随着数据库中数据的增多，冗余信息会不断增长。Greene

也提出了他的 R 树的变种。

  R⁺树是 Sellis 等为克服 R 树中同胞节点重叠引起搜索的低效问题而提出的方法。作为解决这个问题的直接方法，使用了剪裁技术，在同一级树中的内节点之间不存在重叠，在特定的级通过剪裁，对象可以插入到多于一个的 MBR 和存储在几个不同的页面。结果在 R⁺树中，点查询的路径唯一。所付出的代价是增加存储空间。图 5.52 中的 r3、r8 被剪裁，并被存储两次。

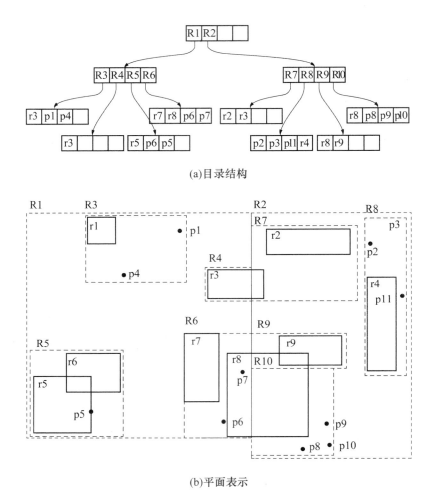

(a)目录结构

(b)平面表示

图 5.52　R⁺树的结构

  插入查询需要遍历多条树的路径，因为对象可能被插入到多于一个的内节点，而且剪裁部分应当被所有这样的节点的叶子节点。由于对象的剪裁部分的插入可能引起存储页面的增大，插入算法应尽可能防止同胞节点之间的重叠发生。在一些情况下，重叠是不可避免的，应当考虑取出或重新插入，并对树的结构进行重构。节点的分裂与 R 树类似，但区别是分割除了父节点外，还可能向子节点传播。

  对象的删除是当第一次发现包含对象碎片时就将其删除。如果有下溢发生，就合并具有同胞节点的节点。有时这会引起失去树的分离性。因此 R⁺树不能保证最小的存储利用。

5.5.7.3　R*树

在1990年，Beckman和Kriegel提出了最佳动态R树的变种——R*树。R*树和R树一样，允许矩形的重叠，在构造算法R*树时不仅考虑了索引空间的"面积"，而且还考虑了索引空间的重叠。该方法对节点的插入、分裂算法进行了改进，并采用"强制重新插入"的方法使树的结构得到优化。但R*树算法仍然不能有效地降低空间的重叠程度，尤其是在数据量较大、空间维数增加时表现得更为明显。R*树无法处理维数高于20的情况。

R树的插入算法的几个缺点，使得Beckmann等提出了R*树。R*树引入了新的插入策略，从而改善了树的性能。这个策略的主要目标是减少同胞节点之间的区域重叠，直接的好处是减少对象搜索的路径。与R树相比，优点是：

当跟踪一个查询路径时，插入算法跟踪那些重叠增加最小的MBR的节点，这样，搜索的性能会得到改善；

当条目被插入到满节点时，这个节点不必被分裂，但一些实体被删除，被重新插入到同胞节点。被重新插入的条目的选择条件是那些距这个节点MBR中心最大距离的条目。这个特征增加了存储空间的利用、改善了空间分割的质量，使它更好地独立于插入的顺序。

分裂节点的算法完全不同于R树。首先，算法决定将要分割空间的轴向；其次，在分割轴线上的MBR的投影按照左端点的值存储，这个顺序可能以$M-2m+1$的方式被分解为两个子顺序。在这些分割中，算法选择MBR之间最小重叠的结果之一，如图5.53所示。

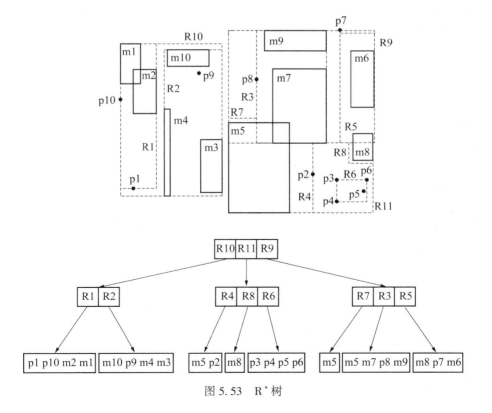

图5.53　R*树

5.5.7.4 QR 树

QR 树利用四叉树将空间划分成一些子空间,在各子空间内使用许多 R 树索引,从而改良索引空间的重叠。QR 树结合了四叉树与 R 树的优势,是二者的综合应用。实验证明,与 R 树相比,QR 树以略大(有时甚至略小)的空间开销代价,但换取了更高的性能,且索引目标数越多,QR 树的整体性能越好。

5.5.7.5 SS 树

SS 树对 R*树进行了改进,通过以下措施提高了最邻近查询的性能:用最小边界圆代替最小边界矩形表示区域的形状,增强了最邻近查询的性能,减少了将近一半存储空间;SS 树改进了 R*树的强制重插机制。当维数增加到 5 时,R 树及其变种中的边界矩形的重叠将达到 90%,因此在高维情况(≥5)下,其性能将变得很差,甚至不如顺序扫描。

5.5.7.6 X 树

X 树是线性数组和层状的 R 树的杂合体,通过引入超级结点,大大减少了最小边界矩形之间的重叠,提高了查询效率。X 树用边界圆进行索引,边界矩形的直径(对角线)比边界圆大,SS 树将点分到小直径区域。由于区域的直径对最邻近查询性能的影响较大,因此 SS 树的最邻近查询性能优于 R*树;边界矩形的平均容积比边界圆小,R*树将点分到小容积区域;由于大的容积会产生较多的覆盖,因此边界矩形在容积方面要优于边界圆。SR 树既采用了最小边界圆(MBS),也采用了最小边界矩形(MBR),相对于 SS 树,减小了区域的面积,提高了区域之间的分离性,相对于 R*树,提高了邻近查询的性能。

XML 作为可扩展的标记语言,其索引方法就是基于传统的 R-Tree 索引技术的 XR-Tree 索引方法。该方法构造了适合于 XML 数据的索引结构。XR-Tree 索引方法是一种动态扩充内存的索引数据结构,针对 XISS(XML Indexing and Storage System,XML 索引和存储体系)中结构连接中的问题,设计了基于 XR-Tree 索引树有效地跳过不参与匹配元素的连接算法。但这种索引方法在进行路径的连接运算中仍然存储大量的中间匹配结果,为此,提出一种基于整体查询模式的基于索引的路径连接算法,即利用堆栈链表来临时压栈存储产生的部分匹配结果,并且随着匹配的动态进行出栈操作。这样,在查询连接处理完成以后,直接输出最终结果,既节省了存储空间,又提高了操作效率。

5.5.8 索引方法的评价

比较两种索引方法的性能是必要的,下列参数会影响索引的性能:

(1)每个空间单元空间目标的数量。空间中空间对象的分布是不规则的,导致一些地方比另外一些地方密集。对象在空间数据库系统中经常出现覆盖情况,特别是在 GIS 中。但是,我们应当注意到它们不是完全地覆盖,如河流与湖泊。对象的覆盖数量是变化的,通常会有 5~10 个对象。许多索引方法引入了对象的分区处理,把它们分为两组,以便每组能够和页面大小相适应。这里,每个页面有一个相联系的数据空间。一个好的索引应当使覆盖的数据空间数量最小化。

（2）对象的大小。对象的大小高度依赖空间对象的类型。空间对象的空间表达具有典型的广泛性。在土地信息系统可能只有几百个字节，然而，资源信息系统可能需要几兆的空间。许多空间操作，如多边形之间的求交计算，是高代价的。因此，讨论对象的大小时，应当考虑应用的领域，仅能考虑相对大小。另外，在空间数据库系统，如 GIS，数据是以层来进行存储的，每个层都有典型的独立索引与之对应。大的对象意味着覆盖较大的空间，这可能导致产生一个密集空间。在有许多大对象分布的空间，对于基于边界建立的索引，对象的复制会高度受到影响。

（3）数据库的大小。许多真实世界信息的空间数据库都是海量的，包含数千个到百万个空间对象。在 GIS 中，存储上亿个空间对象也是常见的。面对这样大的数据量和众多的索引方法，在这些数据集上测试索引效果是不实际的。

人们已经对上述的空间索引方法进行过实验比较。当然，特定数据结构的性能取决于许多因素和参数。例如，一个空间访问方法对矩形的数据表现性能好，但对于线段的则可能就不好。一些不可预测的影响因素包括使用的硬件、操作系统的设置、缓冲区的大小、页面的大小和数据集的大小等。影响性能的因素包括数据的分布是否一致、是否有合适的模型表明空间访问方法的行为、数据量、在数据空间的密度、集成的程度等。更进一步的是，衡量性能的指标通常包括使用访问磁盘的次数、搜索的时间、删除的时间等。

实验研究表明，目前不存在证据表明一种访问方法比所有其他方法更优越。进行两种访问方法优越性比较，如此困难的原因是，有太多不同的因素需要优化选择，以及有太多定义性能的参数指标。

值得指出的是，上述的索引算法是理论上的，在实际的系统中使用时，软件上会有不同的选择和修正。但表现性能是选择的主要依据。

5.5.9 时空数据索引

许多查询类型都是有时空数据库服务器支持的。这些查询可以在过去、现在和未来的时间数据上进行。人们已经提出了大量时空索引结构用于支持有效的时空查询。这些索引方法分为四类：第一类是对历史时空数据的索引，又分为：把时间作为二维空间的第三维的三维结构索引方法，如 MTSB-tree、FNR-tree、MON-tree 等；重叠和多版本结构的索引方法，时间维以多种方式从空间维中区分出来，如 PA-tree、GStree 等；面向轨迹的索引方法，如 CSE-tree、Polar Tree、Chebyshev Polynomial、RTR-tree 和 TP2R-tree 等。第二类是对当前位置进行索引的方法，用于查询对象的当前状态，如 LUGrid、RUM-tree 和 IMORS 等。第三类是对未来数据状态进行索引的方法，对位移对象的未来位置进行索引，用于预测位移物体的未来位置，如 MOVIE、STRIPES、MB-index、B^x-tree、B^y-tree 和 αB^y-tree、ST^2B-tree、B^{dual}-tree、STP-tree、ANR-tree 和 B^{dH}-tree 等。第四类是可以同时索引历史、现在和未来时空数据的索引，如 R^{PPF}-tree、$PCFI^+$-index、BB^x-index、UTR-tree、$STCB^+$-tree 和 PPFI 等。如图 5.54 所示。

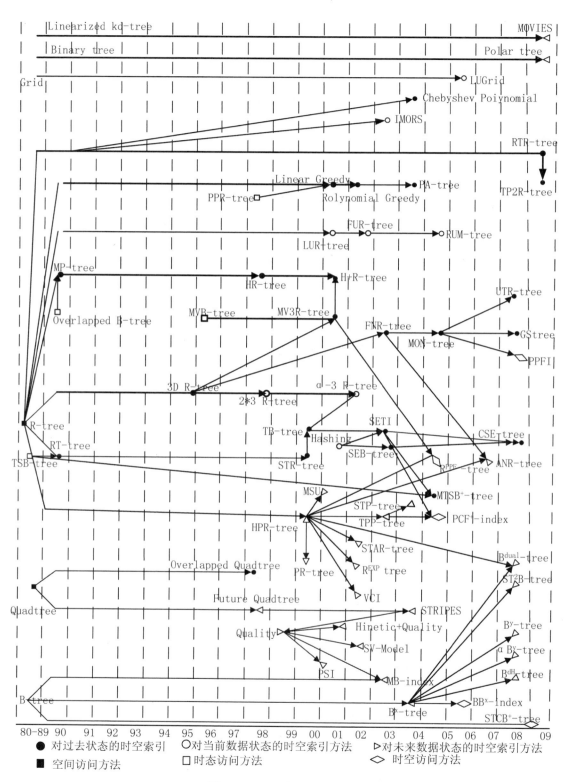

图 5.54 时空索引方法概览

5.6 空间查询及定义

空间数据查询不同于非空间数据查询。空间数据查询的语言往往需要空间操作算子的支持。

5.6.1 关于查询的一些定义

前面介绍了点访问方法(PAM)和空间访问方法(SAM)。PAM 主要是为访问点数据库而设计的(即数据库仅存储了点状数据)。点数据可能被扩展到二维或多维,但它们均是没有空间覆盖范围的对象。然而,SAM 访问方法设法将点访问对象扩展到线、多边形,甚至高维的多面体对象。在本书中,术语"空间访问方法"对应于"多维访问方法",涉及该术语的概念还有"空间索引"和"空间索引结构"。

假定对象所处的 d 维空间记为 E^d,这里,空间是指世界坐标空间或原始坐标空间,那么,任何存储于空间数据库的点对象具有唯一的位置,并通过它的 d 维世界坐标定义。除非有明确的区分,这里,术语"点"具有空间中的位置和存储在数据库中的点对象两层含义。然而,需要注意的是,在空间中的点可能被存储在数据库中的多个点占用。

一个在 E^d 空间的凸形 d 维多面体 P 被定义为由在 E^d 空间中若干有限的封闭半空间相交的结果。如包含 P 的最小仿射子空间的维度是 d,如果 $a \in E^d - \{0\}$ 和 $c \in E^1$,则 d-1 维的集 $H(a, c) = \{x \in E^d : x \cdot a = c\}$ 定义了在 E^d 空间的一个超平面。超平面 $H(a, c)$ 定义了两个封闭的半空间,一个正半空间 $1 \cdot H(a, c) = \{x \in E^d : x \cdot a \geq c\}$ 和一个负半空间 $-1 \cdot H(a, c) = \{x \in E^d : x \cdot a \leq c\}$。如果 $H(a, c) \cap P \neq 0$ 且 $P \subseteq 1 \cdot H(a, c)$,则一个超平面 $H(a, c)$ 维持一个多面体 P,即 $H(a, c)$ 是 P 的边界的一部分。如果 $H(a, c)$ 是维持 P 的任意超平面,则 $P \cap H(a, c)$ 是 P 的一个平面,这个维度为 1 的平面称为边界,维度为 0 的点称为顶点。

按照通常的惯例,我们使用线(Line)和多边形线(Polyline)来表示一维多面体,用多边形(Polygon)和区域(Region)来表示二维多面体。在空间数据库中的一个对象 O 通常由一组非空间属性和一组空间属性描述。空间属性描述空间对象的范围。在空间数据库的文献中,术语几何体(Geometry)、形状(Shape)、空间范围(Spatial Extension)常用来表示空间对象的范围(Spatial Extent)这个概念。d 维空间最小边界矩形的定义(Minimum Bounding Box,MBB)的定义为:$I^d(O) = I_1(O) \times I_2(O) \times \cdots \times I_d(O)$。

空间索引或许仅由每个空间对象的 MBB 以及指向对象数据库实体(对象 ID)的指针构成。图 5.55 所示的空间数据查询的算法过程是:通过空间索引,首先会产生一组备选对象的选择集,对这个备选的选择集,其备选对象可能直接就是要查询的结果,但多数情况下,备选的对象可能不能直接满足查询条件,需要进一步做精确匹配查询。如果在精确匹配查询中有满足条件的对象,将其放入查询结果中;否则,查询失败。

空间选择查询和空间连接是空间查询基本操作方法。

5.6.2 空间选择查询

在空间数据查询方面,如空间选择查询,因为不存在标准的空间代数或标准的空间查询语言,空间数据库的查询语言严重依赖特定的应用领域,因为所有谋取覆盖所有潜在的

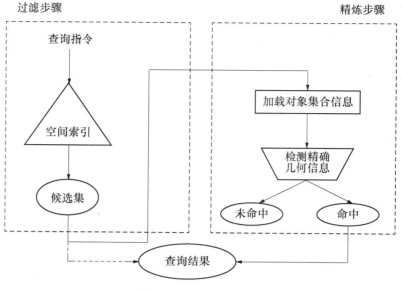

图 5.55　空间查询过程

空间查询通用方法的企图都以失败告终。空间数据库的查询结果是一组满足查询条件的空间对象集合。几种适合空间数据选择查询的方法包括：

（1）精确匹配查询（Exact Match Query，EMQ，对象查询），给定具有空间范围 $O' \cdot G \subseteq E^d$ 的对象 O'，查找与空间查询对象 O' 具有完全一样空间内容的（如属性）所有数据库对象 O。表达式为

$$EMQ(O') = \{O \mid O' \cdot G = O \cdot G\}$$

查询算法如下：

```
bool ExactMatchQuery（Point q，PageAdr pa）{
    int i；
    Page p=LoadPage（pa）；
    if（IsDatapage（p））
        for（i=0；i<p. num_ objects；i++）
            if（q==p. object［i］）
                return true；
    if（IsDirectoryPage（p））
        for（i=0；i<p. num_ objects；i++）
            if（IsPointInRegion（q，p. region［i］））
                if（ExactMatchQuery（q，p. sonpage［i］））
                    return true；
    return false；
}
```

（2）点查询（Point Query，PQ），给定一个点 $P \subseteq E^d$，查找完全覆盖查询点 P 的所有数据库对象 O（图 5.56）。表达式为

$$PQ(P) = \{O \mid P \cap O \cdot G = P\}$$

图 5.56　点查询

（3）窗口查询/范围查询(Window Query，WQ，范围查询)，给定 d 维空间的有一个窗口，$I^d = [L_1，U_1] \times [L_2，U_2] \times \cdots \times [L_d，U_d]$，查找与 d 维查询窗口 I^d 至少由一个公共点的所有数据库对象 O (图 5.57)。表达式为

$$WQ(I^d) = \{O \mid I^d \cap O \cdot G \neq \phi\}$$

图 5.57　窗口查询

范围查询算法如下：

```
PointSet RangeQuery( Point q, float r, Metric m, PageAdr pa) {
    int i;
    PointSet result = EmptyPointSet;
    Page p = LoadPage( pa);
```

```
        if(IsDatapage(p))
            for(i=0; i<p. num_ objects; i++)
                if(IsPointlnRange(q, p. object[i], r, m)
                    AddToPointSet(result, p. object[i])
    if(IsDirectoryPage(p))
        for(i=0; i<p. num_ objects; i++)
            if(RangelntersectRegion(q, p. region[i]), r, m))
                PointSetUnion(result, RangeQuery(q, r, m, p. childpage[i]))
;
    return result;
```

(4)求交查询(Intersection Query，IQ，区域查询，叠加查询)。给定查询对象 O'，具有空间范围 $O' \cdot G \subseteq E^d$，查询与查询对象 O' 至少有一个公共点的所有数据库对象 O(图 5.58)。表达式为

$$IQ(O') = \{O \mid O' \cdot G \cap O \cdot G \neq \phi\}$$

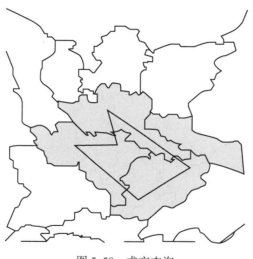

图 5.58　求交查询

(5)邻域查询(Enclosure Query，EQ)，给定一个对象 O'，具有范围 $O' \cdot G \subseteq E^d$，查找包含查询对象 O' 的所有数据库对象 O(图 5.59)。表达式为

$$EQ(O') = \{O \mid (O' \cdot G \cap O \cdot G) = O' \cdot G\}$$

(6)包含查询(Containment Quety，CQ)，给定一个对象 O'，具有范围 $O' \cdot G \subseteq E^d$，查找被查询对象 O' 包含的所有数据库对象 O(图 5.60)。表达式为

$$EQ(O') = \{O \mid (O' \cdot G \cap O \cdot G) = O \cdot G\}$$

(7)邻接查询(Adjacency Query，AQ)，给定一个对象 O'，具有范围 $O' \cdot G \subseteq E^d$，查找与查询对象 O' 相邻的所有数据库对象 O(图 5.61)。表达式为

$$AQ(O') = \{O \mid O \cdot G \cap O' \cdot G \neq \phi \wedge O' \cdot G^\circ \cap O \cdot G^\circ \neq \phi\}$$

这里，$O' \cdot G^\circ$，$O \cdot G^\circ$ 是指二者具有公共边界，但相互不包含。

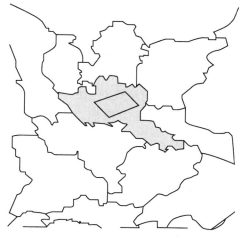

图 5.59　邻域查询

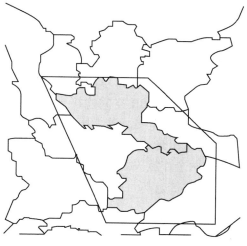

图 5.60　包含查询

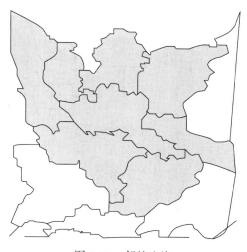

图 5.61　邻接查询

（8）最邻近查询（Nearest-Neighbor Query，NNQ），给定一个对象 O'，具有范围 $O' \cdot G$ $\subseteq E^d$，查询与查询对象 O' 具有最小距离的所有数据库对象 O。表达式为

$$NN(O') = \{ O \mid \forall O'': \operatorname{dist}(O' \cdot G, O \cdot G) \leqslant \operatorname{dist}(O' \cdot G, O'' \cdot G) \}$$

这里，距离是指查询对象 O' 与外围的所有对象 O 之间的最小欧氏距离。

（9）空间连接查询（Spatial Join）。给定空间对象的两个集合 R 和 S，以及空间谓词 θ，查找所有的满足条件为 $(O, O') \in R \times S$，且在 $\theta(O \cdot G, O' \cdot G)$ 的估值为真的对象。表达式为

$$R \triangleright\!\triangleleft_\theta S = \{ (O, O') \mid O \in R \wedge O' \in S \wedge \theta(O \cdot G, O' \cdot G) \}$$

空间谓词 θ 包括这样的计算：intersects (.)、contains (.)、is _ enclosed _ by (.)、distance(.) Θq，这里 $\Theta \in \{ =, \leqslant, <, >, \geqslant \}$，以及 $q \in E^1$、northwest (.)、adjacent(.)等。

5.6.3　空间连接

除了空间查询操作，空间连接是空间数据库的另一个重要操作，是一种基于空间关系的查询操作。如果关系 R_1 的第 i 列和关系 R_2 的第 j 列为空间属性，θ 是一个空间谓词，则由关系 R_1、R_2 在列 $i \in R_1$ 和行 $j \in R_2$ 上定义的连接关系 θ 进行连接，这称为空间连接。多数空间连接是求交连接，这里 θ 是求交运算。多数空间连接运算是求交连接运算（Intersection Join）。Brinkhoff 定义了基于 MBR 空间连接（MBR Spatial Join）作为在两个关系之间进行求交运算的中间过滤步骤。MBR 空间连接是对包围连接对象的最小边界矩形（Minimum Boundary Rectangle）的求交连接。其主要算法思想是，如果两个连接对象的 MBR 不相交，则连接对象自身也不相交。这个性质用于通过简单测试 MBR 的相交性，过滤空间连接对象的对组。假定在两个连接关系行中的空间对象是按 R* 树组织，存在几种有效计算 MBR 空间连接的启发式算法。执行两个关系的 MBR 连接算法的计算方案分以下三个步骤，如图 5.62 所示：

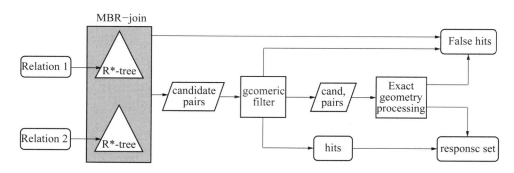

图 5.62　空间连接的多步处理

（1）通过过滤计算，识别两个连接对象是相交还是不相交，使用代价较低的几何过滤算法进行检测，得到初步的检测结果集合，这样就可减少进一步处理的候选对象的数量。

（2）为了识别连接对象的非相交性，需要对候选对象集合中的候选对象进行更为精确的凸包检测，然后进行相交性测试。测试是通过计算每个候选对象对组的 MBR 进行的。MBR 为每个候选对象的最小边界矩形。如果两个对象的 MBR 相交，则两个对象必定

相交。

（3）在进行了上述的两个步骤后，对剩余的少量的候选对象组队，使用代价较高的几何算法（如平面扫描）进行求交计算。

5.7 空间数据查询语言与处理

空间查询语言和空间查询处理是使用空间数据库的基本功能。

5.7.1 空间数据查询语言

作为与数据库交互的主要手段，查询语言是数据库管理系统的核心要素。对关系数据库而言，数据库查询语言通用的语言是 SQL，是基于形式化查询语言——关系代数的，提供一种结构化的标准查询语句和语法规则。对于储存在数据库中的大量的非空间数据库来说，通常包括数字、姓名、地址、产品描述等简单信息，数据库管理系统能够完成那些为其量身定制的任务。例如销售额这类问题，DBMS 很快能够回答"列出 1998 年前的十位顾客"这样的查询，即使要扫描一个庞大的数据库也是如此，它可以通过索引完成，而不需要扫描所有顾客。但如果要回答"列出距离公司总部 50 英里内的所有顾客"这类相对简单的问题，就会难住数据库。要处理这个查询，数据库就必须把公司总部和顾客的地址变换到一个能够计算和比较距离的适当的参照系中，可能是平面几何坐标系或地理坐标系。然后，数据库扫描整个顾客列表，计算顾客与公司之间的距离，如果距离小于 50 英里，将结果显示出来。这个过程无法用索引来缩小搜索范围，因为传统的数据库索引无法处理多维坐标数据的排序问题，这是关系模型在高效处理空间数据模型方面存在的局限性。因此，传统的商业数据库必须有某些改变，来应对这些情况。人们希望像扩展 DBMS 那样来扩展 SQL，使其支持对空间数据的查询。

SQL 是数据库世界的"国际通用语言"，它与关系数据库紧密联系在一起，是一种声明性语言，即用户只需描述希望得到的结果，而不必关心产生结果的方法。面向对象程序设计中的一些概念，如用户自定义的类型、属性以及方法的继承等，都非常适合处理复杂数据的建模。随着关系模型和 SQL 的广泛应用，人们把简单数据类型和面向对象的模型的功能结合起来，产生了混合范型的数据库管理系统——对象关系数据库管理系统（OR-DBMS）。

根据上面讨论的结果，如果要使 SQL（如 SQL2）成为一种自然的空间查询语言，就必须对现有的功能加以扩充。尤其重要的是，SQL 要具备内部指定空间抽象数据类型属性和方法的能力。业界正努力扩展的 SQL 是 SQL3，它支持抽象数据类型和其他数据结构。它规定了句法和语义，实现则由数据库厂商自行决定。对 SQL 的扩展，一种普遍认可的标准是 OpenGIS 协会提出的一套规范，把二维空间的抽象数据类型整合到 SQL 中，它是基于对象模型的，支持制定的拓扑操作和空间分析。

5.7.1.1 关系代数

关系代数是一种形式化查询语言，并未在商业数据库上实现，但它是形成 SQL 的基础。代数是一个数学结构，它有两个不同的元素集合（Ω_B，Ω_O）组成，Ω_B 是运算对象集合，Ω_O 是运算集合。关系代数必须满足许多公理。关系代数只有一种类型的运算对象和六种基本运算，这个运算对象是关系（表）。六种运算包括：选择（Select）、投影

（Project）、并（Union）、笛卡儿积（Cross-Product）、差（Difference）以及交（Intersection）。连接（Join）运算是在笛卡儿积的基础上的选择运算。

5.7.1.2　SQL

SQL 至少由两部分组成：数据定义语言（DDL）和数据操纵语言（DML）。DDL 用于数据库中表的创建、删除和修改。DML 用于查询、插入、删除、修改 DDL 定义的表中的数据。SQL 还包括用于数据控制语言的其他语句。

5.7.1.3　扩展 SQL

标准的 SQL 不支持空间数据的查询。数据库厂商为了使 DBMS 能支持空间数据的存储，采用了两个对策：一是采用了 BLOB（大二进制数据类型）来存储空间信息。但 SQL 不支持这种数据类型，而把处理这种类型数据的任务交给了应用程序。这种方案低效且缺乏美感，必须依赖宿主语言的应用程序代码。二是建立混合系统，通过 GIS 软件把空间数据存储在操作系统的文件里，这样就无法利用数据库系统的服务，如查询语言、并发控制和索引支持。

对象关系数据库系统支持扩展的 SQL，如 SQL3/SQL99。对空间 SQL 的要求是，采用更贴近人们对空间理解的概念，为空间数据提供更高层次的抽象。这可以通过引入面向对象中用户自定义的抽象数据类型（ADT）的思想来实现。ADT 由用户自定义类型和相关函数组成。使用"抽象"一词是因为最终用户无需知道实现这些函数的细节，只需关心接口，即了解哪些函数可用，以及这些函数的输入参数和输出结果的数据类型。

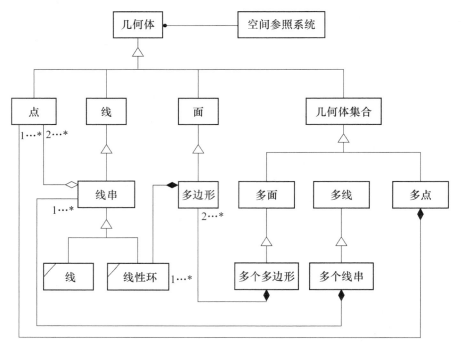

图 5.63　OpenGIS 提出的关于空间集合体的基本构件

在扩展 SQL 方面，OpenGIS 有一套标准，它是基于图 5.63 所示的几何模型的。并定义了一些标准操作函数，以支持基本操作（如返回几何体的坐标、边界等）、拓扑或集合的运算(如判断几何体的相交)、空间分析(如缓冲区、叠加)等。

这个标准还存在一些局限性,它是支持基于对象模型的,不支持基于场的模型;它关注拓扑和度量关系,不支持方位关系的谓词操作。

相对于目前 SQL 采用的 SQL2/SQL92,SQL3/SQL99 主要在以下两方面进行扩展:

(1)ADT(抽象数据类型):可以使用 CREATE TYPE 语句来定义 ADT。与面向对象技术中的类一样,ADT 由一组属性和访问这些属性值的成员函数组成,成员函数可以隐含地修改数据类型中的属性值,因而也能改变数据库的状态。ADT 可以作为关系模式中某一列的类型。为了访问封装在 ADT 中的数据值,必须在 CREATE TYPE 中定义一个成员函数。例如,下面的脚本创建了一个 POINT 类,并定义了一个成员函数 distance:

CREATE TYPE Point (

  x   NUMBER

  y   NUMBER

FUNCTION   Distance(: u Point, : v Point)

  RETURNS NUMBER

  );

其中,u 和 v 前面的":"表示这两个变量是局部变量。

(2)行类型:用于定义关系的类型。它指定了关系的模式。例如下面的语句创建了一个行类型 Point:

CREATE ROW TYPE Point (

  x   NUMBER

  y   NUMBER);

这样就可以创建一个表作为这个行类型的实例:

CREATE TABLE Pointtable of TYPE Point;

这里,我们把重点放在使用 ADT 上面,而不是在行类型上。因为 OR-DBMS 是关系数据库的扩展,用 ADT 作为列类型能自然地与 OR-DBMS 得定义保持一致。

在 Oracle 8 中,创建 Point、LineString、Polygon 三种基本空间数据类型的函数是:

CREATE TYPE Point AS OBJECT(

  x NUMBER

  y NUMBER

  MEMBER FUNCTION Distance (P2 IN Point) RETURN NUMBER, PRAGMA
RESTRICT_REFERENCES(Distance, WNDS));

Point 类型有两个属性 x 和 y,以及一个成员函数 Distance。PRAGMA 指出了下列事实:函数 Distance 不会修改数据库的状态,因为使用了 WNDS(不改变数据库状态)。

LineString 类型的构造相对于 Point 类型来说相对复杂些。首先创造一个中间类型 LineType:

CREATE TYPE LineType AS VARRY(500) OF Point;

LineType 类型是一个以 Point 类型为成员的变长数组,最大长度为 500。如果一个类型被定义为 VARRY,那就不能为其定义成员函数。因此,这里创建另外一个类型 LineString:

CREATE TYPE LineString AS OBJECT(

Num_of_Points INT,

Geometry LineType,

MEMBER FUNCTION Length (SELF IN) RETURN NUMBER, PRAGMA RECTRICT_REFERENCES (Length, WNDS);

创建 Polygon 与创建 LineString 类似,分两步:

CREATE TYPE PolyType AS VARRY (500) OF Point;

CREATE TYPE Polygon AS OBJECT (

Num_of_Points INT,

Geometry PolyType,

MEMBER FUNCTION Area(SELF IN) RETURN NUMBER,

PRAGMA RECTRICT_REFERENCES (Length, WNDS);

5.7.2 查询处理

查询处理是数据库管理系统为高效实现用户的查询而执行的一系列计算步骤。大体上可以把查询划分为两类:单遍扫描查询和多遍扫描查询。在单遍扫描查询中,被查询的表(或关系)的一条记录(元组)最多只被访问一次。因此,就时间而言,最差的情况是访问和处理表中的所有记录,验证是否满足符合查询条件。例如,查询"武昌区十公里内的所有书店"就是一个单遍查询的例子。这个查询以某个点为中心,在某个半径的圆内进行,是一种空间范围查询,范围是查询的区域。如果查询的区域是矩形,通常称为窗口查询。

连接查询是多遍查询的原型。为了回答一个连接查询,数据库管理系统必须检索和合并数据库中的两个表。如果在处理这个查询中需要用到两个以上的表,这些表就可能被两两处理。两个表基于一个共同的属性进行合并,即所谓的"连接"。由于一个表中的一条记录可能与第二个表中的多条记录关联,所以在连接过程中,可能会不止一次访问该条记录。在空间数据库的语境中,当连接属性本质上是空间属性时,该查询称为空间连接查询。空间查询比非空间查询处理要复杂得多。例如,图 5.64 中的两个表:SENATOR(参议员)和 BESINISS(公司)。SENATOR 表中有 4 个属性:参议员的名字(NAME)、参议员的社会保障号(SOC-SEC)、性别(GENDAR)、所代表的地区(DISTRICT)。选区是一个空间属性,由多边形表示。另一个表是 BESINISS,有 4 个属性:名称(B-NAME)、拥有者(OWNER)、拥有者的社会保障号(SOC-SEC)、公司所在的位置(LOCATION)。位置是一个空间属性,用一个位置点表示。查询"找出拥有公司的所有女性参议员的名字"是一个非空间连接查询,其连接关系是两个表中的社会保障号。SQL 的查询语句可写为:

SELECT S. name

FROM Senator S Business B

WHERE S. soc-sec = B. soc-sec AND

S. gender = Female

现在考虑另一个查询:"找出其代表的选区面积大于 300 平方英里并在这个选区中拥有公司的所有参议员"。这个查询包括了一次空间连接操作,连接属性是位置和选区。这样,虽然在非空间连接中,连接属性一定是相同的类型,但在空间连接中连接属性可以是不同的类型。上面的例子是点和多边形。SQL 的查询语句是:

SELECT S. name

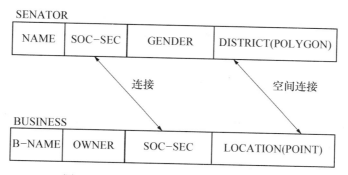

图 5.64 连接与空间连接的区别的两个表

FROM Senator S Business B

    WHERE S. district. Area（ ）>300 AND

        Within（B. location S. district）

SDBMS 使用过滤-精炼策略来处理范围查询。这是一个两个阶段的处理过程。第一步将被查询的对象用它们的最小外接矩形来表示。这样做的理由是，一个查询区域与一个多边形的求交计算要比一个查询区域与一个任意形状的不规则空间对象之间的求交计算容易。如果查询区域是矩形，那么最多只需 4 次计算，就可确定两个矩形是否相交。这个过程称为过滤。因为许多候选者在这个阶段就被剔除了。过滤阶段的结果包括了满足原始查询条件的候选者。第二个阶段是对过滤的结果使用更精确的几何条件进行处理。这是一个计算代价很大的过程，但在过滤阶段的帮助下，本阶段输入的集合只剩下很少的候选者。如图 5.65 所示。

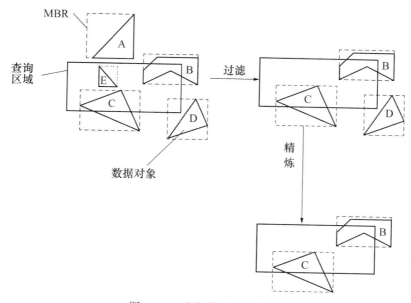

图 5.65　过滤-精炼计算策略

231

图 5.66 确定相交矩形对。图(a)是两个矩形集合，图(b)是标出左下角和由上角的矩形 T。图(c)是排序后的矩形的集合。注意平面扫描算法的过滤特性在本例中，有 12 个可能的矩形对将被连接，过滤阶段将可能的数目降低为 5。然后使用精炼过程验证这 5 对是否满足查询谓词。

对许多空间连接查询来说，过滤阶段可以简化为确定全部矩形两两相交的问题。考虑两个矩形集合(图 5.66(b))，$R = \{R_1, R_2, R_3, R_4\}$ 和 $S = \{S_1, S_2, S_3\}$，它们分别代表参与连接的两个表中空间属性的 MBR。一个矩形 T 可以用其左下角($T.xl$，$T.yl$)及右上角($T.xu$，$T.yu$)的坐标来确定，如图 5.66(a)所示。将 R 和 S 中的所有的矩形按它们左下角的 x 值，即 $T.xl$ 来排序，经过排序的矩形如图 5.66(c)所示。现在把集合 $R \cup S$ 中所有的 R 和 S 的(排序后的)矩形放在一起，并作如下处理：

从左至右移动一条扫描线(例如垂直于 x 轴的线)，停在 $R \cup S$ 的第一个元素处，即具有最小 $T.xl$ 值的矩形 T，在本例中是 R_4。

搜索 S 中已排序的矩形，直到抵达第一个矩形 S^f，这里 $S^f.xl > T.xu$。显然，对于所有 $1 \leqslant j < f$，关系 $[T.xl, T.xu] \cap [S^j.xl, sS^j.xu]$ 存在(非空)，在本例中，说 S^f 就是 S^1。注意上标以图 5.66(c)的数组索引为序，即 $S^1 = S_2$，$S^2 = S_1$，$S^3 = S_3$。这样，S_2 就是一个可能与 R_4 交叠的候选矩形。

如果对任意 $1 \leqslant j < f$，关系 $[T.xl, T.xu] \cap [S^j.xl, sS^j.xu]$ 存在，则 S^j 与 T 相交。因此，这一步确定了 R_4 与 S_2 的确是交叠的，并且 $< R_4, S_2 >$ 是连接结果的一个。

继续用移动扫描线来穿过集合 $R \cup S$，直到碰到下一个矩形，在本例中是 S_2。

当 $R \cup S \neq \varnothing$ 时，处理结束。

经过空间连接算法的过滤阶段，得到了 $< R_4, S_2 >$、$< R_1, S_2 >$、$< R_1, S_3 >$、$< R_2, S_3 >$ 和 $< R_3, S_3 >$，它们将作为精炼阶段的候选对。精炼阶段是基于对象的精确集合条件完成的。只要精确几何计算表名没有交叠，精炼阶段就可能会从最后的候选对中淘汰不符合要求的候选对。过滤阶段的主要目的是，尽可能多地淘汰不符合条件的对，从而减小精确几何计算的计算代价。

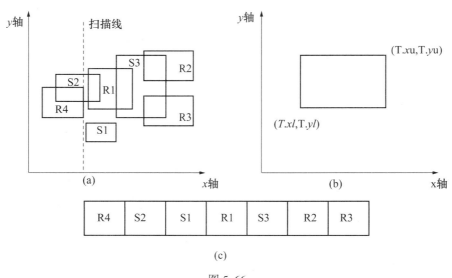

图 5.66

5.7.3 查询优化

关系数据库技术的一项主要优势在于，它通过产生一个完善的查询评估计划来高效地执行查询。为了解释这一点，再来看"找出拥有公司的所有女性参议员的名字"的查询，这是一个由两个子查询构成的查询，一个选择查询和一个连接查询。"所有女性参议员的名字"是个选择查询，因为要从参议员列表中选择所有女参议员；而查询"找出拥有公司的所有参议员"属于连接查询。因为合并了两个表来处理这个查询。问题在于以什么顺序完成这两个查询，是先选择后连接，还是先连接后选择？别忘了连接是多遍扫描查询，选择是单遍扫描查询，所以对较小的表来说，连接的代价更大，因此，应该先选择后连接。

再考虑空间查询"找出其代表的选区面积大于 300 平方英里并在这个选区中拥有公司的所有参议员"。这个查询也有两个子查询构成，一个范围查询和一个空间连接查询。范围子查询是"列出其代表的选区面积大于 300 平方英里的所有参议员的名字"，连接查询是"找出在自己所代表的选区拥有公司的所有参议员"。同样，范围查询是单遍的，空间连接查询是多遍的。但它们都涉及一个高价函数的计算：. Area( ) 和 Within( )。又该怎样确定计算顺序呢？

5.7.4 时空查询功能和查询语言

时空查询功能可以分为位置、空间特性和空间关系查询，时间、时间特性和时态关系查询，时空行为和关系查询三种类型。

5.7.4.1 位置、空间特性和空间关系查询

这类查询涉及静态参考对象。例如，查询独立于空间和时间的实体的属性(如谁是这块土地的所有者?)，以及点查询(这个建筑在哪里?)、基于距离的范围查询(如查找在特定的矩形或圆形区域内的煤气站)、最邻近邻居(如查找最靠近煤气站的某个对象)和拓扑查询(查找跨越特定区域的街道)。

5.7.4.2 时间、时间特性和时态关系查询

这些查询可以是简单的时间查询(在时间 T 的空间特征的状态是什么?)，时间范围查询(如在给定的时间段内，特征发生了什么变化?)，时态关系查询(如查找雅典正在建设的体育馆和 6 个月内消失的建筑)。

5.7.4.3 时空行为和关系查询

这类查询可以进一步分为：(1)离散变化的简单时空查询，如在时间 T 一块地块的状态是什么？包括基于距离，如查找昨天最靠近我经过的那个人，和基于相似性的查询；(2)时空范围查询，如在给定的时间段内，一个区域发生了什么变化；(3)连接查询，包括基于距离的连接查询，如找出与我的车队距离最近的 3 个餐馆，以及基于相似性的连接查询，如找出一月份最相似的一对轨迹；(4)空间行为查询包括一元操作，如旅行距离或速度等。

5.7.4.4 查询语言

提供给空间数据库和时态数据库的查询语言可以扩展为时空查询语言。有一些查询语言适合用于时空数据库的查询。HQL(Hibernate Query Language)是一种关系查询语言(DEAL)的扩展，是一种嵌套查询、条件描述、循环和函数定义，并允许递归算法的语言。操作算子类似于关系数据库的操作算子。其表达能力使 HQL 适合用于时空数据的查

询。还有一些其他的用于时空查询的语言，如 TOSQL、Geo-Quel、GeoQL、STSQL 等。

5.8 空间数据库设计

空间数据库的建库质量会影响对空间数据的操作效率。空间数据库的设计涉及一系列技术的综合利用。

5.8.1 空间数据库设计的步骤和内容

空间数据库的设计分为三个主要步骤，包括一系列具体要考虑的问题。

5.8.1.1 数据库管理员的职责

空间数据库的设计或许由数据库管理员来完成。数据库管理员具有以下职责：

(1)定义数据库的内容；

(2)选择数据库的结构；

(3)将数据分发给用户；

(4)维护和更新控制；

(5)日常操作。

5.8.1.2 数据库设计的步骤

空间数据库的设计有三个步骤：

(1)概念设计阶段。采用高层次的概念模型来组织所有与应用相关的可用信息。在概念层上关注应用的数据类型及其联系和约束，不必考虑细节问题。概念模型常用浅显的文字结合图形符号来表示，如 E-R 模型、UML 等工具。

(2)逻辑设计阶段。是概念模型在 DBMS 上的具体实现，将建立的空间数据模型(如基于实体/对象的模型、基于域的模型)映射到数据库实现模型(如对象——关系模型)的过程。在关系模型中，数据类型、关系和约束都被建模为关系(表)。

(3)物理设计阶段。主要解决数据库在计算机中如何实现的系列问题，有关存储、索引和内存管理等问题，都在这个阶段解决。

5.8.1.3 数据库设计的主要内容

在数据库具体设计的细节方面，应当仔细考虑以下内容：

(1)数据存储方案、存储介质、容量、访问速度、在线服务等方面的问题。它们将影响数据的存储和访问效率。

(2)如何建立空间数据的分层问题。分层存储空间数据的好处是显然的，但如何分层，则需考虑数据库的要求和 GIS 的应用要求。无缝图层是 GIS 空间数据库组织数据的主要形式(图 5.67)。无缝图层是指在物理上，一个研究区域应该是一组连续的图层文件，不是一组相互独立的、被分割的图幅数据分层文件，即用户可以在一个研究区内对数据任意、开窗、放大、漫游、查询、分析和制图操作。分幅测绘的地图分层文件应该在物理位置上拼接成一个连续的图层文件，并对图幅接边处的地理对象进行了合并处理。

(3)如何合理地对空间数据进行分区处理问题。实践证明，逻辑分区处理是管理大范围数据的有效措施。可以选择行政边界、地图分幅、流域分水岭等对连续的图层文件进行分区处理，并建立分区索引，但应结合具体的 GIS 应用(图 5.68、图 5.69)。

(4)空间数据库组织问题。不同尺度、不同数据类型的数据组织等。

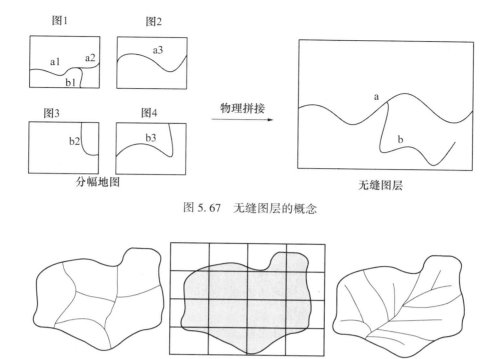

图 5.67　无缝图层的概念

(a)行政边界　　　　　　　　(b)地图图幅　　　　　　　　(c)流域边界

图 5.68　空间数据图层的分区

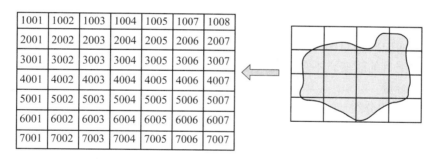

图 5.69　分区索引

（5）数据库执行的标准问题。采用数据的格式、精度和质量等都应当标准化。

（6）数据库数据的变化与更新问题。如空间数据的添加、删除和更新，应由数据库管理员控制。又如历史库、现势库和工作库之间关系定义等。

（7）数据库用户的角色和权限定义问题。定义访问数据库的用户角色和访问权限等，如访问数据库的用户分类、对数据库数据的读、写权限等。

（8）数据库的安全性考虑，应强化对数据的备份、版权等的管理。

（9）计划安排。对数据的有效性、优先级、数据的获取应有周密的计划安排。

5.8.2 空间数据的分类与分层

空间数据的分类为数据的代码设计和分层设计提供了依据。分类代码为数据库按类组织数据的实现提供了基础。

5.8.2.1 空间数据的分类、分级与编码

分类实现了对地理实体对象的有序组织，是一种信息结构，编码将分类结果用代码的形式固定下来，是一种数据结构，便于计算机存储管理。

1. 空间数据的分类

分类是将具有共同的属性或特征的事物或现象归并在一起，而把不同属性或特征的事物或现象分开的过程。分类是人类思维所固有的一种活动，是认识事物的一种方法。分类的基本原则是：

科学性：选择事物或现象最稳定的属性和特征作为分类的依据。

系统性：应形成一个分类体系，低级的类应能归并到高级的类中。

可扩性：应能容纳新增加的事物和现象，而不至于打乱已建立的分类系统。

实用性：应考虑对信息分类所依据的属性或特征的获取方式和获取能力。

兼容性：应与有关的标准协调一致。

分类的基本方法包括线分类法和面分类法。线分类法又称为层级分类法，它是将初始的分类对象按所选定的若干个属性或特征依次分成若干个层级目录，并编排成一个有层次的、逐级展开的分类体系。其中，同层级类目之间存在并列关系，不同层级类目之间存在隶属关系，同层类目互不重复、互不交叉。线分类法的优点是容量较大、层次性好、使用方便；缺点是分类结构一经确定，不易改动，当分类层次较多时，代码位数较长。

面分类法是将给定的分类对象按选定的若干个属性或特征分成彼此互不依赖、互不相干的若干方面(简称面)，每个面中又可分成许多彼此独立的若干个类目。使用时，可根据需要将这些面中的类目组合在一起，形成复合类目。面分类法的优点是具有较大的弹性，一个面内类目的改变，不会影响其他面，且适应性强，易于添加和修改类目；缺点是不能充分利用容量。

2. 空间数据的分级

分级是对事物或现象的数量或特征进行等的划分，主要包括确定分级数和分级界线。确定分级数的原则是：

(1)分级数应符合数值估计精度的要求。分级数多，数值估计的精度就高。

(2)分级数应顾及可视化的效果。等级的划分在 GIS 中要以图形的方式表示出来，根据人对符号等级的感受，分级数应在 4~7 级。

(3)分级数应符合数据的分布特征。对于呈明显聚群分布的数据，应以数据的聚群数作为分级数。

(4)在满足精度的前提下，应尽可能选择较少的分级数。

确定分级界线的基本原则是：

(1)保持数据的分布特征。使级内差异尽可能小，各级代表值之间的差异应尽可能大。

(2)在任何一个等级内都必须有数据，任何数据都必须落在某一个等级内。

(3)尽可能采用有规则变化的分级界线。

（4）分级界线应当凑整。

在分级时，大多采用数学方法，如数列分级、最优分割分级等。对于有统一的标准的分级方法，应采用标准的分级方法，如按人口数把城市分为特大城市、大城市、中等城市、小城市等；也可以定性地分级，如国家、省、市、县、镇等。分级也需要使用分级代码的形式才能被计算机识别和处理。

3. 分类编码

空间数据编码是指确定空间数据分类代码的方法和过程。代码是一个或一组有序的、易于被计算机或人识别与处理的符号，是计算机鉴别和查找信息的主要依据和手段。编码的直接产物就是代码，而分类分级则是编码的基础。代码的功能主要有：

（1）鉴别：代码代表对象的名称，是鉴别对象的唯一标识。

（2）分类：当按对象的属性分类，并分别赋予不同的类别代码时，代码又可作为区分分类对象类别的标识。

（3）排序：当按对象产生的时间、所占的空间或其他方面的顺序关系排列，并分别赋予不同的代码时，代码又可作为区别对象排序的标识。

编码应遵循一定的原则，主要包括：

（1）唯一性。一个代码只唯一地表示一类对象。

（2）合理性。代码结构要与分类体系相适应。

（3）可扩性。必须留有足够的备用代码，以适应扩充的需要。

（4）简单性。结构应尽量简单，长度应尽量短。

（5）适用性。代码应尽可能反映对象的特点，以助记忆。

（6）规范性。代码的结构、类型、编写格式必须统一。

代码的类型是指代码符号的表示形式，有数字型、字母型、数字和字母混合型三类。

数字型代码：用一个或若干个阿拉伯数字表示对象的代码。其特点是结构简单、使用方便、易于排序，但对对象的特征描述不直观。

字母型代码：用一个或若干个字母表示对象的代码。其特点是比同样位数的数字型代码容量大，还可提供便于识别的信息，易于记忆；但比同样位数的数字型代码占用更多的计算机空间。

数字、字母混合型代码：由数字、字母、专用符组成的代码。兼有数字型和字母型的优点，结构严密，直观性好，但组成形式复杂、处理麻烦。

由于编码在数据处理和数据共享中具有重要作用，一般需要形成地方或国家标准。如我国关于行政区的分类编码标准（GB—2260—91）。这是一种识别码，用 6 位数字代码按层次分别表示省（自治区、直辖市）、地区（市、州、盟）、县（区、市、旗）的名称。第一、二位表示省（自治区、直辖市）；第三、四位表示省直辖市（地区、州、盟），其中 01~20，51~70 表示省直辖市，21~50 表示地区、州、盟；第五、六位表示县（市辖市、地辖市、县级市、旗），其中 01~18 表示市辖区或地辖市，21~80 表示县、旗，81~99 表示县级市。例如、郑州市的代码为 410100。

加拿大数字地形要素分类编码系统，是一种分类码，并且是一种数字字母混合型代码。采用树形结构将地形要素分为四级，其代码结构如图 5.70 所示。

5.8.2.2 空间数据的分层

地理信息固有的层次性为 GIS 分层进行数据组织提供了依据。分层是空间数据组织的

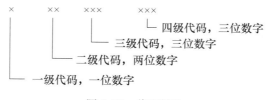

四级代码，三位数字

三级代码，三位数字

二级代码，两位数字

一级代码，一位数字

图 5.70　代码结构

高级形式。分层为数据的有效管理和使用提供了方便。

地理空间数据可按某种属性特征形成一个数据层，通常称为图层。图层是描述某一地理区域的某一（有时也可以是多个）属性特征的数据集。因此，某一区域的地理目标可以看成是若干图层的集合。原则上讲，图层的数量是无限制的，但实际上要受 GIS 数据结构、计算机存储空间等的限制。通常按以下方法对地理目标进行分层：

（1）按专题属性分层，每个图层对应于一个专题属性，包含某一种或某一类数据。如地貌层、水系层、道路层、居民地层等。对于不同的研究目的，地理目标可以根据不同的专题分成不同的数据层。

（2）按时间序列分层，即把不同时间或不同时期的数据分别构成各个数据层。地理目标分层的目的主要是为了便于空间数据的管理、查询、显示、分析等。当地理目标分为若干数据层后，对所有地理目标的管理就简化为对各数据层的管理，而一个数据层的数据结构往往比较单一，数据量也相对较小，管理起来相对简单；而对分层的地理目标数据进行查询时，不需要对所有数据进行查询，只需要对某一层数据进行查询即可，因而可加快查询速度；分层后的数据由于任意选择需要显示的图层，因而增加了图形显示的灵活性；对不同数据层进行叠加，可进行各种目的的空间分析。

（3）按实体几何类型分层，因数据文件存储和属性管理的需要，因点、线、面实体在数据结构上的差别，GIS 软件一般都按点、线、面类型分别存储文件。如 ArcGIS 的 Geodatabase 数据模型就分别是对应于点、点集、线、线集、多边形等类型的数据文件。

（4）按实体属性结构分层，即便是同一类型或统一专题的数据，因属性取值类型或属性项的不同，也需将它们分在不同的图层。

（5）按照垂直分带性分层，即在考古和地质勘探应用中，根据位于不同年代或地质层进行分层。

（6）上述方法的综合考虑分层。

如图 5.71 所示，是一些数据分层的例子。

5.8.3　空间数据存储方案

空间数据的存储根据数据的存储需求和应用目的，具有多种方案。在应用实践中，应选择合理的存储方案，达到数据高效利用的目的。

5.8.3.1　数据存储需求

数字技术是信息时代的一个重要技术特征。从发展来看，已经经历了两次大的发展：第一次是以计算处理为中心，以处理器发展为标志，产生了计算机工业。特别是微处理器的发展，使计算机的应用普及化；第二次是以信息传输技术为中心，以计算机信息网络为

238

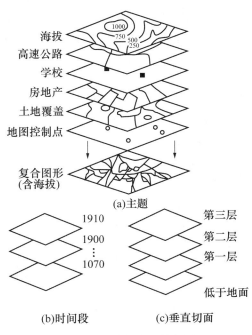

图 5.71　数据分层的例子

标志，使人类在信息利用方面，迅速跨入网络信息时代。这两次大的发展，助推了信息数字化的进程，越来越多的信息活动开始转变为数字信息形式，使信息呈爆炸式增长趋势，从而引发了数字技术发展的第三次高潮，即数据存储技术发展高潮。

数据处理、存储和传输技术三位一体，成为支撑数字技术发展和应用的核心技术。过去谈论存储技术，总是用存储介质的大容量、高速度、低价格和小型化等技术特点进行评价。但随着越来越多的信息被数字化处理后，数据的价值显得越来越重要。数据的价值已经远远超出计算机系统，乃至网络系统自身的价值，数据丢失、灾难性破坏等造成的损失可能是难以估量的。因此，作为信息社会的宝贵资源和财富，对其进行有效存储的技术受到了极大的重视。另外，计算机计算应用模式的变化，也是存储技术受到重视的另一个原因。计算机系统结构设计中的一条重要原理，就是加速经常性事件的处理，换句话说，就是缩短经常性事件的处理时间。过去，CPU 的活动是经常性事件，提高其数据处理速度非常重要。在网络应用中，数据传输和通信是经常性事件，加快网络传输速度成为当务之急。但是多数计算机专家都认为，目前的网络应用中，数据存储已演变为经常性事件，计算瓶颈已经由 CPU 速度、内存容量、网络传输过渡到数据存储瓶颈。数据存储系统的性能已不能满足高端信息系统的需求。数据的企业级网络化存取、多平台信息共享和交换等新的应用需求，为数据存储技术的研究和应用提出了新的需求。

5.8.3.2　存储技术的主要发展

近年来，人们从存储机理、器件与设备、接口与通道、系统结构和存储软件等各方面进行了大量的研究和开发利用。

（1）在存储机理方面，极大地提高了介质的存储密度。现在，商品化硬盘的密度已达到每平方英寸 20Gb，实验室则已达到 100Gb，比 1957 年 IBM 推出的第一台硬盘的密度提高了上千万倍。光存储技术也在飞速进步，常规的磁光和相变存储密度不断提高。虽然光存储在面记录密度上不如硬磁盘，但它的可换性提高了其竞争优势；另外，它还有多层、多波长和体记录等磁记录所没有的原理优势，因而发展出多层多波长光存储、全息光存储、近场光存储等下一代超高密度存储技术。

（2）在器件与设备方面，用于手持式移动设备的闪存技术有了飞速发展，成为移动存储的主流，容量一再被突破，是移动存储中令人印象深刻的产品，可实现手持式移动的多媒体存储。在 PC 机和服务器层面，硬盘仍然是绝对的主流。高端硬盘的速度有了明显的提高，1.5 万转/分的硬盘已经面世，2 万转/分的硬盘正在实验室中研制。用于备份的 1.44 兆软盘虽然还没有被完全淘汰，但在多媒体内容的备份上已完全无能为力，代替它的产品众多，它们各有特点。从数据备份的安全角度讲，磁光盘是最好的，只是目前价格较贵。在软件的大量复制、发布和交换应用中，CD-R/DVD-R 仍是最好的选择。

（3）在接口与通道方面，最近几年取得了很大的进步，并发生了较大的变化。虽然并行接口仍是主流，ATA 和 SCSI 两种传统并行接口的速率已分别达到 133MB/s 和 160MB/s，但接口的串行化已成为趋势。光纤通道(FC)的硬盘已成为高端磁盘阵列的首选，应用越来越多；P1394 接口的硬盘也已面世，最近还推出了 USB 2.0 接口的移动硬盘。在 SCSI-3 标准中，除了并行接口外，还包括 FC、P1394 和 SSA 三种串行接口。并行接口的主要缺点是：数据传输率难以提升，能串接的设备数目太少，接口数据线长度太短，以及缺乏即插即用功能，这些在构成更大的存储系统时都成为瓶颈，因而，串行接口必然会越来越流行。此外，研究中的接口与总线还有 Infiniband 和 iSCSI。

（4）网络存储和企业存储。器件和设备这一级无论发展多好，都无法满足网络和企业存储的多种需求，这就需要在系统结构和软件这一级来解决问题。与一个存储芯片在计算机主存系统中的作用一样，存储装置(最主要是硬盘)在这里只是作为一个构件而存在，互连的硬件和软件在此起到了最为关键的作用。

磁盘阵列是最广泛应用的存储系统，它用并行带来了高性能，用冗余带来了高可用性，它也是构成更大存储系统的基础设备。

网络存储技术也得到了快速发展。一般认为，在网络存储和企业存储环境中存在着三种典型结构，即 DAS、NAS、SAN。在未来几年中，SAN 会成为网络存储和企业存储的主角。光纤通道的 SAN 虽然有优良的结构和性能，但也存在两个很大的缺点：一是光纤通道的互连设备极其昂贵，二是存储设备之间的互操作性不好。而基于 IP 的存储(storage over IP)就可以很好地克服这两个缺点。IP 存储的主要思想是所有的连接都采用以太网和 IP 协议，其主要技术有 iSCSI 和 IP-SAN。iSCSI 是 IBM 和 Cisco 建议的标准，它使数据块在以太网上传输。如果将 SAN 的连接设备和传输协议都换成 IP，就构成了 IP-SAN。其中的存储设备可以是 iSCSI 设备，也可以是将普通存储设备通过转换器转成等效的 iSCSI 设备。IP-SAN 采用的是普通的 IP 交换机等连接设备，价格比光纤通道的连接设备低得多，技术也成熟得多。另外，互操作性也会大大改观。目前，IP-SAN 的性能还没有 FC-SAN 高，但由于 IP 交换机的技术进步远快于 FC 的交换机技术，如 10G 以太网交换机上市会比 10G 光纤交换机早得多，价格也便宜得多。预计几年后，IP-SAN 会成为市场的主流。

（5）存储虚拟化。存储虚拟化(Storage Virtualization)虽然不是一个新的概念(如卷管理就是一种存储虚拟化的服务器软件)，但目前具有了新的内涵，并成为存储管理中逐步走向主流的技术。它不管物理设备在何处，也不管有多少数量和多少种类的存储设备，只要在逻辑上为计算机呈现一个虚拟的存储池即可。在虚拟存储技术管理下的各种存储设备的集合，对用户来说，就等效于一个本地的大硬盘。

（6）存储管理软件。存储管理软件在存储系统中的地位越来越重要，在上述的各种技术中，很多功能都是由存储管理软件来完成的。存储管理软件主要包括存储资源管理（存储媒介、卷、文件管理）、数据备份和数据迁移、远程备份、集群系统、灾难恢复以及存储虚拟化等。存储管理提高了资源的利用率和工作效率，还提高了系统的可用性。

智能存储的概念起源于加州大学伯克利分校的 ISTORE 项目。其主要思想是在每个硬盘上都装有处理器，使其具有一定的智能，每个驱动器上还装有各种传感器，用以感知驱动器的状态。整个存储系统由上百个这样的智能硬盘组成，其中有大量冗余。在工作过程中，硬盘可监测自身的状态，一旦发现有可能发生故障，就将数据和任务转移到冗余的硬盘中，将故障消灭在萌芽状态，并向管理员报告可能的故障，直接换上一个新硬盘即可。在整个过程中，系统的运行几乎完全不会被中断，具有极高的可用性和可维护性。今后，智能存储概念的内涵应该比这个例子更加广泛，如可根据负载的大小和特点自动调整带宽和 RAID 级别，感知多个用户的存储需求后自动分配存储资源等。数据存储技术的热潮已在世界范围内兴起，在国际学术界，一些著名的大学都大力开展了存储技术和存储系统的研究工作。在工业界，几乎所有的著名 IT 企业都以相当大的力度推出了自己的存储系统产品，同时，在存储领域出现了一大批新创业的公司。可以预见，数据存储技术将在近几年得到更快的发展。

5.8.3.3 主要的数据存储方案

在数据存储方面，使用单一硬盘存储数据的方案已经不能满足新的数据存储需求。随着数据的不断积累，数据网络共享和交换的需求增加，构建数据存储系统，构建数据存储网络以及实现分布式数据存储的方案逐渐取代单一磁盘存储的趋势更加明显。这些新的技术方案为解决存储空间的扩展，提供数据共享和交换等问题提供了技术基础。

1. 磁盘阵列技术

RAID 技术也称为廉价冗余磁盘阵列技术。磁盘阵列是一种把若干硬磁盘驱动器按照一定要求组成一个整体，整个磁盘阵列由阵列控制器管理的系统（图 5.72）。冗余磁盘阵列技术 1987 年由加州大学伯克利分校提出，最初的研制目的是为了组合小的廉价磁盘来代替大的昂贵磁盘，以降低大批量数据存储的费用，同时也希望采用冗余信息的方式，使得磁盘失效时不会使对数据的访问受损失，从而开发出具有一定水平的数据保护技术。RAID 技术是一种工业标准，包括 RAID 0~7 数个级别规范。各厂商对 RAID 级别的定义也不尽相同。目前对 RAID 级别的定义可以获得业界广泛认同的有 4 种：RAID 0、RAID 1、RAID 0+1 和 RAID 5。

数字化革命的推进，对计算机存储系统在存储数据量、可靠性和存取速度上都提出了严峻的挑战。外存储设备成为多媒体、CAD、GIS 数据库等应用不可避免的瓶颈。虽然SLED（Single Large Expensive Disk）在数据存储容量和读写速度上有较大幅度的提高，但是与 CPU 以及内存的发展速度相比较，其性能的提高却显得很有限。从 PC 机磁盘技术上发展起来的 RAID（廉价冗余磁盘阵列）提供了另一个解决方案。和 SLED 相比，其存储速度、数据可靠性、低功耗和可扩展性等都有很大的优势，因而已经成为目前高速、大容量、关键数据存储解决方案的主流。而正是由于 RAID 的诸多优点，工业界在这十几年中开发出了一系列可应用于 RAID 的存储设备接口，如小型计算机系统接口总线（SCSI）串行存储结

图 5.72　磁盘阵列

构总线(SSA)光纤通道 I/O 接口等。

2. 网络存储技术

"网络存储技术"是基于数据存储的一种通用网络术语，其存储结构大致分为三种：直接式存储(Direct Attached Storage，DAS)、附网存储(Network Attached Storage，NAS)和存储局域网(Storage Area Network，SAN)。虽然现在有许多各种各样的存储架构，但基本架构单元在目前来说没有多大改变，仍是 DAS、NAS 与 SAN 三者共存。

虚拟存储是 SAN 存储系统智能化的一种技术表现。虚拟化存储可更有效地利用存储设备的存储空间，更有效地管理存储系统中的各网络，而不致出现现有 NAS 和 SAN 系统中所具有的信息孤岛。存储虚拟化通过合并这些孤立的存储池，最大程度地满足应用需求。存储虚拟化使得按照需要重新分配存储资源变得更方便，即使跨多个文件服务器或 SAN 也不成问题。有了虚拟存储，就可以按整个网络的需求而不是按每种应用的需求确定存储空间的大小。存储虚拟化的优点是显而易见的。

存储 IP 化是存储技术发展的方向。目前提出的 iSCSI 技术受到业界的支持，而 FCIP 也将成为未来的重要发展方向。iSCSI 提供基于 TCP 传输，将数据驻留于 SCSI 设备的方法。在千兆以太网出现以前，要传输这种类型的块数据，LAN 的速度是无法胜任的，现在，10G 以太网已经登台，这种基于 IP 传输块数据的方案无疑更具吸引力。iSCSI 并不改变传统标准通信方案和网络基础架构的设置，但需要额外的千兆光纤以太网络及相关的网关软件来支撑，通过网络，以 IP 数据形式实现存储设备中 SCSI 数据的传输。另外，由于 FC SAN 所用的是新型的 FC，不要说许多设备不支持，就连许多网络管理人员也从未见过。由此可见，要部署这样一个存储系统，其难度是相当大的。而且，原有的存储设备为了支持 FC 标准，必然造成其成本大大上升，对 SAN 存储方案的普及应用非常不利。而事实上，在技术相对成熟的 IP 领域，已有相当多的技术和方案来实现数据存储，只不过其性能稍有欠缺。这时就有人提出，能否充分利用两者的优势，就像 NAS 和 SAN 融合一样，组成一种新型的、较为经济的存储方案？经过各主要存储设备商的努力，得出的答案都是肯定的，它们就是现在受到广泛关注的 FCIP、iSCSI 和 IFCP。目前普遍认为最有发展前途的 IP 存储方案就是 iSCSI 方案。IP 存储的出现使分级存储理念备受青睐。

存储系统是指将服务器与存储设备连接构成的大容量存储体系。基本的连接方式有 DAS、NAS 和 SAN。

DAS(Direct Access Storage)称为直接连接存储，是指与主机直接相连的存储技术，也就是磁盘或磁带系统等存储设备直接与主机相连。近年来，由于分布计算模型的广泛采用，企业中可能存在很多服务器，而且都带有各自的存储系统。这样，企业的信息就分散到各个服务器上，形成所谓的"信息孤岛"。这种现象不利于企业的信息整合，不利于企业利用综合信息做出正确决策。而且，它要求管理员能管理在地理上分散的不同平台的系统，使信息管理困难，从而降低管理效率。因此，这种存储技术不适合信息化社会对信息数据的存储管理要求。典型的 DAS 连接结构如图 5.73 所示。

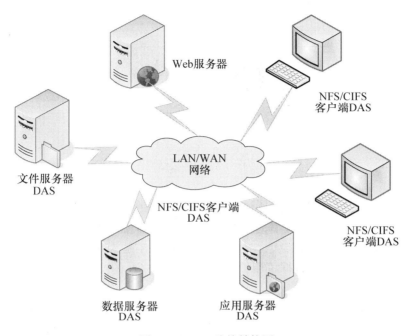

图 5.73　DAS 连接结构图

NAS(Network Attached Storage)称为网络附加存储。在 NAS 存储结构中，存储系统直接通过网络接口与网络直接相连，由用户通过网络访问。其作用类似于一个专用的文件服务器。它去掉了通用服务器原有的大多数计算功能，仅提供文件系统功能，不仅响应速度快，而且数据传输速率也很高。用于存储服务，大大降低了成本。

在 NAS 方案中，存储设备在功能上完全独立于网络中的主服务器，客户机与存储设备之间的数据访问已不再需要文件服务器的干预，允许客户机与存储设备之间进行直接的数据访问。利用专用的硬件软件构造的专用服务器，与其他资源独立，不会占用网络主服务器的系统资源，不需要在服务器上安装任何软件，不用关闭网络上的主服务器，就可以为网络增加存储设备。服务器则从原先的 I/O 负载中解脱出来。另外，它具有较好的协议独立性，支持 UNIX、NetWare、Windows NT、OS/2 或 Intranet Web 的数据访问，客户端也不需要任何专用的软件，安装简易，甚至可以充当其他机器的网络驱动器，可以方便地利用现有的管理工具进行管理。

NAS 硬件产品主要有 NAS 硬盘服务器和 NAS 光盘镜像服务器。NAS 改善了数据的可用性，NAS 没有解决好的一个关键性问题是其在备份过程中的带宽消耗，网络带宽要同时满足存储和正常的数据访问。不过，从使用方便性和性能价格比的角度出发，NAS 依然是国内多数企业的首选结构。NAS 的连接结构图如图 5.74 所示。

SAN(Storage Area Network)称为存储区域网络，是专用于存储的高速局域网。SAN 解

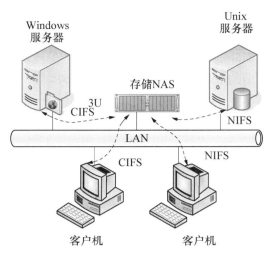

图 5.74　NAS 的连接结构图

决方案可扩展好、容错性能好、配置灵活性、支持异构服务器、有效减少总体成本。SAN
允许用户对备份作业进行集中式管理，从而使管理更简便、备份资源利用率更高。SAN
专注于企业级存储的特有问题。大多数分析都认为 SAN 是未来企业级的存储方案，这是
因为 SAN 便于集成，能改善数据可用性及网络性能。SAN 的连接结构图如图 5.75 所示。

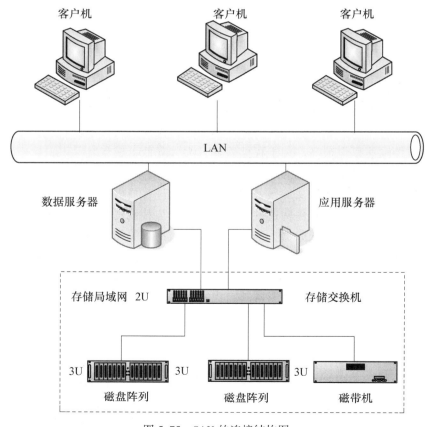

图 5.75　SAN 的连接结构图

SAN 主要用于存储量大的工作环境，如银行、ISP、电信等，但现在由于需求量不大、成本高、标准尚未确定等问题影响了 SAN 的市场，不过，随着这些用户业务量的增大，SAN 也有着广泛的应用前景。

NAS 和 SAN 适用于不同的应用领域，目前也呈现出融合的趋势。

3. 基础网络存储技术

存储基础网络是用来在局域网或广域网范围内将计算机注记、服务器和存储设备连接起来进行数据访问和通信的网络。它包括专用的 SAN 和通用的 IP 网络基础设施，用来为应用系统访问网络上分布的存储设备提供数据的传输通道和基本的网络服务。存储基础网络不同于普通的局域网或广域网络。传统网络使用 TCCP/IP 协议在计算机客户机之间、计算机客户机与服务器之间以及服务器与服务器之间建立网络连接，进行基于应用的网络通信。存储基础网络主要使用 SCSI、FCP 等传输协议客户机与存储器之间、服务器与存储器之间，甚至存储器与存储器之间建立网络连接，进行基于块的数据传输，使应用系统可以直接访问存储，并获得最大的数据传输能力。当存储网络要向远程和分布式存储拓展时，它也会在底层使用 TCP/IP 协议来传输 SCSI、iSCSI 或 FCP 协议数据包来克服传统 SAN 网络在距离上的限制。

（1）基于 IP 协议的网络存储技术。IP 存储技术将分以下三个阶段发展：

①SAN 扩展阶段：遵循 FCIP 或 iFCP 协议，利用 FC-IP 桥、FC-IP 路由器或 FC-IP 网关将超过光纤通道允许距离的 FC-SAN 连接到 IP 网络上。

②有限范围的 IP 存储：小范围地实现基于 IP 的 SAN，或将 iSCSI 卡集成到 NAS 存储设备上，以支持数据块形式的 I/O 访问。

③IP SAN：主机通过带 TCP 卸载引擎（TOE）的 iSCSI HBA 接至 IP 网络，访问 iSCSI 存储设备，真正实现全球 iSCSI SAN。

从存储系统管理层次上看，iSCSI SAN 可分为三大组成部分：iSCSI 磁盘阵列等 iSCSI 存储设备、IP 网（包括 IP 交换机或 IP 路由器）、iSCSI 服务器及存储管理软件。每个 iSCSI 服务器和 iSCSI 存储设备都支持以太网接口和 iSCSI 协议，从而可以作为一个网络实体直接连接 IP 交换机或 IP 路由器。IP SAN 的典型结构如图 5.76 所示。

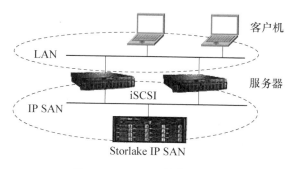

图 5.76　IP SAN 的典型结构

现今，许多网络存储提供商致力于将 SAN 中使用的光纤通道设定为一种实用标准，但是其架构需要高昂的建设成本，远非一般企业所能够承受。与之相对，NAS 技术虽然成本低廉，但是却受到带宽消耗的限制，无法完成大容量存储的应用，而且系统难以满足开放性的要求。

iSCSI 的使用在以上两者之间架设了一道桥梁，它基于 IP 协议，却拥有 SAN 大容量集中开放式存储的品质。这对于一边要面对信息爆炸，另一边却身处"数据孤岛"的众多中小企业，无疑具有巨大的吸引力。

iSCSI 是基于 IP 协议的技术标准，实现了 SCSI 和 TCP/IP 协议的连接，对于以局域网为网络环境的用户，只需要不多的投资，就可以方便、快捷地对信息和数据进行交互式传输和管理。相对于以往的网络接入存储，iSCSI 的产生解决了开放性、容量、传输速度、兼容性、安全性等问题，其优越的性能使其自发布之始便受到市场的关注与青睐。

iSCSI 技术的使用可以为无法承担高成本的 FC-SAN 环境基础结构的中间市场客户提供利用 SAN 所带来的好处。iSCSI 产品以中间市场为定位，一方面可以作为企业级光纤通道 SAN 的补充，实现不间断增长集中存储管理，并且可以和现有的 IP 网络技术进行良好的整合；另一方面，随着网络存储技术的发展，其将会同 NAS 系统进行全面的整合，成为一个独立的、与 SAN 系统并驾齐驱的发展领域。

随着新技术标准的制定，iSCSI 必将成为存储领域内的最有发展前景的技术之一。其低廉、便捷、开放、安全、标准的诸多优异的品质在未来必将得到充分的完善与发展，从而成为一个充满生机与活力的发展方向，为广大的用户提供最为完善的网络存储服务。

目前，互联网工程任务组 IETF(The Internet Engineering Task Force)和存储网络工业协会等组织正在制订的 IP 存储标准有：FCIP(Fibre Channel over IP)、iFCP (Internet Fibre Channel Protocol)、iSNS(Internet Storage Name Service)和 iSCSI(SCSI over IP)。

（2）基于 InfiniBand 的网络存储技术。InfiniBand 是一个统一的互联结构，既可以处理存储 I/O、网络 I/O，也能够处理进程间通信(IPC)。它可以将磁盘阵列、SANs、LANs、服务器和集群服务器进行互连，也可以连接外部网络(比如 WAN、VPN、互联网)。设计 InfiniBand 的目的主要是用于大型的或小型的企业数据中心。目标主要是实现高的可靠性、可用性、可扩展性和高的性能。InfiniBand 可以在相对短的距离内提供高带宽、低延迟的传输，而且在单个或多个互联网络中支持冗余的 I/O 通道，因此能保持数据中心在局部故障时仍能运转。

InfiniBand 是一种新的 I/O 体系结构，它将 I/O 系统与复杂的 CPU/Mem 分开，采用基于通道的高速串行链路和可扩展的光纤交换网络替代共享总线结构，提供了高带宽、低延迟、可扩展的 I/O 互连，克服了传统的共享 I/O 总线结构的种种弊端。

InfiniBand 也是一种新的互连技术，它不仅可用于服务器内部的互连、服务器之间的互连、集群系统的互连，还可用于存储系统的互连，组建基于 InfinBand 的 SAN。InfiniBand 采用基于包交换的高速交换网络技术，可采用光纤或铜线实现连接，单线传输速率为 2.5Gb/s，可通过 2 线、4 线或 12 线并行来扩展通道带宽，带宽高达 2.5Gb/s、10Gb/s、30Gb/s(1x、4x、12x 线)。

InfiniBand SAN 主要具有如下特性：

①可伸缩的 Switched Fabric 互连结构；

②由硬件实现的传输层互连高效、可靠；

③支持多个虚信道(Virtual Lanes)；

④硬件实现自动的路径变换(Path Migration)；

⑤高带宽，总带宽随 IB-Switch 规模成倍增长，如：8-port switch(1x、4x、12x)带宽分

别为 2.5GB/s、10GB/s、30GB/s，16-port switch（1x、4x、12x）带宽分别为 5GB/s、20GB/s、60GB/s；

⑥支持 SCSI 远程 DMA 协议（SRP），基于 InfiniBand 提供的硬件传输机构，采用 SCSI 封装协议，实现高速、低延迟的远程 DMA 传输，一次传输量多达 4K Blocks；

⑦具有较高的容错性和抗毁性，支持热拔插，具备高可靠性、可用性、可维护性（RAS）。

4. 虚拟存储技术

虚拟存储技术发展非常迅速。虚拟存储技术可提高存储设备利用率，通过动态地管理磁盘空间，虚拟存储技术可以避免磁盘空间被无效占用。目前，虚拟技术已经引起了几乎所有存储系统厂商的关注，采用虚拟存储技术的设备将成为市场的新主流。

存储虚拟化将不同接口协议的物理存储设备整合成一个虚拟存储池，根据需要，为主机创建并提供等效于本地逻辑设备的虚拟存储卷。虚拟存储技术正逐步成为共享存储管理的主流技术。虚拟存储系统结构及与之对应的三种虚拟存储技术分别是：基于主机的、基于网络的、基于存储设备的虚拟存储技术。虚拟存储系统结构包括如下三部分：运行于主机的存储管理软件；互连网络；磁盘阵列等网络存储设备。

（1）基于主机的虚拟存储。基于主机的虚拟存储完全依赖存储管理软件，无需任何附加硬件。基于主机的存储管理软件，在系统和应用级上实现多机间的共享存储、存储资源管理(存储媒介、卷、文件管理)、数据复制和数据迁移、远程备份、集群系统、灾难恢复等存储管理任务。

基于主机的虚拟存储可分为两个层次：

①数据块以上虚拟层（Virtualization above Block）：是存储系统虚拟化的最顶层，它通过文件系统和数据库给应用程序提供一个虚拟数据视图，屏蔽了底层实现。

②数据块存储虚拟层（Block Storage Virtualization）：通过基于主机的卷管理程序和附加设备接口，给主机提供一个整合的存储访问视图。卷管理程序为虚拟存储设备创建逻辑卷，并负责数据块 I/O 请求的路由。

（2）基于网络的虚拟存储。网络虚拟层包括绑定管理软件的存储服务器和网络互连设备。基于网络的虚拟化是在网络设备之间实现存储虚拟化功能，它将类似于卷管理的功能扩展到整个存储网络，负责管理 Host 视图、共享存储资源、数据复制、数据迁移以及远程备份等，并对数据路径进行管理，避免性能瓶颈。基于网络的虚拟存储可采用对称的或非对称的虚拟存储架构。

非对称结构（Out-of-band）：虚拟存储控制器处于系统数据通路之外，不直接参与数据的传输，服务器可以直接经过标准的交换机对存储设备进行访问。虚拟存储控制器对所有存储设备进行配置，并将配置信息提交给所有服务器。服务器在访问存储设备时，不再经过虚拟存储控制器，而是直接使存储设备并发工作，同样达到了增大传输带宽的目的。

对称结构（In-band）：虚拟存储控制设备直接位于服务器和存储设备之间，利用运行其上的存储管理软件来管理和配置所有存储设备，组成一个大型的存储池，其中的若干存储设备以一个逻辑分区的形式被系统中所有服务器访问。虚拟存储控制设备有多个数据通路与存储设备连接，多个存储设备并发工作，所以系统总的存储设备访问速率可以达到较高水平。

非对称结构控制信息和数据走不同的路径，而对称结构控制信息和数据走同一条通道，所以非对称结构比对称结构具有更好的可扩展性。非对称结构性能和可扩展性比较好，但安全性不高。对称结构中，虚拟存储控制设备可能成为瓶颈，并易出现单点故障；由于不再是标准的 SAN 结构，对称结构的开放型和互操作性差。

（3）基于存储设备的虚拟存储。存储设备虚拟层管理共享存储资源，并匹配可用资源和访问请求。基于存储设备的虚拟方法目前最常用的是虚拟磁盘。虚拟磁盘是指把多个物理磁盘按照一定方式组织起来形成一个标准的虚拟逻辑设备。虚拟磁盘主要由如下几部分组成：

①功能设备：主机所看到的虚拟逻辑单元，可以当做一个标准的磁盘设备使用。

②管理器：通过一系列"逻辑磁道与物理磁道"指针转换表，完成逻辑磁盘卷到物理磁盘卷的间接地址映射。

③物理磁盘：用于存储的物理设备。

虚拟磁盘提供了远远大于磁盘实际物理容量的虚拟空间；不管功能磁盘分配了多少空间，如果没有数据写到虚拟磁盘上，就不会占用任何物理磁盘空间。数据按照控制器内部的性能优化算法被存储到后台的物理磁盘上。这样，数据被有效地分布到后台的所有磁盘上，消除了对物理磁盘的竞争所造成的性能瓶颈。当数据更新时，数据并不会被写回原来的位置，极大地改善了更新操作的性能。

5.8.4 空间数据库的组织方案

虽然每种数据都有其各自的特点和用途，但作为数据应用部门和数据提供部门的不同数据使用目的，其数据组织方式可能存在不同。

5.8.4.1 数据提供部门的数据组织方式

从数据管理和数据集成的角度来看，在空间数据库的系统中，所有数据按照管理属性只分为三类：一是向用户提供的现势性最好的成果数据，建立的数据库称为成果库；二是被更新下来的成果数据称为历史数据，建立的数据库称为历史库；三是为了实现对成果数据在线检索查询、分析应用或销售，需要在线运行的数据，建立的数据库称为运行库。这样划分的目的有以下理由：

（1）成果数据是数据库系统中管理的主要数据对象，它按照一定的地理范围、以单个数据文件的形式存储在磁带库、光盘或磁盘阵列中，是向用户提供的基本数据。它将各数据生产部门生产的原始成果数据，经过入库检查和整理，按照成果数据管理的要求存储至系统指定的目录中或数据库中，一般不改变原始成果数据的内容、存储格式等基本属性，只是按照一定的规则、从对原始成果数据管理的角度来进行整理，为进一步的数据加工和提供数据服务做好准备。对成果数据进行管理的系统称为成果管理数据库，是数据生产过程中初始成果数据库。

（2）当同一数据单元内有两个以上版本的成果数据时，也就是进行数据更新后，较早版本的成果数据就成为了历史数据，作为对自然变化监测的重要数据源，我们不但要保存好这些历史数据，还要在需要时能及时提供，因此就需要建立历史数据库。同一时态的同一种数据只能是成果数据或历史数据中的一种，没有重叠。

（3）在线运行数据库是为了实现数据的在线检索和浏览分析及制图而建立的，它采用数据转换、重采样、要素简化等多种技术手段对成果数据进行处理，并建立以空间数据库管理系统或地理信息系统为平台的逻辑上无缝或物理上无缝的空间数据库，即我们通称的数据库，为用户提供高效的查询、分发、制图、分析应用服务，是数据产品的最终成果。

成果库的目的在于保护数据的原始成果，历史数据库目的在于保存历史数据，运行数据库目的在于数据的分发。三类数据库之间的关系如图5.77所示。

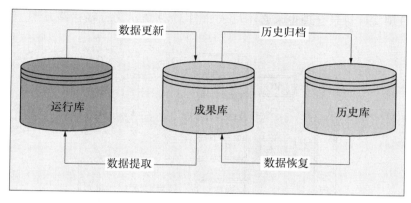

图5.77　成果库、历史库和运行库之间的关系

5.8.4.2　数据应用部门的数据组织方式

与数据提供部门一样，数据应用部门的数据库按照使用属性，一般也会组织成三类数据库，即现势数据库、历史数据库和工作数据库。

现势数据库对应于系统的所有数据，并按照数据所支持的应用，严格按照数据库建设的规则建库。为了在应用中保护部门的数据完整性和数据安全，一般不允许对该数据库的数据直接进行操作，仅提供数据的拷贝。

历史数据库保存数据更新后的历史数据，服务于时态数据的分析。

工作库是对现状库提取来的数据库子库，一般只需导入为某种分析目的建立的临时数据库。建库过程不需对数据内容进行任何编辑和改变。当任务完成后，工作库可以删除。因此，工作数据库根据分析的不同任务，可以随时建立，也可随时取消。另外，为了数据挖掘的需要，工作库中的数据还可按照数据仓库的要求，组织成数据仓库，以便数据挖掘使用。三类数据库之间的关系如图5.78所示。

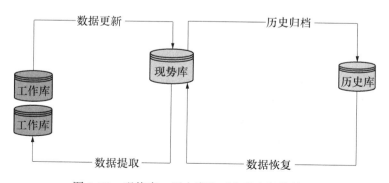

图5.78　现势库、历史库和工作库之间的关系

5.8.4.3 空间数据库数据存储方案

1. 分幅数据存储方案

分图幅对地图数据进行管理一般只会适合数据生产部门，因为他们很少会对数据进行跨图幅的分析操作。应用最频繁的工作是数据的更新，而数据整幅被更新又是常见的事，因此，分幅管理有一些好处，其成果库和历史库采用这种方式很合适。如果没有必要建数据库，甚至只用文件目录管理也未必不可。如图 5.79 所示为分幅存储方案。

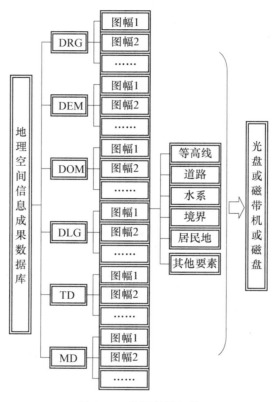

图 5.79　分幅存储方案

2. 无缝图层数据存储方案

在数据的分析应用中，跨图幅操作数据是常见的事，建立无缝图层是简化数据操作的必要条件。因此，数据的管理多以图层为单位来进行存储管理。它多适用于 DLG、DEM 等，对 DRG 和 DOM 仍将采用分幅管理为宜，但都应建立数据库，以强调数据库管理的好处。无缝存储方案如图 5.80 所示。

其中，基于扩展关系数据库的影像数据库是将影像数据存储在二进制变长字段中（BLOB），然后应用程序通过数据访问接口来访问数据库中的影像数据，同时，影像数据的元数据信息也存放在关系数据库的表中，二者可以进行无缝管理，如图 5.81 所示。它具有以下一些优点：

（1）所有数据集中存储，数据安全，易于共享；不通过数据库驱动接口，不可能访问影像信息，有利于数据的一致性和完整性，数据不会意外地被随意移动、修改和删除。

（2）容易构造基于 Client/Server 模式下的分布式应用。与 File/Server 模式相比，

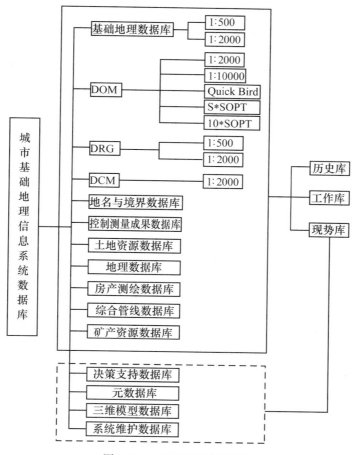

图 5.80　无缝图层存储方案

Client/Server 模式下的网络性能和数据传输速度都有很大提高。

（3）支持事务处理和并发控制，有利于多用户的访问与共享。

（4）支持异构的网络模式，即应用程序和后台的数据库服务器可以运行在不同的操作系统平台下。由于目前大型的商用数据库都具有良好的网络通信机制，其本身可以实现这种异构网络的分布式计算，因此应用程序的开发相对简单。

（5）由于关系数据库管理系统具有良好的数据共享机制，可以使影像数据得到充分的共享。

（6）可以方便地将影像数据和元数据集成到一起，进行交互式的查询。

（7）可以方便地管理多数据源和多时态的数据。

5.8.5　空间数据库更新方案

空间数据库中的数据不是一成不变的，更新数据库中的数据的事件必然会发生。如何更新数据库中的数据，需要制定合理有效的更新方案。

5.8.5.1　数据库更新方法

地理数据更新是一种数据再造工程，能够利用现势性强的地理数据对存在于数据库中

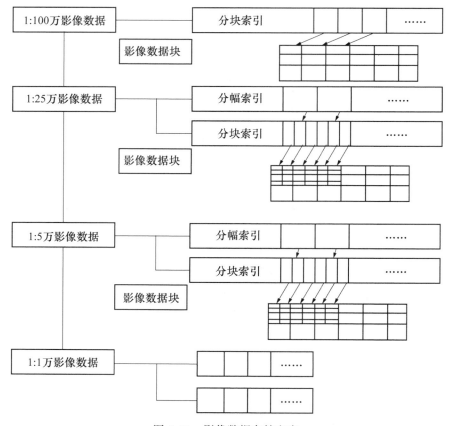

图 5.81　影像数据存储方案

的数据进行持续更新，是地理数据应用的基本需求之一。地理数据库更新有着不同于"初始建库"的理论、方法和技术。

地理数据库更新的任务是，综合利用各种来源的现势资料(航空影像、遥感影像、行政勘界、实地测量等)，确定和测定地理要素(道路、居民地、水系、地形地貌、境界等)的位置变化和属性变化，对原有数据库的相应要素进行增删、替换、关系协调处理等，生成新版的数据集和记录变化信息，并更新用户数据库。

目前，数据更新存在的主要问题有：

(1)建立持续更新的机制问题(更新周期、更新方法、更新模型等)；

(2)变化信息的发现和提取问题；

(3)历史数据的存储问题等；

(4)主数据库与用户数据库之间的关系问题(主数据库，原始数据库，用户数据库，由原始数据库派生的不同应用目的的数据库，可以有多个版本。)。

在数据更新的研究和应用中，产生了一些理论、方法和技术：

(1)数据模型演化和动态建模；

(2)地理要素的变化发现和自动提取；

(3)主数据库(生产用)的更新模式和方法；

(4)用户数据库(数据应用)的更新模式和方法；

(5)多比例尺数据库的协同更新方法。

当前主数据库更新的模式主要有：

(1)整体(批量)更新。对空间数据库有效变化范围内发生变化的某些区域进行整体更新，更新的区域可以是行政单元、自然的地理分区或图幅。需要处理的问题包括一致性、精度、接边、冲突检测等(基于版本修正模型)。

(2)增量(要素)更新。是指对单个地理要素进行的更新(形成基态修正模型)。需要解决的问题：变化要素的识别、冲突监测、增减、替换、拓扑重建、变化信息记录、精度等。

(3)多尺度级联更新(上述两种模型之一)。利用高一级比例尺数据更新低一级比例尺的数据。由于存在多尺度、多重表达等，需要解决的问题包括：建立金字塔结构、地理要素的自动综合、精度匹配等，同时具备上述方法的要求。

当前用户数据库的更新模式主要有同构数据库更新和异构数据库的更新。数据库更新中使用的主要技术有基于时态的增量更新技术、信息映射技术(主要解决语义基本一致的异构数据库的更新)、智能化地图综合技术、更新管道技术(建立主数据库和用户数据库的联系)和数据同化技术等。

5.8.5.2　数据更新机制建立

数据更新涉及数据的一致性处理，当对一个要素、一个图层或一个数据库进行了更新操作后，其他与之相关的内容都应当进行相应的更新操作。因而，需要建立一种联动和级联的更新驱动机制和数据的转存机制，完成整个数据库系统的更新操作，例如图5.82建立的更新机制。

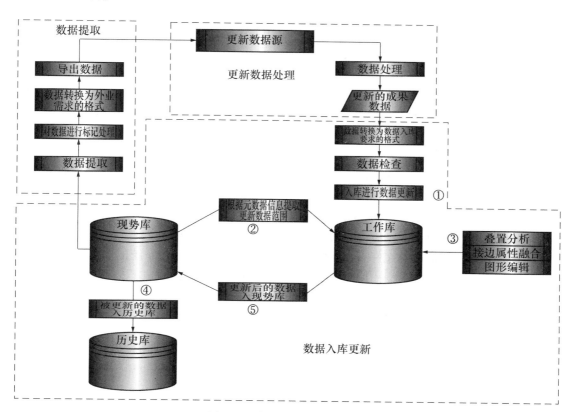

图 5.82　数据库数据更新机制

5.8.6 空间数据库备份

数据安全有两层含义：一是逻辑上的安全，如防止病毒破坏、黑客入侵等；二是物理安全，如人为的错误、不可抗拒的灾难等。前者需要系统软件保护，后者需要备份或容灾保护。

数据备份是容灾的基础，是指为防止系统出现操作失误或系统故障导致数据丢失，而将全部或部分数据集合从应用主机的硬盘或阵列复制到其他存储介质的过程。传统的数据备份主要是采用内置或外置的磁带机进行冷备份。但是这种方式只能防止操作失误等人为故障，而且其恢复时间也很长。随着技术的不断发展、数据的海量增加，不少的企业开始采用网络备份。网络备份一般通过专业的数据存储管理软件结合相应的硬件和存储设备来实现。目前比较常见的备份方式有：

（1）定期磁带备份数据、远程磁带库、光盘库备份。即将数据传送到远程备份中心制作完整的备份磁带或光盘。

（2）远程关键数据＋磁带备份。采用磁带备份数据，生产机实时向备份机发送关键数据。

（3）远程数据库备份。是在与主数据库所在生产机相分离的备份机上建立主数据库的一个拷贝。

（4）网络数据镜像。这种方式是对生产系统的数据库数据和所需跟踪的重要目标文件的更新进行监控与跟踪，并将更新日志实时通过网络传送到备份系统，备份系统则根据日志对磁盘进行更新。

（5）远程镜像磁盘。通过高速光纤通道线路和磁盘控制技术将镜像磁盘延伸到远离生产机的地方，镜像磁盘数据与主磁盘数据完全一致，更新方式为同步或异步。

数据备份必须要考虑到数据恢复的问题，包括采用双机热备份、磁盘镜像或容错、备份磁带异地存放、关键部件冗余等多种灾难预防措施。这些措施能够在系统发生故障后进行系统恢复。但是这些措施一般只能处理计算机单点故障，对区域性、毁灭性灾难则束手无策，也不具备灾难恢复能力。

5.8.6.1 磁带备份存储

目前磁带存储设备解决企业数据备份保存问题依然是行之有效的方法。磁带备份的工作原理如图 5.83 所示。

在下列情况下可选择使用磁带备份：

（1）有充足的备份时间。磁带备份与其他备份设备相比，速度慢。

（2）不需要进行快速的文件、目录恢复工作。任何采用块存储系统的备份系统都不适合数据的快速恢复。磁带是采用这种方式的设备。如果需要快速恢复，只有采用实时快照或镜像备份方式才能实现快速恢复。

（3）需要进行离线的大块数据恢复工作。

（4）需要长期的、高质量的文档存储。

（5）需要低成本的备份方案。

5.8.6.2 光盘备份存储

光盘塔和光盘库是目前网络上除磁盘阵列外，另一种类型的共享设备。

CD-ROM 光盘塔（CD-ROM Tower）是由多个 SCSI 接口的 CD-ROM 驱动器串联而成的，

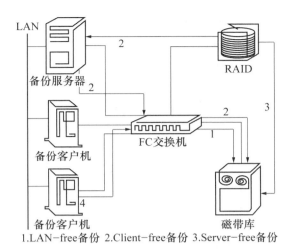

图 5.83　磁带库备份工作原理图

光盘预先放置在 CD-ROM 驱动器中。受 SCSI 总线 ID 号的限制，光盘塔中的 CD-ROM 驱动器一般以 7 的倍数出现。用户访问光盘塔时，可以直接访问 CD-ROM 驱动器中的光盘，因此光盘塔的访问速度较快。光盘塔产品如图 5.84 所示。

　　CD-ROM 光盘库(CD-ROM Jukebox)是一种带有自动换盘机构(机械手)的光盘网络共享设备。光盘库一般配置有 1~6 台 CD-ROM 驱动器，可容纳 100~600 片 CD-ROM 光盘。用户访问光盘库时，自动换盘机构首先将 CD-ROM 驱动器中光盘取出并放置到盘架上的指定位置，然后再从盘架中取出所需的 CD-ROM 光盘并送入 CD-ROM 驱动器中。由于自动换盘机构的换盘时间通常在秒量级，因此光盘库的访问速度较低。CD-ROM 光盘库主要应用于数据的备份。光盘库产品如图 5.85 所示。

图 5.84　光盘塔　　　　　　　图 5.85　光盘库

5.8.7　空间数据的管理

　　空间数据的管理模式随着 GIS 软件技术的发展不断变化。不同的管理模式对 GIS 的维护、数据操作、数据集成、数据共享等具有重要影响。

5.8.7.1　空间数据管理模式

在早期的 GIS 软件中，空间数据的几何数据（位置数据）和属性数据是由分开的数据库系统分别存储管理的，几何数据以图形文件保存，用文件系统管理，属性数据用关系数据库存储管理，图形文件中的一个图形要素对应于关系数据库中数据表中的一个属性记录，彼此通过要素的标识码（ID）来连接，这种存储管理模式称为地理相关模型，如早期的 Arc/Info 软件。面向对象的数据模型在数据的存储与管理方面，不用分开存储管理几何数据和属性数据，而是在同一个数据库中同时存储着两种数据，通常是使用经过扩展的标准商业化关系数据库，这种存储管理模式称为地理关系模型。它消除了两种数据文件系统之间因须同步带来的复杂性，如现在的 ArcGIS 软件。

空间数据库是地理信息系统的核心，地理信息系统几次重大的技术革命都是与空间数据库管理系统的技术发展相关的。20 世纪 80 年代，文件系统与关系数据库管理系统结合的空间数据管理方式和 20 世纪 90 年代末出现的对象关系数据库管理系统都代表着当时 GIS 软件的基本特征。图 5.86 表明了由第一代 GIS 到第四代 GIS 的数据管理模式的变化。

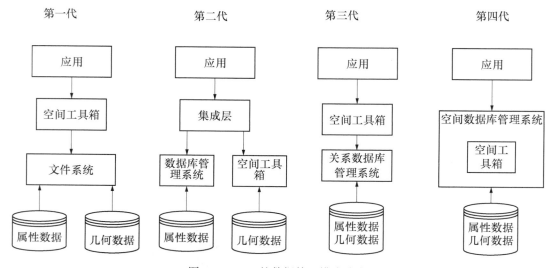

图 5.86　GIS 的数据管理模式分类

第一代 GIS 是直接建立在文件系统之上的，这些系统提供的功能非常有限。这些系统多数是依靠人工编码，缺少数据的定义可能性和进化能力。

第二代 GIS 使用了传统的数据库系统，通常是关系数据库，管理非空间数据，使用另一个文件系统管理空间数据。

第三代 GIS 试图对空间数据和非空间数据进行一体化管理。通常是在传统的关系数据库之上，增加一个管理和处理空间数据的附加系统。

第四代 GIS 是新近出现的一种类型，建立在扩展的数据库系统之上，全面支持将空间信息和非空间信息的处理，它们依靠空间基本数据类型和操作，取得系统的高度集成。

空间数据库管理系统除了提供数据存储与管理的必要操纵功能外，空间数据的逻辑组织也是创建有效空间数据库必须考虑主要因素之一。建立空间数据库的主要目的是将分幅分层生产的数据进行整理，使之符合统一的规范和标准；并对数据进行有效组织、管理，便于空间数据的查询、分发与制图。所以，空间数据库的基本要求是：数据是标准化、规范化的，采用统一的编码和统一的格式。当需要在整个区域范围内对空间数据进行操作时，必须建立逻辑上或物理上无缝的数据库，在平面方向，分幅的数据要组织成无缝的一个整体；在垂直方向，各种数据通过一致的空间坐标定位，能够相互叠加和套合。空间数据库管理系统要有高效的空间数据查询、调度、漫游以及数据分发与制图等功能。

5.8.7.2 时空数据库管理系统结构

尽管人们提出了不同的时空数据库管理系统的结构，但最有用的包括三种类型：第一种类型是带有附加地图数据层的标准关系数据库管理系统。时空数据层在标准的 DBMS 的顶层实现，分为薄层和厚层两种方法。薄附加数据层的主要思想是尽可能利用现有的 DBMS 的功能和抽象数据类型表达时空特性；厚附加数据层的主要思想是利用中间件表达时空概念，DBMS 用于永久对象的存储。这两种方法均通过扩展查询语言实现时空信息系统的概念。图 5.87 和图 5.88 分别表示薄层和厚层的管理结构。

图 5.87 薄数据层时空数据库管理系统结构

图 5.88 厚数据层时空数据库管理系统结构

第二种类型是设计与作为底层的标准 DBMS 结合型的结构。文件系统用于存储空间数据、时态数据和索引，提供对 DBMS 中数据的支持。主要的缺点是在 DBMS 和文件系统之间的坐标系统的维护以及两个系统之间的一致性是一个艰巨的任务。图 5.89 表达的是这种方案的思想。

图 5.89 基于时空 DBMS 的一种文件系统

第三种类型是扩展 DBMS，替代上述的两种实现方案。通过在 DBMS 内核上扩展增加新的组件，如数据类型、访问方法、存储结构和底层的查询处理方法，实现对时空数据的管理。如图 5.90 所示。

图 5.90 扩展的 DBMS

练习与思考题

1. 试结合空间数据的特点，说明空间数据库的定义及特点。

2. 请结合实际应用经验，比较空间数据库管理系统软件和 GIS 平台软件的功能，总结两者间的相互关系。

3. 请参考相关文献，并结合软件使用体会，阐述空间数据管理技术的发展历程。

4. 说明空间数据库的组成及其类型。

5. 试比较集中式空间数据库和分布式空间数据库各自的特点。

6. 从功能及操作角度，说明空间数据与其他数据的区别。

7. 请概括空间数据的不同访问方法。

8. 比较不同空间索引方法的特点和应用。

9. 试比较 R 树、R^+树及 R * 树的联系和区别。

10. 在选择空间索引方法的时候，主要利用什么指标来衡量索引性能？

11. 试结合图来说明空间数据查询的基本过程。

12. 为了支持空间数据查询，空间数据查询语言对传统的 SQL 做了哪些扩展？

13. 简述数据库设计的主要任务及相应内容。

14. 试说明地理目标的分层原则。

15. 试结合实例说明空间数据库的组织存储方式。

16. 试结合流程图说明空间数据的更新方法。

17. 比较不同空间数据库管理模式的基本思想及特点。

第6章 地理空间数据获取与处理

地理空间数据的来源是多样的,数据具有不同的类型、不同的格式、不同的语义、不同的时间和空间尺度、不同的空间维数、不同的精度、不同的参考系统和不同的表达方式等。本章主要介绍空间数据源类型、空间数据的数字化方法、空间数据的坐标转换、空间数据的编辑、空间数据的互操作以及空间数据的质量等。

6.1 地理空间数据源

近年来,由于国家相关数据生产部门(如测绘地理信息局、城市测绘院等)、一些专业应用部门(如土地局、房产局、规划局等)都生产了大量的数字化数据,多数以数字线划图(DLG)、数字扫描图(DRG)、数字正射影像(DOM)和数字高程模型(DEM)的形式存在。通过数据交换获取 GIS 数据的方式,将会越来越普遍。通过互联网,在创建新的数据或是购买数据之前看看哪些数据可以共享,是必要的。这些框架性(或基础性)和专业性地理数据已经成为公益性和商业性产品,同时它们也成为一种战略性资源。

6.1.1 地理空间数据源的类型

数据源是指建立 GIS 的地理数据库所需的各种数据的来源,主要包括地图、遥感数据、文本数据、统计调查数据、实测数据、多媒体数据、已有系统的数据等。可归纳为原始采集数据、再生数据和交换数据三种来源。

地图数据是 GIS 的主要数据源,是一种多尺度图形数据。地图数据具有地形图数据、地籍数据、综合管线数据、专题地图数据、规划地图数据,地表覆盖数据、土地利用数据等多种类型。在 GIS 中,主要用于生产矢量数据和数字扫描数据、数字高程模型数据和属性数据等。

遥感数据是 GIS 的重要数据源,包括多尺度影像数据和非成像数据。遥感影像数据具有卫星遥感、航空遥感、低空遥感和地面遥感等多种平台、多分辨率、多时相、多波段等多种类型。在 GIS 中,主要用于生产正射影像制图、分类制图、地理特征要素提取、数字表面模型等。

文本数据主要是一些文档资料数据,如规范、标准、条例等,作为属性数据或数字查阅使用。

统计调查数据主要是通过社会调查、人口统计、经济统计等获取的社会经济数据,作为 GIS 的属性数据或被地理空间化后进行空间分析和可视化使用。

实测数据是指通过各种传感器实时感知得到的观测数据,具有很高的时效性,在 GIS 中常用于时空数据分析。

多媒体数据主要是图片数据、视频数据和声音数据等，它们是建立对媒体 GIS 的主要数据源。

已有系统数据主要是指来自已经建成运行的系统或测绘成果数据库数据，它们经过格式转换和信息化处理后，转化在建系统的数据。随着地理信息的数字化生产方式的开展和地理数据共享服务平台的建设，这类数据在 GIS 建设中所占比重会越来越重。

再生数据是指在对数据加工处理和数据分析利用过程中产生的中间成果数据，因在某些方面具有原始数据或交换数据的特点，同时又不能通过这两种方式获得的数据。在 GIS 建设中，这类数据的比重较少。

6.1.2 地理空间数据处理内容

以各种形式存在的地理数据如果转化为 GIS 可利用的数据，需要经过一系列的数据处理。它们可能不是数字的，需要经过数字化处理；它们的参考系统不一致，需要经过坐标转换处理；它们可能没有地图坐标，需要经过地理空间参考化处理；它们的数据格式不能被在建 GIS 的软件支持，需要经过数据格式转换处理；它们可能存在不准确和矛盾，需要进行编辑和改正；当然，它们都需要按照前面章节所介绍的有关处理要求，进行建模处理、分类、分层、编码、索引、建立拓扑关系、属性取值、质量检查等处理。

值得指出的是，不同的数据源转化为 GIS 数据，转化处理的设备、方法、精度和成本也是不同的。

6.2 空间数据的数字化

非数字形式存在的数据，都必须经过数字化处理转化为数字数据，才能为 GIS 所支持和使用。已经是数字形式的数据，只需通过软件读入计算机，进行必要的处理后，为 GIS 所使用。

6.2.1 纸质地图的数字化

纸质地图数字化的方式有两种。一种方式是通过数字化仪，获得矢量数据，如图 6.1 所示。不过这种曾经在 2000 年前流行的数字化方法，现在已经不经常使用了。

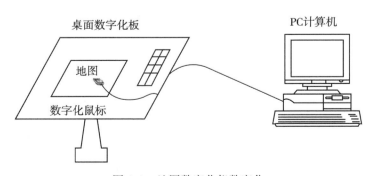

图 6.1　地图数字化仪数字化

另一种方式是使用数字扫描仪首先将需要数字化的对象转化为数字扫描图像，然后再对其进行数字化处理，是当今数字化使用的主要设备和方法。将纸质的地图、影像、文本资料等进行数字化，常采用这种方式。数字扫描仪有多种类型，如图 6.2 所示。图 6.2(a)主要用于地图的数字化，不受幅长的限制，可提供多种分辨率。数字化所得到的数字图像经坐标转换处理后，得到 DRG 数据，常用于制图和可视化的底图或背景图使用。如果对其线性化处理，可以得到 DLG 数据，经处理后得到 GIS 数据。

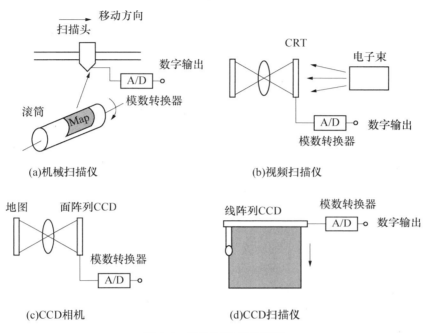

图 6.2 数字扫描仪的类型

6.2.2 影像或图片数据的数字化

遥感影像或图片、相片如果不是数字形式的，可以通过图 6.2(b)、(c)、(d)的任何一种方式进行数字化，不过分辨率不同。扫描所得到的数字数据需要进行地理坐标的参考化处理，方能与地图数据一起使用。有时还需要进行影像的拼接和匀光处理，如图 6.3 所示。

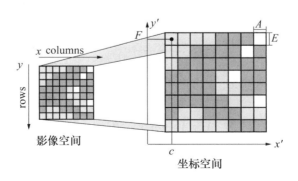

图 6.3 影像或扫描数据地理参考化

261

6.2.3 文本数据的数字化

文本数据如果不是数字形式的，也需要进行数字化处理。可以采用与影像和图片数字化的方式，但需要借助文字识别软件，转化为计算机可以识别的字符。当然，也可以采用键盘输入的方式进行数字化。

6.3 空间数据坐标转换方法

地理空间数据除了因地理参考系统不同，需要进行地理坐标和投影坐标转换外，经常还需要进行平面直角坐标系之间的转换。

6.3.1 空间坐标转换概念

两个直角平面坐标系之间的转换是根据选定的位于两个坐标系中的一定数量的对应控制点，选定坐标转换的计算方法，解算坐标转换的计算参数，建立坐标系之间转换的数学关系后，将一个坐标系中的所有对象的几何坐标转换到另一个坐标系的过程。遇到下列情形时，需要进行空间坐标转换：

（1）数字化设备坐标系的测量单位和尺度与地图的真实世界坐标系不一致时，需要将设备坐标系转换到地图坐标系。如地图数字化仪、地图扫描仪坐标到地图坐标的转换。

（2）自由坐标系到地图坐标系的转换。如一些地方坐标系（如城市坐标系）、自由测量坐标系需要转换到地图坐标系。一般来讲，地方坐标系与地图坐标系之间的转换参数是已知的，不需要解算，可以直接根据转换参数进行坐标转换。

（3）影像的文件坐标系到地图坐标系的转换。影像文件的坐标系是左上角为原点的坐标系，坐标单位是像素。将其转换为地图坐标系，也称为影像的地理坐标参考化。

（4）计算机屏幕坐标、绘图仪坐标与地图坐标的转换。在 GIS 中，地图特征是按照真实世界坐标存储的，如果将其显示在计算机屏幕，或制图输出，需要经地图坐标转换为屏幕坐标和绘图仪坐标。

（5）中心投影坐标系到地图坐标系的转换。如果是从一张中心投影的相片直接提取的数据，需要经过正射投影方法（透视投影）转换为地图坐标系。

6.3.2 常用的坐标转换方法

常用的坐标转换方法有相似变换、仿射变换、多项式变换和透视变换等。

6.3.2.1 相似变换

相似变换主要解决两个坐标系之间的坐标平移和尺度变换。当两个坐标系存在夹角，坐标原点需要平移，两坐标轴 X、Y 方向具有相同的比例缩放因子时，使用相似变换。变换公式为

$$\left. \begin{array}{l} X = A_0 + A_1 x - B_1 y \\ Y = B_0 + B_1 x + A_1 y \end{array} \right\} \tag{6.1}$$

计算这种变换，至少需要对应坐标系的 2 个对应控制点计算（A_0，A_1，B_0，B_1）的 4 个变换参数即可。超过两对坐标，采用最小二乘求解。

6.3.2.2　仿射变换

如果两个坐标系存在原点不同,两坐标轴在 X、Y 方向的比例因子不一致,坐标系之间存在夹角,倾斜等仿射变形(如图 6.4 所示),就需要采用仿射变换。仿射变换的公式为

$$\left.\begin{aligned} X &= A_0 + A_1 x + A_2 y \\ Y &= B_0 + B_1 x + B_2 y \end{aligned}\right\} \tag{6.2}$$

计算这种变换,至少需要对应坐标系的 3 个对应控制点计算 $(A_0,A_1,A_2,B_0,B_1,B_2)$ 的 6 个变换参数即可。超过 3 对坐标,采用最小二乘求解。

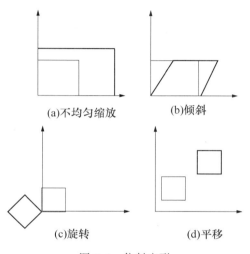

(a)不均匀缩放　　　(b)倾斜

(c)旋转　　　(d)平移

图 6.4　仿射变形

6.3.2.3　多项式变换

如果存在图形的二次或高次变形改正(如图 6.5 所示),同时需要进行坐标平移、比例缩放、旋转等,则需要采用二次或高次多项式进行转换。二次多项式为

$$\left.\begin{aligned} X &= A_0 + A_1 x + A_2 y + A_3 x^2 + A_4 y^2 + A_5 xy \\ Y &= B_0 + B_1 x + B_2 y + B_3 x^2 + B_4 y^2 + B_5 xy \end{aligned}\right\} \tag{6.3}$$

计算这种变换,至少需要对应坐标系的 6 个对应控制点计算 $(A_0,A_1,A_2,A_3,A_4,A_5,B_0,B_1,B_2,B_3,B_4,B_5)$ 的 12 个变换参数即可。超过两对坐标,采用最小二乘求解。如果是高次变形转换和改正,则需要更多的控制点。超过必要的控制点个数,采用最小二乘求解。

6.3.2.4　透视变换

如果图形存在透视变形,就需要进行透视变换。透视变换的公式为

$$\left.\begin{aligned} X &= \lambda(a_1 x + a_2 y - a_3 f) \\ Y &= \lambda(b_1 x + b_2 y - b_3 f) \\ Z &= \lambda(c_1 x + c_2 y - c_3 f) \end{aligned}\right\} \tag{6.4}$$

其中,λ、f 分别为影像的摄影比例尺和摄影机主距。计算这种变换,至少需要 5 个对应控制点计算 10 个变换参数。超过必要的控制点个数,采用最小二乘求解。

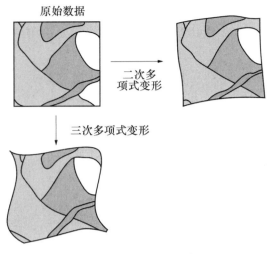

原始数据

二次多
项式变形

三次多项式变形

图 6.5　二次或三次变形

6.3.3　坐标转换方法的应用

地图在数字化时可能产生整体的变形, 归纳起来, 主要有仿射变形、相似变形和透视变形, 图纸的变形常常产生前两种变形。新创建的数字化地图, 数字化设备的度量单位与地图的真实世界坐标(测量坐标)单位一般不会一致, 且存在变形, 需要进行从设备坐标到真实世界坐标的转换。影像文件坐标的空间参考化等, 常采用仿射变换方法。

屏幕坐标、绘图仪坐标和自由坐标系之间的转换常采用相似变换方法。存在高次变形的地图数据, 如果需要与地图坐标数据进行配准、坐标转换, 则采用多项式转换方法。

数字化仪坐标到地图坐标转换, 控制点位置的选择应选择一幅地图的 4 个图廓点坐标如图 6.6 所示。

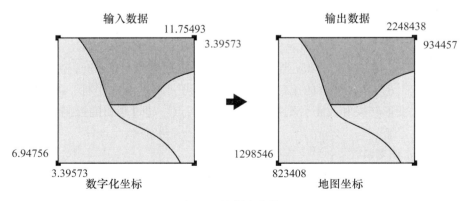

输入数据　11.75493
3.39573
输出数据　2248438
934457
6.94756
3.39573
数字化坐标
1298546
823408
地图坐标

图 6.6　控制点的位置

其他坐标转换方法的控制点的位置应在图幅内尽可能均匀选择、布局合理, 以控制变形改正的质量, 如图 6.7 所示。

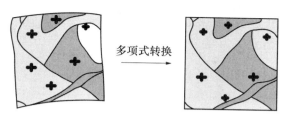

多项式转换 →

图 6.7　控制点的合理布局

6.4　空间数据编辑

空间数据编辑的任务主要有两方面：一是修改数据过程中产生的错误表达，二是将各种形式表达的数据编辑为 GIS 数据建模所要求的表达方式。

6.4.1　数据表达错误的编辑

在数据生产中，或多或少会存在一些错误的表达，这需要通过数据编辑处理加以改正，如图 6.8 所示。这些错误主要是位置不正确造成的。

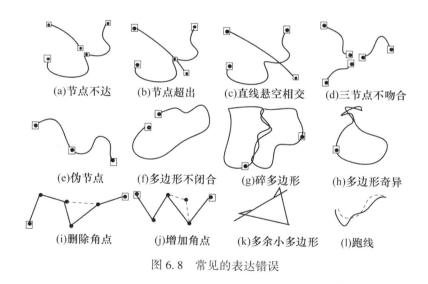

(a)节点不达　　(b)节点超出　　(c)直线悬空相交　　(d)三节点不吻合

(e)伪节点　　(f)多边形不闭合　　(g)碎多边形　　(h)多边形奇异

(i)删除角点　　(j)增加角点　　(k)多余小多边形　　(l)跑线

图 6.8　常见的表达错误

这些表达错误涉及节点、弧段和多边形三种类型。其中，节点错误主要是节点不达、超出和不吻合等。伪节点的情况不一定是错误，可能是表达的折线的角点超出所规定的个数(如 5000 个)造成的。如果节点连接的两条折线的角点个数没有超出一条折线所规定的个数，且两条折线同属一个特征，则这个节点是伪节点，应该删除它。若是节点超出，问题就转化为线的问题，应删除超出的线段。直线悬空也未必一定是错误，如城市的立交道路，如果必须相交，则应增加交点节点。节点不吻合的现象经常发生，应该将不吻合的多个节点做粘和处理。多边形不闭合，则是一条折线，会失去多边形的含义。碎多边形和奇异多边形可能是数字化过程产生的，应加以改正。删除和增加角点，会改变线性特征的形

265

状，应加以适当处理。多余的小多边形必须删除，跑线需要重新数字化或测量。实际情况是，数据表达错误远不止这些，一些特殊的表达错误需要按照节点、弧段和多边形错误改正方法进行改正，有时需要更为复杂的操作才能完成，如线分割一条线，再删除其某一部分。

6.4.2 空间数据的拓扑编辑

空间对象之间存在空间关系，如几何关系、拓扑关系、一般关系等。如果存在逻辑表达不合理，则也需要进行编辑改正。拓扑编辑主要是基于拓扑规则进行的，在 GIS 软件中，先产生拓扑类，根据拓扑类，定义拓扑规则，按照拓扑规则验证拓扑表达关系是否正确。如图 6.9 所示是一些常用的拓扑规则。

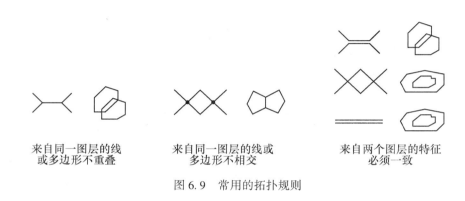

来自同一图层的线   来自同一图层的线或   来自两个图层的特征
或多边形不重叠   多边形不相交   必须一致

图 6.9　常用的拓扑规则

6.4.3 空间数据的值域约束编辑

在空间数据的错误编辑或形状编辑过程中，会影响其属性取值。这也需要一些规则来给编辑后的特征对象进行赋值。属性取值采用值域约束规则，包括范围域、编码域和缺省值等。

范围域通过设置最大和最小值域，对对象或特征类的数字取值进行规则验证，适用于文本、短整型、长整型、浮点型、双精度和日期型的数据类型。

特征的许多属性是分类属性。例如，土地利用类型可以采用一个值的列表作为约束规则，如"居住"、"工业"、"商业"、"公园"等。可以使用代码域随时更新列表约束规则。

在数据输入时，一个经常出现的情形是，对于某个属性，经常使用相同的属性取值。使用属性的缺省值规则，可以为特征类在产生、分割或合并时的子类赋缺省值。例如选择"居住"为缺省值，当地块产生、分割或合并时进行赋值。适用于文本、短整型、长整型、浮点型、双精度和日期型的数据类型。

一旦设置了上述的值域约束规则，在对象被分割和合并时，就可以为子对象进行赋值。例如，当一个地块被分割为两个时，新的地块的属性取值可能是基于它们各自面积所占的比例赋值。或者将某个属性值直接复制给这两个地块，或者将缺省值赋给新的对象。当合并对象时，新对象的属性值可以是缺省值、求和的值或加权平均值。

6.5 空间数据的互操作

因 GIS 软件所定义的数据模型和数据结构不同，造成不同的地理空间数据格式之间存在不兼容性问题，即不同的 GIS 软件所支持的数据存储格式不能直接相互利用。需经过格式转换才能相互被对方使用，空间数据互操作是指两个 GIS 之间，不同的数据格式可以相互转换和相互利用的操作。空间数据互操作是数据共享服务的基础。在数据格式转换方面，一些软件，如 FME 和 ArcGIS，支持数 10 种数据格式的互操作。

6.5.1 数据格式转换的过程和内容

数据格式是在一个文件内或其他数据源（如 DBMS 的表）中的信息的数字组织。每种数据格式都提供了能够被计算机使用的内部数据结构。每种数据格式的数字编码信息被特定的计算机程序所理解和使用。一个 GIS 用户可能要使用到多种数据格式，如矢量的、栅格的（影像的）和表的。数据转换是复杂的，包括对数据翻译的处理。你可以根据自定义的一些规则，重新定义将输入数据写入到输出数据的数据格式。可以定义两种数据格式之间的映射关系，这种转换称为语义数据转换。例如，可以将输入数据看做是一系列独立的坐标和属性数据，在输出格式中，重新生成新的特征数据和表，重新建立特征数据和表的连接，重新对表中的字段值进行分类等。格式转换分为内部数据源和外部数据源，如Coverage，Shapfile 和 Geodatabase 是 ArcGIS 的内部数据源，其他格式的数据是外部数据源。

数据转换的过程：首先从输入数据文件提取转换的数据元素，进行数据转换（重新定义数据元素），再将转换的数据写入输出数据文件。

数据格式转换的内容包括以下三个方面的内容：

（1）空间定位信息，即几何数据，主要是对象的位置和形状数据。

（2）空间关系信息，即几何实体之间的拓扑、几何关系和一般关系数据。

（3）属性信息，即几何实体的属性数据。

内部数据源的格式转换，一般都能实现完全转换，但对外部数据源，在进行空间数据格式转换时，可能遇到以下问题而转失败，从而产生信息丢失或损失：

（1）两种数据格式因定义的数据模型差别很大，特别是对象和特征定义存在较大差别，造成待转换对象不能一一对应，数据翻译失败，不能产生新的有效对象。如一些软件使用函数定义特征形状，其他软件不支持这些定义；一些软件定义的注记类，不能转换为另一些软件的注记类，当做特征数据转换，从而产生一些无效的数据。

（2）几何对象之间的空间关系定义不同。一些软件支持的空间关系，如拓扑关系不一致，造成关系信息丢失，转换后还需要重新建立拓扑关系。

（3）一般来讲，属性数据都是按照关系数据库的表存储的，多数情况下属性转换可以成功进行。但当数据分类定义不一致时，会产生语义差别，进而会影响数据的位置和关系。从而造成转换后的空间数据虽然格式一致，但空间语义具有差别，为数据的综合分析造成困难。

空间数据转换的这些问题为空间数据的在线分析利用造成障碍，因为需要进行编辑，而编辑是费时和需要专业知识的。

6.5.2 数据格式转换的方式

数据格式转换是通过转换算子进行的。数据转换算子是从一种数据格式转换到另一种格式，预先定义的一组转换设计，定义了如何将输入数据元素转换为输出数据元素的一些概念和规则。数据格式转换主要有以下三种方式：

6.5.2.1 通过外部数据交换文件进行。

大部分 GIS 工具软件都定义了外部交换文件格式，见表 6.1。

表 6.1 常用商业 GIS 工具软件的外部交换格式

软件名称	外部交换格式
ArcInfo	E00;
MapInfo	MID，MIF；
AutoCAD	DXF；
MGE	ASCII Loader

使用商业 GIS 工具软件提供格式转换软件，可以很方便实现系统之间的数据格式转换。因为外部交换格式都是文本格式，用户也可通过自己编程，进行一些特殊要求的格式转换，或将测量的文本记录表格数据写成这些外部交换格式，然后由相应的 GIS 软件读入系统。这种数据文件格式的转换需经过二次或三次转换才能完成（图 6.10）。这是当前 GIS 软件之间以及其他图形系统、数据采集系统向 GIS 进行数据转换的主要方式。

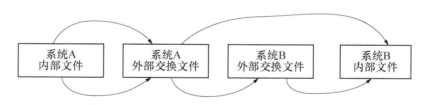

图 6.10 外部交换格式转换

6.5.2.2 通过标准空间数据文件转换

在系统之间进行数据格式转换的另一种解决方案是，定义标准的空间数据交换文件标准，每个 GIS 软件都按这个标准提供外部交换格式，并且提供读入标准格式的软件。这样，系统之间的数据交换经过二次转换即可完成（图 6.11）。这是一些国家或组织为减少信息丢失、提高数据互访的效率提供的一种数据标准策略，如美国的 SIDS 和我国的 CNSDTF 都是关于空间数据格式交换的标准。

6.5.2.3 通过标准的 API 函数进行转换

上述两种方式都是经过文件实现的数据转换方式。如果 GIS 软件都提供直接读取对方存储格式的 API 函数，则系统之间的转换只需一次转换即可完成（图 6.12）。空间数据的转换在网络应用环境是费时的。它直接影响了数据库之间的互操作效率。为此，OpenGIS 协会要求每个 GIS 软件应该提供一套标准的 API 函数，其他软件可以利用这些函数直接读

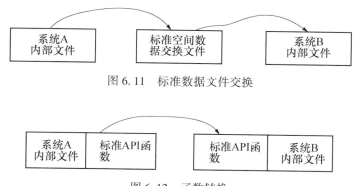

图 6.11　标准数据文件交换

图 6.12　函数转换

取对方系统的内部数据。

6.5.3　矢量数据和栅格数据的转换

矢量数据和栅格数据是一个 GIS 支持的两种重要数据格式，两者之间具有优势互补的特性。在数据分析、制图和显示时，经常需要进行二者之间的相互转换。将矢量数据栅格化，有利于利用栅格数据代数运算模式，进行空间分析，其计算成本会低于矢量数据运算。有时，将矢量数据转换为栅格数据，有利于数据的显示，如可以建立金字塔结构的数据，实现多尺度显示和缓存显示。将栅格数据转换为矢量数据，便于对数据进行几何量测运算，如需要更高精度的距离和面积量算等。

栅格数据转换为矢量数据，需要将离散的栅格单元转换为独立表达的点、线或多边形。特征的属性取决于栅格单元的属性。转换的关键是正确识别点数据单元、边界数据单元、节点和角点单元，并对构成特征的数据单元进行拓扑化处理。

矢量数据转换为栅格数据，需要更具设定的栅格分辨率，将矢量数据的空间特征转换为离散的栅格单元，即将地图坐标转换为栅格单元的行列号，栅格单元的属性通过属性赋值获得。已经有不同的矢量与栅格之间的转换算法。

矢量和栅格数据之间的相互转换在 GIS 中是重要的。栅格化是指将矢量数据转换为栅格数据格式。栅格数据更容易产生颜色编码的多边形地图，但矢量数据则更容易进行边界跟踪处理。矢量数据转换为栅格数据也有利于与卫星遥感影像集成，因为遥感影像是栅格的。图 6.13 所示是一个矢量多边形转换为栅格形式的过程。

四边形的范围确定由下式确定：

$$A_i = \frac{(x_{i+1}-x_i)(y_i+y_{i+1})}{2} \tag{6.5}$$

6.6　空间数据的质量

"质量"的具体意义根据其所应用的语境而确定的。一般而言，质量是一个用来表征人造物品的优越性、品质或证明其技术含量多少、艺术程度高低的常用语。GIS 数据质量的研究是 GIS 的重要研究内容之一。长期以来，对 GIS 数据及其分析结果的精度分析和处

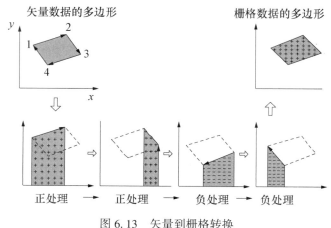

矢量数据的多边形　　　　栅格数据的多边形

正处理　→　正处理　→　负处理　→　负处理

图 6.13　矢量到栅格转换

理方法的研究，一直处于滞后状况，缺乏评定 GIS 数据质量以及分析结果可靠性的必要方法。

6.6.1　GIS 数据质量的概念

GIS 数据质量是指 GIS 中空间数据（几何数据和属性数据）在表达空间位置、属性和时间特征时所能达到的准确性、一致性、完整性以及三者统一性的程度。

研究 GIS 数据质量是出于以下的主要原因：

（1）私营部门生产的数据量增多。历史上，地理空间数据的生产主要由政府机构完成，如美国地质调查局、英国陆地测量部、中国国家测绘地理信息局等。与政府机构不同的是，一些私营公司没有义务严格遵守众所周知的质量标准，这会造成 GIS 操作的数据质量不一致，不能集成和综合利用问题。

（2）按照 GIS 要求选择地理空间数据的情况增多。越来越多的用户根据 GIS 的要求来选择 GIS 数据，如果所选的数据达不到最低质量标准，就会产生负面影响，数据的提供者因此会面临法律问题。

（3）对二次数据源的依赖性增加。数据交换标准的发展和数据交换技术能力的提高，降低了二次数据源数据的获取成本及可获取性。但同时也带来了如何评判所获得的数据质量问题和可用性问题。

（4）在一些重大的、复杂的空间决策方面，数据质量决定决策结果的正确性。因为 GIS 在综合利用各类数据方面所表现的特长，使得不同测量日期、不同测量方法、不同空间分辨率、不同质量标准等数据很容易放在一个分析决策项目中使用。可能产生决策结果的可信度和可靠性问题，而 GIS 软件并不能直接理会这些数据的质量差别。

GIS 数据质量研究的目的是建立一套评定空间数据的分析和处理的质量指标体系和评价方法，包括误差源的分析、误差的鉴别和度量方法、指标、误差传播的模型、控制和削弱误差的方法，以及质量评定指标和方法等，使 GIS 在提供产品的同时，附带提供产品的质量指标，建立 GIS 产品的合格证制度。

6.6.2　GIS 数据质量的一般指标

GIS 数据质量的一般指标有以下 5 个:

(1)准确度:用来定义地理实体位置、时间和属性的量测值与真值之间的接近程度。与误差的定义相反。独立地定义位置、时间和属性表达的准确度,可能忽略它们之间存在的相互依赖关系,而存在局限性。尽管可以独立地定义时间、空间、属性的准确度,但由于时空变化的不可分割性,空间位置和属性变化之间的依赖性,这种定义实际上意义并不大。因此,准确度更多的是一个相对意义而非绝对意义。

(2)精度:空间数据表达的精确程度或精细程度,包括位置精度、时间精度和属性精度。精细程度的另一个可替代名词是"分辨率",在 GIS 中经常使用这一概念。分辨率影响到一个数据库对某一具体应用的使用程度。采用分辨率的概念避免了把统计学中精度和观测误差概念的精度相互混淆。在 GIS 中,空间分辨率是有限的。

位置精度,又称空间精度,是指在空间数据库中空间特征的精度。对空间精度的度量依赖于空间维度。关于点对象的精度衡量标准常使用平方差、均方根误差等指标。线的误差通常使用一些 ε 带的变量定义。ε 带的定义是:在某已知代码化线条周围的不确定区域内,"实际观测的"线以一定的概率存在于该区域内。

属性精度:是一个随测量尺度变化而变化的量。对于定量属性,使用与点的精度度量方法相似;而定性属性描述的精度,目前还主要是对描述的准确性加以考量,如要素分类的正确性、属性编码的正确性、注记的正确性等,用以反映属性数据的质量。

时间精度:是指事件能被识别的最小持续时间,它受间隔记录持续时间和事件变化速率的交互影响。

(3)逻辑一致性:指数据库中没有存在明显的矛盾,如多边形的闭合、节点匹配、拓扑关系的正确性或一致性等。

(4)完备(整)性:是指数据库对所描述的客观世界对象的遗漏误差,如数据分类的完备性、实体类型的完备性、属性数据的完备性、注记的完整性等。

(5)现势性:如数据的采集时间、数据的更新时间的有效性等。

6.6.3　空间数据的误差类型

GIS 空间数据的误差可分为源误差、处理误差和传播误差。

6.6.3.1　源误差

源误差是指数据采集和录入中产生的误差,包括:

(1)遥感数据:摄影平台、传感器的结构及稳定性、分辨率等。

(2)测量数据:人差(对中误差、读数误差等)、仪差(仪器不完善、缺乏校验、未做改正等)、环境(气候、信号干扰等)。

(3)属性数据:数据的录入、数据库的操作等。

(4)GPS 数据:信号的精度、接收机精度、定位方法、处理算法等。

(5)地图:控制点精度,编绘、清绘、制图综合等的精度。

(6)地图数字化精度:纸张变形、数字化仪精度、操作员的技能等。

6.6.3.2　处理误差

处理误差是指 GIS 对空间数据进行处理时产生的误差,如在下列处理中产生的误差:

（1）几何纠正。几何纠正所用控制点的精度、纠正的数学模型精度是产生这类误差的主要原因。

（2）坐标变换。控制点的布局、精度、转换的数学模型是产生这类误差的主要原因。

（3）几何数据的编辑。在编辑过程中，节点、线的移动，交点的增加、删除、移动等都会产生编辑误差。

（4）属性数据的编辑。属性取值的合理性是主要误差产生原因。

（5）空间分析，如多边形叠置等。叠加算法的自动取舍、误差容限的给定是主要原因。

（6）图形化简，如数据压缩。压缩算法是主要原因。

（7）数据格式转换。数据格式转换会丢失数据信息，如拓扑关系信息、属性信息等。

（8）计算机截断误差。与算法规则有关。

（9）空间内插。与内插的算法有关，与数据点的分布有关。

（10）矢量栅格数据的相互转换。与算法有关，与二值化和细线化有关。二值化和细线化会影响线的中心位置的确定。栅格分辨率也是影响因素。

6.6.3.3 传播误差

传播误差是指对有误差的数据，经过模型处理，GIS 产品存在着误差。误差传播在 GIS 中可归结为三种方式：

（1）代数关系下的误差传播：指对有误差的数据进行代数运算后，所得结果的误差。

（2）逻辑关系下的误差传播：指在 GIS 中对数据进行逻辑交、并等运算所引起的误差传播，如叠置分析时的误差传播。

（3）推理关系下的误差传播：指不精确推理所造成的误差。

6.6.4 GIS 数据质量问题的检查方法

发现数据错误，探测数据精度和准确性，是研究数据质量的前提。GIS 中对数据质量检查的方法主要有直接评价、间接评价和非定量描述等。

（1）直接评价法：包括用计算机程序自动检查和随机抽样检查。

某些类型的错误可以用计算机软件自动发现，数据中不符合要求的数据项的百分率或平均质量等级也可由计算机软件算出。例如，可以检测文件格式是否符合规范、编码是否正确、数据是否超出范围等。随机抽样检查是随机抽取一部分数据，检查其质量指标。但在确定抽样方案时，应考虑数据的空间相关性。

（2）间接评价法：是指通过外部知识或信息进行推理来确定空间数据的质量的方法，用于推理的外部知识或信息如用途、数据历史记录、数据源的质量、数据生产的方法、误差传递模型等。

（3）非定量描述法：是指通过对数据质量的各组成部分的评价结果进行的综合分析来确定数据的总体质量的方法。

6.6.5 GIS 数据质量研究的常用方法

6.6.5.1 敏感度分析法

一般而言，精确确定 GIS 数据的实际误差非常困难。为了从理论上了解输出结果如何随输入数据的变化而变化，可以通过人为地在输入数据中加上扰动值来检验输出结果对这些扰动值的敏感程度。然后根据适合度分析，由置信域来衡量由输入数据的误差所引起的输出数据的变化。

为了确定置信域，需要进行地理敏感度测试，以便发现由输入数据的变化引起输出数据变化的程度，即敏感度。这种研究方法得到的并不是输出结果的真实误差，而是输出结果的变化范围。对于某些难以确定实际误差的情况，这种方法是行之有效的。

在 GIS 中，敏感度检验一般有以下几种：地理敏感度、属性敏感度、面积敏感度、多边形敏感度、增删图层敏感度等。敏感度分析法是一种间接测定 GIS 产品可靠性的方法。

6.6.5.2 尺度不变空间分析法

地理数据的分析结果应与所采用的空间坐标系统无关，即为尺度不变空间分析，包括比例不变和平移不变。尺度不变是数理统计中常用的一个准则，一方面在能保证用不同的方法能得到一致的结果，另一方面又可在同一尺度下合理地衡量估值的精度。

也就是说，尺度不变空间分析法使 GIS 的空间分析结果与空间位置的参考系无关，以防止由基准问题而引起分析结果的变化。

6.6.5.3 Monte Carlo 实验仿真

由于 GIS 的数据来源繁多、种类复杂，既有描述空间拓扑关系的几何数据，又有描述空间物体内涵的属性数据。对于属性数据的精度，往往只能用打分或不确定度来表示。对于不同的用户，由于专业领域的限制和需要，数据可靠性的评价标准并不相同。因此，想用一个简单的、固定不变的统计模型来描述 GIS 的误差规律似乎是不可能的。在对所研究问题的背景不十分了解的情况下，Monte Carlo 实验仿真是一种有效的方法。

Monte Carlo 实验仿真首先根据经验对数据误差的种类和分布模式进行假设，然后利用计算机进行模拟试验，将所得结果与实际结果进行比较，找出与实际结果最接近的模型。对于某些无法用数学公式描述的过程，用这种方法可以得到实用公式，也可检验理论研究的正确性。

6.6.5.4 空间滤波

获取空间数据的方法可能是不同的，既可以采用连续方式采集，也可采用离散方式采集。这些数据采集的过程可以看成是随机采样，其中包含倾向性部分和随机性部分。前者代表所采集物体的实际信息，而后者则是由观测噪声引起的。

空间滤波可分为高通滤波和低通滤波。高通滤波是从含有噪声的数据中分离出噪声信息；低通滤波是从含有噪声的数据中提取信号。例如，经高通滤波后可得到一随机噪声场，然后用随机过程理论等方法求得数据的误差。

对 GIS 数据质量的研究，传统的概率论和数理统计是其最基本的理论基础，同时还需要信息论、模糊逻辑、人工智能、数学规划、随机过程、分形几何等理论与方法的支持。

6.6.6 空间数据的不确定性

空间数据普遍具有不确定性，这是由众多原因造成的。空间数据的不确定性会给空间数据的分析和结果带来不利影响。准确理解空间数据不确定性概念和如何回避和降低数据的不确定性，是正确使用空间数据的基础。

6.6.6.1 空间数据不确定性的概念

GIS 中处理自然和人为环境数据时，会产生空间数据多种形式的不确定性。不确定性是指在空间、时间和属性方面，所表现的某些特性不能被数据收集者或使用者准确确定的特性，如图形的边界位置、时间发生的准确时刻、空间数据的分类以及属性值的准确度量等模糊问题。如果忽略了空间数据的不确定性，即使在最好的情况下也会导致预测或建议的偏差。如果是最坏的情况，将会导致致命的误差。GIS 使用者最起码应该知道分析中可能会引入不确定性因素，以及向用户提供分析结果时应包括不确定性分析的内容，同时给出因不确定性而产生的各种不同结果。图 6.14 给出了空间数据不确定性的概念化模型。

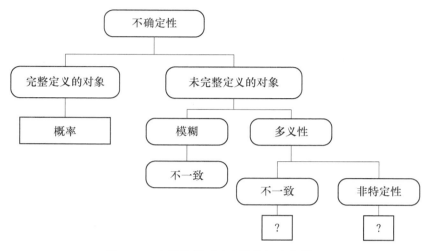

图 6.14　空间数据不确定性的概念化模型

　　上述模型说明，不确定性最本质的问题在于如何定义被检验的对象类（如土壤）和单个对象（如土壤地图单元），即问题的定义。如果对象类和对象都能完整定义，则不确定性由误差产生，而且在本质上问题转化为概率问题。如果对象类和单个对象未能完整定义，则能识别不确定性的因素。如果对象类和单个对象未能完整定义，则类别或集合的定义是模糊的，利用模糊集合理论可以方便地处理这种情况。另一种情况是多义性的，即在定义区域内集合时相互混淆。这主要是由不一致的分类系统引起的，包括两种情况，一是对象类或个体定义是明确的，但同时属于两种或以上类别，从而引起不一致；另一种情况是指定一个对象属于某种类别的过程对解释是完全开放的，这个问题是"非特定性的"。

　　为了定义时空维度上对象不确定性的本质，必须考虑是否能在任一维度上将一对象从其他对象中清楚，且明确地分离出来。在建立空间数据库时，必须弄清的两个问题是，对象所属的类能否清楚地同其他类分离出来？在同类中，能否清楚地分离出对象个体？

6.6.6.2　完整定义地理对象的例子

　　在发达国家，人口地理学都有完整的定义，即使不发达国家也是如此，尽管实施时有点模糊。通常一个国家包括许多边界精确的区域，每个区域都有特殊的属性与之对应。它们通过特殊的限定，逐级合并形成严格的区域层次结构。另一个完整定义的例子是土地所有权。定义完整的地理对象基本上是由人类为了改造他们所占据的世界而创建的，在组织良好的政治、法律领域都存在。其他对象，如人工或自然环境中的对象，看上去似乎也是完整定义的，但这些定义倾向于一种测量方法和烦琐精密的检查为基础，因此这样的完整定义是模糊的。

6.6.6.3 不完整定义地理对象的例子

植被制图中存在着不确定性，如从一片树林中完全准确地划分林种的范围是困难的。实际划分时，可能需要根据各类林种所占的百分比来确定边界作为标准。但两个林种之间相差 1% 会是什么情况呢？在自然界中，这种边界过渡的现象很普遍，没有明显的边界。

练习与思考题

1. 试比较不同空间数据源的特点。
2. 什么情况下需要进行空间坐标转换？
3. 试结合实例说明拓扑关系在空间数据查错和编辑中的应用。
4. 请概括空间数据格式转换的内容和方式。
5. 参考相关文献，说明矢量数据和栅格数据间的转换方法。
6. 概括评价空间数据质量的指标。
7. 结合实例说明空间数据的误差类型。
8. 简述空间数据质量检查的方法。
9. 结合实例说明空间数据不确定性的来源及类型。

第7章 地理空间分析

空间分析是建立 GIS 的目的之一。空间数据只有经过操作处理才能转换为人们需要的信息。空间分析的类型和方法十分丰富，但空间分析的方法有时也是十分复杂的。本章主要介绍当前 GIS 软件所支持的基本地理空间分析方法。根据 GIS 所存储和管理的数据集类型，地理空间分析主要包括地理空间操作分析、地理空间统计分析、数字表面模型分析、跟踪分析和事务分析等，其中，地理空间操作分析包括矢量数据分析、栅格数据分析和网络数据分析。

7.1 概述

获取空间信息需要对空间数据进行分析和分析建模。空间分析的过程说明了空间分析和建模的具体内容。

7.1.1 空间分析的功能

地理空间分析提供了对空间数据广泛而强大的空间分析建模和分析方法。可以创建、查询地图数据，基于栅格单元的栅格分析、集成的矢量或栅格的分析，从现有的数据产生新的信息，查询跨越多图层的数据，充分整合栅格数据与传统的矢量数据源等。主要分析功能有：

（1）从已有的数据中获得新的信息。如从点、线和多边形数据中获得距离信息；从某些点上的测量值计算人口密度；对现有的数据进行适当的分类；从数字高程模型（DEM）中获得坡度、坡向、山体阴影信息等，如图 7.1 所示。

图 7.1 从 DEM 中获取坡度、坡向和阴影信息

（2）寻找合适的位置。通过图层之间加权叠加分析，利用图层的结合信息，为特定的对象寻找最合适的区域，如建筑物选址、分析最高风险的洪水淹没区或滑坡区等。基于一组输入的条件，进行最佳位置的选址分析，如居住区选址分析（条件：居住区位于非耕地区域，靠近河流和公路，不能位于最陡峭的地形区域等），如图7.2所示。

图7.2　浅色最适合，浅灰色中等，深灰色最不适合

（3）确定位置之间的最佳路径。如以经济、成本、环境或其他条件为输入条件，为道路、管线或动物迁徙规划最佳路径或走廊。最短路径或许不是最低成本路径，可能有几个备选的路径，如图7.3所示。

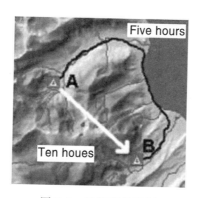

图7.3　最佳路径规划

（4）距离和旅行成本分析。通过产生欧氏距离表面，理解从一个位置到另一个位置的直线距离；或通过产生加权成本距离表面，理解基于一组输入条件，从一个位置到另一个位置需要的成本，如图7.4所示。

（5）基于局部环境、小邻域或预先定义的分区进行统计分析。在多个栅格图层之间，按照每个单元进行计算，如计算10年一个周期的作物平均产量。通过计算研究邻域特征，如一个邻域内的物种多样性分析。计算每个分区的均值，如计算每个森林分区的平均高程等，如图7.5所示。

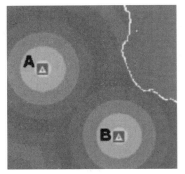
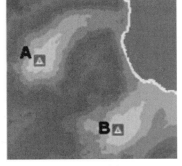

距离分析　　　　　　　　　旅行成本分析

图 7.4　距离和成本分析

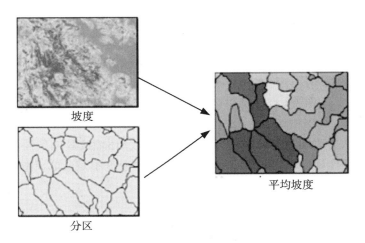

坡度

分区

平均坡度

图 7.5　区域统计

（6）基于采样数据的研究区域的插值计算。根据离散的采样数据点的值，通过插值计算获得预测点位置的值。如利用高程点、污染点或噪声点采样数据，产生表面模型，如图7.6所示。

（7）为进一步分析和显示，清理各种数据。对存在某种错误的或非正确关联的数据进行清理，或进行数据的聚类或聚合，如图7.7所示。

7.1.2　空间分析建模

对空间问题的建模，分为两类：一是对空间数据进行表达的建模，这在前面已经叙述；二是对空间数据进行处理和计算建模。

处理模型是描述在表达模型中建模的对象的交互处理。使用空间分析的工具对对象之间关系进行建模。由于在对象之间存在不同类型的交互操作，因此 GIS 软件需要提供大量合适的工具来描述这类交互操作。处理模型有时也被称为地图建模。处理模型经常用于描述处理过程，但也经常用于对一些即将发生的行为进行预测。每个空间分析操作或功能都可以被认为是一个处理模型。一些处理模型是简单的，但另外一些处理则可能相当复杂。

采样点数据　　　　　　　　　　插值表面

图 7.6　插值计算

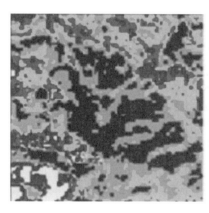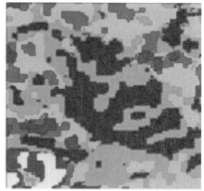

图 7.7　数据清理

其复杂性可能需要增加逻辑描述、结合多个简单处理模型，将简单模型视作空间分析的对象进行建模。例如，两个图层之间的叠置计算，逻辑运算等是简单处理模型，它们可以组合成对多个图层的混合计算的复杂模型，甚至是矢量数据和栅格数据图层的混合计算的复杂模型，如图 7.8 所示。

空间数据的分析模型有很多种类，它们用于解决不同的空间问题。例如，适宜性建模，用于寻找像新校址、新的定居点、新的污水处理厂等的最佳位置；距离建模，用于计算如从武汉飞往华盛顿的飞行距离等；水文模型，用于分析水的流向；表面建模，用于分析某个区域不同位置的污染水平等。

7.1.3　空间分析的过程

空间分析是根据建立的处理模型对数据进行的一系列操作和解释的过程。空间分析的过程分为 6 个步骤，如图 7.9 所示。

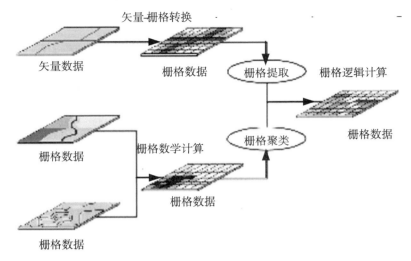

矢量-栅格转换

矢量数据   栅格数据   栅格提取   栅格逻辑计算

栅格数据

栅格数据   栅格数学计算   栅格聚类

栅格数据

栅格数据

图 7.8　复杂处理模型

为了解决空间问题，必须对要解决的问题和预期达到的目的进行清楚的描述和定义。在理解了分析的目的之后，需要将问题分解为一系列实现的目标，确定实现目标的分析元素和交互操作，并从数据库中（表达模型）产生分析用的输入数据集。通过将问题分解为一系列的目标，可以发现为实现分析目的需要的一系列必要的处理步骤。例如，分析的目的是为放养驼鹿寻找最佳地点，则分析的目标可能是寻找近期用于放养驼鹿的位置在哪里、什么植被类型最适合喂养驼鹿、有无充足的水源，等等。对目标进行排序，就可以厘清解决问题的大致思路。

一旦目标确定之后，接下来需要确定分析元素，以及元素之间的交互操作，以实现分析的目标。元素可能需要通过表达建模，交互操作通过处理建模。驼鹿和植被类型可能是必需的少数元素，道路网络和人类居住地的位置可能对驼鹿产生影响。交互操作应考虑这些元素之间的相互影响。可能需要一系列的处理模型才能完成分析。这一步还需要确定一些数据集，如在过去的一周中的驼鹿的踪迹、植被分类、居民地或道路等。一旦确定了元素，需要将它们表达为一组数据层（表达模型），这就需要理解 GIS 的数据表达模型。整体处理模型包括一系列的目标、处理模型和数据集。

理解独立对象在景观中的空间和属性关系以及在表达模型中的关系是重要的。为了理解这些关系，需要对数据进行探索。在 GIS 中，一般都提供了丰富的空间数据探索工具供使用。

执行空间分析就是确定哪些分析工具用于建立整体分析模型，并运行模型。例如在驼鹿的例子中，可能需要使用选择工具、缓冲区工具等。

分析结果的验证是解决如果要想获得最佳结果，还需要调整或改变哪些条件和参数；也可能根据建立的多个模型，进行结果比较，从中选择最佳模型和最佳结果等。

结果应用是将分析的结果与图 7.9 中步骤 1 的目的进行比较，或在实际中使用分析的结果。

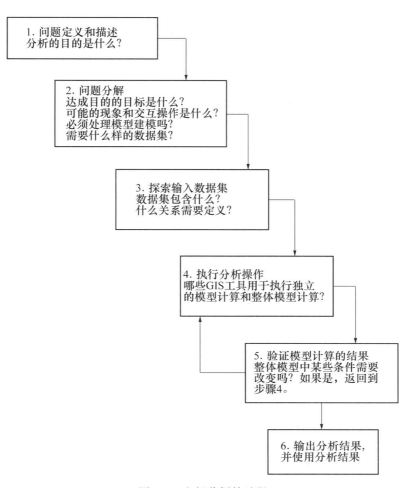

图 7.9　空间分析的过程

7.2　栅格数据分析

栅格数据分析方法一般具有固定的分析模式。

7.2.1　基于栅格单元的分析

理解基于栅格单元模型分析方法的最简单方法是从一个独立的栅格单元透视角度(蠕虫眼法)而不是从整体栅格透视角度(鸟眼法)来看待栅格数据,即把自己看做是栅格数据集中的一个栅格单元,一个位置,一个值。GIS 软件会提供一系列的操作算子或函数,基于定义的规则用于处理栅格数据的值。

为特定的位置上的栅格单元计算一个输出值,需要知道 3 个条件:

(1)特定栅格单元的位置和值;

(2)处理使用的操作算子或函数;

(3)哪些其他栅格单元的位置和值需要被包含在算法里。

为了满足这 3 个条件，需要完成下列操作：

（1）自动识别输入栅格数据的单元的位置和值；

（2）每个算子或函数对处理位置和值的方法是不同的，应该选择正确的使用方法；

（3）在计算时，可能仅知道某个位置的值，对其进行处理，有时需要知道其邻域的值，进行邻域值的处理，或需要知道其他数据集的栅格单元的位置和值；

（4）这些处理都是基于栅格单元一个一个被独立处理的，需要计算每个单元的值；

（5）一些算子和函数允许重新定义邻域的大小。

7.2.1.1 运算符和函数

对独立栅格单元操作主要有算术运算、关系运算、位运算、布尔运算、组合运算、逻辑运算、累计运算和赋值运算等，最大值、最小值、重采样等计算，以及余弦函数、邻域统计函数、分区统计函数、代数操作算子、欧氏距离函数等，主要运算符见表 7.1。

表 7.1 **栅格单元操作的主要运算符**

运算符类别					
算术	+	−	*	/	Mod
关系	>	<	= =	> =	
位	《	》			
布尔	&&	|	!		
组合	and	or	xor		
逻辑	In	diff			
累计	+ =	* =	− =		
赋值	=				

与栅格地图模型操作有关的算子和函数主要分为 6 个类型：

（1）局部函数，处理单个栅格单元位置的值；

（2）焦函数，处理邻域内栅格单元的值；

（3）分区函数，处理分区内栅格单元的值；

（4）块函数，处理移动窗口内的单元值；

（5）全局函数，处理栅格数据集的所有栅格单元的值；

（6）执行一个特定的应用分析，如水文分析函数等。

上述 6 个类型的分析方法不仅与数据的属性值有关，也与数据的几何表达有关，如图层间的分辨率、邻域或分区的空间配置等。

基于这些运算符和函数，可以进行栅格数据层之间的栅格叠置运算、重采样运算，以及密度分析、水文分析、表面分析、数据概括等，如图 7.10 所示。

（1）局部函数是基于栅格单元运算的函数，输出生成一个新的栅格数据层，其中每个栅格单元的值是与这个位置相关的一个或多个其他栅格数据层数值的函数，如最大值、最小值、多数值和少数值的计算。局部函数操作图示如图 7.11 所示。局部运算函数有 4 种类型：数学函数运算，包括三角函数、指数函数、对数函数、幂函数等；分类函数，如分

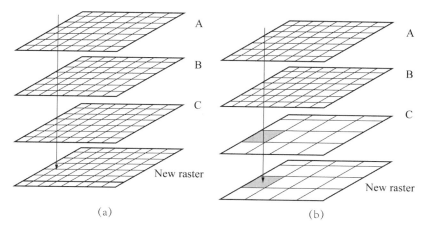

（a）　　　　　　　　　　　　　（b）

图 7.10　栅格数据层之间的运算

类和重分类函数等；选择函数，如矩形选择、多边形选择、圆形选择以及条件选择等；统计函数，如最大、最小、均值等。

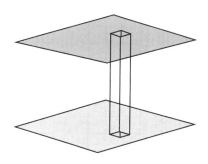

图 7.11　局部函数操作示意图

（2）焦函数或邻域函数是根据近邻的栅格大圆计算输出值的函数。焦函数生成一个新的栅格数据层，其中每个栅格的生成值是该位置的输入值与其邻域栅格单元值的函数（如图 7.12）。这个函数计算需要适应滑动邻域窗口，其形状有圆形、正方形和圆环形，但不限于这几种。邻域函数计算的结果赋给焦元（图 7.13），故称为焦函数。邻域的形状如图 7.14 所示。

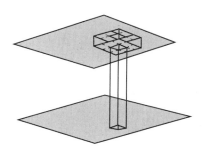

图 7.12　焦函数操作示意图

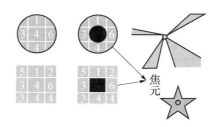

图 7.13　焦元和邻域的概念

图 7.14　邻域的形状

利用邻域函数计算邻域统计的例子如图 7.15 所示。

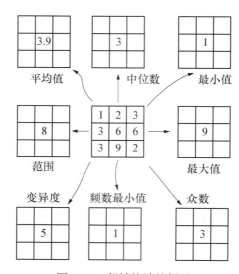

图 7.15　邻域统计的例子

（3）分区函数与邻域函数很相似，都是基于邻域的思想的，但分区函数的邻域是作用在地理空间的类型区域上的。分区的定义是栅格数据中所有具有相同栅格值的单元，不管是否在空间上是相邻的，如居民区、道路等都可以作为分区。采用分区的统计函数，可以对每个分区计算其统计量，如众数（多数值）、最大值、最小值、均值、标准差、范围、变异度、和等，如图 7.16 所示。

（4）块函数是一种滑动窗口的操作函数，主要用于对栅格数据的某种处理。使用的计算函数与邻域函数相同，但使用的邻域是矩形的，在空间上的滑动过程不是逐个单元移动的，而是按照矩形窗口的大小，先从左到右，再从上到下滑动，根据统计量对窗口覆盖的单元进行计算后再赋值给这些单元。如图 7.17 所示。

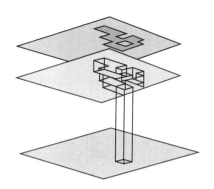

图 7.16　分区函数操作示意图

3	2	1	3	2	3
1	4	5	6	4	5
2	7	3	2	7	3
3	2	1	3	2	4
1	4	5	1	4	5
2	7	3	2	7	3

min3×3Block=

1	1	1	2	2	2
1	1	1	2	2	2
1	1	1	2	2	2
1	1	1	1	1	1
1	1	1	1	1	1
1	1	1	1	1	1

(a) 3×3窗口，计算最小值

3	2	1	3	2	3
1	4	5	6	4	5
2	7	3	2	7	3
3	2	1	3	2	4
1	4	5	1	4	5
2	7	3	2	7	3

mean3×3Block=

3.1	3.1	3.1	3.9	3.9	3.9
3.1	3.1	3.1	3.9	3.9	3.9
3.1	3.1	3.1	3.9	3.9	3.9
3.1	3.1	3.1	4.5	4.5	4.5
3.1	3.1	3.1	4.5	4.5	4.5
3.1	3.1	3.1	4.5	4.5	4.5

(b) 3×3窗口，计算平均值

3	2	1	3	2	3
1	4	5	6	4	5
2	7	3	2	7	3
3	2	1	3	2	4
1	4	5	1	4	5
2	7	3	2	7	3

varity3×3Block=

6	6	6	7	7	7
6	6	6	7	7	7
6	6	6	7	7	7
8	8	8	6	6	6
8	8	8	6	6	6
8	8	8	6	6	6

(c) 3×3窗口，计算变异度（窗口中的值不相同的栅格的个数）

图 7.17　块函数计算

　　(5)全局函数是基于对整个栅格数据集的计算函数，主要包括距离函数、方向函数、表面函数(坡度、坡向、光照函数等)，用于水文和地表水建模分析的一些函数以及多变量统计分析的各种函数，如多元线性回归、逻辑回归、多变量分类分析、因子分析等。

（6）栅格数据的重采样算法主要有最邻近单元法、双线性插值法和三次卷积法等，如图 7.18 所示。

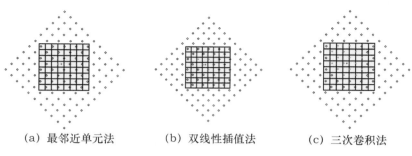

（a）最邻近单元法　　　（b）双线性插值法　　　（c）三次卷积法

图 7.18　栅格数据的重采样

7.2.1.2　栅格单元分析的几个问题

栅格数据分析时，有几种情况需要注意：

1."无值"的处理

在栅格数据分析中，每个单元一般都有一个值，但有时也会出现"无值"的情况。"无值"与值为 0 是不同的。在计算时，对"无值"的处理有两种方式，一是总是返回"无值"；二是忽略"无值"的单元。在具体应用时，应根据具体情况选择处理方式。

2.输出范围的确定

栅格分析的输出范围可能是某个矩形区域。这就需要在地图坐标空间使用地图坐标精确定义其范围，如图 7.19 所示。

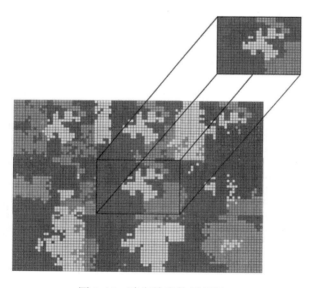

图 7.19　确定输出数据范围

3.掩膜处理。 栅格运算符或函数仅作用于栅格数据集的部分范围的栅格单元，需要使用掩膜图层进行定义。掩膜图层可以是栅格数据层，也可以是矢量数据层。在掩膜范围外的栅格单元不被处理，在结果图层中被赋值为"无值"，如图7.20所示。

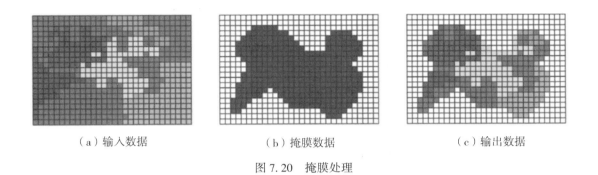

（a）输入数据　　　　　　　　（b）掩膜数据　　　　　　　　（c）输出数据

图7.20　掩膜处理

7.2.2　密度分析

密度分析是将已知的一些现象的观测量，根据每个位置的观测值和它们位置之间的空间关系，传播到整个研究区域的分析方法。密度表面显示的是点或线特征在哪里是集中的。例如，有一组点数据，表示每个镇的人口总数，但想知道覆盖整个区域的更多人口分布信息，因为生活在每个镇的人不可能覆盖每个点，所以就需要构建密度表面，来预测每个点的人口数量，如图7.21所示。

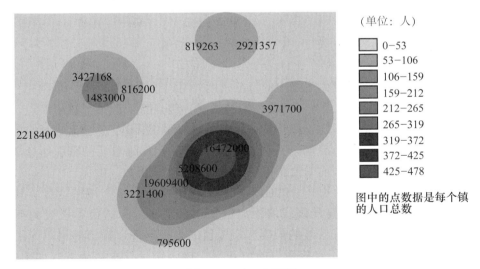

图7.21　人口密度图

密度计算的方法分为简单的计算方法，如点特征和线特征密度计算，以及核密度计算方法。

7.2.2.1　点密度计算

点密度计算是为每个输出栅格单元计算邻域内点特征的密度。需要为围绕每个栅格单元中心定义一个邻域。落入每个邻域的点的数值进行简单求和，或加权求和，然后除以邻

287

域的面积，得到这个单元的密度。

7.2.2.2　线密度计算

线密度计算是为每个输出栅格单元计算邻域内的线特征密度。密度是单位面积的长度单位数。计算方法是以输出单元为中心，以搜索半径定义一个圆，每条线落入圆内的部分，其长度乘以其代表的值，然后对所有的值求和，再除以圆的面积，得到线的密度，如图7.22所示。

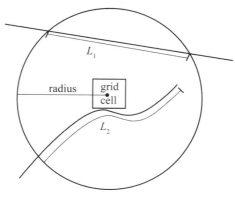

图 7.22　线密度计算

计算公式是：

$$密度 = \frac{(L_1 \cdot V_1) + (L_2 \cdot V_2)}{圆面积} \qquad (7.1)$$

其中，L_1，L_2 是落入圆的线的长度；V_1，V_2 是其代表的值。

7.2.2.3　核密度计算

核密度计算围绕特征的搜索半径内的特征密度，可以计算点和线的密度。

（1）点特征的核密度是指用光滑的曲面拟合通过一组点特征的每个核密度点。表面的值在该核密度点位置时最大，随着离开该点的距离增加逐渐减小，达到距离该点的搜索半径时降为0。表面以下的体积等于该点字段的值。每个输出栅格单元的密度通过累加覆盖输出栅格单元中心的所有核表面的值获得。核函数是二次核函数。

（2）线特征的核密度是指用光滑的曲面拟合通过线特征的每个核密度线。其值在该核密度线位置时最大，随着离开该线的距离增加逐渐减小，到达距离该线的搜索半径时降为0。表面以下的体积等于线的长度和字段值的乘积。每个输出栅格单元的密度通过累加覆盖栅格单元中心的所有核表面的值获得。核函数是二次核函数。如图7.23所示，显示的线段是拟合核表面使用的，该线段对密度的贡献等于在栅格单元中心的核表面的值。

7.2.3　欧氏距离分析

欧氏距离函数描述了每个栅格单元与一个源或一组源的关系。欧氏距离函数有三类：

（1）欧氏距离计算栅格数据中的每个栅格单元到最近的源的距离，如到最近城镇的距离是多少；

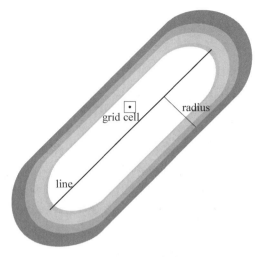

图 7.23   线核密度

（2）欧氏空间分配将栅格单元按照最邻近度分配给一个源，如分配到最近的城镇。

（3）欧氏方向确定每个栅格单元到最近的源的方向，如到最近城镇的方向。

这里，源是兴趣目标的位置，如井、商场、道路或城市等。如果源是一个栅格数据，它必须是只有源栅格单元有值，其他栅格单元无值；如果源是特征，则必须转换为栅格数据。

7.2.3.1   欧氏距离输出栅格数据

欧氏距离输出栅格数据包含从每个栅格单元到最近的源的量测距离。距离计算按照欧氏直线距离以栅格的投影单位计算，如英尺或米，且从栅格单元的中心到中心。图 7.24 所示的是计算每个栅格单元到最近城镇的距离。

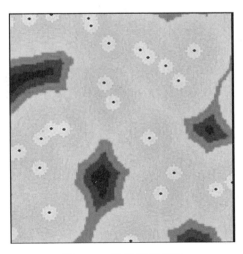

图 7.24   欧氏距离栅格

7.2.3.2　欧氏空间分配

　　在欧氏空间分配输出栅格数据中的每个栅格单元被分配给距离它最近的一个源，并赋给源的值，距离按照欧氏距离计算，实现对空间的划分。图 7.25 所示的是每个栅格被分配给最近城市的例子。

图 7.25　欧氏空间分配

7.2.3.3　欧氏方向输出栅格

　　欧氏方向输出栅格数据包含每个栅格单元到最近的源的方位角的值，单位是度，正北方向为 360 度。图 7.26 所示的是每个栅格到最近城市的方向。

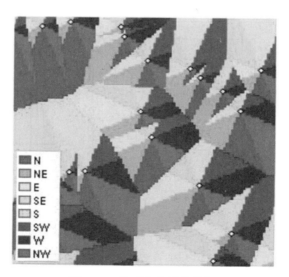

图 7.26　欧氏方向栅格数据

7.2.3.4 欧氏距离算法

每个栅格单元到最近的源的欧氏距离是这样计算的，由栅格单元到源栅格单元的最大 X 距离和最大 Y 距离构成的直角三角形的斜边，这是真欧氏距离，不是栅格单元之间的距离。如图 7.27 所示。

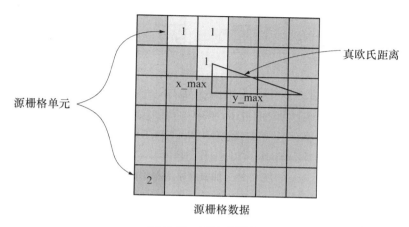

图 7.27 真欧氏距离

7.2.4 成本距离分析

成本距离是计算在一个成本表面上，每个栅格单元到定义的源的位置的最小累积距离。计算条件是必须具有一个源和成本表面。源是生成成本表面的起点。成本表面的栅格值是成本值，即穿越这个栅格所消耗的代价。成本距离用于寻找最低成本路径，包含两个计算函数，成本距离函数和成本路径函数，前者为后者服务。

7.2.4.1 成本表面

构建成本表面可分为以下几个步骤：

（1）成本表面的成本可能由多种成本元素构成，如地形坡度、坡向或土地利用等。在生成成本表面前，必须将它们的尺度统一，如按照它们的贡献大小，分成 1~10 的 10 个等级。级别越高，贡献成本越大。如图 7.28 所示。

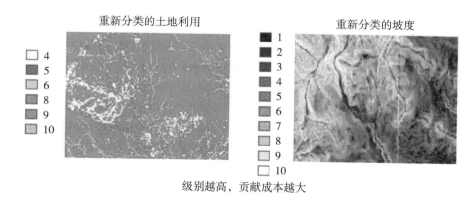

级别越高，贡献成本越大

图 7.28 栅格数据的重新分类

291

（2）根据分类栅格数据，按照权重的百分比构建加权栅格数据集，如图7.29所示。

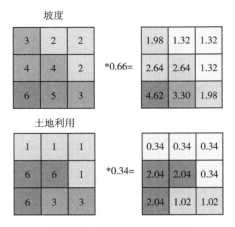

图7.29　加权栅格数据集

（3）合并加权栅格数据集得到成本表面。如图7.30所示。

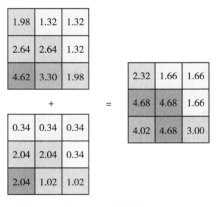

图7.30　成本表面

成本距离分析是根据成本表面和源，计算每个栅格单元到源栅格单元的累积成本值，生成成本距离栅格数据。如图7.31所示。

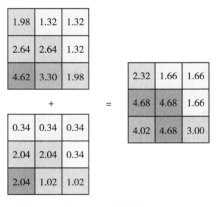

图7.31　成本距离表面

成本表面仅告诉了每个栅格到源的总成本，但没有告诉如何到达源栅格单元，这时就需要计算方向。方向栅格数据提供了一个路线图，定义了这样的一条路线：从任意一个栅格单元出发，沿着最低成本路径，返回到最近的源栅格单元，如图 7.32 所示。方向矩阵的单元值是本栅格单元邻近栅格单元中成本最小的那个栅格单元的方向编码值。这样，根据方向矩阵，可以计算得到多条路线，取成本总和最小的就是最小成本路线。

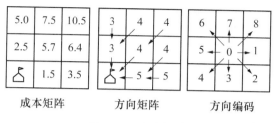

| 成本矩阵 | 方向矩阵 | 方向编码 |

图 7.32　方向矩阵

7.2.4.2　成本距离算法

成本距离函数与欧式距离函数类似，但欧氏距离是计算从一个点到另一个点的实际距离，成本距离是最小权重距离（或最小累积旅行成本）。单位是以权重为单位，不是地理长度单位。

水平和垂直的方向走法的成本距离计算方法如图 7.33 所示。对角线方向的计算如图 7.34 所示。

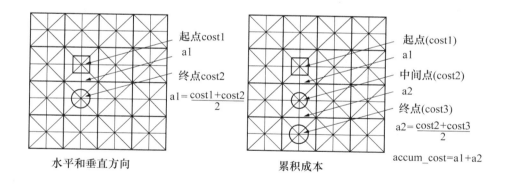

图 7.33　水平和垂直成本距离计算

7.2.4.3　最小成本路径和最小成本走廊

有了成本距离矩阵，就可以根据起点和终点计算最小成本路径或走廊。如图 7.35 所示。

7.2.5　栅格数据的提取方法

对栅格数据需要提取一个子数据集，方法有 3 类：

（1）通过属性提取；

293

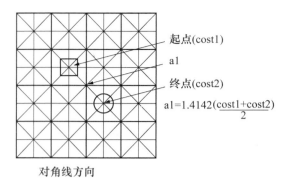

图 7.34　对角线成本距离计算

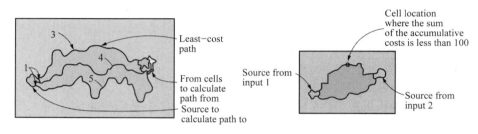

图 7.35　最小成本路径或走廊

（2）通过形状提取；

（3）通过掩膜栅格数据提取。

通过属性提取的方法是根据设置的属性值，提取大于、小于或等于该值的栅格单元。通过形状的提取是根据设定的图形形状，如圆形、矩形或多边形，提取位于图形内的栅格单元，如图 7.36 所示。

基于掩膜栅格的提取是以掩膜栅格单元的值与源栅格数据的值做逻辑运算，真的值提取出来，将原值赋给该栅格；非真的其他栅格赋给无值，如图 7.37 所示。

7.2.6　栅格数据的概括分析

栅格数据的概括分析的目的是清理栅格数据中小的错误，或对数据进行综合，去掉小的不必要的细节，获得概括的数据。如图 7.38 所示。数据概括需要经过一系列的处理算法，如滤波、光滑、聚类聚合、区域合并、属性赋值等，如 ArcGIS 提供的多边形概括分析，图 7.39 是多边形聚类分析，有两种选择，保持正交性和不保持正交性。

7.2.7　水文分析

水文分析是基于栅格数据的排水系统的一种分析方法。排水系统是由排水区域和水流流向一个出口点的排水网络组成。通过一个排水系统的水的流动只是通常所称的水文循环一个子集，包括降水量、蒸发量和地下水。下面的分析内容和方法只是水文汇流分析。

 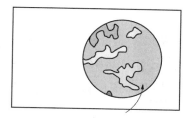

（a）基于圆形的提取

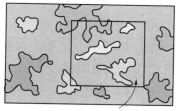 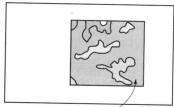

（b）基于矩形的提取

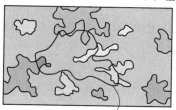 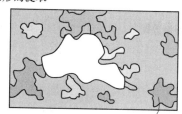

（c）基于多边形的提取

图 7.36 基于形状的提取

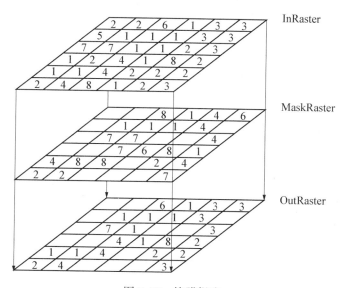

图 7.37 掩膜提取

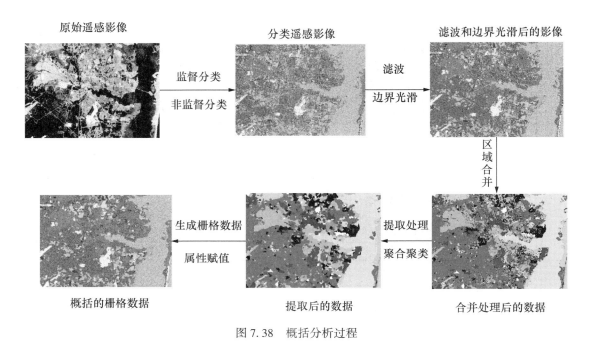

原始遥感影像　　　　　　　　分类遥感影像　　　　　滤波和边界光滑后的影像

监督分类　　　　　　　　　滤波
非监督分类　　　　　　　　边界光滑

区域合并

生成栅格数据　　　　　　　提取处理
属性赋值　　　　　　　　　聚合聚类

概括的栅格数据　　　　　提取后的数据　　　　　合并处理后的数据

图 7.38　概括分析过程

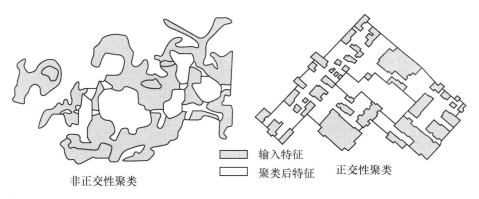

非正交性聚类　　　　　　　输入特征　　　　正交性聚类
　　　　　　　　　　　　　聚类后特征

图 7.39　多边形聚类

7.2.7.1　汇流盆地的概念

汇流盆地是水流和其他物质共同出口的一个区域，汇流盆地也称为流域、盆地、集水区或贡献区。这个区域通常定义为流向一个出口或汇流点的整体区域。汇流点或汇水点是水流流出汇流盆地的点，通常是沿盆地边界上的最低点。两个盆地之间的边界称为分水岭或流域边界。如图 7.40 所示。

水流流向出口的网络可以可视化为以出口为根节点的树形网络，树的分支是溪流。两个分支的交点称为节点或连接点。连接两个连续的节点或一个节点与出口点的分支部分称为链。

7.2.7.2　DEM 数据的检查

汇流分析是基于 DEM 数据的，如图 7.41 所示，是格网 DEM。利用 DEM 进行汇流分析时，一些数据错误必须清理或修改，主要错误是凹陷和尖峰。凹陷是被一些高值环绕的

296

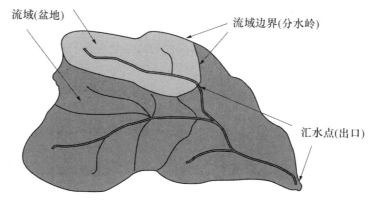

图 7.40　汇流盆地

区域，也称为洼地或坑，是一个内部汇水区域。尖峰是被较低值环绕的区域。这些区域可能不是错误，是自然的，如冰川或岩溶地区，山地陡峭地区。尖峰一般不太影响流动方向的计算。在进行汇流分析之前，凹陷和尖峰需要进行处理，特别是凹陷，会影响水流方向和路径的分析。

图 7.41　数字高程模型数据

7.2.7.3　汇流分析的算法

在进行流域绘制和定义水流网络时，需要一系列操作的步骤。有些步骤是必须要做的，有些是可选的，主要根据数据的特性而定。穿越表面的水流总是向最陡的下坡方向流动。一旦每个栅格单元流出的方向已知，则有多少栅格单元流向任何给定的栅格单元是可以确定的。这个信息可以用于确定流域的边界和水流网络。如图 7.42 所示。

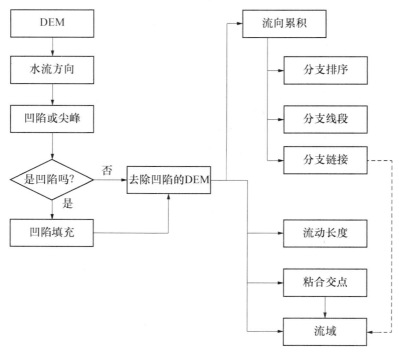

图 7.42　汇流分析过程

从 DEM 开始,确定栅格单元流向其他单元的流向,如果有凹陷,则填充凹陷,得到去除凹陷后的 DEM。如果是为了构建流域,则需要识别出口点,即盆地的出口位置。通常这些位置在河流的河口,或其他感兴趣的水文点,如水文站。使用水文分析函数可以确定这些出口点,也可以通过水网来确定。这将会为河流连接点之间的每段河段产生一个盆地。为了产生河流网络,必须计算每个单元位置的流量累积。为了定义河流网络,不仅需要知道单元到单元的流向,而且还要知道通过一个栅格单元的流量累积值,即多少单元流向其他单元。当有足够的流量累积量通过一个单元时,这个位置可以认为是河流通过的地方。

7.2.7.4　流向计算

流向是从每个栅格单元到其他栅格单元中心(如 8 邻域单元)之间经过的路径长度中的高程最大变化的比率,用百分比表示,如图 7.43 所示。注意,栅格单元之间的距离可能是 1 个单位(直线)或 1.414 个单位(对角线)。如果 8 邻域的高程值都大于中心栅格单元,则这个单元就是凹陷。

7.2.7.5　流量累积计算

流量累积是加权计算流入每个栅格单元的流量。如果没有权重矩阵提供,则权值为1,流量累积的值就是流入的栅格单元的计数。如图 7.44 所示,是权值为 1 的计算结果。

7.2.7.6　划分集水区

集水区(盆地、流域、小流域、贡献区)是上游对给定位置贡献流量的区域。集水区是一个简单的分级结构的一部分,即是较大流域的一部分。可以通过计算流量的方向从

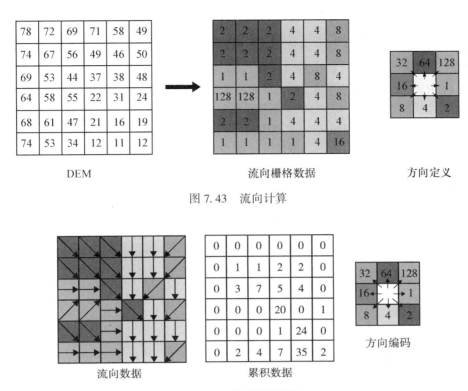

DEM   流向栅格数据   方向定义

图 7.43   流向计算

流向数据   累积数据   方向编码

图 7.44   流量累积计算

DEM 进行划分。如图 7.45 所示。

图 7.45   集水区划分

　　使用流量累积的阈值或汇流点可以进行集水区的划分。当使用阈值划分集水区时，集水区的汇流点将是从汇流累积数据衍生的河流网络的连接点。因此，必须定义流量累积栅格数据和构成河流的栅格数的最小值（阈值）。当使用适量数据定义集水区时，可以用特征对象的交叉点定义汇流点。

7.2.7.7　定义河流网络

河流网络可以使用流量累积函数从 DEM 生成。流量累积的最简单形式是流向每个栅格单元的上游的栅格单元个数。通过地图代数运算，对流量累积函数的结果使用阈值处理，就可以生成河流网络。例如，超过 100 个流入的栅格单元赋值为 1，其他的栅格赋值为无数据。这样就会产生一条线性的栅格数据链，其他的栅格无值，对栅格数据链进行跟踪和编码，形成河段。对河段进行排序和编码，形成链，即河流特征对象。

河段排序是给河流网络的河段赋给一个数字排序编码。这个排序编码是识别和基于它们的支流对河流类型的分类。一些河流的特性可以通过简单地了解它们的顺序来推断。如图 7.46 所示。对河段有两种编码方法。通过进一步的处理，为每条河流进行唯一的编码，并赋予有关的属性，形成栅格数据的河流网络。

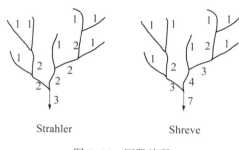

图 7.46　河段编码

7.2.7.8　形成河流网络

将栅格形式的河流网络转换为矢量特征的河流网络。这主要使用栅格到矢量的转换方法。如图 7.47 所示。

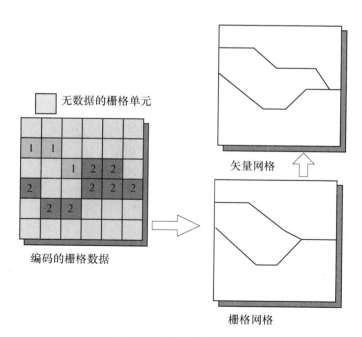

图 7.47　矢量网络的形成

7.2.8 地形表面分析

表面表达了在区域范围内每个点都具有一个值的一种现象。在整个表面无限数量的点的值衍生自一组有限的采样值。这些采样值或许是直接测量获得的，如高程表面的高程值，或者是温度表面的温度值。这些量测位置上的值被赋予一个插值产生的表面。表面也可能通过数学的方法从其他数据产生，如从数字高程表面产生偶读和坡向表面，表面从城市公交站点的距离产生，或表面表达犯罪活动的集中性，或雷击的概率、污染物的浓度等。

表面的表达方式可以使用等值线、点阵、TIN 或栅格数据等数据形式表达。多数情况下，在 GIS 中的表面分析是基于 TIN 或栅格数据的。表面数据的产生方法是通过对采样数据的插值方法产生的，常用的插值方法有加权距离平方的倒数、最近邻域、样条函数、趋势面、克里格插值等。

表面数据分析包括多种数据处理方法，如从已经存在的表面提取产生行的表面、表面数据的重新分类、表面的合并等。

地形表面在地球表面和大气调节过程中，有非常重要的作用。对地形性质的理解，有助于对上述调节过程性质的深入分析。因此，地形分析在 GIS 应用、环境模拟应用等方面，具有重要的作用。在自然资源的评估和管理中，最重要的就是精度和空间覆盖率，而在一定程度上依赖地形的环境模拟方面，地形的考虑可以较好地解决这两方面的问题。地面气候和水文是地貌学与生物学的关键因素，而地形特别有助于改善这两个因素的表达。地形分析已经成为人们对潜在的物理作用及其作用的空间规模进行综合分析的重要方法，它与显式数学分析的综合应用受到愈来愈多的关注，促进了新的地形数字表达和分析方法的发展。

地形表面分析包括比例尺分析、地形参数分析和地形特征分析等。在地形分析中，有关比例尺和分辨率分析方面，最基本的就是选择比例尺和栅格的分辨率。通常，比例尺的选择是地面真实度和源数据密度与准确性上的特殊限制两个方面折中的结果。栅格分辨率对于建立地形的 DEM 与其他数据源之间的连接具有重要作用。对地形特征比例尺的认识和对地形形态随比例尺变化形态的理解，对决定用什么比例或分辨率来模拟所依赖地形的作用是很重要的，但至今还没有得到令人满意的地形形态随比例尺变化的特征模型。地形参数分析，是对能够在 DEM 的每一个点上直接计算的地面形态的描述，如斜率和曲率等，对如坡度、坡向、土方量、通视分析、方位、日照、蒸发、地表水流速等具有影响。地形特征通常与根据地面形状和河网结构所定义的二级地形结构结合在一起，用来支持地形本身的分析，如山脉、山脊、集水流域、山谷等。DEM 的可视化能够提供对地形的主观评估，如三维透视图、监测应用的通视性分析等。DEM 的应用十分广泛，如土木、规划、资源管理和地球科学、军事等。

7.2.8.1 坡度和坡向计算

坡度是地面特征区域高度变化比率的度量，坡向是斜坡方向的度量。设地面某点的高度 z 是该点位置 x，y 的函数，则可得到该点的坡度 S 为地面点在 x 和 y 方向上的一介导数，

$$S = \left[\left(\frac{\partial z}{\partial x} \right)^2 + \left(\frac{\partial z}{\partial y} \right)^2 \right]^{\frac{1}{2}} \tag{7.2}$$

且可定义该斜坡方向的方位角为：

$$A = \arctan \frac{\dfrac{\partial z}{\partial y}}{\dfrac{\partial z}{\partial x}} \qquad (7.3)$$

坡度的量纲可以是坡度百分数或度，前者是垂直距离与水平距离之比率的100倍，后者是该比率的反正切。坡向 A 的量纲是度，从正北 $0°$ 开始，顺时针移动，回到正北以 $360°$ 结束。坡度是一个环形的量度，因此坡向 $10°$ 比 $30°$ 更靠近于 $360°$。在作数字分析之前，还需对坡向进行转换。通常将其分为四个基本方向(东、南、西、北)或八个基本方向(北、北东、东、南、南东、南西、西、北西)，并把它们处理成类别数据。

当 DEM 为格网数据模型时，是对格网的每个单元计算坡度坡向，坡度是从一个栅格单元到它的邻域的值的最大变化率，坡向是从一个栅格单元到它的邻域下坡方向的最大变化率，可以认为是坡度的方向。可以由单元标准矢量的倾斜方向和倾斜量，对每个单元量测坡度坡向，标准矢量是垂直于单元的有向直线(图7.48)。

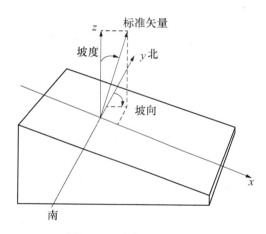

图 7.48　坡度坡向的概念

设标准矢量为 (n_x, n_y, n_z)，则计算坡度的公式为：

$$\frac{(n_x^2 + n_y^2)^{\frac{1}{2}}}{n_x} \qquad (7.4)$$

计算单元坡向的公式为：

$$\arctan \frac{n_y}{n_x} \qquad (7.5)$$

计算坡度和坡向的算法有近似算法，这里介绍三种算法，它们都是采用 3×3 移动窗口计算中心单元的坡度坡向，其不同点是使用邻接单元的个数和单元的权重。

方法一：采用四邻域(图7.49)，计算中心单元 C_0 坡度和坡向。

$$S = \frac{\left[(e_1 - e_3)^2 + (e_4 - e_2)^2 \right]^{\frac{1}{2}}}{2d}$$

$$A = \arctan \frac{e_4 - e_2}{e_1 - e_3} \qquad (7.6)$$

图 7.49　四邻域窗口

这里，e_i 为邻接单元的高程值，d 为单元的大小，n_x 分量为 (e_1-e_3)，n_y 分量为 (e_4-e_2)。

方法二：采用八邻域(图 7.50)，权重分别为，四直接邻域为 2，四角邻域为 1，计算公式为：

$$S = \frac{\left\{\left[(e_1 + 2e_4 + e_6) - (e_3 + 2e_5 + e_8)\right]^2 + \left[(e_6 + 2e_7 + e_8) - (e_1 + 2e_2 + e_3)\right]^2\right\}^{\frac{1}{2}}}{8d}$$

$$A = \arctan \frac{(e_6 + 2e_7 + e_8) - (e_1 + 2e_2 + e_3)}{(e_1 + 2e_4 + e_6) - (e_3 + 2e_5 + e_8)}$$

$$(7.7)$$

图 7.50　八邻域窗口

方法三：也是采用八邻域，但每个单元的权重相同，计算公式为：

$$S = \frac{\left\{\left[(e_1 + e_4 + e_6) - (e_3 + e_5 + e_8)\right]^2 + \left[(e_6 + e_7 + e_8) - (e_1 + e_2 + e_3)\right]^2\right\}^{\frac{1}{2}}}{6d}$$

$$A = \arctan \frac{(e_6 + e_7 + e_8) - (e_1 + e_2 + e_3)}{(e_1 + e_4 + e_6) - (e_3 + e_5 + e_8)}$$

$$(7.8)$$

图 7.51 和图 7.52 是利用 3×3 窗口计算的栅格单元坡度和坡向。

用 TIN 计算每个三角形坡度坡向的算法，也是采用标准矢量，即矢量垂直于三角形面。设三角形的三个顶点坐标分别为 $A(x_1, y_1, z_1)$、$B(x_2, y_2, z_2)$、$C(x_3, y_3, z_3)$，则该标准矢量的三个分量是：

$$n_x : (y_2 - y_1)(z_3 - z_1) - (y_3 - y_1)(z_2 - z_1)$$

$$n_y : (z_2 - z_1)(x_3 - x_1) - (z_3 - z_1)(x_2 - x_1)$$

$$n_z : (x_2 - x_1)(y_3 - y_1) - (x_3 - x_1)(y_2 - y_1)$$

则该三角形的坡度和坡向由式(7.3)、式(7.4)计算。

1	1	1	1	1	1
1	3	3	2	1	
1	1	3	2	2	2
1	2	2	2	2	2
1	1	1	2	2	2
1	1	1	1	1	2

高程数据

=

19.5	38.3	41.5	29.2	10.0	0.0
26.6	38.3	32.5	41.5	29.2	
21.6	43.6	21.6	26.6	14.0	10.0
14.0	29.2	29.2	14.0	0.0	0.0
10.0	21.6	28.2	29.2	21.6	10.0
0.0	0.0	10.0	21.6	29.2	14.0

坡度数据

图 7.51　坡度计算的例子

1	1	1	1	1	1
1	3	3	2	1	
1	1	3	2	2	2
1	2	2	2	2	2
1	1	1	2	2	2
1	1	1	1	1	2

高程数据

=

315.0	341.6	8.1	25.6	45.0	−1.0
270.07	288.4	11.3	45.0	26.6	
251.6	248.8	196.4	90.0	0.0	315.0
270.0	243.4	206.6	180.0	−1.0	−1.0
225.0	198.4	206.6	206.6	198.0	225.0
−1.0	−1.0	225.0	198.4	206.6	207.0

坡向数据

图 7.52　坡向计算的例子

7.2.8.2　表面的曲率计算

GIS 在水文学的应用中，经常需要计算表面的曲率。曲率确定一个单元位置的表面是凸面或是凹面。常用的方法是以二阶多项式来拟合 3×3 的窗口。

$$z = Ax^2y^2 + Bx^2y + Cxy^2 + Dx^2 + Ey^2 + Fxy + Gx + Hy + I \tag{7.9}$$

其中，系数由 3×3 窗口中高程值和网格单元的大小来估算，则曲率可根据计算的系数由下式计算：

$$\begin{aligned} \text{剖面曲率} &= -2\frac{DG^2 + EH^2 + FGH}{G^2 + H^2} \\ \text{平面曲率} &= 2\frac{DH^2 + EG^2 - FGH}{G^2 + H^2} \\ \text{表面曲率} &= -2(D + E) \end{aligned} \tag{7.10}$$

剖面曲率是沿着最大方向的估算值。平面曲率是与最大坡度方向呈直角方向的计算值。曲率是上述两者的差值(剖面曲率-平面曲率)。正值为凸面，负值为凹面，0 为平面。如图 7.53 所示。

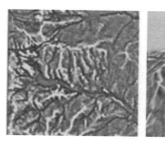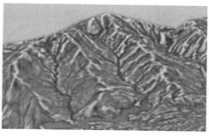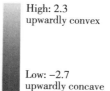

Curvature

High: 2.3
upwardly convex

Low: −2.7
upwardly concave

图 7.53　表面曲率

7.2.8.3　视域分析

视域指从一个观察点或多个观察点可视的地面范围(图 7.54)。视域分析的基础是视线运算，即确定从观察点是否可看见给定目标的运算。对于一个以上的观察点，需对每个点重复运算，结果是可视与不可视的二值图。

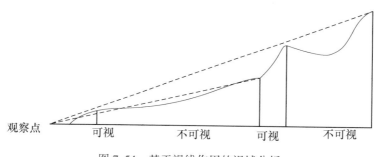

图 7.54　基于视线作用的视域分析

可视分析分为两个步骤，一是判断两点之间的可视性，二是计算视域。比较常用的一种算法思路如下：

(1)确定观察点与目标点所在的线段与 XY 平面垂直的面 S；

(2)求出模型中与 S 相交的所有边；

(3)判断相交的边是否位于观察点和目标点所在的线段上，如果有一条边在其上，则观察点和目标点不可视。

另一种算法是射线追踪法。基本思想是：对于给定的观察点 V 和某个观察方向，从观察点 V 开始，沿着观察方向计算地形模型中与射线相交的第一个面元，如果这个面元存在，则不再计算。

上述两种方法，对规则格网和 TIN 都适用。

对于可视域的算法，格网和 TIN 有所不同。计算基于规则格网的 DEM 可视域，一种简单的算法就是沿着视线方向，从视线开始到目标格网点，计算与视线相交的格网单元，判断相交的格网单元是否可视，从而决定视点与目标点之间是否可视。基于 TIN 的计算，则通过计算地形中单个的三角形面元可视的部分来实现，它与三维场景中隐藏面的消隐算法相似。

7.2.8.4 垂直剖面算法

垂直剖面表示高度沿一条线上的变化(图7.55)。人工方法在等高线图上的算法步骤是:

(1)在等高线图上绘制一条线;

(2)标记等高线与剖面线的交叉点,并记录高程值;

(3)适当夸大每个交叉点的高程比例;

(4)连接交叉点,绘制剖面图。

剖面图的自动绘制,只不过将等高线图用规则格网或TIN替代,进行剖面线与图形的求交而已。

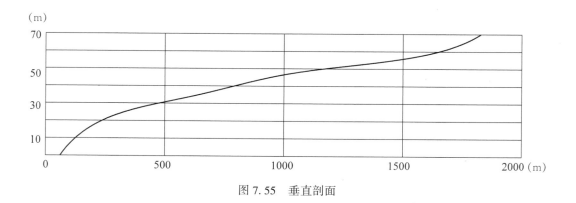

图7.55 垂直剖面

7.2.8.5 土方计算

土方计算,即计算模型的空间体积,一般指地形表面与某一高程基准平面之间的空间体积。由于地形表面的曲面差异,土方计算也通常采用近似算法。无论是规则格网还是TIN,体积都是其图形单元的底面积乘以平均曲面高度得到,然后再累积相加每个单元的体积得到区域的总体积。

$$V_{grid} = \sum \frac{S(h_1 + h_2 + h_3 + h_4)}{4}$$
$$V_{TIN} = \sum \frac{S(h_1 + h_2 + h_3)}{3}$$

(7.11)

7.3 地理空间统计分析

地理统计分析弥补了地理空间统计和GIS缝隙。地理统计方法有时是有效的,但从来没有和GIS建模环境紧密集成。将二者进行集成是重要的,因为GIS专业人员可以在集成环境中通过测量预测表面的统计误差来量化的表面模型的质量。通过地理统计分析方法拟合表面包括以下三个关键的步骤:

(1)探索性空间数据分析;

(2)结构分析(邻近位置特性的表面建模和计算);

（3）表面预测和结果评价。

7.3.1　地理空间统计分析原理

地理统计分析利用在现实世界中不同位置的采样点产生（插值）一个连续表面。采样点是一些现象的测量值，如核电厂的辐射泄漏、石油泄漏、地形高程等。地理空间统计分析使用测量位置的值插值产生一个表面，用于预测现实世界中的每个位置的值。

空间统计分析提供的插值方法分为两种：确定性插值算法和地理空间统计方法。这两种方法都是依靠邻近采样点的相似性插值产生表面模型的。确定性插值方法是用数学函数进行插值计算，地理空间统计方法依靠统计和数学方法插值产生表面模型，并评估预测的不确定性。

产生一个连续表面用于表达一个特定的属性，是大多数 GIS 需要的一个关键能力。或许最常用的表面模型是地形的数字高程模型（DEM），这些数据集在世界各地的小尺度上是容易用到的。但这只是地表位置的一些测量值，地表以下或大气一些位置的测量值也可以用于产生连续表面。大多数 GIS 建模者面对的最大挑战是从现有的采样数据产生尽可能精确的表面，并能描述误差和预测表面的变化。新产生的表面被用于 GIS 的建模和分析，以及三维可视化。理解这些数据的质量，可以极大地改善 GIS 建模的目的和用途。

7.3.1.1　邻近位置的表面特性分析

一般来讲，距离上越靠近的事物比距离较远的事物更趋于相似，这是一个基本的地理原理，即第一地理定律。假如你是一个城市规划者，你需要在你的城市建立一个公园。你有几个可供选择的候选位置，你或许想对每个位置的视域进行建模。你需要一个更精细的高程表面数据集。假如已经有在整个城市范围内 1000 个高程采样点，则你可利用这些采样点建立一个新的表面模型。

建立高程表面模型时，可以假定最靠近预测值位置的采样值是相似的，但是应该考虑多少个采样值呢？所有的采样值应该被考虑吗？但你远离预测点位置时，采样点的影响和贡献是逐渐减小的。一种解决方案是：你有足够数量和密度的采样点数据，可以给出预测点的精确的值。但是事实是采样点是不足的，而且分布也是不均匀的。如果分布很均匀，且表面变化平缓，你可以使用最邻近采样点的值预测位置点的值；否则，你应该使用距离加权的方法求得预测值，这便是距离加权倒数插值方法的基本思想。如图 7.56 所示。

图 7.56　距离插值方法

上述方法是基于距离的，还有一些其他的方法来预测观测点的值。这些方法是针对一

307

个研究区域，具有一定坡度的山地，表面是一个斜面。如果用距离插值方法，由于凹陷和丘地的影响，得到的预测值要么过大，要么过小，也不能突出局部的变化和整体的变化趋势。全局多项式和局部多项式插值方法可以解决这个问题。根据表面凹凸不平的情况，可以采用一次、二次乃至更高次的多项式，使用最小二乘的算法拟合表面，来预测未观测位置的值。

图7.57所示是一次和二次多项式拟合的例子。

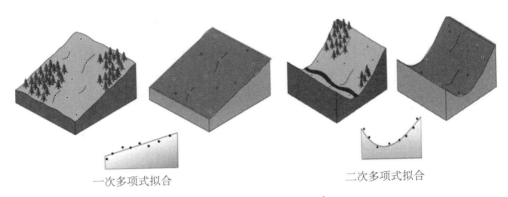

一次多项式拟合　　　　　　　　二次多项式拟合

图7.57　全局多项式拟合

如果全局多项式拟合的效果不好，可以采用局部多项式拟合，不同的区域使用不同次数的多项式。

径向基函数插值方法（RBF）产生的插值表面既可以捕捉整体变化趋势，也可以突出局部变化，可以用于不需要精确拟合表面的情形。这种方法是假定你有能力弯曲和拉伸预测表面，以便使它能通过所有的观测值。有多种方法实现这个目的，如薄板样条函数、张力样条函数等。如图7.58所示。

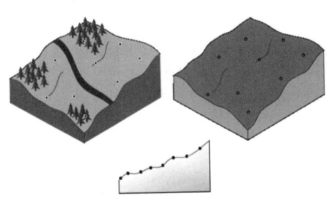

图7.58　径向基函数插值方法

7.3.1.2　随机过程和平稳假设

地理空间统计方法是假定研究区域的所有值都是随机过程的结果。随机过程并不意味着所有的事件都是独立的，地理空间统计是基于具有相关性的随机过程。在时态语义中，相关性称为自相关。

地理空间统计有两个关键任务，揭示相关性规则和进行预测。预测前应首先知道相关性规则。例如，利用克里格方法进行预测，首先应用半变异函数和协方差函数估计统计相关性的值，称为空间自相关，然后使用广义线性回归技术（克里格）进行预测未知的值。由于这是两种不同的任务，地理空间统计将数据使用了两次，第一次是估计空间自相关性，第二次是预测。

一般来讲，统计是基于一种响应的概念，估计的值一定会产生，但重复时会产生变化和不确定性。在空间配置中，平稳的思想被用于获得必要的响应。平稳是假定空间数据通常是合理的。具有两种类型的平稳，一是均值平稳，假定均值在采样点之间是常数，且独立于位置；二是对于协方差函数是二阶平稳的，对于半变异函数是内在平稳的。二阶平稳是假定在任何相同的距离和不同的方向上的两点之间的协方差是一样的，而无论这两个点如何选择。协方差取决于任何两个值之间的距离，而不是它们的位置。对于半变异函数，内在平稳是假定在任何相同的距离和不同的方向上的两点之间的方差差异是一样的，而无论这两个点如何选择。

二阶平稳和内在平稳的假设对估计相关性规则，得到响应值是必要的，这有助于获得预测值和对预测的不确定性进行评估。请注意，这是空间信息（任意两个点之间的相似距离）提供的响应。

7.3.1.3 地理空间统计分析的过程

地理空间统计分析方法是基于包含自相关（测量点之间的统计关系）统计模型的，其不仅具有产生预测表面的能力，也能够提供一些预测的精确测量。下面以泛克里格插值方法为例，说明地理空间统计分析的过程。

克里格插值方法类似于加权距离倒数插值方法，都是根据邻域内观测值的加权获得对每个位置的预测值。但克里格方法的权重确定不仅基于简单的观测点与预测点之间距离，而且还要考虑观测点之间的整体空间布局，即数据的空间结构。为了在权重方面使用空间布局，空间自相关必须被量化，量化方法是半变异函数。

1. 计算经验半变异函数

克里格方法与其他插值方法一样，是以第一地理定律为依据的。对空间自相关关系进行量化，是计算经验半变异函数。在距离上靠近的一对点，应当比距离较远的一对点具有较小的差别。在某种程度上，这假设是真实的，可以通过经验半变异函数来检验。

为了产生经验半变异函数，需要确定所有的点到点之间的值的平方差。如图 7.59 所示。

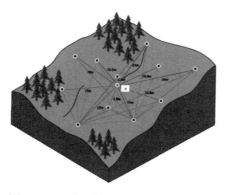

图 7.59　P 点与其他 11 个点的配对情况

以半平方差的值为 Y 轴，以点位之间的距离为 X 轴，绘制半方差图，称为半变异函数点云。如图 7.60 所示。

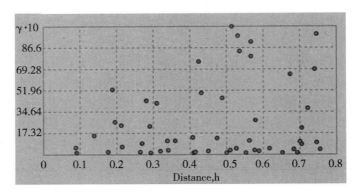

图 7.60　半方差图

半方差图的目的是揭示和量化空间相关性，即空间自相关。根据第一地理定律，位置靠近的点(半方差点云 X 轴的最左侧)将具有更多的相似性(半方差点云 Y 轴的最低端)。向 Y 轴上端移动，平方差越大，相似性越低。

上述绘制半方差图的方法，在绘制每一对点的位置很快变得难以管理，且要绘制太多的点，变得拥挤和难以解释。为了减少点的数量，点对按照它们彼此之间的距离分组，这个过程分为两个阶段：

阶段 1：首先构建点对，其次按照共同距离和方向对其分组。绘制半方差图时，以组为独立的点，对平均距离和半方差进行绘图。在分组过程的第二步中，对基于共同的距离和方向进行分组，从而每个点都有一个共同的起源。这个属性使得经验半变异函数是对称的。

阶段 2：对于每个分组，从所有被配对位置的值形成平方差，并且对其取平均值，再乘以 0.5，得到每个组的有一个经验半变异函数值。

在地理空间统计分析时，通过控制滞后的大小来控制分组数。每个组的经验半方差值，按照颜色进行编码，称为半方差表面。

半方差方向的确定：有时观测位置的值包含一个方向，可能对统计的量化产生影响，但不能由任何已知的识别过程来解释，这个方向影响称为各向异性。各向异性用于分析采样是否依赖方向表现出不同的范围。使用角度差来判断哪些靠近的点将被包括或排除，直到达到带宽的角度。带宽定义了当确定哪些点对应当在半方差图中绘制时多大的搜索范围。图 7.61 所示是一个 90 度的方向分组，带宽 5 米，角度差为 45 度，从一个采样点(蓝色)的滞后距离是 5 米。

对每个采样点都要进行方向搜索，如图 7.62 所示。

滞后距离的选择：滞后距离对经验半变异函数的影响是重要的。如果尺寸太大，短程自相关可能被忽略；如果尺寸太小，可能出现空的分组。分组中的样本数可能太少，不能代表分组的平均性。当采样是按照格网采样时，格网的距离通常是滞后距离的好的指标。但如果是随机的、非规则采样，合理的滞后距离选择就不那么直接了。一条经验法则是，滞后的数量乘以滞后大小，这应该约是所有点中最大距离的一半。

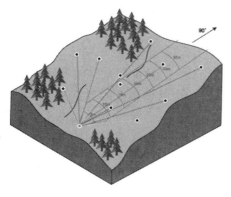

图 7.61　半方差方向定义

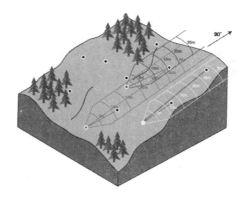

图 7.62　采样点方向搜索

2. 拟合一个模型

拟合一个模型的任务是定义一条线,以提供通过这些点的最佳拟合。即需要找到这样的一条线,在每个点和线之间的加权平方差尽可能小,这称为加权最小二乘拟合。这条线被认为是量化数据的空间自相关的模型。

对半变异函数图进行建模,空间自相关才能被检验和量化。这在地理空间统计分析中称为空间建模,也称为结构分析。这个工作从经验半变异函数的曲线图开始,计算:

Semivariogram(distance h) = 0.5 * average $\left[\right.$(value at location i-value at location j)2$\left]\right.$

如图 7.63 所示,点云是按照分组绘制的。根据这个图中的点云,可以拟合一条曲线。这条曲线就是建立的模型,类似于回归分析中拟合一条最小二乘曲线。这需要选择一个拟合模型的函数。有许多半变异函数模型可供选择。

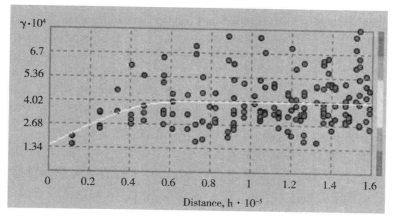

图 7.63　拟合模型

3. 构造分析矩阵(即连续表面)

克里格方程是以矩阵和矢量表达的,这由观测采样点和预测点之间的空间自相关决定。自相关的值来自半变异模型,矩阵和矢量确定了在搜索邻域内赋予每个观测值的克里格权重。

311

4. 进行预测

根据每个观测值的克里格权重，可以计算未知值位置的预测值。

7.3.2 探索性空间统计分析方法

探索性空间数据分析(Exploratory Spatial Data Analysis , ESDA)允许用不同的方式检查数据特性。在产生一个表面数据之前，ESDA 有机会使你对要调查的现象有更深刻的理解，以便对数据处理做出更好的决策。ESDA 提供了一组方法，每种方法提供了观察数据的一个视图，从不同的角度和处理方法来揭示数据的特性。ESDA 是使用图形的方式探查数据的，主要的图形方法有直方图、Voronoi 图、QQ 图、趋势分析、半变异函数图或协方差云、交叉协方差图等。这里仅介绍直方图和 QQ 图的方法。

7.3.2.1 数据的分布性和变换

如果数据是近似正态分布(钟形曲线)，则一些克里格算法的结果会很好，如概率密度函数的形状(图 7.64)。泛克里格方法假定数据服从多元正态分布。分位数和概率图是最常用的和简单的描述数据分布的。

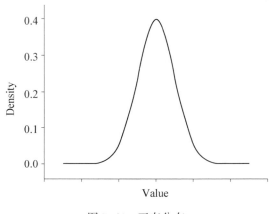

图 7.64　正态分布

克里格方法还有一个假设前提是平稳性，即所有的数据值的分布具有相同的变化性。变换可以使数据转化为正态分布，并满足数据均等变化的假设条件。直方图和 QQ 图可以使用不同的变换，如 Box-Cox 变换、对数变换和反正弦变换等。

7.3.2.2 直方图探查数据的分布

直方图用单变量(一个变量)探查数据的分布，用于探查感兴趣的数据集的频率分布和计算汇总统计。频率分布是一个条形图，显示观测值落入一定范围或类的频数或频率。如图 7.65 所示，显示的是按照 10 个分类的数据频率统计直方图。

从直方图可以得到反映分布性的一些指标，如：

均值：数据的算术平均值，是分布的中心测度。

中值：中位值对应于 0.5 的累积比例，如果数据按照升序排列，50%高于中值，50%低于中值。它提供了分布中心点的另一种测度。

第一四分位数和第三四分位数：分别对应 0.25 和 0.75 的累积比例。

方差：所有数据值与平均值的均方差，单位是原始测量单位的平方。因为涉及平方

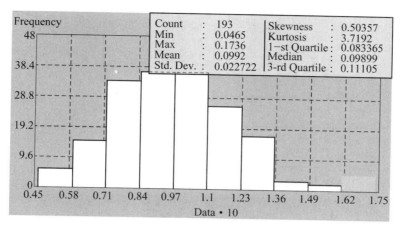

图 7.65　直方图

差，计算的方差对异常的高或低值是敏感的。

标准差：是方差的平方根。方差和标准差描述了数据相对于均值的离散度。

直方图的形状也揭示了数据的分布特性。偏度系数是一个分布的对称性的度量。如果是对称分布，则偏度系数为 0。图 7.66 是偏度不为 0 的直方图。

峰度：是基于分布的尾部的尺寸的，提供分布将如何可能产生异常值的测度。

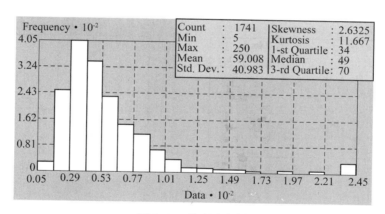

图 7.66　偏度直方图

7.3.2.3　正态 QQ 图和普通 QQ 图探查数据分布

QQ 图是一种图形，来自两个分布的分位数按照彼此相对应的位置绘制。正态 QQ 图如图 7.67 所示。

数据的累积分布通过对数据的排序产生，以排序值和累积分布值为坐标轴进行绘图。累积分布值的计算是：$(i-0.5)/n$，i 是 n 中的第 i 个，n 是数据值的总个数。正态 QQ 图使用的数据服从正态分布，它们的累积分布是相等的。

对于累积分布，中位数将数据分割为两半，分位数将数据分为 4 部分，十分位数将数据分为 10 部分，百分位数将数据分割为 100 部分。

普通 QQ 图如图 7.68 所示，用于评价两个数据集的相似性。由两个数据集的分布数

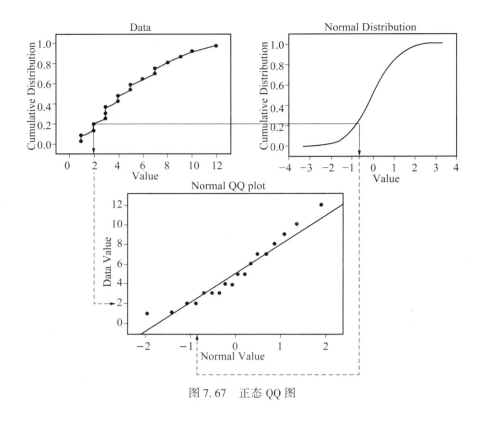

图 7.67 正态 QQ 图

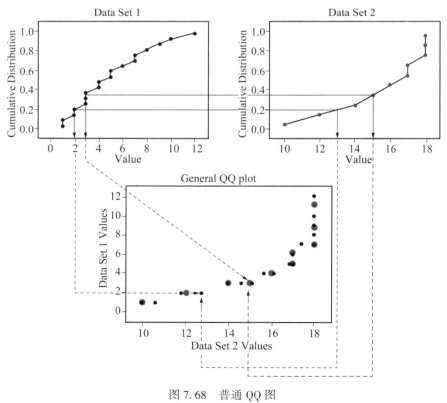

图 7.68 普通 QQ 图

314

据绘制，它们的累积分布是相等的。

利用 QQ 图分析数据的分布：如果两个数据的分布是相同，普通 QQ 图将是一条直线。将这条直线与提供单变量正态的指示的正态 QQ 图上的点进行比较，如果数据是极不是正态分布的，则这些点会偏离直线，如图 7.69 所示。数据如图 7.70 所示，图中右上角的一些点远离正态分布。

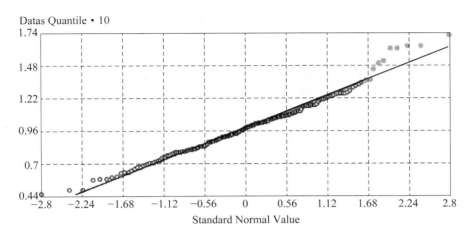

图 7.69　QQ 图的比较

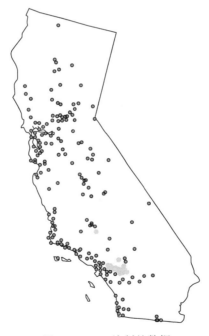

图 7.70　QQ 绘制的数据

7.3.2.4　探索性空间数据分析的应用

这里主要介绍一些探索性空间数据分析的一些主要应用：

（1）探查空间自相关和方向变化。数据使用图 6.70 中的数据，云图如图 7.71 所示。

利用半变异函数和协方差函数点云与数据点的位置关系，可以检查空间数据的空间自相关性和方向变化，如图 7.72 所示。

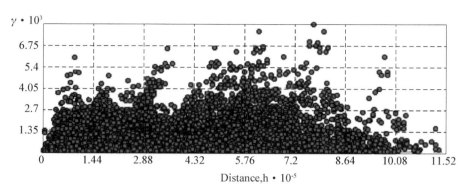

图 7.71 数据的云图

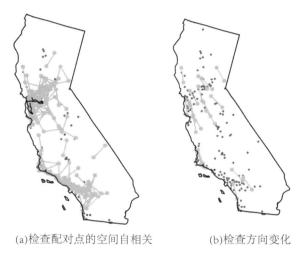

(a)检查配对点的空间自相关　　　(b)检查方向变化

图 7.72 自相关和方向变化检查

（2）寻找全局和局部异常值。异常值是数据中的极值，远大于均值或中值。如图 7.73 所示。

图 7.73 局部异常值

（3）数据变化趋势分析。以数据点某个属性的最大值为高度，绘制在三维空间中。然后将它们分别投影到 XZ 或 YZ 平面，拟合模型曲线。通过曲线分析值的变化趋势。如图 7.74 所示。

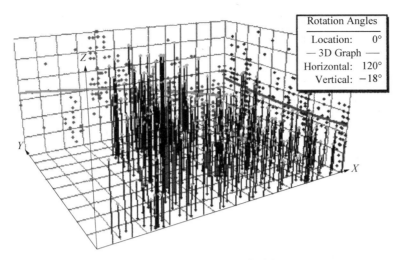

图7.74　属性值变化趋势分析

7.4　矢量数据分析

与栅格数据分析相比，矢量数据分析表现为多样性、灵活性和复杂性，也就是说，不像栅格数据分析具有较固定的处理方式和处理方法。这里我们可以把对矢量数据分析比做一种语言，名词是地理数据，可以作为主语和宾语，谓语是一些动词，对应数据处理的工具。作为主语的地理数据是要处理的数据，作为宾语的地理数据是处理的结果。因为有不同类型的地理数据作为名词，不同处理数据的方法作为动词，这样就可以组成不同的句子，回答不同的地理空间问题。这个概念可以用图7.75表示。

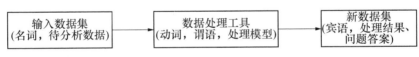

图7.75　矢量数据处理的概念

下面主要对 GIS 中常用的数据方法进行介绍，如叠置分析、邻近分析、属性分析、统计分析等。

7.4.1　叠置分析

7.4.1.1　叠置分析的概念

在 GIS 中一个最基本的问题是："什么在什么上面？"例如：

(1)在什么样的土壤类型上面具有什么样的土地类型？

(2)在 100 年历史的河漫滩里有什么地块？（这里"在……里"正是"在……上面"的另一种提问方式）

(3)在什么县里有什么道路？

(4)在废弃的军事基地里有什么井？

在没有 GIS 之前回答这些问题，制图者需要在透明的纸上绘制地图，然后将这些地图放置在透光桌上产生一幅数据覆盖的新图。因为只有通过这种叠置方式才能得到有价值的信

317

息。GIS 改变了这种做法。GIS 提供了将不同图层进行叠置产生新的图层的方法，并给出了对新图层的属性进行统计的方法。如图 7.76 所示，是将道路图层与各县的分区图层叠加，获得新的道路图层。因为要回答在什么县里有哪些道路的问题，所以是一个属性统计的问题，所使用的信息分别在道路属性表和县区属性表里。属性统计算法需要连接这两个属性表，但它们没有公共的字段完成属性表的连接。通过图层的叠置，产生新的道路图层，同时也产生了包含道路和县区图层属性的新的属性表。基于这个新的属性表进行统计，就可回答有关问题。这个过程就是叠置分析，其实质是两个属性表之间的空间连接算法。

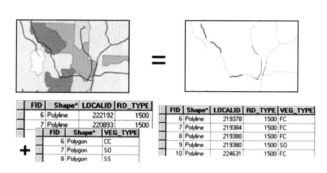

图 7.76　图层叠置

　　图层的叠置分析包括矢量数据图层和栅格数据图层的叠置分析。关于栅格数据的叠置分析，可以使用地图代数的方法实现。这里主要介绍矢量数据的叠置分析方法。

7.4.1.2　矢量叠置分析类型

　　矢量数据的叠置分析有三个关键元素：输入图层、叠置图层和输出图层。输入图层的特征对象如果与叠置图层的对象有重叠覆盖，将被分割为多个特征对象后输出到新的图层。矢量图层的叠置可以是点-点、线-线、点-线、点-多边形、线-多边形和多边形-多边形图层之间的多种组合。如果输入图层是点图层，将被直接提取到输出图层；如果是线图层，将被叠置图层的特征分割后提取到输出图层；如果是多边形，则被叠置图层的对象分割后被提取到输出图层。

　　输出图层究竟应该包含哪些特征对象呢？这取决于叠置使用的方法。

7.4.1.3　矢量叠置分析方法

1. 求交叠置(Intersection)

　　求交叠置分析是计算输出输入图层和叠置图层的交集。输出图层包含两个图层中所有重叠覆盖的点、线或多边形特征对象。如图 7.77 所示。

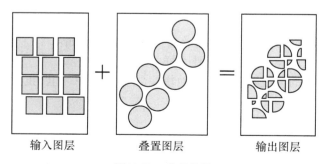

输入图层　　　　　叠置图层　　　　　输出图层

图 7.77　求交叠置

计算规则如下：

（1）输入图层必须是点、线和多边形；不能是注记图层、标注图层或网络图层等。

（2）在缺省情况下，如果输入图层和叠置图层是不同几何类型的图层，输出图层按照最低几何维度的特征类输出。例如，输入的两个图层有点特征图层，输出是点图层，如果有线特征图层，输出线图层，如果都是多边形特征图层，则输出多边形图层。如果需要特定的输出类型，可以指定低于输入几何类型的输出。

一些叠置分析的方法和输出类型见表7.2。

表7.2　　　　　　　　　　　　　求交叠置的方法和结果

编号	输入图层	输出图层	说　明
1			输入图层为两个多边形图层，输出类型为最低维度特征，即公共部分多边形。
2			输入图层为两个多边形图层，输出类型为线，即输入和叠置图层多边形边界的公共边。
3			输入图层为两个多边形图层，输出类型为点，即输入和叠置图层多边形边界的公共交叉点。
4			输入图层为两个线图层，输出类型为线，即输入和叠置图层线的公共线。
5			输入图层为两个线图层，输入类型为点，即输入和叠置图层线的公共交叉点。
6			输入图层为两个点图层，输出类型为点，即输入和叠置图层点的公共点。
7			输入图层为线和多边形图层，输出类型为线，即输入和叠置图层重叠的线。
8			输入图层为线和多边形图层，输出类型为点，即输入和叠置图层多边形边界和线的交叉点。
9			输入图层为点、线和多边形图层，输出类型为点，即它们之间的公共点。

2. 认同叠置（Identity）

计算输入图层和叠置图层的公共部分，并几何求交，将输入图层全部特征对象和叠置图层与输入图层的公共部分输出到输出图层，如图 7.78 所示。

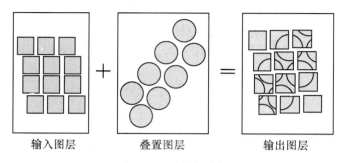

图 7.78　认同叠置

计算规则如下：

（1）输入图层可以是点、线或多边形，但不能是注记图层、标注图层或网络图层等；

（2）叠置图层必须是多边形；

（3）重建新特征的拓扑关系，并产生新的属性字段。

3. 对称差分叠置（Symmetrical Difference）

计算输入图层和叠置图层的公共部分，并几何求交，输入图层和叠置图层除了公共部分，其他全部输出到输出图层，如图 7.79 所示。

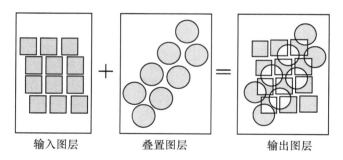

图 7.79　对称差分叠置

计算规则：两个图层都必须是多边形图层。

4. 合并叠置（Union）

对两个输入的图层进行几何求交计算，所有的特征都输出到输出图层，重叠部分产生新的属性字段，如图 7.80 所示。

计算规则如下：

（1）所有的输入图层都是多边形图层；

（2）缝隙多边形赋属性值–1，重叠多边形属性取两个图层的结合属性，其他取各自的属性。

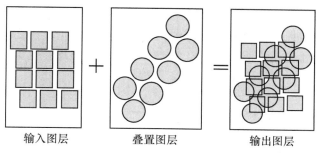

输入图层   叠置图层   输出图层

图 7.80   合并叠置

5. 更新叠置(Update)

计算输入图层和叠置图层的几何求交，输入图层的属性被叠置图层更新，所有特征输出到输出图层，如图 7.81 所示。

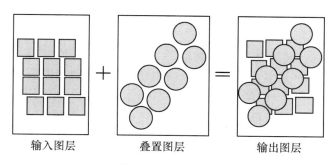

输入图层   叠置图层   输出图层

图 7.81   更新叠置

计算规则如下：

(1)输入和输出图层必须是多边形图层；

(2)输入和叠置图层的属性必须匹配。

7.4.2 邻近分析

GIS 的邻近分析回答另外一类的问题，例如：

(1)这个井距离垃圾填埋场有多远？

(2)在 1000m 内道路穿过一条河流吗？

(3)两个位置之间的距离是多少？

(4)距离某一个特征的最远和最近的特征是什么？

(5)一个图层中的每个特征与另一个图层之间的特征之间的距离是多少？

(6)在道路网络中，从一个点到另一个点的最短路径是什么？

邻近分析可以基于矢量数据和栅格数据图层。这里主要介绍基于矢量图层的缓冲区分析方法。

缓冲区多边形根据产生它的特征类型，可以分为点、线和多边形缓冲区。缓冲区也可能是多环的缓冲区。缓冲区多边形是一个图层，用与研究区域的剪裁、或从其他图层中选择提取特征对象。如图 7.82 所示，是缓冲区及缓冲区应用的例子。缓冲区经常用于产生围绕某个点、线或多边形的保护区或这些特征的影响区域。例如，你可以针对学校的位置产生一个 1 公里的缓冲区，然后用这个缓冲区统计居住地距离学校超过 1 公里的所有学生，目的是为规划他们上学的交通网络，或增设学校的网点等。也可以产生一个多环缓冲区，将特征按照近距离、中远距离和远距离进行分类。

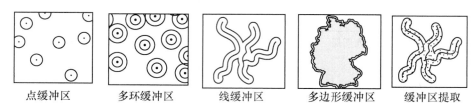

| 点缓冲区 | 多环缓冲区 | 线缓冲区 | 多边形缓冲区 | 缓冲区提取 |

图 7.82　缓冲区及应用

缓冲区产生的计算规则如下：

（1）缓冲区是通过给定一个对象（如点、线或多边形）的缓冲距离，向外产生等距离的多边形；

（2）缓冲距离为 0，将不会产生缓冲区；

（3）当要缓冲的特征是多边形时，可以向内和向外产生缓冲区，可以产生单个或多环缓冲区；

（4）当缓冲的特征是线特征时，可以向线特征的两侧产生等距离的缓冲区，也可以产生不对称的缓冲区，也可以产生多环缓冲区；

（5）当缓冲的特征是点特征时，可以产生圆多边形，或多环的圆形缓冲区；

（6）当对多个特征同时产生缓冲区时，不同的特征可以给定不同的缓冲距离；

（7）当对复杂的特征或多个特征同时产生缓冲区时，缓冲区可能重叠，需要合并缓冲区，取合并后的缓冲区的公共边界多边形。

如图 7.83 所示，为缓冲区的重叠处理。

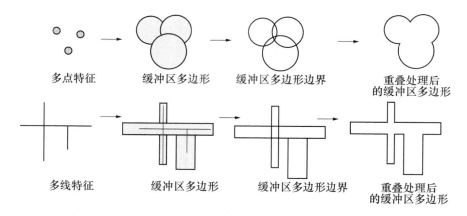

| 多点特征 | 缓冲区多边形 | 缓冲区多边形边界 | 重叠处理后的缓冲区多边形 |
| 多线特征 | 缓冲区多边形 | 缓冲区多边形边界 | 重叠处理后的缓冲区多边形 |

图 7.83　缓冲区的重叠处理

邻近分析还有一些其他的分析方法，如泰森多边形、邻近点分析、邻近点距离分析等。其中，泰森多边形是将点特征数据转换为泰森邻近多边形数据。泰森多边形具有每个多边形仅包含一个点特征的特性，相邻多边形内的点之间的位置比到其他多边形内点的位置近，如图 7.84 所示。

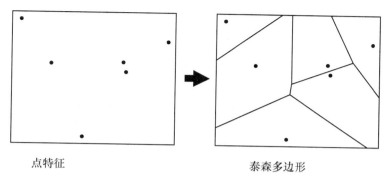

点特征　　　　　　　　　　　　泰森多边形

图 7.84　泰森多边形

邻近点分析是计算在搜索半径内，从一个点到最近的点或线的最近距离，或寻找最邻近点的分布，如图 7.85 所示。

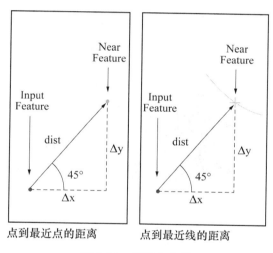

点到最近点的距离　　　　点到最近线的距离

图 7.85　邻近点分析

7.4.3　属性表分析

几乎所有的 GIS 存储和管理数据都是基于数据库表的，例如矢量数据的属性表是基于定义的行和字段的，每行对应于一个特征对象，字段是这个特征的若干属性。栅格数据也可以被看做是一个属性表。GIS 数据库中大多数独立的属性表可以通过一个公共属性字段与其他的属性表进行关联。在构建一个数据库和进行分析时，大多数时间就花费在对表的管理上，如添加或计算一个新的属性，从一个位置复制一个属性表或它们的行到另一个位置，将属性表中存储的坐标数据生成特征几何对象，对两个属性表进行关联，对属性表进行汇总统计，提取一个属性表的子属性表等。

大多数数据库设计鼓励将数据库组织为多个数据库表，每个表对应一个特定的主题内容，以代替一个大的数据库表，包含过多的不必要的字段。有多个表，可以防止在数据库中的信息复制，因为在数据库表中，信息只存储一次。当进行数据分析时，数据信息不在一个表中时，就需要将有关的属性表进行关联。

属性表的关联有两种方式，一种是连接操作，是物理连接两个表；另一种是关系操作，是逻辑连接两个表。当使用连接操作时，一个属性表中的属性，基于两个表的公共字段，被添加到另一个属性表。关系操作仅定义两个属性表的关系，也是基于公共的字段，但不将属性从一个表添加到另一个表中，当需要时可以访问关联的数据。如果两个属性表没有公共的字段，就需要进行空间连接。空间连接方法可以通过前面讲述的叠置分析方法或编程实现，它们是基于特征位置的属性表连接。基于属性公共字段的属性表连接，也称为非空间连接。

属性表的非空间连接，是基于两个属性表的公共字段的值的。它们之间的对应关系有一对一的关系和多对一的关系。两个公共字段的字段名称可以不同，但数据类型必须相同，如数字对数字、字符对字符等。如图 7.86 所示，将县的分区属性表与降雨量表按照县的名称进行一对一的关联。

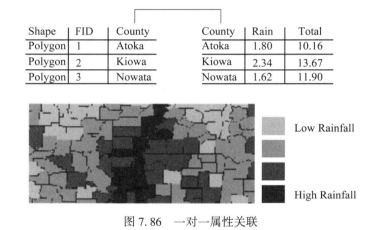

图 7.86　一对一属性关联

图 7.87 是多对一的关联，目的是将多边形按照土地利用类型进行分类表示。一个属性表只存储了土地利用编码，另一个属性表存储了土地利用编码和每个土地利用类型的描述，其间的关联操作的关系是多对一的。

7.4.4　统计分析

GIS 数据固有的信息是特征的属性和它们的位置的信息，这种信息可以用于产生可视化的地图。统计分析有助于从 GIS 数据中提取其他信息，这种信息在地图上不是明显可见的，如属性值是如何分布的？它们的空间趋势如何？它们的空间格局如何？等等。不像查询分析，如属性查询或图形查询，仅能提供独立特征的信息，统计分析可以揭示一组特征的整体特性。

统计分析方法有空间统计分析和非空间统计分析。空间统计分析已经在 7.3 节介绍。

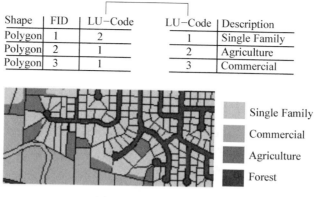

Shape	FID	LU—Code		LU—Code	Description
Polygon	1	2		1	Single Family
Polygon	2	1		2	Agriculture
Polygon	3	1		3	Commercial

Single Family
Commercial
Agriculture
Forest

图 7.87 多对一的关联

非空间统计分析主要是针对属性表中的值进行的分类统计或汇总统计。统计的结果可以用统计图形、统计报表表达，如图 7.88 所示。

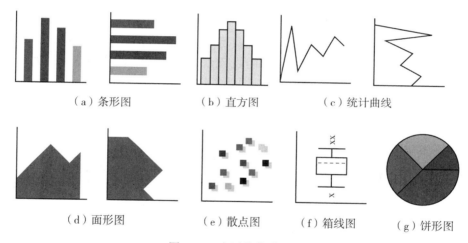

（a）条形图　　　（b）直方图　　　（c）统计曲线

（d）面形图　　　（e）散点图　　　（f）箱线图　　　（g）饼形图

图 7.88　主要的统计图形

7.5　网络分析

网络分析是 GIS 的另一重要分析类型。在地理空间中，许多自然、人工的线状地物之间相互构成网络，如道路网、地下管线网、电网、河流网等。在这些网络上，人们需要进行路径选择、资源分配、运输路线规划、故障诊断等分析。复杂的网络分析需要专业的应用模型支持，这里只介绍基本的网络分析方法。

7.5.1　网络的类型

网络的连接性是重要的，网络元素，如边界和连接点，必须相互连接形成网络，以便能在网络中旅行和导航。网络还需要一些其他元素，这些元素具有控制网络上进行导航的特性，如标志点、障碍点等。网络的类型主要有两类，传输网络和效用网络。

传输网络是无向网络，这意味着，虽然在网络上的边界上可以分配给它一个方向，但代理者(如人或要传输的资源)可以自由决定旅行的方向、速度和目的地。例如，旅行在道路网络上的车中的人，可以选择转向哪条街道，什么时候停车，向哪个方向驾驶。一些约束条件施加在网络中，如单行道、不准左转弯等，以控制车流的方向。

效用网络是有向网络，这意味着，代理者(如水、污水或电)沿着网络流动是基于在网络中建立的某些规则。水流流动的路径是预先定义好的，它可以被改变，但不是由代理者改变。控制这个网络的工程师可以通过开放一些阀门或关闭其他一些阀门，来修改规则，以达到改变网络方向的目的。

无论是传输网络还是效用网络分析，都是基于由网络数据集的几何网络生成的拓扑网络，也称为逻辑网络。生成逻辑网络的方法见 4.2.7 节的网络数据模型。

7.5.2 网络分析的类型

网络分析用于解决常见的网络问题，如寻找穿越城市的最低成本路径，寻找最近的救护车的位置或设施位置，确定以一个位置为中心的服务区等。网络分析的主要类型有：

(1)最佳路径分析。寻找连接位置之间的简单路径，或访问几个位置的简单路径。但最佳路径可能意味着不同的情况、不同事物，可能是最短的、最快的或风景最好的，决定选择阻抗元素，即最低阻抗的路径；如果阻抗元素是时间，就是最快路径；如果是费用，就是最经济的路径，等等。任何网络数据集的成本属性都可以当做阻抗元素。如图 7.89 所示。

 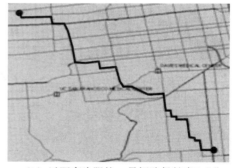

（a）以时间为阻抗，路径长度4.8公里，　　　（b）以距离为阻抗，最短路径长度4.5公
用时8分钟的最快路径　　　　　　　　　里，用时9分钟

图 7.89　最佳路径的例子

(2)寻找最近的设施，位置分析。如寻找距离一个事故点的最近的医院，距离一个犯罪现场的最近的警车，距离一个顾客地址的最近的商店，等等，都是这类分析的应用。可以使用旅行的距离、旅行的方向、旅行的成本等作为条件。如图 7.90 所示。

(3)寻找服务区。寻找网络上任何给定位置的网络辐射区域或设施的服务区。网络服务区是一个区域，包括给定的阻抗值范围内所有可能被访问的网段或街道路段，如 5 分钟服务区，是指所有在 5 分钟内可以到达某个给定位置的所有路段。如图 7.91 所示。

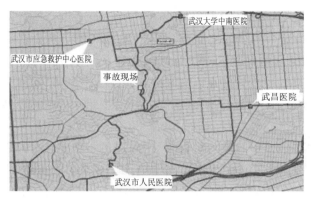

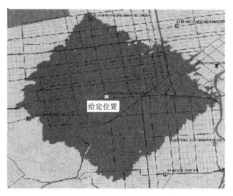

图 7.90　寻找最近的医院　　　　　　　　图 7.91　服务区

7.5.3　网络分析的方法

术语"启发式算法"典型地是指利用系统过程来权衡关于处理速度解决方案的质量。许多启发式算法来自寻找要解决问题方案的简单的、常识性的想法，但不一定能产生一个优化方案。在一些应用中，启发式算法可以产生被证明是优化的方案。启发式是由允许对当前方案变动和变换定义的。也就是说，将方案 Q 改善到新方案 Q^*。对一个给定的问题，所有可能方案的空间称为搜索空间，S(Search Space)，通过对当前方案 Q^*，一个单一的转换得到的方案空间称为邻域空间，N(Neighborhood Space)。

启发式算法通常对一些目标函数的值提供一个快速的"上限"和"下限"，例如，从一组需求位置到一组供给位置或设施的平均旅行时间。上限可以提供置信带的一个边界，其总宽度可以被确定，如果可以设计这样的一个过程，能提供一个关于这个问题的匹配的下限。真正的上限和下限，是最佳的解决方案自身的。但是，这个值通常先前是不知道的，且很可能不能确定。另外一个解决这个问题的方法是，在允许的解决方案上使用较少的约束，可以迅速获得一个方案。这通常称为解决原问题的"轻松"版本。

一旦获得上限和下限，就可以设计一种方法，试图降低上限，升高下限，直到它们任意接近。如果它们无限接近，全局优化可以获得。如果不是这样，则至少方案的质量接近优化的方案(给出的结果是在最佳的5%以内)。一个让问题"轻松"的例子是，使用曼哈顿或最大最小距离，而不是欧氏距离或网络距离，将客户分配到设施，或整体去除或部分去除一个或多个问题上的约束作为临时措施。广泛使用的这类算法是拉格朗日松弛算法。

一般地，对组合优化算法的测试，特别是启发式算法，通常使用旅行商问题(Travelling Salesman Problem, TSP)作为性能和质量的参照基准。理由是，这个问题容易被定义。TSP 问题是旅行一组给定位置的每个节点，然后返回到起点，使总旅行长度和成本最小。距离测度必须是公制的或半公制的，允许不对称性，但距离必须是正的，并满足三角不等式。如果有 N 个节点，则有 N! 条可能的路径，搜索空间是 O(N!)。

7.5.3.1　贪心启发式和局部搜索(Greedy Heuristics and Local Search)

所谓的贪心启发式，涉及这样的一个过程，每一个阶段，是其中一个局部最优的选择，可能会或可能不会导致一些问题的一个全局最优的解决方案。因此，贪心算法是局部搜索，或称为 LS 算法。

假如在平面上有一组点，或角点{V}，希望产生一个边界网络{E}，每个点，通过网络，从其他每一个点，都可以被访问，且这个网络的总长度（欧氏）是最短的。贪心算法解决这个问题的步骤是（也称为最小生成树问题（Minimum Spanning Tree，MST））：

（1）以随机的方式，从 V 选择任意一点{x}作为起点，定义集合 $V^* = \{x\}$ 和 $E^* = \{\ \}$，即集合 V^* 使用从原始角点中随机选择的这个单点进行初始化，集合 E^* 按照一个空的边界集初始化。

（2）寻找是在集合 V 中的、不是在集合 V^* 中的但与集合 V^* 中对应的一个点（u）的最邻近点（v），并添加到 V^*，连接 v 和 u 的边界，添加到 E^*。如果有两个或更多的点与 V^* 中的点是等距离的，则随机选择一个。这一步保证在每次迭代时，连接在 V^* 中的一个点和还不在 V^* 中、将要被加入的点之间的边界是最短的或成本最低的。

（3）重复前面的步骤，直到 $V^* = V$，集合 E^* 就是 MST。

这就是 Prim 算法，确切地说是全局最优算法。贪心算法有很多变体，如有的是解决赋权图的 MST。

7.5.3.2 交互启发式算法（Interchange Heuristics）

交互启发式算法是从一个问题的解决方案开始（典型地是一个组合优化问题），然后系统地用当前方案的成员交换初始方案的成员，当前方案的成员要么是根据当前方案的另外部分元素形成，要么是属于"还不是一组成员"形成的元素形成。有许多这类方法的例子，如自动分区算法（AZP）。

最知名的交互启发式算法之一是使用欧氏距离测度的旅行商问题（TSP）的 n 选择家庭应用的标准形式。这是一个简化的改进算法，适用于现有的对称之旅的所有位置。这个算法随机地从方案中简单取两个边界（i，j）和（k，l），用（i，k）、（j，l）或（i，l）、（j，k）替换它们。对这个构想有几种改进方法，在性能上具有明显差别，其中包括检查修订的旅行线路不包含交叉，这永远不会是最短的配置。对一个交换候选列表来讲，唯一的交换选择是将产生最大效益的。3 选择交换与 2 选择交换基本是一样的，但一次要取 3 个边界。这可能更有效，而且对对称问题是基本的，但具有较高的计算代价。

在位置建模领域，一类常见的问题是确定潜在的设施位置，然后将客户分配到这些位置。我们的目标是将 p 个设施为 m 个客户提供服务的成本降到最低。有一系列算法来解决这个问题，其中在地理空间分析方面，最著名的方法之一是角点的替换算法。例如，给定一组设施的位置，系统评估其边际变化的处理方案是：

（1）对这个算法进行初始化设施配置，提供第一个"当前方案"。例如，从给定的一组 $n>p$ 的候选位置，随机选择 p 个位置。

（2）不在当前方案中的第一个候选位置被在当前方案中的每个设施位置替换，基于这个新的设施配置，重新分配客户。目标函数幅度降低最大的，产生替换，如果有的话，选择一个交换。

（3）当所有的不在当前方案中的候选位置都已经被当前方案中的所有位置替换，迭代完成，然后重复这个过程。

当一个单迭代不会导致一个交换时，算法终止。优化方案算法终止的条件，交换启发式产生的设备配置，满足所有三个必要但不是充分的条件：所有的设施对要分配给它们的的需求点是局部中位数（最小旅行成本或距离中心）；所有的需求点被分配到它们的最近的设施；从这个方案中去掉一个设施，用不在这个方案中的候选位置代替它，总是产生一个净增长，或目标函数的值没有变化。注意，这个方案一般来说不是全局优化，不一定是唯一的，也没有任何直接的方式确定哪个方案如何是最好的（即怎样才是接近最佳的方案）。

7.5.3.3 元启发式算法（Meta-heuristics）

术语元启发式最初是由 Glover 开发的，现在被用来指超越局部搜索（LS）的方法，作为一种手段寻求全局最优启发式的概念发展，典型地用于模拟一个自然过程（物理的或生物的）。元启发式算法的例子包括塔布搜索、模拟退火、蚁群系统和基因算法。

许多这些算法与生物系统的类比，往往稍显脆弱，如取蚂蚁寻找食物或动物基因遗传有助于产生更健康的后代的想法，而不是细节。此外，许多应用技术用于静态问题，而运行在动态环境中的生物系统，具有内在稳定性和灵活性的次最佳行为通常比一时的最优行为更重要。在最短的时间内发现和吃掉所有的猎物，可能耗尽它们的数量，使它们不能再生产，也就不能提供更多的食物。这种观点不仅提供了这种基于类比方法的值得注意的警示，而且也是它们可以被证明是在动态系统中特别有用的最优化方案之一，如动态电子通信路径优化和实时交通管理领域。

7.5.3.4 塔布搜索（Tabu Search）

塔布搜索是一种元启发式算法，目的是克服局部搜索（LS）陷入的局部最优问题（如贪心算法）。因此，它是对 LS 算法一般性目的的扩展算法，每当遇到一个局部最优时，其操作允许非改善移动。为了达到这个目的，通过在塔布列表（一种短期存储）中记录最近的搜索历史，确保未来的行动不搜索搜索空间的这部分，

塔布搜索方法是由搜索空间定义的，是局部移动模式（邻域结构）以及使用搜索存储。其步骤如下：

（1）搜索空间 S，是给定问题的所有方案的简单空间（或纯组合问题）。注意，它或许很大，或对一些问题，是无穷大（如这些可能包括要优化的离散和连续变量的混合）。搜索空间可能包括可行的和不可行的方案，以及在一些允许情况下，搜索空间扩展到不可行区域是必要的（如为松弛的约束检查可行方案）。

（2）邻域结构确定了一组移动，或转换，当前搜索空间 S，受到单次迭代过程的影响。因此，邻域 N，是搜索空间的子空间（很小）$N \subset S$。这种转换的一个简单例子是一组交互启发式，当前方案的一个或多个元素被来自当前方案的其他部分的一个或多个元素，或元素位于方案内容之外替换。

（3）搜索存储，特别是短期搜索存储，具有明显不同于其他大多数方法。一个典型的例子是当前移动列表的保留时间，其倒过来就是塔布搜索的迭代次数，称为塔布任期（Tabu Tenure）。对于网络路径问题，客户 A 刚好从路径移 1 动到路径 2，短期内防止这种交换的逆转，是为了避免没有改善的循环。这种方法的风险是：有时这样的移动是有吸引力的和有效的，可以通过松弛严格的塔布得到改善。典型允许的松弛（使用"意愿标准"，Aspiration Criteria）允许塔布移动，如果它可以导致产生具有一个目标函数值的方案，则这

个值是迄今为止已知的最佳改善值。

尽管有这些保护，无论是效率还是质量，塔布搜索仍然是低表面的。人们设计了多种技术改善这种表现，大多数设计是具体问题，包括从空间 N 中采样的概率选择，为了减少处理的开销而引入的随机性，和减少遭遇循环的风险；集约化，当前的解决方案(例如，整个路由或分配)的一些组件被固定，而其他元素被允许继续被修改；多样化，当前的解决方案的组件，已经出现频繁或连续迭代过程开始以来有系统地从方案中除去，以便使未使用的或很少使用的组件产生一个整体改善的机会；代理目标函数，也可以提高方案的性能(虽然不是直接的质量)，通过减少开销，即有时改变目标函数的当前计算值。如果代理函数与目标函数是高度相关的，则计算会非常简单，可以是许多操作在给定的时间周期进行，因此扩大了方案检查的范围；这种杂交的技术逐渐发展为一种实践，与塔布搜索类似的另外一种方法是基因算法。

7.5.3.5 交叉熵方法(Cross Entropy，CE)

CE 方法是一个迭代方法，可以应用于广泛的问题，包括最短路径和旅行商问题。其步骤包括：

(1)按照定义的随机机制(如蒙特卡洛过程)，产生一个随机数据(轨迹、向量等)的样本。

(2)在这个数据基础上，更新随机机制的参数，为了产生下一次迭代"更好"的样本。

更新机制使用交叉熵统计的离散版本。在基本形式方面，这个统计是比较两个概率分布，或一个概率分布和一个参考分布。

7.5.3.6 模拟退火算法(Simulated Annealing)

模拟退火算法是由 Kirkpatrick 开发的元启发式方法。其名称和方法的由来是当玻璃或金属被系统加热和重新加热以及然后允许持续冷却后所表现出的行为。其目的与其他的元启发式一样，是获得给定问题的全局最优的一个最接近的方案。

模拟退火算法可以看做是自由行走在这个方案空间 S 的托管形式，邻域空间的探索通过求助于退火的行为确定，这反过来关系到这个过程经过一段时间的温度。方法如下：

(1)定义问题的初始配置，如一个随机方案 S_0^*、关于这个方案的一个初始温度变量 T，以及评价成本 C_0^* (如总长度或旅行时间)。

(2)扰动 S_0^* 到一个新的邻近状态 S_1^*，如根据一些随机坐标的步长，移动一个潜在的设施的位置，或通过交换过程。计算这个新状态的成本 C_1^*，并减去 C_0^*，得到成本差 ΔC。

(3)如果 $\Delta C < 0$，则新配置具有较低的总体成本，选择新配置作为当前首选的配置。然而，如果成本较高，根据都市准则(Metropolis Criterion)，仍然保留新配置的选项：

$$p = e^{-\Delta C/T} \tag{7.12}$$

如果 $p < u$，则 u 是在 $[0, 1]$ 范围内的均匀随机数。如果使用这个准则，则温度变量 T，按照一个因子 α 降低(如 $\alpha = 0.9$)，并从前一个步长迭代开始，直到达到一些停止的准则为止(如迭代次数，目标函数提高的绝对或相对值)。

从温度参数控制的意义讲，这种搜索空间的方式是遍历的，从较大的步长开始，然后，降低温度(退火进度)，用越来越小的步长，直到 $T = 0$，或达到另外的停止准则。

模拟退火算法是一个相对较慢的技术，因此，针对具体问题进行修改，模型的统计分析行为的结果会得到明显的改善。然而，这样的改变可能会去掉最终全局最优的保证。模拟退化算法显著的优点包括简单的基本算法，处理过程的低存储开销，适用优化的问题范围广（地理空间的或其他的）。在地理空间领域，该算法成功应用于各种问题，如设施位置优化和旅行商问题。

7.5.3.7　拉格朗日乘数和松弛（Lagrangian Multipliers and Relaxation）

拉格朗日松弛是在经典优化问题方面拉格朗日乘数应用的泛化。因此，在讨论这个方法之前，先介绍松弛的概念。

将所谓的"经典约束优化问题"应用于实值连续可微函数（称为 C_1 类函数）$f()$，$g()$ 的形式为：

$$\text{Maximise } z, \text{ where}$$
$$z = f(x_1, x_2, x_3, \cdots), \text{ subject to}$$
$$g_i(x_1, x_2, x_3, \cdots), d_i, i = 1, 2, 3, \cdots \qquad (7.13)$$

或使用矢量概念：

$$\text{Maximise } z, \text{ where}$$
$$z = f(x), \text{ subject to}$$
$$g_i(x) = d_i, i = 1, 2, 3, \cdots \qquad (7.14)$$

其中，z 表达式称为目标函数，$g_i()$ 是约束条件，x_i 是变量，d_i 是常数。在这里，约束条件表现为平等的（包括不平等的），这是常见的，可以按照各种方式处理，包括使用替代变量。

这类问题可以使用拉格朗日乘数转换为非约束优化问题。这种处理可以简化寻找局部或全局最大值或最小值的工作。以上面例子为例，所有的约束条件可以转换为目标函数，形式是：

$$\text{Maximise } z, \text{ where}$$
$$z = f(x) + \sum_i \lambda_i [d_i - g_i(x)] \qquad (7.15)$$

其中，λ_i 是拉格朗日乘数。然后，解决约束问题就转换为计算最大值或最小值之一的一个单一表达式，而这又需要确定引进的乘数。这可以通过寻找修改后的目标函数的差分获得，使用对应的每个 x_i 和同等的到 0 的结果的差分。虽然对拉格朗日乘数值的解释不是这个过程中的一个重要部分，但在大多数情况下，它们可以被解释为 i^{th} 个约束的重要性测度。

拉格朗日松弛是上述过程的泛化应用，其思想是通过修改目标函数，松弛约束条件。松弛问题则可以被解决（如果可能），且这可以提供一个对原问题的一组可能的方案的低的（或高的）边界范围。所得到的更小的解决方案空间则可能被用于更系统的搜索或企图可能缩小下限和上限的范围，直到它们满足要求。

例如，假设我们试图最大化的简单的线性表达是：

$$\text{Maximise } z, \text{ where}$$
$$z = \sum_j a_j x_j, \text{ subject to}$$
$$g_1: \sum_j b_{1j} x_j \leqslant d_1, \text{ and}$$

$$g_2: \sum_j b_{2j}x_j \le d_2 \qquad (7.16)$$

附加条件可能是所有的 x_j，都必须大于或等于 0，以及对于具有离散的方案的问题，方案的值必须是整数。

我们可以松弛这个问题，同时仍然保留目标函数的线性形式，将约束条件移入目标函数，同时降低其不平等性，如：

$$z = \sum_j a_j x_j + \sum_i \lambda_i \left(d_i - \sum_j b_{ij}x_j \right) \qquad (7.17)$$

如果所有的 $\lambda_i = 0$，则目标函数的第二项将消失，这样约束就不是方案的一部分。但如果任何的 $\lambda_i > 0$，我们试图优化的目标函数的值，当我们解除约束时，会变化（增加或减少）。通过调整对原问题的松弛的度，正矢量 λ（拉格朗日乘数）按系统方式改变，或替换搜索方法，减小方案空间，可以获得对原问题的更接近的近似方案。

7.5.3.8 蚁群系统和蚁群优化(Ant Systems and Ant Colony Optimization，ACO)

蚁群系统来自蚂蚁寻找食物行为的灵感。人们已经观察到，蚂蚁在探索周围环境时，在足迹上使用信息素。成功的足迹（如这些用于引导食物来源）会变成迫使越来越多的蚂蚁使用它们（学习或集体记忆的一种形式）。早期这种行为模型用于解决困难的组合问题，如 TSP。原始的组合问题模型，如蚁群系统(AS)，对小型的 TSP 实例工作良好，但不适合较大的实例。这鼓励人们开发更复杂的模型，特别是基于 AS 的思量和有效的局部搜索策略(LS)。

设 m 是蚂蚁的数量，n 是城市数量($m \le n$)，t 是计算的迭代计数，d_{ij} 是城市之间的距离测度，并定义问题参数 α、β。对连接城市 i 和 j 的弧段(i, j)定义初始信息素值 T_{ij}。

(1)将每个蚂蚁放置在一个随机选择的城市；

(2)按照以下方式为每个蚂蚁构造城市的旅行路线：在当前在城市 i 的一只蚂蚁访问一个未访问城市 j，以从城市 i 和 j 之间距离这个弧段的长度作为当前信息素轨迹长度定义的概率确定。

(3)优化改善使用局部搜索启发式方法产生的每只蚂蚁的独立路径；

(4)对每只蚂蚁重复这个过程，完成后，更新信息素轨迹值。

概率函数定义，当前在城市的蚂蚁 k，迭代次数是 t，标准概率函数（蚂蚁现在应当访问城市 j 吗?）形式是：

$$p_{ij}^k(t) = \frac{\tau_{ij}(t))^\alpha (\eta_{ij})^\beta}{\sum_{t \in N} (\tau_{it}(t))^\alpha (\eta_{ij})^\beta}, \text{ where}$$

$$\eta_{ij} = \frac{1}{d_{ij}} \qquad (7.18)$$

其中，集合 N 是这只蚂蚁的有效邻域，即还没有访问的城市，概率函数由两部分构成：第一部分是信息素轨迹的长度，第二部分是距离衰减因子。如果 $\alpha = 0$，则这个信息素部分没有影响，概率分配按照哪个城市最近进行，即基本的贪心算法；但如果 $\beta = 0$，则分配简单地根据信息素轨迹的长度进行，已经发现这会导致方案停留在次优路径优化。

理论上，更新信息素轨迹，信息素轨迹能够被连续更新，或在一只蚂蚁完成旅行之后更新。但实际发现，在所有蚂蚁完成一次迭代后更新信息素轨迹更有效。更新包括两个部分：第一部分，用一个常数因子 ρ，减小所有的轨迹值（模拟一个蒸发的过程）；第二部分，基于 k^{th} 只蚂蚁的路径长度，对所有的蚂蚁，添加一个增量，$L^k(t)$：

$$\tau_{ij}(t+1) = (1-\rho)\tau_{ij}(t) + \sum_{k=1}^{m} \Delta\tau_{ij}^{k}(t),$$

$$\text{where } 0 < \rho \leqslant 1, \text{ and}$$

$$\Delta\tau_{ij}^{k}(t) = \frac{1}{L^k(t)}$$

$$\text{if } arc(i,\ j) \text{ is used by ant } k, \quad \text{else}$$

$$\Delta\tau_{ij}^{k}(t) = 0 \tag{7.19}$$

更新首先要保证连接的弧段不能变成过饱和的信息素轨迹，其次，蚂蚁访问过的弧段是信息素增加最快的弧段的最短弧段，对于重新执行或学习过程。通过一些小的改进，可以提高方案的质量，如限制信息素轨迹的最小和最大值，用这个范围的上限进行初始化；只允许更新最佳表现的蚂蚁的轨迹值，而不是所有蚂蚁的。

7.5.4 主要的网络分析应用

7.5.4.1 最小生成树

给定一组角点（点或节点），有数种可能相互连接的方式，直接或间接连接这些角点，可以构建一个网络。一个总边界长度最小的连接，同时保证每个点从其他任何一个点出发都可以到达的网络，称为最小生成树（Minimal Spanning Tree，MST）。对这个问题有准确的算法：该算法涉及一个构建和生长过程，如：（1）连接每个点，按照它的最近邻居，这将导致产生未连接子网络的集；（2）连接子网络，按照它的最近子网络的邻居；（3）重复步骤（2），直到所有的子网络互联。这个算法是 Prim 算法。图 7.92 是 MST 的一个例子。

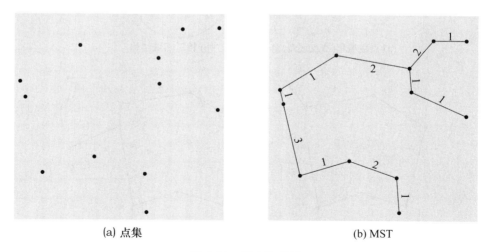

(a) 点集　　　　　　　　　　　　　　(b) MST

图 7.92　最小生成树

7.5.4.2 Gabriel 网络

Gabriel 网络是 MST 的一种子集形式，具有多种用途，是以原创者 K. R. Gabriel 命名的。关于一组点数据集的 Gabriel 网络，如图 7.93 所示，是通过在源数据集中添加对点之间的边界创建的，如果没有该组的其他点包含在直径通过两个点的圆内（如图7.93中的黑色圆）。

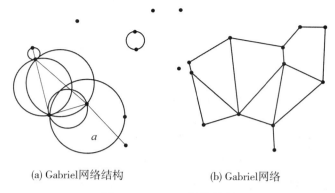

(a) Gabriel网络结构   (b) Gabriel网络

图 7.93 Gabriel 网络结构

在这个例子中，标记为 a 的圆圈包围另一点的集合，因此不包括在用于创建这个圈子里的两个点之间的联系最终的解决方案中（直线）。该过程继续，直到所有的点对按照这个条件，图 7.94 已经以这种方式检查和连接。

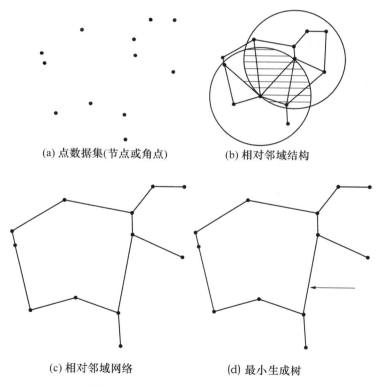

(a) 点数据集(节点或角点)   (b) 相对邻域结构

(c) 相对邻域网络   (d) 最小生成树

图 7.94 相对邻域网络和有关的结构

Gabriel 网络提供了比 MST 包含更多链接的一种网络形式，因而能提供更高的附近点但实际不是最邻近点之间的连通性。局介绍是唯一定义点集连接性的方法，没有其他点被认为结处于连接对之间。著名的是种群基因研究(人或其他)已经被用于各种应用。依据这种连接性，边界权重测度，构建空间权重矩阵，用于自相关分析。可以按照 MST 的方法，产生 Gabriel 网络子集：

（1）构建 Gabriel 网络的初始子集，使用的附加条件是没有其他的点位于放置在每个 Gabriel 网络节点上的，半径等于这两个分离的点之间的半径定义的圆的交叉区域(图 7.94(b))。其结果称为相对邻域网络(图 7.94(c))。

（2）在相对网络中移除最长，但不破坏整体的网络连接性的链。

（3）重复步骤(2)，直到在总长度上不再减少为止(图 7.94(d))，箭头标识的线是唯一要移除的边界。

上述方法尽管描述得不详细，完全可以按照 MST 方法产生。Gabriel 网络只是 MST 的子集，需要进行缩减工作，直到满足 MST 的定义。其方法的变体是 k-MST，在一个 MST 寻求一个给定的子集，$k \leq n$ 个顶点，其余顶点要么通过连接现有的边界集，要么不连接。

7.5.4.3 Steiner 树

MST 方案描述的一个特征是它们是一棵生成树的最小网络长度，而不是连接所有允许包括中间点的角点的直线段的网络的长度。添加中间点可以减少网络的长度，对 L_2 度量，这个因子最大到 $\frac{\sqrt{3}}{2}$，对 L_1 度量到 $\frac{3}{2}$。例如，3 个相邻的角点，可以使用 1 个中间点(Steiner 点)相连接，将缩减局部 MST，如果局部 MST 的两条边之间的夹角度小于 120 度，且角点未加权。在这个案例中，中间点的最优位置是每个链满足，从选择的点到这 3 个点，以 120 度的角度连接其他两个点(等角度分割的)，如图 7.95 所示。

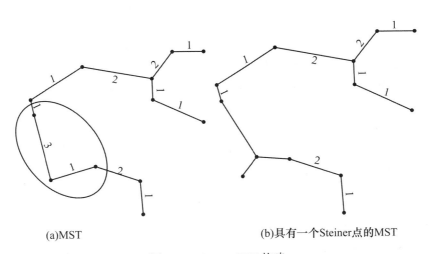

(a)MST   (b)具有一个Steiner点的MST

图 7.95　Steiner MST 构建

虽然 MST 可以按照这种方式进行系统地修改，接受减少总的网络长度，但在最小长度的 Steiner 树方面是不必要的。基于原始点集开始，并研究更广泛的选择范围，可能会产生显著的更好的解决方案。例如，一次选择 4 个点定义方案，其中两个点是必要的，这些点本身是相互连接的。大多数情况下，取 $m \leq n-2$ 个 Steiner 点和 n 个角点，构建一个数量很大的其他拓扑网络是可能的，当 $n=7$ 时，超过 60 000。

注意，这些网络和方法是假设网络流和方向是不相关的，以及每个节点是等权的。如果节点是不等权的(如医院的床位数、某些货物的需求等)，那么 Steiner 点将会改变。

7.5.4.4 最佳路径分析

不像前面的一些问题，最短路径问题(SPP)需要一个预先定义的网络。然后，基本问题是确定在一个源节点和目标节点之间的一条或多条最短(最低成本)路径，即一组边界。在一些情况下，SPP 也提供从一个单一的源点到网络中其他一个或多个点之间的最短路径。这样的算法称为单一来源算法(SPAs)，产生的一组最短路径称为最短路径树(SPT)。

最短路径的确定可以被指定为一个线性规划问题。设 s 是源节点，t 是目标节点，$c_{ij}>0$ 是成本，或与链或边界有关的距离，寻求最小值 z。

$$z = \sum_i \sum_j c_{ij}x_{ij},$$
$$\text{subject to}$$
$$\sum_j x_{ji} - \sum_k x_{jk} = m, \text{ where}$$
$$m = 0 \text{ for } i \neq s,$$
$$m = 1 \text{ for } i = t,$$
$$m = -1 \text{ for } i = s$$
$$x_{ij} \in \{0, 1\} \tag{7.20}$$

典型的计算最短路径算法是 Dijkstra 和 Dantzig 算法。二者都是单一源点的 SPAs 算法。这些贪心算法应用于非负边界权重的平面图形，具有 $O(n^2)$ 次计算，n 是节点数。

在一些情况下，最短路径问题需要一些其他方面的约束。例如在电子通信网络可接受的最短路径，需要满足一些质量要求，如果一些路径质量高于其他路径，这些可能是优选的，尽管时间、成本或路径的距离较大。另外一些则可能是限制给定路线有效的总的预算，其中一些路径成本高于其他路径。这些约束以一个或多个不等量被纳入模型定义，每个网络边界不仅要求有成本或距离值，而且要有一个或多个正的权重。考虑这些因素，可以定义约束的最短路径问题(CSPP)。不像 SPP，在多项式时间内解决问题，CSPP 是 NP 完整的问题。

1. Dantzig 算法

图 7.96 所示是逐步从角点 1，2，3 和 4 到其他所有角点，直接用平面图形，正边界权重，确定最短路径的例子。算法是离散动态规划。图 7.96(a)是图形，图 7.96(d)是确定从 1 到 3 的最短路径(粗线)。

基本的计算过程是:

(1)识别从节点 1 的最短(最短距离、成本、时间等)边界，这里是节点 2(成本=4)添加节点 2 和连接 1 和 2 的链或边界到目标集；如果出现相等，则任意选择一条边界；

(2)识别从节点 1 或从节点 2，加上边界(1，2)的距离的最短(最小累计距离或时间)边界，这里节点 2 到节点 4(成本=6)。添加节点 4 和节点 2 到 4 的边界到目标集。

(3)识别目标集中的最短边界(最小累计距离或时间)，这里，从 1 到 2 到 4 到 3(成本=7)。

所有节点都到达后停止。重复从 2，3 和 4，计算从每个节点的所有最短路径。这个算法与 Dijkstra 算法很类似。

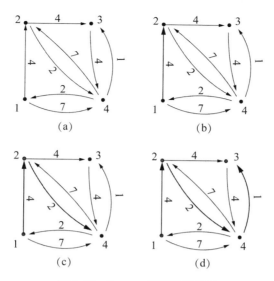

图 7.96　Dantzig 最短路径算法

2. Dijkstra 算法

这个算法通过存储的迄今计算的从起点 s，到每个目标点 t 的最短路径的成本进行，将成本记为 $d(t)$。基本步骤是：

(1) 将所有的节点初始化为 $d(t) = \infty$（无穷大，或在实践中，一个非常大的值）和 $d(s) = 0$。

(2) 对每个来自起点 s 的边界，添加从 s 的边界长度到在 s 的路径长度的当前值，如果这个新距离小于当前值 $d(t)$，则用较小的值替换它。

(3) 选择在 $d(t)$ 集中的最小值，移动当前的节点到这个位置。

(4) 重复步骤 (2) 和 (3)，直到到达目标节点，或所有的节点都已经扫描。

注意，每个节点到达的距离被包含在矢量 $d(t)$。如果这个实体元素是无穷大，则意味着这个节点是不可到达的，或还没被扫描。也应该注意到，不像 Dantzig 算法，仅有它们的长度，是不能产生最短路径的。为了获得最短路径，算法必须被修改，以返回一个最短路径节点的列表，例如，存储最短路径距离和在节点标签中的最短路径的节点的地址。同时，还应注意到，基本 Dijkstra 算法在真实世界网络方面提供的是非一致的运行时间，主要是因为这样的网络具有非常有限的节点连通性（它们的邻接矩阵非常稀疏）。SPA 需要的是非常高效地实现这些的基本算法，或应该使用启发式，如 A* 算法，以获得更快的解决方案（如实时交互式应用）。

3. A* 算法

Dijkstra 算法是更一般的 A* 算法的特例。严格地说，A* 算法是面向目标的最好优先算法。它按照顺序访问节点，这或许与 Dijkstra 算法采取的简单交换所有节点相比是较快的。选择哪个节点作为下一个访问的节点，典型地，是它通常从目标的每个顶点计算欧氏距离，并经由网络添加当前记录的距离到这个顶点。访问节点按照总距离优先的顺序。典型的是，A* 算法对特定的原点-目标路径与其他算法相比，访问的节点数少。这样计算的速度就快些。

337

图 7.97 所示是利用 ArcGIS 的网络分析给出的例子。算法是上述 SPA 的变种算法。数据如图 7.97(a)所示。在这个例子中，位置是交互选择的，并选择计算的参数，包括 U 形转弯和两个障碍点(在图上用 X 标注)。

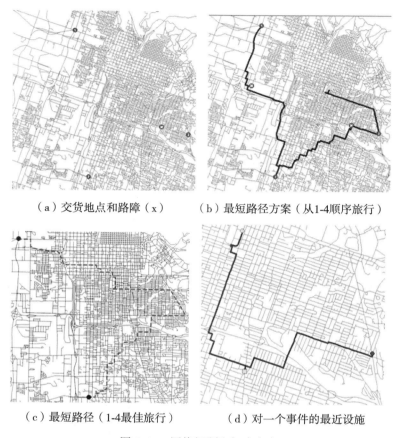

（a）交货地点和路障（x）　　（b）最短路径方案（从1-4顺序旅行）

（c）最短路径（1-4最佳旅行）　　（d）对一个事件的最近设施

图 7.97　网络问题和解决方案

图 7.97(b)所示是开放旅行，或排序过程。它连接一系列最短路径，先 1-2，2-3，最后 3-4。也可以看做是从位置 1 到 4 的最短路径。约束条件是这条路径，必须经过 2 和 3，一个非常常见的要求。如果需要封闭路径，则必须添加从 4 到 1 的最短路径。如果取消顺序条件，则这条路径不是最优的，1-4-3-2 是最短的(图 7.97(c))。注意与图 7.97(b)的区别，去掉了 U 形转弯的条件。另一种是默认的显示方向的差异，这没有现实意义。图 7.97(d)是与选址有关的问题。识别一个最近的设施，或到指定位置的设施(如事故点)，识别在给定距离内的两个点的位置。

7.5.4.5　位置分析

从 $n>p$ 个位置选择 P 个最优位置满足客户需求的问题，被简单地描述为位置分析问题(或称为 P-中位数问题)。如果忽略网络的存在，以及网络的连接性是假定在平面上，从每一个客户到一个单一的、最近的设施的直接连接，则简单的定位分配问题可以被定义——选择位置，然后按照一些规则(如最近规则)，将客户或需求分配到这些位置。然而，常见的是，网络(如路网)是与节点之间的最短路径，或最低成本的矩阵是共存的。

这是一个关键输入数据，需纳入优化过程。

当然，在现实世界，这个问题要复杂得多，因为有其他许多变量需要考虑，如合适位置的有效性、位置的价值、设施的规模、访问这些位置的可能性、监管问题、规划控制、合适劳动力的有效性、发展时机等。而且这些都存在于一个影响它们的动态环境，核心变量，如客户需求模式、材料供给、技术、商业和政治环境的变化等，都会影响选择的结果。因此，最优化是更大决策支持过程的一部分，其重要性取决于特定的问题。对许多问题，获得一个次优方案，理解它们对一些参数变化的稳定性以及局部变化，是至关重要的。

最优设施位置的选择问题的研究已经有很长的一段历史，可追溯到 1960 年代。在平面上(无网络定义)，P-中位数问题是点集分区的问题，类似于聚类分析。典型的是，P 个供给或服务点被看做是向 n 个位置的客户服务，这样，每个客户被分配到一个单一的供给点(通常基于简单的欧氏接近度)，在客户和供给点之间的总距离或总运输成本是最小的。如果 $p=1$，可以使用最低总行程(Minimum Aggregate Travel，MAT)进行简单计算，这或许会使用迭代过程。但是，如果 $p>1$，则问题会变得复杂得多，需要一个扩展的算法方案。平面的 P-中位数问题的精解方案可能要使用分支界定算法(树搜索)。对于更复杂的问题或大数据量，可能需要启发式算法。

对于平面的 P-中位数问题，一个简单的启发式算法过程是：

(1)在 MBR 或凸包内随机选择 P 个点，形成客户点集 V，作为中位数点的初始位置；

(2)分配 V 中的每个点到它的最近的中位数点(欧氏测度)。将 V 分割为 p 个子集 V_p。

(3)对 V 的每个 p 子集，使用前述的迭代方程(求质心或中心)，计算 MAT 点；

(4)迭代步骤(2)和(3)，直到目标函数的值的变化落入预先定义的容限水平。

很明显，这个启发式算法获得的方案的质量是不知道的。一种改进的方法是随机选择不同的起点，重复计算 K 次，比较它们最终的目标函数值。最好的方法是选择一个中位数位置好的初值。

如图 7.98 所示，从 39 个满足客户服务需求的地址中，选择最佳的两个城市。每个城市包含一个地址，作为客户的位置。实体元素的格式是(x, y, z, n)，x 和 y 是坐标，z 是客户的需求估计值，n 是城市名称，如 28.00 74.00 50000［Milano］。这些信息被处理为网络结构和成本。数据按照邻接关系系列表输入，如格式<from，to，weight>。如 Milano 的位置是 1，直接连接到 Piacenza、Novara 和 Verona(位置分别是 34，17，13)，邻接表的格式是 1 34 4；1 17 3；1 13 22。这里权重是旅行时间或交通成本。两个城市组成的最优方案是 Opt1 和 Opt2(Piacenza 和 Roma)。

下面介绍较大的 P-中位数和 P-中心问题。使用简单的启发式算法解决这类问题，对于 P-中位数问题，网络版本的精解方案是：有 n 个客户需求点，每个的需求权重是 w_i，从 $m \leq n$ 中选择 p 个点作为候选点。这 p 个点位于网络的节点(实际上可以位于网络的任何位置)。原则上，对较小的 n，m 和 p，解决方案可能有多种配置，但随着这些值的增加，计算效率会很快降下来。启发式算法在响应时间方面是一种最优的解决方案，但评估其质量的方法不是很直截了当。

基于网络的 P-中位数问题的基本启发式方法是交互式启发式算法。其过程是：设 V 是 m 个候选点的集合，则：(1)从 V 中随机选择 p 个点，并记为集合 Q；(2)对 Q 中的每个点 i，和不在 Q 中的每个点 j(即在 V 不在 Q)，进行交换，看它们的目标函数值是否改

图 7.98　一个网络中的最优设施位置

善，如果有改善，则保留这个新方案，并作为新 Q 的方案；（3）迭代步骤（2），直到目标函数没有改善为止。注意，这个方法如从步骤（1）重复，选择不同的 p 位置，会产生其他改善的方案。

另一种启发式算法是拉格朗日松弛算法。这是一种基于树搜索的算法。P-中位数问题可以描述为：

$$1: \min \sum_{i=1}^{n} \sum_{j=1}^{m} s_{ij} x_{ij}$$

符合以下条件：

$$2: \sum_{j=1}^{m} x_{ij} = 1, \quad i = 1, 2, \cdots, n,$$

$$\text{i. e.}$$

$$2': D = 0 \text{ where } D = 1 - \sum_{j=1}^{m} x_{ij}$$

$$3: x_{jj} \geqslant x_{ij}, \quad \forall i, j, i \neq j$$

$$4: \sum_{j=1}^{m} x_{jj} = p \qquad (7.21)$$

其中，如果需求位置 i 被分配到供给位置 j，则 $x_{ij}=1$，否则为 0；如果一个设施在位置 j 是开放的，则 $x_{jj}=1$，否则为 0。这些要求可以表达为一个附加的约束方程：

$$x_{ij} \in \{0, 1\} \tag{7.22}$$

方程 1：是目标函数，从供给点 j 向位置 $i=1，2，\cdots，n$ 的客户需求点服务的总(平均)成本。其中，$s_{ij}=w_i c_{ij}$，w_i 是非零权重值，表示在客户位置 i 的需求，c_{ij} 从供给位置 j 到客户位置 i 的提供的单位需求成本。典型的是 c_{ij} 是穿越网络 i 和 j 之间的最短路径距离。这些信息或许是实时计算的，或按照一个成本或距离矩阵或列表提供。注意，一般来讲，$s_{ij}i$ 不等于 s_{ji}。如果用 $\min\{\max\{s_{ij}x_{ij}\}\}$ 代替方程 1，则这个公式就是 P-中心问题(硬 NP)。

方程 2：每个客户被只有一个位置提供服务的情况。另一个公式是 2′。

方程 3：如果一个设施不在位置 j，则客户的需求就不能分配给它。

方程 4：共有 p 个设施需要分配的情况。

网络上的 P-中位数问题对于相当大的问题(如 1000 个客户和 50 个供给点)使用 LR 算法可以精确求解。这个方法涉及解决不满足全部约束条件(如不满足方程 2 的情况)的简化问题(原问题的松弛)，然后使用这个方案获得最优方案的上限或下限。这个区间然后被系统地缩小，直到理想的、上限和下限的区间值满足预先给定的容限，从而得到最优方案。

解决简化问题，看起来更复杂，涉及增加一组 n 个变量(拉格朗日乘数，$\lambda_i > 0$)到原方程 1，松弛方程 2 的约束，如：

$$\max_{\lambda} \left\{ \min \left\{ \sum_i \sum_j s_{ij}x_{ij} + \sum_i \lambda_i \left(1 - \sum_j x_{ij} \right) \right\} \right\} \tag{7.23}$$

观察这个表达式的括号内的最后一项，是约束 D，现在是目标函数的一部分。这个问题被"松弛"是因为在方程 2 中的约束已经被去除，因此，一个被服务或被分配到多于一个位置是可能的。这在解决被松弛的问题时，是会经常发生的。注意最后一项的求和是可以展开的，并与最初的求和合并，如下：

$$\max_{\lambda} \left\{ \min \left\{ \sum_i \sum_j (s_{ij} - \lambda_i)x_{ij} + \sum_i \lambda_i \right\} \right\} \tag{7.24}$$

括号内的最小是简单枚举的，第二项求和是一个常数。选择每个潜在的位置 j，反过来设置 $x_{ij}=1$，则服务客户需求的成本的和 $C_{j'}$，使用选择的设施的减去拉格朗日松弛 $\lambda_{i'}$，则：

$$C_j = \sum_{i=1}^{n} (s_{ij} - \lambda_i) \tag{7.25}$$

如果这个和大于 0，则被设置为 0；否则，存储这个值，继续计算下一个 j。以这种方式获得的 p 的最小值被用于 P-中位数位置的一组初值。分配客户的位置到这些选择的位置，按照如果 $x_{ij}=1$ 和 $s_{ij}-\lambda_i<0$，设置 $x_{ij}=1$；否则，$x_{ij}=0$ 进行。这种分配一般不能满足原始约束，但使用方程 1 计算获得的总成本将会提供一个下限 LB，是真正的最佳方案。

现在介绍如何获得一个上限 UB。分配客户位置到最近的设施位置，使用方程 1 计算总成本。

为获得一个最有或次优方案，拉格朗日乘数的初值需要按照这样的方式调整(减小)，最终满足原约束条件。这些乘数更新后的值，使用对它们前一次迭代的值的一个步长调节。

$$\lambda_i^{n+1} = \max \left\{ 0, \ \lambda_i^{(n)} - t^{(n)} \left(\sum_j x_{ij}^{(n)} - 1 \right) \right\} \tag{7.26}$$

在 n^{th} 迭代的步长大小，$t^{(n)}$，使用下面的表达式计算：

$$t^{(n)} = \frac{a^{(n)} (UB^{(n)} - LB^{(n)})}{\sum_i \left(\sum_j x_{ij}^{(n)} - 1 \right)^2} \tag{7.27}$$

$a^{(1)}$ 和 $\lambda_i^{(1)}$ 的合适值的选择对保证收敛是重要的。有学者建议，对所有的 j 以及对所有的 i（不等于 j），使用 $\lambda_i^{(1)} = \min(s_{ij})$，$a^{(1)} = 2$。

P-中位数的启发式算法的比较，如图 7.99 所示。

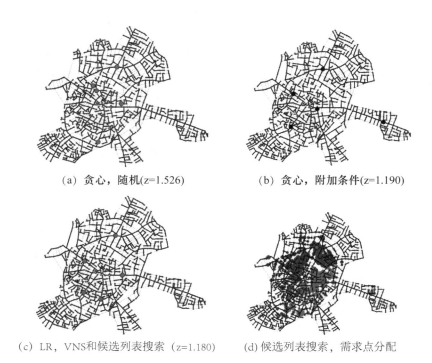

(a) 贪心，随机(z=1.526)   (b) 贪心，附加条件(z=1.190)

(c) LR，VNS和候选列表搜索 (z=1.180)   (d) 候选列表搜索，需求点分配

图 7.99　启发式 P-中位数算法比较

图中的点是识别的中位数点的位置，黑色线是服务中心到需求点的线路边界，括号内的 z 值是获得的目标函数的值（以百万为单位）。贪心-随机算法使用 S-距离测度，简单选择最大权重的需求点（如果有多个位置是等权的，任选选一个）。然后按照下一个位置按照它的最邻近中心的最大权重距离选择需求点。贪心算法的结果见图 7.97(a)、(b)。贪心-ADD 算法明显改进了 z 值，有 5 个位置被选择。但与图 7.97(c) 明显不同，有三种算法：Candidate List Search (CLS)，Lagrangian Relaxation，Variable Neighborhood Search，VNS。图 7.99(d) 是需求客户被分配的单个服务中心的情况。

相似的算法被用于 P-中心问题。服务需求的总成本总是大于或等于 P-中位数方案，但客户旅行到或从服务中心的最大距离（旅行成本）是最小的。图 7.100 是使用欧氏测度而不是网络距离，设施被分配到需求位置的近似方案。与 P-中心优化类似，但明显不同于基于网络距离的 P-中位数方案。

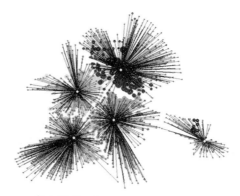

（a）Customer Demand (Nodes)　　　　（b）Median Locations and Assignments

图 7. 100　设施位置，平面模型

7.5.4.6　服务区分析

图 7. 99（d）和图 7. 100（b）为服务区的定义提供了一个很好的例子。这些区域典型的是对应在网络中定义的点，比其他任何定义的点在距离、时间或成本上都更靠近离散区域。

服务区的例子如图 7. 101 所示，图（a）显示的是位于城区的三个急救站的位置，图（b）是按照网络距离和每个站的主要服务区域最靠近每个站的所有街道。

这种简单的网络划分形式是假设预先定义设施位置和不考虑需求变化（预料的事故和发病率）或服务能力（可用的交通工具数量）。

（a）急救站位置　　　　　　　　　（b）服务区(距离带)

图 7. 101　服务区定义

与服务区定义有关，一些 GIS 软件也提供旅行时间分区，这些区域是按照多边形图层产生的，然后叠加在网络上，表示旅行的时间或距离带（图 7. 102）。

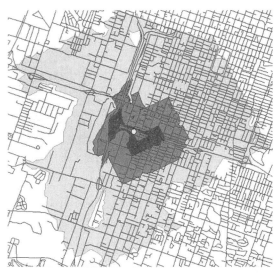

图 7.102　驾驶时间分区(距离带 500 米, 1 000 米, 2 000 米, 5 000 米)

7.6　地理空间数据的查询分析

一般来讲, GIS 软件都会提供丰富的数据查询功能, 供数据使用者查询浏览空间数据集, 显示满足查询条件的独立特征信息、选择的数据子集的信息, 并对选择的数据子集进行处理和统计分析。查询分析的数据集可以是矢量数据集、栅格数据集、表面数据集或属性表等。这里主要介绍基于矢量数据集查询分析方法。

7.6.1　简单查询功能

GIS 软件提供的简单功能包括特征识别工具、地图提示工具、超链接工具、测量工具等。

识别工具允许通过鼠标指定一个特征对象, 显示这个特征对象的属性, 如图 7.103 所示。

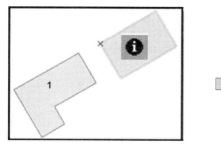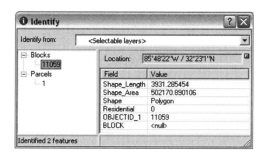

图 7.103　识别查询

地图提示工具是当鼠标移动到某个特征对象时，显示设定的某个属性字段的值，如图7.104所示。

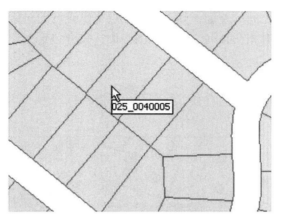

图 7.104　地图提示查询

超链接查询是当鼠标移动到某个原先设置的热点链接、超链接特征时，显示超链接的内容。超链接的内容可以是图片、声音、视频、文本、数据表等。

量测查询是通过鼠标点击图上的两点或多个点，自动测量点之间的长度或累计长度等。

7.6.2　属性查询分析

属性查询是基于特征属性表和 SQL 语句进行的查询操作，如图 7.105 所示。

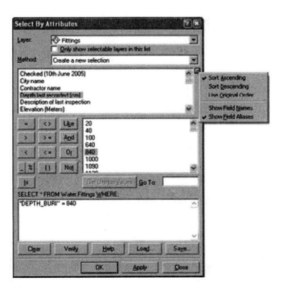

图 7.105　属性查询

属性查询通过构建 SQL 语句，查询满足条件的查询对象，也称为条件查询。SQL 条件根据运算符，有多种类型组合。

7.6.3 基于位置的查询

这是基于两个图层之间的查询，其中一个图层提供查询的对象的位置参考，另一个图层是查询对象的图层，有相交查询、距离范围查询、完全包含查询、公共边查询、边界接触查询等。

1. 相交查询

查询结果为具有公共部分的特征，如图 7.106 所示。

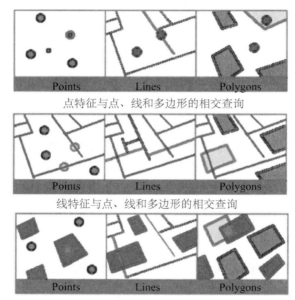

点特征与点、线和多边形的相交查询

线特征与点、线和多边形的相交查询

多边形特征与点、线和多边形的相交查询

图 7.106 相交查询

2. 距离范围查询

查询与一个定义的缓冲距离产生的缓冲多边形相交或在其内的特征。如图 7.107 所示。

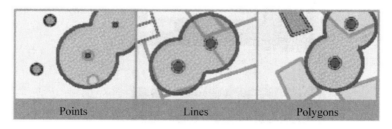

图 7.107 点缓冲与点、线和多边形距离范围查询

除此之外，还有线缓冲区、多边形缓冲区的情况。

3. 完全包含查询

查询点、线和多边形特征完全包含在多边形内的特征，如图 7.108 所示。

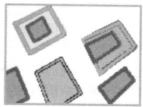

图 7.108　完全包含查询

4. 公共边查询

查询具有公共边的特征，如图 7.109 所示。

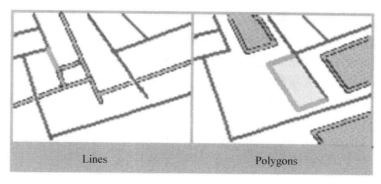

图 7.109　公共边查询

7.6.4　基于图形的查询

基于某种绘制的图形，查询与绘制的图形包含或相交的特征。查询的图形可以是矩形、多边形和圆形等，如图 7.110 所示。

　　(a) 基于矩形　　　　　　　(b) 基于圆形　　　　　　　(c) 基于多边形

图 7.110　基于绘制图形的查询

练习与思考题

1. 从应用角度来总结空间分析的主要功能。

2. 结合 ArcGIS 的使用体会，说明空间数据分析模型的定义及应用。

3. 画图说明空间分析的基本流程。

4. 概括和比较不同栅格数据分析的方法及应用特点。

5. 比较基于栅格数据和基于矢量数据距离分析在应用目标、分析数据源、中间数据及成果数据上的异同点，并在相关软件中比较其具体的实现过程。

6. 试概括水文分析的不同方法及其应用。

7. 比较不同表面表达数据的特点，并结合实际应用例子，概括常用的表面分析功能。

8. 简述地理空间统计分析的基本流程。

9. 结合相关应用实例，学习和分析不同空间数据统计分析方法。

10. 请比较和分析叠置分析的不同类型和适用范畴。

11. 结合实例学习缓冲区分析的定义及应用。

12. 结合相关软件练习属性表分析的不同操作方法和应用。

13. 利用地图学中专题图的相关知识，总结统计分析的类型及应用。

14. 比较网络数据与矢量数据的差异，并概括网络分析的类型和方法。

15. 在日常生活中寻找一个网络分析的问题，利用网络分析功能来得到分析结果。

16. 以一个平台软件为例，学习和比较不同的空间数据查询方法。

17. 寻找一个日常生活中的空间分析问题，并综合你所学的空间分析功能来解决这个问题。

第 8 章　地理空间数据制图与可视化

GIS 技术与艺术相结合，可以产生丰富多彩的地理信息产品。具有艺术性表达的地理信息产品，不仅美观易读，而且在表现和传递信息方面具有独特的效果。本章主要介绍 GIS 制图和数据可视化的概念、理论和方法，讨论如何从地理数据转换为地图数据的一些问题。

8.1　概述

地理空间数据制图表达和可视化显示是 GIS 的重要功能。通过制图表达，以可视化的方式将地理特征要素的形状、地理空间关系、属性、时间变化、综合特征、空间分布等，用符号化、特性化、动态化等方法加以渲染和揭示，可供人们从不同角度、不同层次、不同方式理解地理信息。通过可视化的制图表达方式，不仅可以表达地理数据固有的表层信息，还可以将通过地理空间数据分析获得的深层的、隐含的信息加以适当的表达，以展示其内在信息。

地图是地理信息可视化表达的重要方式，但不是唯一方式。随着计算机制图技术的发展，揭示和展示地理信息的形式发生了很大变化。传统的地图或专题地图只是地理信息表达的经典形式。随着由最初的科学计算可视化向地理空间信息可视化的技术发展，一些新型的地理信息表达形式不断产生，如虚拟电子地图、动态地图、多媒体地图、三维仿真地图、虚拟现实地图等。将这些新的表达形式也纳入地图概念，便产生了广义地图的概念。

8.1.1　地图制图的概念

地图是根据一定的数学法则使用制图语言，通过制图综合，在一定的载体上表达地球（或其他星球）上各种事务的空间分布、联系和实践中发展变化的状态的图。随着表达的载体不同，地图由单一的纸质或其他质地的物质地图发展到各种形式的虚拟数字地图，如电子地图、三维虚拟地图、超地图、动态地图，甚至虚拟现实场景地图等，提供了更多的与地图的信息交互形式。

地图制图是地图创建的技术过程，是艺术、科学和技术知识和方法综合利用的过程。这个过程表示如图 8.1 所示。

用于地图制图的数据集来自 GIS 存储的各种类型的数据以及 GIS 分析的结果数据。它们需要根据不同的制图规范，面向不同的使用目的和方式进行地图设计。根据地图设计结果，需要对地理数据集进行数据处理，如数据综合和概括处理、投影坐标转换、数据质量处理等。经过处理的地理数据集，需要按照地图符号化、制图表达规则、注记等要求进行表达处理。制图编辑的工作主要是对表达进行冲突检查和处理、渲染处理、特效处理、地

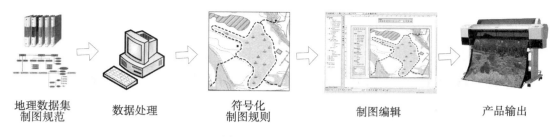

图 8.1 地图制图过程

图布局配置等，最后将形成的地图产品进行展示、打印、分发等供用户使用。基于数据的制图模型如图 8.2 所示。

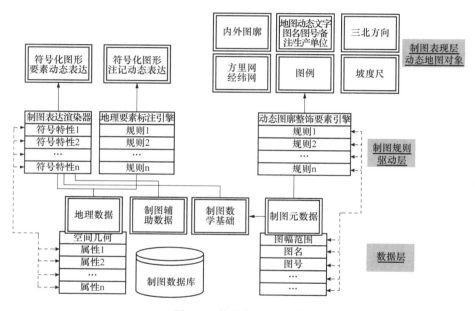

图 8.2 数据库制图模型

8.1.2 地理空间数据可视化的概念

可视化的本意即是变成可被视觉所感知。在人脑中形成对某物（人）的图像，是一个心理过程，目的是促使对事物的观察力及建立概念等。

可视化技术最初起源于科学计算可视化。科学计算可视化是指运用计算机图形学和图像处理技术，将科学计算过程中产生的数据及计算结果转换为图形和图像显示出来，并进行交互处理的理论、方法和技术。它不仅包括科学计算数据的可视化，而且包括工程计算数据的可视化，它的主要功能是从复杂的多维数据中产生图形，也可以分析和理解存入计算机的图像数据。它涉及计算机图形学、图像处理、计算机辅助设计、计算机视觉及人机交互技术等多个领域。它主要是基于计算机科学的应用目的提出的，侧重于复杂数据的计算机图形。

地理空间数据可视化与科学计算可视化存在一些不同，最显著的一点就是图形符号化的概念。地理空间数据可视化是指运用地图学、计算机图形学和图像处理技术，将地学信息输入、处理、查询、分析以及预测的数据及结果采用图形符号、图形、图像，并结合图表、文字、表格、视频、音频等可视化形式显示，并进行交互处理的理论、方法和技术。地理空间数据可视化是科学计算可视化在地学领域的特定发展。地理空间数据可视化改变了传统地图的应用和使用形式。从新的制图技术和表达内容来讲，可以认为地理空间数据可视化是一种广义的地图制图过程，其成果是广义地图。

地理空间数据可视化具有三个方面的重要作用：

（1）可视化可用来表达地理空间信息。地理空间分析操作结果能用设计良好的地图来显示，以方便对地理空间分析结果的理解，也能回答类似"是什么？""在哪里？""什么是共同的？"等问题。

（2）可视化能用于地理空间分析。事实上，我们能理解所设计的并彼此独立的两个数据集的性质，但很难理解两者之间的关系。只有通过叠加与合并两个数据集之类的空间分析操作，才可以测定两个数据集之间的可能空间关系，才能回答"哪个是最好的站点？""哪条是最短的路径？"等类似问题。

（3）可视化可以用于数据的仿真模拟。在一些应用中，有足够的数据可供选择，但在实际的空间数据分析之前，必须回答与"数据库的状态是什么？"或"数据库中哪一项属性与所研究的问题有关？"这些类似的问题。这里的空间分析需要允许用户可视化仿真空间数据的功能。

地理空间数据可视化在理解地理空间信息方面发挥着重要作用，例如：

（1）在地质勘探领域，寻找矿藏其主要方式是通过地质勘探了解大范围内的地质结构，发现可能的矿藏构造，并且通过测井数据了解局部区域的地层结构，探明矿藏位置及其分布，估计蕴藏量及开采价值。由于地质数据及测井数据的数量极大且不均匀，无法依据纸面上数据进行分析，利用可视化技术，则可以从大量的地质勘探及测井数据中构造出感兴趣的等值面、等值线，显示其范围及走向，并用不同色彩、符号及图纹显示出多种参数及其相关关系，从而使专业人员能对原始数据做出正确解释，得到矿藏存在、位置及储量大小等重要信息。它可以指导打井作业、节约资金，大大提高寻找矿藏效率。

（2）在气象预报领域，气象预报的准确性依赖于对大量数据的计算和计算结果的分析。科学计算可视化一方面可将大量的数据转化为图像，显示某个时刻的等压面、等温面、风力大小与方向、云层的位置及运动、暴雨区的位置与强度等，使预报人员对天气做出准确分析和预报；另一方面根据全球的气象监测数据和计算结果，可将不同时期全球的气温分布、气压分布、雨量分布及风力风向等以图像形式表示出来，从而对全球的气象情况及变化趋势进行研究和预测。

（3）计算流体动力学，汽车、船舶、收音机等的外形设计都必须考虑在气体、流体高速运动的环境中能否正常工作。过去，必须将所设计的机体模型放入大型风洞中做流体动力学的物理模拟实验，然后根据实验结果修改设计，再实验修改，直至完成，这种做法设计周期长、资金耗费大。现在，已可在计算机系统上建立机体几何模型，并进行风洞流体动力学的模拟计算。为理解和分析流体流动的模拟计算结果，必须利用可视化技术尽快将结果数据动态地显示出来，并将各时刻数据（不管是全局的还是局部的）精确显示及分析，这将是机体设计关键性的步骤。

(4)分子模型构造是生物工程，化学工程中先进的最有创造性的发展技术，今天科学计算可视化已经是学术界和工业界研究分子结构并与其相互作用的有力武器，它使分子模型构造技术发生了革命性的变化，过去的复杂和昂贵的方法，已经变成了可控性强、操作简易可靠的有效工具。例如，在遗传工程的药物设计中，使用彩色三维立体显示来改进已有药物的分子结构或设计新的药物，以及构造蛋白质和 DNA 等高度复杂的分子结构。

显然，科学计算可视化在学科的广泛程度上包括了空间信息的可视化，这是因为从复杂的多维数据中产生图形是空间信息可视化的基本内容，不管是空间数据的显示，还是空间分析结果的表示、空间数据的时空迁移以及每一空间数据处理的过程，无一不是其基本内容。

8.2　地图制图基础

8.2.1　地图的组成要素

地图是由多种要素组成的。地图要素主要包括三类：数学要素、地理要素和辅助要素。数学要素包括地图投影和地图坐标系统，在传统地图上用经纬线网、方里网表达；控制点信息，平面控制点和高程控制点，用注记表示；比例尺，表示地图表达缩放的尺度，同时也表达了地理要素被综合和概括的程度；地图定向，阅读地图时用于方向定向，根据坐标系统确定，用指北针符号表达。地理要素是地图表达的数据内容，在普通地图上包括自然地理要素和人文地理要素；在专题地图上，包括自然地理要素和特别强调的专题要素，如人口分布、经济统计数据、土地利用类型等。辅助要素是为理解地图数据信息提供的说明信息和测量工具等，包括图名、图号、图例、附图、比例尺、指北针或其他说明文字等。部分要素如图 8.3 所示。

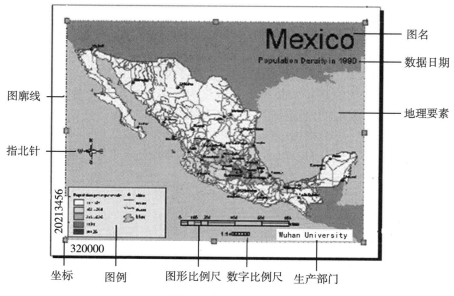

图 8.3　部分地图要素

必须说明的是，上述地图组成要素是传统地图所要求的。但对于其他形式的地图，如数字地图，一些组成要素可能就不是必要的，如地图比例尺可能失效，因为数字地图是按照真实世界坐标存储数据的，比例尺不再具有测量尺度的作用，只有显示尺度的作用和地图综合和概括程度的标示作用；坐标格网标示也是不必要的，因为在数字地图上测量一个位置只需要鼠标定位即可；其他一些说明信息，或可通过元数据表达，不必标注在地图上，等等。

8.2.2 地图设计

地图设计是为地图制图制定表达方式、表达规则、选择表达内容和技术等技术过程，目的不仅是设计美观的地图产品，更重要的是设计有用的地图。地图设计是综合知识和技术利用的过程，具有以下特点：

（1）高度复杂性和艺术性的工作。复杂性表现在知识和技术的综合、合理使用，艺术性在于美学概念的恰当应用和实践；

（2）高度创造性思维活动。地理信息及其关系的复杂性、隐蔽性等表达需要创新思维支持；

（3）人与地图交互概念的合理、适当体现和应用。人们阅读地图是以获得提供的信息为目的的，如何方便、容易地获得更多的信息，是靠交互的方式和技术支持的；

（4）可视化技术的合理选择和应用。可视化是表达数据复杂性、隐蔽性的最好工具，如何用好形式多样的可视化技术是关键。

地图设计者或制图者有责任处理好以下问题：

（1）精确诠释原始地理数据的责任，一切设计和制图工作都是建立在对数据正确理解的基础上的；

（2）真实客观表达现实世界，地图表达不能偏离原始数据表达的客观现实，允许使用夸张、特效等方法，但以不造成对信息的错误理解为前提；

（3）选择清晰、明确的符号进行符号化。符号是地图的语言，承载有表达信息的含义；

（4）选择新软件和新技术。新软件和新技术是创造性活动的源泉，是产品生命力的体现。

总之，地图设计必须满足以下的目的和目标：满足正确传递信息、诠释信息、突出某些关系和特性、促进对地图理解的目的。实现有意义的符号化、保证真实描述现实、实现可理解的成分和达到全面交流的设计目标。

地图设计有一系列制图规则或制图语法。其规则的应用能转变为这样的问题："我如何向谁说什么呢?"这里"什么"指要表达的内容，即空间数据及其属性，无论其是定性的还是定量的。"谁"指地图的读者或应用目的。"如何"指制图的规则。在地图的辅助要素中，图例可能是对地图阅读最重要的，为了正确使用图例，必须对地图数据进行分析。数据分析的目的是找出地图数据组成的特征，以确定如何进行可视化。数据分析的过程分为两步：第一步找到所有制图数据的共同点，这个共同点将用作地图的标题；第二步访问制图数据的每个独立的组成并对其状态进行描述，这一步可用所选择的测量尺度来完成。测量尺度可以是名义上的(如名称尺度)、顺序的(如重要程度的排序)、间隔的(如地形的等高线显示)或比例的(如百分比)。

8.2.3　地图设计的因素

地图设计会受到一些因素的影响，这些因素包括客观因素、受众因素、显示和概括因素、比例因素、技术限制因素、符号选择参考因素等。

客观因素决定地图的表达形式，如地图的布局、色调、准确性、近似性、主观感受等。受众因素与地图表达采用的技术有关，如内容的复杂性、符号的抽象性、结构的复杂性、对地图内容的理解、符号的认识、地理知识等。显示和概括既要简明清晰，又要不失地理要素的自身特点。比例因素受轮廓和制图区域的影响，受符号的清晰程度和要素细节表达的影响。技术因素受地图制图方式、表达手段、发布方式等限制。符号选择受制图目的、数据质量、制图规范、测量水平（定性还是定量，分类还是分级）、可读性等因素影响。

8.3　从地理数据到制图数据

8.3.1　地理数据与制图数据的区别

在 GIS 数据库存储的数据，是以矢量数据、栅格数据、表面数据和属性数据模型表达的。它们与地图表达存在一些差别，如图 8.4 所示。

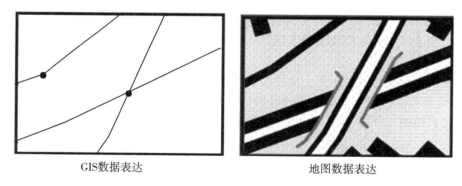

GIS数据表达　　　　　　　　地图数据表达

图 8.4　GIS 表达与制图表达

在 GIS 表达中，道路网络包括线特征和道路相互连接的节点特征。在地图表达中，包含了对道路、桥梁和立交关系的描述，并进行了符号化处理。一些 GIS 软件，如 ArcGIS，还提供了进一步丰富的地图表达功能，如图 8.5 所示。

注意河流表达的差别，精细表达比一般的地图表达更容易理解。

在 GIS 中，地理要素的位置和形状都是根据真实世界坐标精确表达的。地图表达主要是符号表达，且服务与地图的交互和交流是主要的，按真实世界位置表达不是最重要的，更重要的是如何放置和描述特征之间的关系，如河流从桥下通过，这是有别于 GIS 表达的。

其他的一些表达例子如图 8.6 所示。

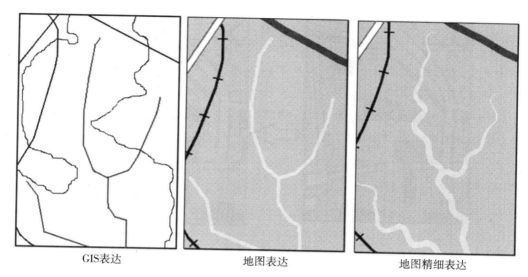

| GIS表达 | 地图表达 | 地图精细表达 |

图 8.5 地图数据的精细表达

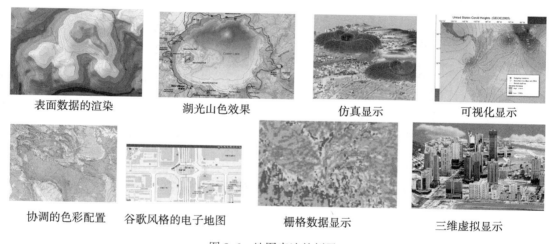

表面数据的渲染　　　湖光山色效果　　　仿真显示　　　可视化显示

协调的色彩配置　谷歌风格的电子地图　栅格数据显示　三维虚拟显示

图 8.6 地图表达的例子

8.3.2 表达冲突与编辑

GIS 数据库表达数据是按照图层存储的，地图表达则是需要将这些图层集成在一起，这样不可避免地会出现表达冲突。如图 8.7 所示。

另外一些 GIS 数据表达不符合地图的表达要求，也需要进行编辑。如图 8.8 所示。

图 8.7 中公路和铁路的立交关系、虚线道路的连接、虚线在拐弯处的显示、房屋边界的正交性等，都与地图的表达要求不一致，需要进行编辑。

有时，不需要按照原始数据的形状绘制。如过度曲折的河流和道路，可以进行一些取舍和概括。如图 8.9 所示，右图中为避免公园的边界与道路重叠，对公园边界进行了必要的移位处理。

对地图进行标注和注记处理，如图 8.10 所示。

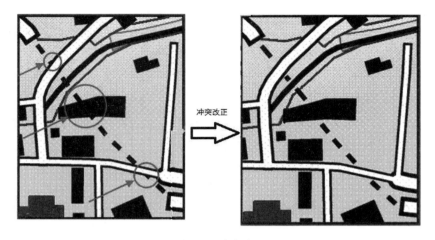

图 8.7　冲突改正

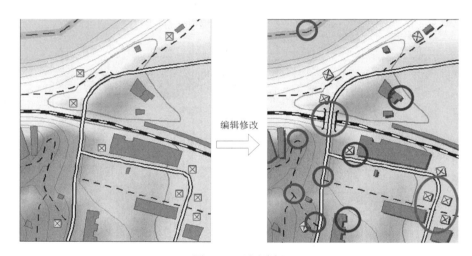

图 8.8　地图编辑

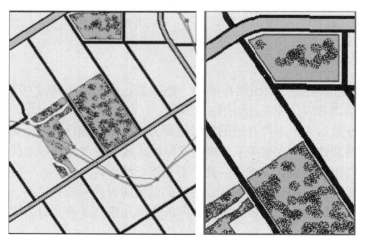

图 8.9　形状的概括和移位表达

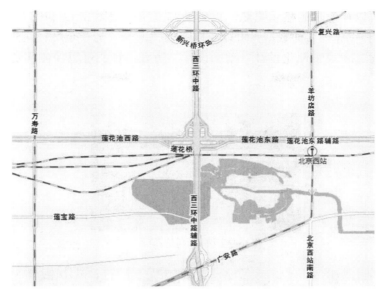

图 8.10　注记处理

8.3.3　地图的效果处理

　　良好的效果处理对地图的表达也能起到很好的作用，可以让地图看起来更美观和直观。地图的效果包括基本效果和特殊效果。基本效果根据属性的各种专题显示，根据统计结果的显示等。使用对数据的分类、分级显示、过渡色彩显示和粉色配置显示等。如图8.11 所示。

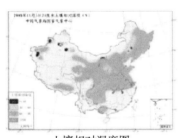

土壤相对湿度图
按属性值分级显示

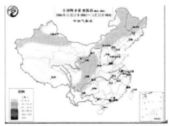

全国降雨量预报图
按属性值大小显示

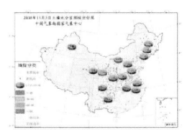

土壤水分监测统计图
用统计图显示

台风路线图
按时间顺序显示

人口分布图
符号大小表示值的大小

土地利用图
按分类显示

图 8.11　部分基本效果显示

特效处理可以让地图的显示更炫、更生动和真实。如图 8.12 和图 8.7 的部分所示，通过更好地使用 DEM 等表面数据，可以使地图"立"起来，通过灵活使用过渡色，可以使画面更绚丽，通过增强个性化设计、动画设计、仿真设计，可以使画面更形象、逼真和动感。

爆炸冲击波显示(仿真)

更好使用表面数据

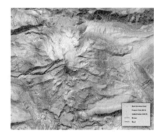
活用过渡色

增强个性化设计

图 8.12　部分特效显示

练习与思考题

1. 概括地理空间数据可视化的定义及功能。
2. 结合相关软件，学习并熟悉地图组成要素。
3. 参考相关资料，总结地图设计的目标及相关内容。
4. 结合相关软件的使用，体会不同地图表达方法。
5. 找一张简单的地图，对其进行编辑和处理，练习地图表达和编辑的方法。

第9章 地理信息系统工程设计与开发

地理信息系统工程是根据用户的具体应用需求和应用目的，为解决一类或多类实际应用问题，面向 GIS 技术应用的数据建设和软件设计开发的工程活动。其起点是空间数据库设计和利用现有的 GIS 工具进行二次软件开发设计，是一项集数据工程和软件工程为一体的复杂系统工程。两种工程活动紧密联系、互相作用、互相制约。

9.1 GIS 工程设计与评价模式

GIS 工程是将 GIS 的应用看做一项信息工程项目进行建设和管理的。除了遵循一般工程项目建设和管理要求外，自身还有一些特殊要求需要满足。

9.1.1 GIS 工程设计模式

在长期的地理信息系统工程的开发实践中，人们总结出了工程开发的模式，对指导 GIS 工程设计具有重要作用。早在 1972 年，Calkins 就提出了信息系统的设计模式，后来经过了多次修改。这个模式是基于结构化的设计模式(图 9.1)。

这个设计模式由 4 个阶段组成：(1)通过访问用户，调查用户的需求和数据源，确定系统的目的、要求和规定；(2)描述和评价与系统设计过程有关的资源和限定因素；(3)说明和评价所拟订的不同系统，这些系统能够满足所规定的要求；(4)对拟订的系统作最后的评价，从中选择一个运行系统。该模式的重点是强调对用户的调查和系统功能分析。

9.1.2 GIS 工程的评价模式

图 9.1 的设计模式是假定系统的大部分组成，除硬件外，软件和数据库都由系统设计人员来完成，有时还包括处理空间数据的某个专门硬件等情况。对于大多数处理空间数据的软件系统、数据库系统已经存在的情况，设计需要基于现有的资源基础进行。因此，Calkins 对设计模式进行了重要修改(图 9.2)，其主要思想是强调对已存在的建设成果的利用，强调了对它们的评价的作用，并采用了 GIS 和软件工程的一些设计理论。

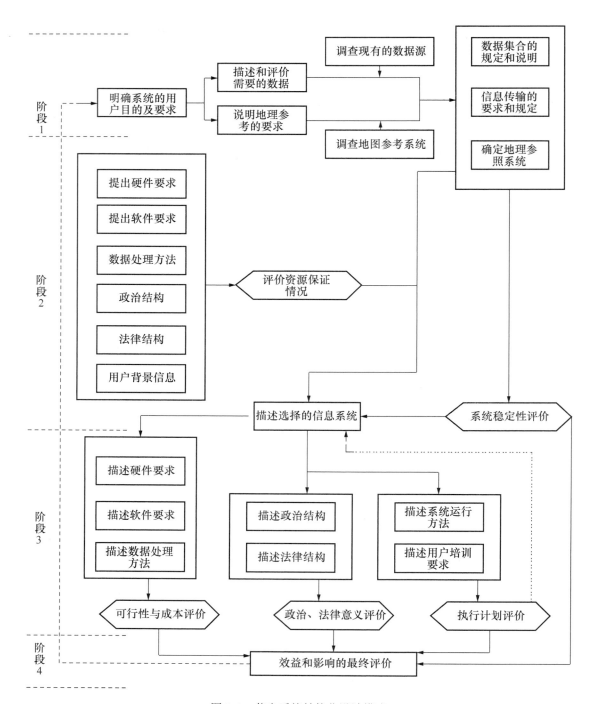

图 9.1　信息系统结构化设计模式

360

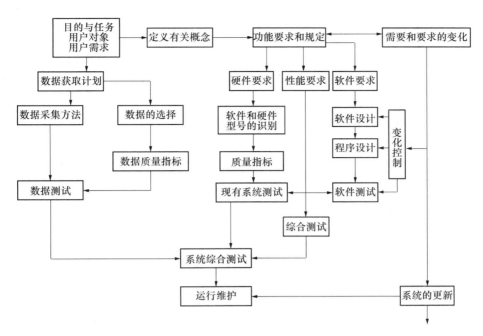

图 9.2 GIS 工程评价模式

9.2 GIS 工程设计过程和内容

对 GIS 工程设计的过程、内容和设计要点的理解是建设成功 GIS 项目的重点。GIS 工程既是数据工程，又是软件工程，且相互影响和制约。在工程设计中必须兼顾考虑。

9.2.1 GIS 工程设计过程

GIS 工程设计涉及软件系统设计、硬件环境设计和数据库设计等内容，是一个综合的系统工程。工程因素和工程内容涉及多种知识理论和技术方法的综合应用。一个成功的 GIS 工程建设需要 GIS 专家和应用领域专家密切配合，协调完成。主要设计过程包括 4 个主要阶段，如图 9.3 所示。

图 9.3 GIS 工程设计阶段

9.2.1.1 系统分析

系统分析主要包括需求分析和可行性研究。在用户提供所需的信息、提出所要解决的问题的基础上，调查和收集相关资料，获取用户需求，分析相关资料和技术，并在对成本、效益、技术等可行性分析评价的基础上，提出最佳解决方案，回答用户问题。

9.2.1.2 系统设计

系统设计包括总体设计和详细设计。总体设计包括系统的目标和任务设计、模块子系统设计、计算机硬件系统设计、软件系统设计等。通过总体设计，解决子系统之间联系与集成问题，解决软件、硬件的选型问题，确定系统的总体框架结构、进行相关技术选择、制定或选择技术标准、安排系统实施计划和策略、组织开发队伍、预算系统开发费用等。详细设计包括数据库设计和系统功能的设计。通过详细设计，明确数据采集、处理、存储、管理的具体内容和技术，特别是系统的坐标系统选择、数据的类型和内容、数据的组织方法、数据的存储和管理模式等。系统功能设计包括软件模块的功能、模块的集成方法、模块的软件开发方法、系统的用户界面设计等。

9.2.1.3 系统的实施

系统的实施主要是数据库的建库和软件编程与系统的调试。数据建库是将编辑好的地理空间数据装入数据库，置于数据库管理系统管理之下的过程。内容包括设计数据文件的定义、属性的定义、空间数据和属性数据的录入、空间索引的建立等；软件的编程是功能模块代码化的过程；软件的调试包括软件的模块调试、子系统调试、系统的总调试等；对非 GIS 专业的用户进行技术培训。它们都必须具有相应的具体实施方案。

9.2.1.4 系统的运行维护

系统的运行和维护主要是将系统交付用户试运行，并对系统进行积极稳妥维护的过程。需要提出系统维护的方案。

上述的设计内容均应建立档案，作为系统开发和维护持续运行的技术文档依据。

9.2.2 GIS 工程设计的内容

GIS 工程设计是由设计团队共同完成的，其组成人员包括决策人员、顾问人员、GIS 用户、GIS 项目管理人员、数据库设计人员、数据库建库人员、系统设计人员和系统程序员等，他们之间的关系如图 9.4 所示。

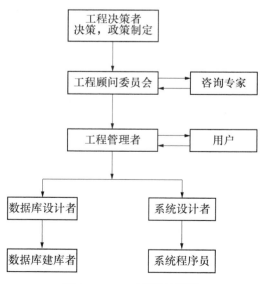

图 9.4 GIS 工程设计团队

GIS 工程决策者和管理者是管理人员，系统设计者、系统程序员、数据库设计者和数据库建库者是工程的设计与开发人员。

GIS 项目管理人员的主要职责是：制定并实现 GIS 应用的规划、GIS 产品的规划，选择软硬件，与用户协商，与用户交流，人力资源管理，预算与资金筹措，向决策者和技术顾问报告。

数据库设计者的职责是：GIS 数据库设计，数据库更新与维护，制定地图生产和 GIS 数据输出方案，GIS 数据建库，地理空间数据的质量控制，制定数据获取方案等。

数字地图制作者的职责是：已有地图数据的编辑，地图数字化，属性数据输入，遥感和摄影测量数据的获取，数字地图的设计，数字地图的生产等。

系统操作员的职责是：软件、硬件和其他相关设备的操作，材料的管理，数据文件和程序的备份，软件库与管理手册的管理，用户需求的支持，用户的优先访问等。

程序员的职责是：数据转换和格式重构的编程，应用软件的编程，客户界面的开发，解决数据文件和程序设计中的问题等。

根据 GIS 工程设计过程的 4 个阶段，需要完成的设计内容和各自的职责见表 9.1。

表 9.1　　　　　　　　　　　GIS 工程设计内容及成员职责

设计阶段	内容	用户	管理人员	开发人员
系统分析	需求分析	1. 提出所要解决的问题 2. 提出所需要的信息 3. 详细介绍现行系统 4. 提供各种所需资料数据	1. 批准开始研究 2. 组织开发队伍 3. 进行必要培训	1. 获取用户需求 2. 回答用户问题 3. 调查分析 4. 分析资料和技术
	可行性研究	1. 评价现行系统 2. 协助提出方案 3. 选择最适宜方案	1. 审查可行性报告 2. 决定是否开发	1. 提出多种备选方案 2. 与用户沟通 3. 成本/效益分析
系统设计	总体设计	1. 讨论子系统的合理性，并提出意见 2. 对设备选择发表意见	1. 鼓励用户参加系统设计 2. 要求开发人员听取用户意见	1. 说明系统目标和功能 2. 子系统和模块划分 3. 设备选型
	详细设计	1. 讨论设计和用户界面的合理性 2. 提出修正意见	1. 听取多方意见 2. 批准转入系统实施	1. 软件设计 2. 代码实现 3. 功能实现 4. 数据库建库 5. 界面设计 6. I/O 设计

设计阶段	内容	用户	管理人员	开发人员
系统实施	编程	随时回答业务具体问题	监督编程进度	分组编程
	调试	1. 评价系统的总调 2. 检查用户界面的友好性	1. 监督调试进度 2. 协调各方意见	1. 模调 2. 分调 3. 总调
	培训	接受培训	1. 组织培训 2. 批准系统交接	1. 编写用户手册 2. 进行技术培训
系统运行维护	运行和维护	1. 按系统要求定期更新数据 2. 使用系统 3. 提出修改或扩充意见	1. 监督用户的操作 2. 批准维护 3. 准备系统评价	1. 按要求进行数据处理工作 2. 积极进行维护
	系统评价	参加系统评价	组织系统评价	1. 参加系统评价 2. 总结开发经验

9.2.3 GIS 工程设计要点

GIS 工程设计是一项系统性工作，工程设计的各个环节都必须有明确的响应。应重点关注图 9.5 所示的有关问题。

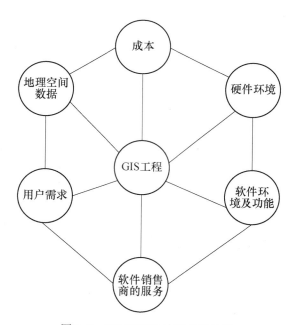

图 9.5　GIS 工程设计要点及关系

成本分析包括工程建设成本和系统操作与维护更新成本。建设成本包括软件和硬件成本、数据输入成本、数据库管理成本、培训成本、应用软件成本、软硬件更新成本和其他的必要成本等。操作与维护成本包括硬件维护成本、数据库更新成本、数据分析成本、数据输出成本、数据建档和备份成本等。

硬件环境包括系统支撑的计算机环境和有关设施建设环境。软件系统包括 GIS 平台软件、二次开发软件和其他必要的软件配置。

GIS 的功能包括地理空间数据的输入选择、数据模型和数据结构、数字化方法和工具、错误检查和改正、数据库管理系统等，地图投影和地图产品、地图拼接、拓扑结构、矢量和栅格之间的转换、叠加分析、空间和属性数据查询、空间数据测量、三维分析、网络分析等。

软件销售商的服务主要是为平台软件系统的升级维护所获得的服务承诺和许可条件，包括售后服务、新产品服务和服务的人员等。地理空间数据主要是包括数据源、类型、数据更新、共享等方面的问题。用户需求是工程设计和建设的基础，是评价工程建设成功与否的关键，包括培训、提供元数据、在线帮助服务、数据访问和交换、应用等。

一个成功的 GIS 工程取决于许多因素，但图 9.6 所示的一些因素是关键的。

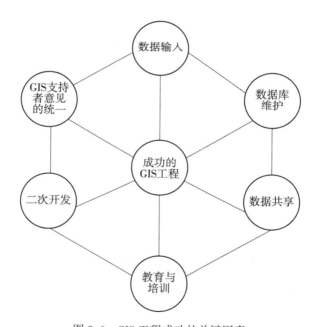

图 9.6　GIS 工程成功的关键因素

数据输入如果缺乏稳定可靠的数据源和数据输入的方法，GIS 工程将失去生命力。数据输入约占 GIS 工程总成本的 80%，所以数据输入是关键问题。更为重要的是，将 GIS 工程所需要的地理空间数据进行选择和分类，并分别考虑其数字化的方法。

如果数据库缺乏高质量的数据和更新机制，将成为垃圾数据。这是第二个关键问题，特别是应建立数据质量的维护和日常的数据更新机制。

缺乏数据共享机制，将大大增加数据的成本。因此，良好的数据共享是减少数据输入总成本最为关键的问题，也是极大地利用数据库的措施。应有效解决政策和管理问题，以促进数据共享。

二次开发是满足用户对 GIS 功能的定制。一个由软件商提供的 GIS 软件不足以满足实际需要，用户需要开发客户化定制的软件，或提供建立模型的方案，编写应用程序软件包。

GIS 支持者的意见不能统一，会造成工程建设半途而废，所以 GIS 工程支持者的共识是很重要的。不仅是 GIS 工程的最高决策者，管理人员和工程人员都应该具有一致的支持意见。

教育和培训用户是保证系统正常运行和产生效益的基础。应该对三个层次的人员，即决策者、专业人员和技术人员进行培训。

在 GIS 工程设计中，还需要注意一些因素可能造成工程的失败，这些因素如图 9.7 所示。

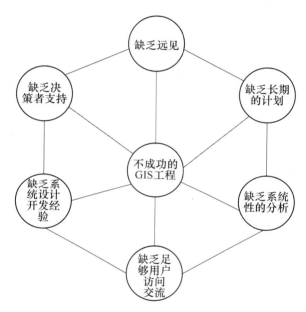

图 9.7　GIS 不成功的关键因素

如果 GIS 工程的决策者和设计者缺乏远见，对 GIS 的应用和技术发展把握不准，则会造成系统效益不能充分发挥，可能造成系统生命周期短。GIS 工程的目的，指标和目标不是由最高决策者确定的，他们仅仅是 GIS 工程软硬件订购的决策者，在这种情况下，GIS 工程仅仅是最高决策者的一个玩具。

缺乏长期的规划，会造成系统运行停滞，甚至彻底废止。人们应该认识到，GIS 工程是一个长期工程，至少需要运行 10 年以上。版本更新和数据更新，有时没有列入预先的预算，这样就不能保证工程的正常运行。

缺乏决策者的支持，问题会变得异常严重。在一些情况下，一些管理 GIS 工程的决策者换了他人，而这些人不是十分积极支持上一任决策者的思想，造成 GIS 工程的失败。

缺乏充分的系统分析，会造成 GIS 工程的失败。将传统的人工工作模式转为数字工作模式，可能遇到阻力。对组织机构的重建和减员、保留可能不能实现，造成工程的失败。

缺乏系统设计和开发经验等专业知识，难以保证完成系统设计的要求。GIS 软硬件的选择不当和滥用在缺乏专业知识时是经常发生的。应当经常聘请专业人员或专家进行咨询，对方案进行评价。

如果与用户的交流不够，用户需求就不能得到有效的反映。对用户的培训和指导不够，就不可能实现 GIS 工程最初设计和开发的设想。

9.3 GIS 工程设计的任务

按照 GIS 工程设计的要求和内容，GIS 工程设计主要包括 4 个主要任务，即系统分析、系统设计、工程实施设计和运行维护设计。

9.3.1 GIS 工程设计的系统分析

GIS 工程的系统分析主要解决 GIS 工程设计中的需求分析、可行性分析等问题，是工程设计和开发的基础工作。

9.3.1.1 需求分析

地理信息系统工程的需求分析的主要任务是确定系统的目标和总体功能。这是进一步描述系统的第一步。应考虑的分析内容包括输入功能、地理空间数据管理、地理数据查询、地理信息的输出和系统的性能等。应考虑的具体因素见表 9.2。

表 9.2   需求分析内容及考虑因素

分析内容	考 虑 因 素
输入功能	地理数据的类型和内容，数据源状况 用户满意的输入方式 用户需要的输入设备 地理数据的转换方式 地理数据的存储容量估算
地理数据管理	用户对地理空间数据的管理要求 用户参与数据管理的程度 数据的存储方式，是否需要分布式数据管理 数据存储的分布情况，是否需要数据中心和分中心 数据的分类和编码，数据的分层要求、空间索引要求
地理数据查询	用户欢迎的查询与分析方式 是否需要网络功能支持的查询与分析，局域网还是广域网，通信网络接入要求 是否需要提供复杂查询分析 用户需要查询分析的类型
地理信息的输出	用户满意的输出方式 地理数据要求的输出方式 用户需要的输出设备

分析内容	考 虑 因 素
系统的性能	系统的运行环境 系统保护数据的能力 系统的后期维护要求 系统的兼容要求 用户使用该系统的技术难度 系统与其他系统的数据交换要求

9.3.1.2 可行性分析

一个成功的 GIS 工程主要取决于经济条件和技术条件。设计者必须在经济和技术允许的前提下，分析现行 GIS 工具软件系统的特点、所开发系统的使用对象的要求，选择所需要开发的全部模块，并分析已有算法的实用性，选择数据管理的模式，估计开发成本、效益、时间等。应考虑的因素和可行性分析内容见表 9.3。

表 9.3 **可行性分析内容及考虑因素**

分析内容	考 虑 因 素
GIS 对数据管理的适宜性	从软件功能分析用何种类型的 GIS 软件作开发平台，提出 GIS 软件的选型备选方案
计算机硬件设备水平	计算机硬件技术所支持的程度，提出设备选型备选方案
当前所需的技术方法	其他相关技术支持的程度，是否可行。提出技术选择方案
技术力量状况	开发成员的素质、技术水平是否胜任
经费投资状况	经费的投资方式、力度和策略
经济和社会效益	系统的经济和社会效益分析

9.3.2 GIS 系统设计

GIS 工程系统设计包括系统总体设计和详细设计两部分内容。总体设计的任务是在一定的设计原则上，确定工程的总体目标、总体任务、总体构成框架等。涉及系统的子系统及其联系的设计、计算机网络系统、数据通信系统、计算机软件系统等配置，对数据的采集、编辑、处理、组织管理、数据库建库、软件开发模式和方法等做出总体安排，对系统的实施、投资计划、质量管理等提出原则要求，为详细设计提供设计蓝本。详细设计是对系统组成、功能、开发技术和方法等的详细描述。在数据库建设方面，主要描述数据结构、数据输入方式方法、数据处理和数据库操作、数据的分类、分层、空间索引、无缝图层、坐标系统、投影方法等处理方案。在软件方面，设计软件的功能模块、模块的连接方式或参数、用户界面等。设计的内容和考虑的因素见表 9.4。

表9.4	系统设计内容及考虑因素
设计内容	考 虑 因 素
系统的总体目标	近期目标、中期目标、远期目标 投资力度、策略、风险评估 用户需求、技术水平、技术发展
子系统设计	子系统的功能、划分的依据，集成方式、运行环境 子系统结构描述，系统的兼容性、出错处理对策
计算机网络设计	网络的组网技术、网络设备的选型、数据存储局域网、企业网、因特网等 网络的安全，涉密网设计
通信网络设计	数据传输方式、信道选择、接入方式
数据库设计	数据采集系统和处理方式、方法、数据的传输、数据格式转换、数据更新 数据编辑要求，数据分层、分类、索引要求、数据管理模式，投影和坐标系统 数据库的划分和组成、数据的分布存储要求、数据结构设计 数据库的元数据产生和管理要求
软件系统设计	软件的选型，开发方法、开发平台选择，软件的功能描述 软件的集成和测试 用户界面设计
工程的组织管理	技术标准，技术的研发，系统的评价 质量管理、进程管理、任务协调、项目审批和管理 工程的资金管理，资金的筹措 工程的验收、评审、测试

9.3.3 工程实施设计

系统的实施设计是对系统实施过程的相关问题的处理方法进行详细说明，包括硬件系统的安装调试、软件系统的安装和集成、数据数字化的具体方法、程序设计的要求、数据库建库过程和方法的要求等。实施设计的内容和考虑的因素见表9.5。

表9.5	实施设计的内容及考虑因素
设计内容	考 虑 因 素
硬件系统	计算机网络系统设备的采购、安装、调试 软件系统的采购、安装、调试 数据采集、输出设备的采购和调试
程序设计	编程方法、要求、代码实现、调试、测试，编写用户手册
数据库建库	数据录入、数据处理、数据更新
系统评价	系统的性能评价、功能评价，技术培训

9.3.4 运行维护设计

GIS工程开发完成交付使用后，还有一个运行维护期，应当对这个阶段的相关工作给予适当安排。对系统的运行管理方式，如数据库的更新计划、软件的修改要求、审批权限和程序等做出规定。对程序运行中发现的问题进行更正，建立修改记录档案和运行日志，对系统运行状况进行技术评价和经验总结等。这些内容均需要进行设计和说明。系统运行维护的内容和考虑的因素见表9.6。

表9.6 运行维护设计的内容及考虑因素

设计内容	考 虑 因 素
程序运行维护	程序运行错误的处理机制 代码的修改、机器设备的保养、维护
数据更新	数据更新的机制、计划，数据的备份和恢复
档案管理	技术档案的建立和归档 维护记录、运行日志的建立和管理
系统运行评价	系统的技术评价 系统开发的经验总结

9.4 GIS工程的开发方法

GIS工程开发是对GIS设计成果的物理实现，将设计结果转变为可以运行、产生效用的工程技术活动。相关技术已经在第1章1.3节介绍了。本节主要介绍GIS软件的开发方法。GIS软件开发应以软件工程的概念、理论、技术和标准为依据。

9.4.1 GIS软件的开发方式

GIS软件是对实现GIS数据操作功能的程序实现。开发这样的软件，可以从底层结构设计和程序编写开始，称为独立式GIS软件开发方式。考虑到GIS软件的技术难度、复杂性、功能等因素，一般都是基于某个商业化的GIS软件提供的开发环境，进行二次开发，主要包括三种方式，即宿主式二次开发、组件式二次开发和开源式二次开发。

9.4.1.1 独立式GIS软件开发方式

独立式GIS软件开发不依赖任何已有的软件平台，从GIS的功能需求出发，从原始的底层结构设计开始，应用支持数据库的图形、图像和属性操作的程序语言，如C、VC、C++、C#、Java、Delphi等，编程实现GIS的操作功能。这种开发方式因技术难度大、投入人力物力多、开发周期长等不利因素，在现有的GIS工程应用中很少采用。但在某些技术难度要求较低、功能需求少或具有某些特定需求条件（如保密应用、军事应用等）不能基于已有的平台进行二次开发情况下，可以采用这种方式，设计开发平台独立的GIS软件。

9.4.1.2 宿主式GIS二次开发方式

所谓宿主式GIS二次开发，是编写的软件不能独立于所依托的平台软件独立运行。一些平台软件，如 ArcGIS、MapInfo 等都提供了 MapBasic、Python 等宿主开发语言，允许软件开发者开发一些新的 GIS 功能部件或模块补充到平台 GIS 软件。这种开发方式充分利用了平台 GIS 软件的操作环境和已有的功能，实现一些复杂操作、综合操作、批处理操作、工具性操作等，具有宏语言编程和宏插件运行的特点。在 GIS 软件的二次开发中具有一定的应用市场。

9.4.1.3 组件式 GIS 二次开发方式

组件式 GIS 二次开发是基于平台 GIS 软件提供的组件模型，使用常用的程序开发语言，如 C、VC、C++、C#、Java、Delphi 等，开发在平台软件提供的 Runtime 运行库环境支持下可以独立于平台软件运行的开发方式。这种方式开发的软件，是完全根据用户的功能需求而定制软件的结构和功能，实现平台软件功能的个性化应用。其另外一个优点是可以与第三方平台软件提供的组件模型进行混合编程，或直接集成独立的第三方组件，为实现 GIS 功能的客户化定制提供了灵活多样的开发和集成方法。组件式 GIS 二次开发是基于面向对象的程序设计和编程方法。多数平台 GIS 软件都提供组件开发环境，如 ArcGIS 软件的 ArcObject、ArcEngine，MapInfo 软件的 MapX 等。在系统功能维护、更新和升级等方面具有诸多好处。组件式 GIS 二次开发方式是目前 GIS 工程应用广为采用的一种开发方式。

9.4.1.4 开源式 GIS 二次开发方式

现在市场上有一些开放源代码的 GIS 软件，这些软件不仅已经具备了一定的 GIS 功能，而且也提供了可供进一步开发的环境和接口。如 OpenLayer、GRASS、QGIS、WorldWind 等，以及像谷歌、天地图等专业网站，都提供了可供第三方进行应用开发的 API 接口，可以使用 C++、C#、VC、Java，JavaScript 等语言，在开源协议支持下进行二次开发，并利用这些开源软件或网站提供的运行和服务环境运行编写的程序。这是一种程序二次开发具有活力和发展前途的开发方式，已经受到越来越多的关注。它的优点介于独立式和组件式之间，为一些 GIS 的个性化应用提供了另一条途径。

9.4.2 GIS 软件的开发方法

GIS 软件开发根据系统的结构、运行平台和应用目的不同，分为单机版、C/S 版、Web 版、移动版、云环境版和三维版等不同开发方法。

9.4.2.1 单机 GIS 软件开发方法

单机 GIS 是运行在单一计算机环境的单用户 GIS 软件应用系统。在多数情况下，不需要与其他用户共享数据源和进行数据交换。这种单机的 GIS 软件经常用于解决专题应用和数量较少，对系统运行环境要求不高和便于携带的情况。单机版的 GIS 软件应用系统结构相对简单，系统与外界交流相对封闭，数据库与软件在单机上运行，开发使用的平台 GIS 是单用户版本的。

前面所述的开发方式都可用于单机版 GIS 应用系统的开发。

9.4.2.2 C/S 环境 GIS 软件开发方法

C/S 环境的 GIS 软件运行在集中式多用户环境，数据集中存储和管理在专用的服务器上，GIS 软件运行在客户端上。不同的客户端软件执行不同的 GIS 应用功能，是一种子系统软件体系。客户端软件通过数据库驱动程序与服务器数据库连接，多个客户端软件共享同一个(组)数据库，一般不需要在服务器端开发专用的应用软件。开发方式多采用宿主式和组件式方式。因为开源平台软件多为 Web 环境运行，一般较少用于这类软件开发。

C/S 环境的 GIS 应用软件基于的平台 GIS 软件是多用户版本的，这为系统的规模变化提供了基础，可以很方便地增减应用子系统。C/S 环境的 GIS 应用软件一般用于一个单位内基于局域网环境下协同完成任务的情况，所以工作流方法经常是子系统之间进行信息传递和交换的依据。子系统之间功能耦合关系几乎不存在，即不存在相互的功能调用情况，但数据耦合关系是紧密的，且是服从工作流要求的。一个子系统数据处理的结果往往是另一个子系统数据的输入，需要注意开发数据接口软件。

9.4.2.3 Web 环境 GIS 软件开发方法

Web 环境 GIS 应用软件是运行在分布式多用户环境，数据和应用软件在物理上分布，在逻辑上集中部署。Web 环境 GIS 应用具有在数据和应用软件方面的松耦合关系。系统客户端与服务器之间不仅有数据交换关系，而且在功能上也可能存在远程调用的情况。这种系统的开发重点是客户端系统与服务器之间的接口，以及 Web 服务器与 GIS 服务器之间的接口。WebGIS 的开发在服务器端和客户端都可能存在。但现在多数平台 GIS 软件，只需要在服务器端配置发布的服务，并不需要复杂的软件开发，主要软件开发是在客户端。Web 环境 GIS 应用软件系统是一个开放的结构系统，跨平台互操作经常发生。宿主式、组件式和开源式开发方式适合这类应用软件开发。

开发语言一般选择跨平台性好的语言，如 C#、JavaScript、J2EE 等。Web 环境 GIS 应用软件分为瘦客户端和富客户端(RIA)应用软件。富客户端应用软件提供客户端更丰富 GIS 应用功能。目前支持富客户端开发的技术主要有 AJAX、Adobe Flash/Flex/AIR、Microsoft Silverlight、Sun JavaFX、Firefox 3(Prism, Tamarin, IronMonky)和 Google(Gear, GWT, Chrome)等。ArcGIS 软件提供了多种富客户端开发的接口，如 ArcGIS Server for Flex、ArcGIS Server for SilverLight、ArcGIS Server for JavaScript 以及 ArcGIS Server for ADF 等。

9.4.2.4 移动环境 GIS 软件开发方法

移动环境 GIS 应用软件是运行在移动通信网络环境和便携式智能终端设备的 WebGIS 软件或独立运行的软件(不使用与外界的通信)，如智能手机、平板电脑。这类软件是基于智能终端操作系统的，如苹果公司的 IOS、三星公司的 Android 系统等；有时还与 GPS 集成，形成具有定位、导航功能的 GIS 应用系统。这类应用系统通过无线移动通信网络与数据库和应用服务器连接，提供 GIS 的移动应用，因而得到快速的发展和应用。

目前，一些商业化的 GIS 平台软件都提供了面向智能终端的开发接口，如 ArcGIS Server for IOS、ArcGIS Server for Android 等。

9.4.2.5 云环境 GIS 软件开发方法

云环境 GIS 应用软件开发与搭建的云环境有密切关系。一些 GIS 软件提供云环境的 GIS 应用开发，如 ArcGIS 软件。ArcGIS 软件为云环境 GIS 应用提供了解决方案。利用 ArcGIS 的 Web ADF 或对 ArcGIS API 进行一些修改，就可以直接使用地图服务。尽管 ArcGIS Server 尚未完全达到成熟的云环境，但是 ArcGIS Server 提供的是一个按需架构的可用组件，提供了供云 GIS 开发的 API 接口，即 ArcGIS Portal API for EC2。可以将缓存地图切片上传到效用计算供应商那里，如亚马逊的 S3，在云端创建数据中心。亚马逊将其云计算平台称为弹性计算云(Elastic Compute Cloud，EC2)，S3 是其提供的简单云存储服务。图 9.8 是 ArcGIS 在亚马逊的云计算平台的开发方案。

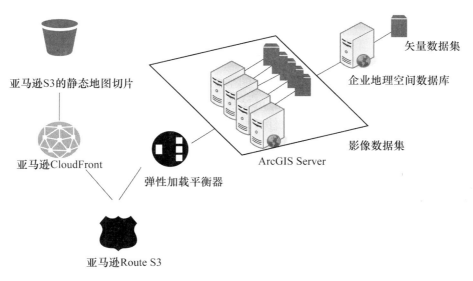

亚马逊S3的静态地图切片

亚马逊CloudFront

弹性加载平衡器

亚马逊Route S3

矢量数据集

企业地理空间数据库

影像数据集

ArcGIS Server

图 9.8 ArcGIS 云开发

9.4.2.6 三维 GIS 软件开发方法

构建系统时，人们常常希望在一个系统中能够同时包含二维和三维 GIS 的功能，能够实现二三维联动。例如，利用 ArcGIS Engine 提供的二维控件 MapControl 和三维控件 GlobeControl 能够快速实现二三维联动。三维显示组件与二维显示组件可以集成使用，可以共享同一个工作空间和数据库连接，基于相同的数据集，既可以二维显示，也可以三维显示；使用空间分析组件，其分析的结果，既可以在二维组件显示，也可以在三维组件显示；二三维联动演示。如图 9.9 所示。

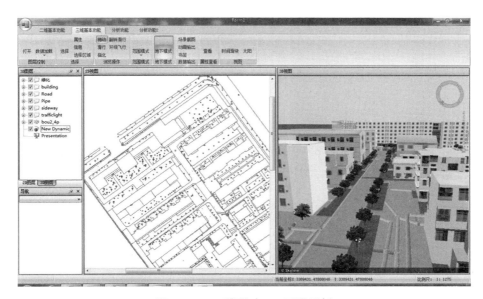

图 9.9 二三维联动 GIS 开发示例

练习与思考题

1. 简述 GIS 工程设计的主要目标、基本流程及相关内容。
2. 总结在 GIS 工程设计的不同环节中的主要成果形式。
3. 比较不同类型 GIS 软件开发方式的特点及适用范围。
4. 参考相关资料，了解云环境软件开发方法及其特点。

第 10 章 地理信息系统高级应用

GIS 的应用行业和领域十分广泛，GIS 技术已经成为向政府、企业和社会公众传播地理空间信息的核心技术。在信息社会，GIS 在构建信息化平台，提供地理信息共享和交换服务方面，地位不断提高、领域不断扩大、深度不断深化。本章介绍的内容主要是基于 GIS 的基本技术，在主要行业的应用情况，主要选择了在数字城市、智慧城市、地理国情监测等公共基础领域的一些高级应用，以及在规划、交通、国土、林业、农业、民政、气象、水利、公共卫生、电力和地下管线等专业领域的应用情况。

10.1 地理空间框架与地理信息公共平台

地理空间框架和地理信息公共平台是建立数字化、网络化、智能化地理信息共享服务的基本技术，是 GIS 在公共基础领域和专业领域都必须使用的标准核心技术。

10.1.1 地理空间框架

地理空间框架是地理空间数据及其采集、处理、交换和共享服务所涉及的政策、法规、标准、技术、设施、机制和人力资源的总称，由基础地理信息数据体系、目录与交换体系、公共服务体系、政策法规与标准体系和组织运行体系等构成。如图 10.1 所示。

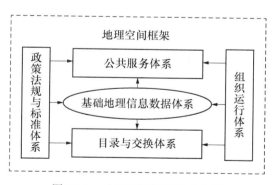

图 10.1 地理空间框架组成内容

基础地理信息数据体系是地理空间框架的核心，包括测绘基准、基础地理信息数据、面向服务的产品数据、管理系统和支撑环境；目录与交换体系是地理空间框架共建共享的关键，包括目录与元数据、专题数据、交换管理系统和支撑环境；公共服务体系是地理空间框架应用服务的表现，包括地图与数据提供、在线服务系统和支撑环境；政策法规与标准体系和组织运行体系是地理空间框架建设与服务的支撑和保障。

地理空间框架是一个多级结构，就一个国家而言，可分为国家、省区和市(县)三级。

数字省区和数字市(县)地理空间框架是国家地理空间框架的有机组成部分，与国家地理空间框架在总体结构、标准体系、网络体系和运行平台等方面是统一的和协同的。地理空间框架应实现国家、省区和市(县)三级之间的纵向贯通；对于数字省区和数字市(县)地理空间框架，还应实现与相邻或其他区域的横向互联。

地理空间框架与基础地理信息数据库、地理信息公共平台之间的关联关系，如图10.2所示。

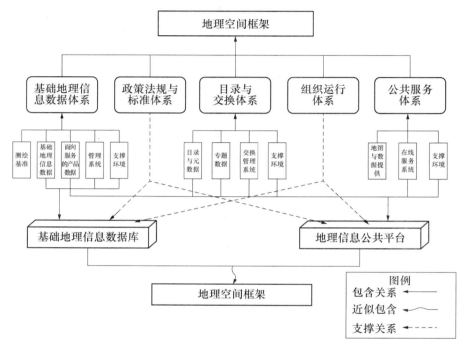

图 10.2　地理空间框架与基础地理信息数据库、地理信息公共平台之间的关联关系

地理空间框架是由资源层、服务层和应用层构成的三层总体框架结构，如图 10.3 所示。

10.1.1.1　基础地理信息数据体系

基础地理信息数据体系由测绘基准、基础地理数据、面向服务的产品数据、数据管理系统和支撑环境组成。

测绘基准包括大地基准、高程基准、重力基准和深度基准。

基础地理信息数据包括大地测量数据、数字线划图数据、数字正射影像数据、数字高程模型数据和数字栅格地图数据。大地测量数据包括三角(导线)测量成果、水准测量成果、重力测量成果以及 GNSS 测量成果等；数字线划图数据包括测量控制点、水系、居民地及设施、交通、管线、境界与政区、地貌和植被与土质等要素层等，对应的比例尺系列应为1:1 000 000、1:250 000、1:50 000、1:10 000、1:5 000、1:2 000、1:1 000 和1:500;数字正射影像数据包括航空摄影影像和航天遥感影像，可以为全色的、彩色的或多光谱的，按地面分辨率分为 30m、15m、5m、2.5m、1m、0.5m、0.2m 和 0.1m 等；数字高程模型数据包括地面规则格网点、特征点数据及边界线数据等，按规则格网间距分为

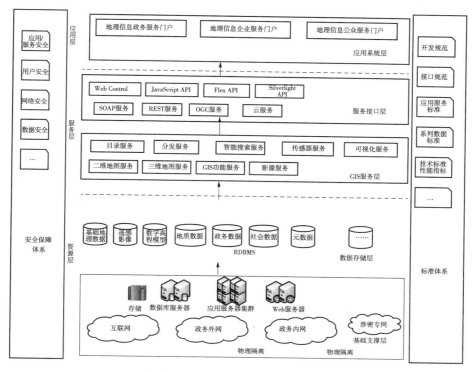

图 10.3 地理空间框架总体架构

1 000m、100m、25m、12.5m、5m 和 2.5m 等;数字栅格地图数据包括通过地形图扫描和数字线划图转换形成的数据,比例尺系列应为 1:1 000 000、1:250 000、1:50 000、1:10 000、1:5 000、1:2 000、1:1 000 和 1:500。

面向服务的产品数据包括地理实体数据、影像数据、地图数据、地名地址数据和三维景观数据等。地理实体数据以基础地理信息数据为基础,把反映和描述现实世界中独立存在的自然地理要素或者地表人工设施的形状、大小、空间位置、属性及其构成关系等信息,采用面向对象的方法重组形成的数据。影像数据以航空摄影影像、航天遥感影像等数据源为基础,经拼接、匀色、反差调整、重影消除和镶嵌等处理,形成的栅格数据。地图数据以基础地理信息数据为基础,经多尺度融合、符号化表达、图面整饰等加工处理,形成的色彩协调、图面美观的地图。地名地址数据包括行政区划以及街巷、标志物、门楼等要素的规范化名称、空间位置、属性及地理编码等信息内容。三维景观数据包括以影像数据、数字高程模型数据为基础,经三维模型化与渲染,并叠加其他地理要素的三维模型,以及按一定尺寸对其裁切构成的影像、数字高程模型多级瓦片数据和地理要素不同层级表达的三维模型数据。

数据管理系统实现基础地理信息数据的管理、维护与分发,具备数据输入输出、编辑处理、提取加工、显示浏览、查询检索、统计分析、数据更新、安全管理以及历史数据管理等功能。

支撑环境是支持基础地理信息数据管理和维护的软硬件及网络系统,包括操作系统、数据库软件、应用服务软件、服务器设备、数据存储备份设备、外围设备、安全设备以及涉密的局域网或测绘专网等。

　　10.1.1.2　目录与交换体系

　　目录与交换体系的组成内容包括目录与元数据、专题数据、交换系统和支撑环境等。

　　元数据包括编目信息、标识信息、内容信息、限制信息、数据说明信息、发行信息、范围信息、空间参考系信息、继承信息、数据质量信息等内容。目录是基于元数据面向不同类型需要生成的树形结构信息，用于展现信息资源之间的相互关系。

　　专题数据是由行业部门或单位按照统一标准规范、在业务数据基础上整合形成的、可用于共享的数据，以扩展的图层形式提供服务。

　　交换系统实现面向服务的产品数据和专题数据的管理以及相互之间交换，具备目录与元数据、地理实体数据、影像数据、地图数据、地名地址数据和三维景观数据等的管理功能以及目录与元数据注册、数据连接、数据发送、数据接收和数据同步等交换功能。

　　支撑环境是支持目录与交换体系运行和维护的软硬件及网络系统，包括操作系统、数据库软件、服务器设备、数据存储备份设备、安全设备等。在部署运行网络时，应严格按照国家相关保密政策的要求，涉密的数据只能在涉密网中共享与交换。

　　10.1.1.3　公共服务体系

　　公共服务体系包括地图与数据提供、在线服务系统和支撑环境等。

　　地图与数据提供是指以离线的方式，向用户提供模拟地图，或者借助硬盘、光盘、磁带等存储介质，通过硬拷贝对外提供基础地理信息数据。在线服务系统一般包括门户网站，及其蕴含的在线地图、标准服务、二次开发接口和运行维护等方式，满足用户在线获取与应用地理信息，快速分布式构建其专题系统的需求。支撑环境是支持公共服务体系运行和维护的软硬件及网络系统，包括操作系统、服务器设备、安全设备等。在部署运行网络时，应严格按照国家相关保密政策的要求，涉密的数据只能在涉密网中提供服务。

　　10.1.1.4　政策法规与标准体系

　　政策法规是地理空间框架的规划、设计、建设与应用必须遵守的国家统一制定的基础地理信息分级分类管理、使用权限管理、交换与共享、开发应用、知识产权保护和安全保密等方面的政策法规。标准是地理空间框架建设与应用必须执行的正式颁布的有关要素内容、数据采集、数据建库、产品模式、交换服务、质量控制和安全保密处理等方面的国家标准、行业标准和国家或行业标准化指导性技术文件。

　　10.1.1.5　组织运行体系

　　组织运行体系是为实现地理空间框架成立的组织协调机构和运行维护机构。组织协调机构负责组织地理空间框架的建设实施，建立健全更新与维护的长效机制，推动地理空间框架的共享、应用与服务。运行维护机构是地理空间框架运行与维护的专门机构，负责提高技术人员的知识水平和专业技能，落实地理空间框架更新计划，及时解决地理空间框架运行中的问题，保证地理空间框架的持续更新和长期服务。

10.1.2　地理信息公共平台

　　地理信息公共平台是实现地理空间框架应用服务功能的数据、软件和支撑环境的总称。该平台依托地理信息数据，通过在线、服务器托管或其他方式满足政府部门、企事业单位和社会公众对地理信息和空间定位、分析的基本需求，同时具备个性化应用的二次开发接口，可扩展应用空间。根据我国网络和信息安全方面的法律法规要求，地理信息公共平台分为三个级别，即地理信息专业级(企业级)共享服务平台、地理信息政务共享服务平台和地理信息公众共享服务平台，分别运行在地理信息专网、政务内网和因特网(政务外网)上，且相互之间进行物理隔离部署。如图10.4所示。

三类不同保密版本的数据库(企业版、政务版和公众版)与不同保密等级的公共服务平台(企业网、政务网、因特网)相联系，通过公共平台提供的各类服务，面向不同的群体(专业技术人员、政务人员和社会公众)提供信息共享服务。

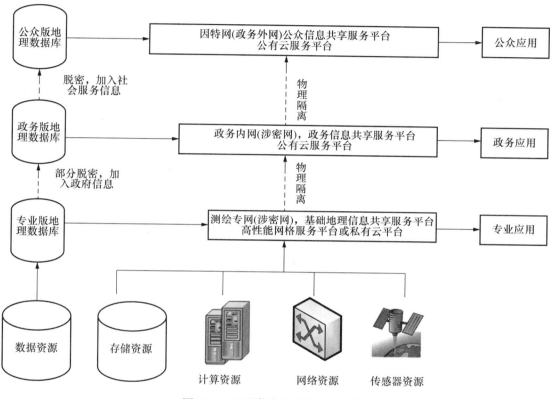

图10.4　地理信息公共平台的结构

地理信息公共平台的建设涉及一系列关键技术，这些技术分别介绍如下。

10.1.2.1　面向服务架构的技术

面向服务的架构(Service Oriented Architecture，SOA)可用图10.5来解释，它是一个功能强大但受到业务化处理方式启发的简单架构原理。SOA由一些服务提供者组成，服务提供者将注册表中的服务发布给服务的消费者。服务消费者通过使用服务注册表寻找(发现)这些服务。

当发现合适的服务后，服务消费者可以与服务提供者绑定，开始按照规定的服务契约使用服务。图10.5中的箭头线表示实体之间的通信。

SOA最好的定义是彼此可以通信的服务的集合。一个服务封装一个独立的功能(如缓冲区分析或地图编辑)，可跨网络递送。递送是由契约良好定义的。服务可以结合使用以形成期望的应用或系统。服务消费者可以从不同的服务提供者那里使用不同的服务，并把它们集成到一个新的服务提供给潜在的服务消费者。

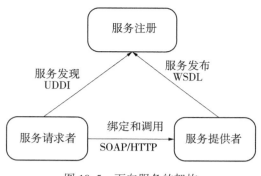

图 10.5　面向服务的架构

重要的是要记住，SOA 只是一个架构原理，不依赖于一个给定的技术。一些技术，如 CORBA、Java RMI 或其他技术，都可以实现一个 SOA，但是最普遍实现 SOA 的方法是 Web 服务技术。对于一个企业级的计算来讲，有许多理由采用 SOA 方法。特别是基于 SOA 的 Web 服务技术。主要的理由是：

（1）可重用性。推动使用 SOA 的主要动力是业务服务的重用。一个企业或跨企业（特别是有业务伙伴关系的）的开发者可以使用为已有业务应用开发的代码，以 Web 服务方式公开，然后重用它，以满足新的业务需求。已经在企业内部或外部存在的重用功能取代将要开发的代码，将节省大量的开发成本和时间。重用的好处会按照越来越多的建立的业务服务急剧增加，并被纳入不同的应用。利用现有代码的主要障碍是特定应用和系统的唯一性。典型地，不同企业的开发方案，甚至同一企业的不同部门的开发方案，都具有唯一性。它们运行在不同的操作环境，它们的代码使用了不同的语言，使用了不同接口和协议，它们需要针对某些业务应用进行集成。在 SOA 中，只需知道满足应用的一个服务的基本特性是公共接口。一个系统或应用的功能在 SOA 中比其他任何架构的环境都更容易被访问，因此应用和系统的集成是相对简单的。

（2）互操作性。SOA 在客户端和松耦合的服务之间交互的愿望，意味着广泛的互操作性。换句话说，SOA 的目标是客户端和服务之间的通信以及彼此之间的理解，而无论它们运行在何种平台。这个目标只有在客户端和服务彼此之间的通信具有一个标准通信方式才能满足，即跨平台、系统和语言一致性方式。实际上，Web 服务可以为此提供准确的解决方案。Web 服务由一组成熟的协议和技术组成，已被广泛接受和使用，并且是平台、系统和语言独立的。此外，这些协议和技术可以跨越防火墙工作，使得它更容易为业务合作伙伴共享重要的服务。这可以通过 Web 服务的互操作组织的 WS-I 基本概要来实现。这个基本概要定义了一组可以在不同平台或系统实现的核心 Web 服务技术，有助于保证在这些不同平台和系统上的服务代码使用不同的语言来写，且彼此之间可以通信。

（3）可扩展性。因为在 SOA 中的服务是松耦合的，使用这些服务的应用比紧耦合环境更容易扩展。在紧耦合系统架构，请求的应用和提供的服务之间缺少独立性，所以扩展涉及更多的复杂问题。基于 Web 服务的 SOA 的服务是粗粒度的、面向文档的、异步的。粗粒度服务提供一组相关的业务功能，而不是一个单一的功能。面向文档的服务接收一个文档作为输入，不是有更精细的东西，像一个数值或 Java 对象。异步服务允许执行信息处理，不需要迫使客户端等待处理完成。同步服务则需要客户端等待。因限制了交互的次数，异步服务会减轻网络通信的负担。

（4）灵活性。松耦合服务通常比紧耦合服务灵活得多。在紧耦合架构，不同的应用组件彼此紧密绑定，共享语义、库，甚至共享状态。这对于演化应用，保持与事务需求变化一致变得困难。SOA 的松耦合、面向文档和异步的性质允许应用是灵活的，容易满足变化需求。

（5）成本效益。其他集成分散业务资源的方法，如旧版系统、业务伙伴应用和具体部门的方案，是高代价的，因为它们依赖于以客户定制方式连在一起的组件。建立客户化方案是高成本的，因为它们需要广泛的分析、开发时间和努力。对其维护和扩展也是高成本的，因为是紧耦合，集成方案中的一个组件的变化，需要其他组件做出相应的变化。基于标准的方法，如基于 Web 服务的 SOA 的服务，是一个成本节省的方案，因为客户端和服务的集成不需要深度的分析和客户化方案的单独代码。由于是松耦合的，使用这些服务的应用在维护和易于维护方面都比客户化定制方案成本低。此外，大量的基于 Web 服务的 SOA 的网络基础设施已经在企业存在，可以进一步降低成本。最后，重要的一点是，SOA 是按照粗粒度服务公开的业务功能重用，这将大大节省成本。

SOA 提供了将各种地理空间信息资源、传感器资源、空间数据资源、处理软件资源、地学知识资源、计算资源、网络资源、存储资源和传感器服务、传输服务、空间数据服务、空间信息处理服务、空间信息服务、空间数据挖掘服务、地学知识服务、资源注册服务等资源和服务，通过网络注册的方式提供用户进行信息共享和交换的在线服务模式。

10.1.2.2　空间信息网格

网格（Grid）是信息社会的网络基础设施，它把整个因特网整合成一台巨大的超级虚拟计算机，实现互联网上所有资源的互联互通，完成计算资源、存储资源、通信资源、软件资源、信息资源、知识资源等智能共享的一种新兴的技术。根据功能，网格可分为数据网格、信息服务网格、计算网格。数据网格提供数据资源的共享存取，计算网格提供高性能网络计算，信息服务网格提供功能和服务资源的共享存取。网格不同于集群计算，前者是异构的，后者是同构的。网格系统由提供资源服务的网格节点构成，网格节点是资源的提供者和服务者，它包括高端服务器、集群系统、MPP 系统大型存储设备、数据库等。这些资源在地理位置上是分布的，系统具有异构特性。这些网格节点又进一步互联，构成多级结构的信息网格网络，可以构成层次连接拓扑，也可以构成网络拓扑结构（图 10.6）。

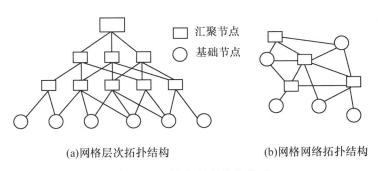

(a)网格层次拓扑结构　　　　　(b)网格网络拓扑结构

图 10.6　网格拓扑结构的类型

根据马森大学的研究，网格计算可分为集中式任务管理系统、分布式任务管理系统、分布式操作系统、参量分析、资源监测/预测以及分布式计算接口。现有的网格计算技术方案主要集中在第一、二类。属于集中式任务管理系统的有 Sun 公司的 Grid Engine、LSF（Load Sharing Facility）、PBS（Portable Batch System）等；属于分布式任务管理系统的有 Globus、Legion 和 NetSolve 等。集中式系统由一台计算机统一调度任务，分布式系统任务的加载和运行控制由网格中每台计算机自行完成。网格计算有四种形式：

（1）企业计算，是以实现大型组织内部和组织之间的信息共享和协同工作为主要需求而形成的网络计算技术，其核心是 Client/Server 计算模型和相关的中间件技术。

（2）网格计算（Grid Computing），是网络计算的另一个具有重要创新思想和巨大发展潜力的分支。最初，网格计算研究的目标是希望将超级计算机连接成为一个可远程控制的元计算机系统（Meta Computers）；现在，这一目标已经深化为建立大规模计算和数据处理的通用基础支撑结构，将网络上的各种高性能计算机、服务器、PC、信息系统、海量数据存储和处理系统、应用模拟系统、虚拟现实系统、仪器设备和信息获取设备（如传感器）集成在一起，为各种应用开发提供底层技术支撑，将 Internet 变为一个功能强大、无处不在的计算设施。

（3）对等计算（Peer-to-Peer，P2P），是在 Internet 上实施网络计算的新模式。在这种模式下，服务器与客户端的界限消失了，网络上的所有节点都可以"平等"共享其他节点的计算资源。

（4）普及计算（Ubiquitous Computing 或 Pervasive Computing），强调人与计算环境的紧密联系，使计算机和网络更有效地融入人们的生活，让人们在任何时间、任何地点都能方便快捷地获得网络计算提供的各种服务。

空间信息网格（Spatial Information Grid，SIG）是一种汇集和共享地理上分布的海量空间信息资源，对其进行一体化组织与处理，从而具有按需服务的、强大的空间数据管理能力和信息处理能力的空间信息基础设施。SIG 技术与 GIS 技术结合，形成网格 GIS（GridGIS）。

网格 GIS 是一个开放的体系结构，有若干种标准化服务和服务协议组成，其服务是由不同的组件实现的（图 10.7）。

网格 GIS 的基础设施层是网格 GIS 各个层次之间进行相互通信的基础，也是网格实现的基本单元节点。网格服务层实现对各种网络资源进行管理，负责将资源传递给上层应用程序。核心服务层是任务调度与管理的核心，负责将上层应用接收的任务请求分解为多个可执行的子任务，并分配到相应的计算资源上，并协调资源间的工作。网格应用服务与实现层有三项基本任务，即负责为前端用户和下层提供资源的状态信息，接收用户层的请求，解析并提交下层核心服务，将核心服务层的处理结果，处理后反馈给用户层。最上层为用户层，是用户访问网络、识别处理结果的用户界面。

10.1.2.3　云计算与云服务

"云计算"的概念起源于大规模分布式计算技术，是并行计算（Parallel Computing）、分布式计算（Distributed Computing）和网格计算（Grid Computing）的发展。云计算是虚拟化（Visualization）、效用计算（Utility Computing）、IaaS（基础设施即服务）、PaaS（平台即服务）、SaaS（软件即服务）等概念混合演进并跃升的结果。云计算是分布式计算技术的一种，是通过网络将庞大的计算处理程序自动分拆成无数个较小的子程序，再交由多部服务器所组成的庞大系统，经搜索、计算分析之后，将处理结果回传给用户。通过这项技术，网络服务提供者可以在数秒之内，达成处理数以千万计、甚至以亿计的信息，达到和超级

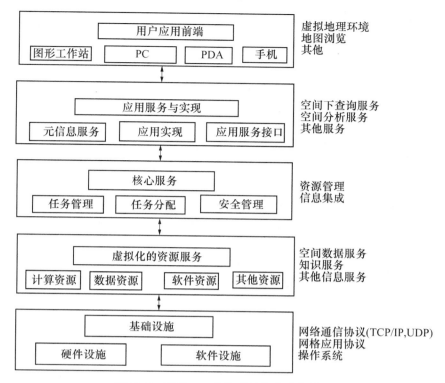

図 10.7 网格 GIS 的体系结构及功能描述

计算机同样强大的网络服务。

云计算环境具有超大规模、虚拟化、高可靠性、通用性、高扩展性、按需服务、廉价服务和潜在危险性等特点。云计算有三种部署类型，即公有云、私有云和混合云等，后面会有详细介绍。云计算具有以下特点：

（1）超大规模。"云"具有相当的规模，Google 云计算已经拥有 100 多万台服务器，Amazon、IBM、微软、Yahoo 等的"云"均拥有几十万台服务器。企业私有云一般拥有数百上千台服务器。"云"能赋予用户前所未有的计算能力。

（2）虚拟化。云计算支持用户在任意位置、使用各种终端获取应用服务。所请求的资源来自"云"，而不是固定有形的实体。应用在"云"中某处运行，但实际上用户无需了解、也不用担心应用运行的具体位置。只需要一台笔记本或者一部手机，就可以通过网络服务来实现我们需要的一切，甚至包括超级计算这样的任务。

（3）高可靠性。"云"使用了数据多副本容错、计算节点同构可互换等措施来保障服务的高可靠性，使用云计算比使用本地计算机可靠。

（4）通用性。云计算不针对特定的应用，在"云"的支撑下可以构造出千变万化的应用，同一个"云"可以同时支撑不同的应用运行。

（5）高可扩展性。"云"的规模可以动态伸缩，满足应用和用户规模增长的需要。

（6）按需服务。"云"是一个庞大的资源池，可按需购买，可以像自来水、电、煤气那样计费。

（7）极其廉价。由于"云"的特殊容错措施，可以采用极其廉价的节点来构成，"云"的自动化集中式管理使大量企业无需负担日益高昂的数据中心管理成本，"云"的通用性使资源的利用率较之传统系统大幅提升，因此，用户可以充分享受"云"的低成本优势，只要花费几百美元、几天时间就能完成以前需要数万美元、数月时间才能完成的任务。

(8)潜在的危险性。云计算服务除了提供计算服务外，还提供了存储服务。但是云计算服务当前垄断在私人机构(企业)手中，而他们仅仅能够提供商业信用。对于政府机构、商业机构(特别是像银行这样持有敏感数据的商业机构)对于选择云计算服务应保持足够的警惕。一旦商业用户大规模使用私人机构提供的云计算服务，无论其技术优势有多强，都不可避免地让这些私人机构以数据(信息)的重要性"挟制"整个社会。对于信息社会而言，信息是至关重要的。另一方面，云计算中的数据对于数据所有者以外的其他用户云计算用户是保密的，但是对于提供云计算的商业机构而言，确实毫无秘密可言，这就像常人不能监听别人的电话，但是在电信公司内部，他们可以随时监听任何电话一样。所有这些潜在的危险，是商业机构和政府机构选择云计算服务、特别是国外机构提供的云计算服务时不得不考虑的一个重要的因素。

云服务是由软件即服务(SaaS)、平台即服务(PaaS)和基础设施即服务(IaaS)的三层架构组成的网络信息服务技术，如图10.8所示。

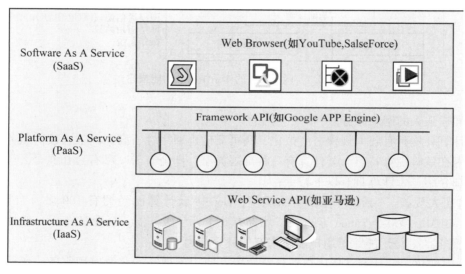

图10.8 云计算架构

软件即服务(SaaS)：是通过网页浏览器把程序和功能传给成千上万的用户，如Salesforce.com，Esri 的 Business Analyst Online(BAO)，ArcGIS Online Sharing，以及 GIS Portal Toolkit。

平台即服务(PaaS)：即"云件"(Cloudware)，PaaS 能够将私人电脑中的资源转移至网络云，是 SaaS 的延伸，这种形式的服务把开发环境作为一种服务来提供。允许开发者进行创建、测试和部署应用，即使用中间商的设备来开发自己的程序，并通过互联网和其服务器传到用户手中，如 ArcGIS Online 共享的 REST API 和 ArcGIS Web Mapping APIs。

基础设施即服务(IaaS)：由计算机架构如虚拟化组成，并作为服务实现为用户提供。基于 Internet 的服务(如存储和数据库)是 IaaS 的一部分。IaaS 提供了动态和高效的部署架构，IaaS 的例子有 Amazon Simple Storage Service(S3)，Amazon Elastic Cloud Compute(EC3)

即弹性云计算，Akamai，以及 ArcGIS Online Data Centers 等。其实现机制如图 10.9 所示。

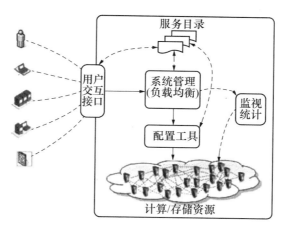

图 10.9　IaaS 的实现机制

用户交互接口应用以 Web Services 方式提供访问接口，获取用户需求。服务目录是用户可以访问的服务清单。系统管理模块负责管理和分配所有可用的资源，其核心是负载均衡。配置工具负责在分配的节点上准备任务运行环境。监视统计模块负责监视节点的运行状态，并完成用户使用节点情况的统计。其执行过程并不复杂：用户交互接口允许用户从目录中选取并调用一个服务。该请求传递给系统管理模块后，它将为用户分配恰当的资源，然后调用配置工具来为用户准备运行环境。

云计算可以有三种部署模式，即公有云、私有云和混合云。

私有云：是为一个客户单独使用而构建的云，因而提供对数据、安全性和服务质量的最有效控制。那么虚拟私有云是什么？对于企业应用来说，在这中间可能跨内部云、外部云，也可能是自己建立的几个数据中心。比如，你的企业在上海、北京、广州都有数据中心，那么跨这些数据中心形成的虚拟私有云是一个逻辑上的整体，但物理上跨很多数据中心，这就类似于今天在网络里看到的 VPN 概念。私有云可部署在企业数据中心的防火墙内，也可以部署在一个安全的主机托管场所。私有云可由公司自己的 IT 机构或云提供商进行构建。

公有云：指为外部客户提供服务的云，它所有的服务是供别人使用，而不是自己用。云服务遍布整个因特网，能够服务于几乎不限数量的拥有相同基本架构的客户，如亚马逊、Rackspace、Salesforce.com、微软、Google 等推出的公有云产品。

混合云：指供自己和客户共同使用的云，它所提供的服务既可以供别人使用，也可以供自己使用。混合云表现为多种云配置的组合，数个云以某种方式整合在一起。例如，有时用户可能需要用一套单独的证书访问多个云，有时数据可能需要在多个云之间流动，或者某个私有云的应用可能需要临时使用公有云的资源。

云计算服务技术与 GIS 技术的结合，为地理空间信息的网络服务提供了广阔的应用前景。一些 GIS 软件商都推出了自己的云 GIS 产品，如 ArcGIS、SuperMap 等。ArcGIS 云计算部署模型如图 10.10 所示。

ArcGIS 提供了云计算产品的解决方案，主要包括：

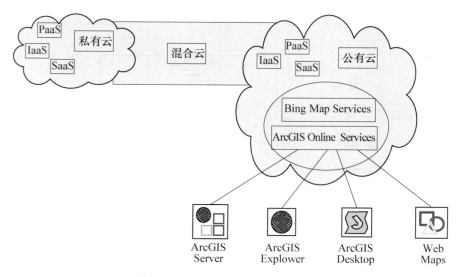

图 10.10　ArcGIS 云计算部署模型

（1）IaaS：云端地图切片，缓存的地图切片可以上传到云端，并在云端建立数据中心。云端缓存对于构建 GIS 系统来说是重要的。随着网络技术的发展，地图缓存已经成为提高地图服务访问性能的一个重要技术手段。缓存地图是否可以部署到云端或是否支持通过云端访问缓存地图、缓存地图与动态地图是否可以无缝结合应用，是目前 GIS 云计算建设的重要因素。

（2）SaaS：ArcGIS 针对 SaaS 目前提供了 Esri Business Analyst Online，允许用户将 GIS 技术结合整个美国的大量的统计专题、消费者数据以及商业数据。这可以将按需分析、报表和地图通过 Web 进行传递。因为 ArcGIS 维护 Business Analyst Online，用户不需要担心数据管理和技术更新。

（3）PaaS：将来，ArcGIS 开发人员将此内容和功能扩展至 ArcGIS 的 PaaS 上，并通过 ArcGIS Web Mapping APIS，如 JavaScript、Flex、Silverlight/WPF 等来提供，并在 ArcGIS Online 中管理。

（4）软件加服务（S+S）：ArcGIS 已经提供了软件加服务的模式，可以让用户按需配置所需要的服务。ArcGIS 的 ArcGIS Online Map 和 GIS Services 提供 S+S 的用户可以快速访问制图设计，无缝的基础底图，并可以添加用户自己的数据到 ArcGIS 的按需配置产品上。MapIt 是另一个软件加服务的应用，可以让业务信息通过访问 ArcGIS 和 Bing Maps 的在线数据、基础底图和任务服务，来进行显示和更加精确的分析，并支持 Windows Azure 平台和 Microsoft 的 SQL Azure。作为一个社区云，ArcGIS 的在线内容共享项目可以让用户或组织享受公共云的地理数据内容。亚马逊的 EC2 和 S3 计算和存储服务，可以让 ArcGIS 进行 7×24 小时的访问和维护内容。

网格计算可以说是云计算的萌芽，是云计算能够成为可能的助推器。网格技术中的分布式和并行技术也正是云计算的核心技术之一。但是网格技术强调的是利用闲散众多的 CPU 资源来解决科研或者大型企业领域中日益增长的密集型计算需求，而这不一定是云计算所必须具有的特征，云计算强调的是"云"就是一切，理想状态下，人们在"云"上得到一切需求，至于"云"是怎样构建的，并不是用户所关心的，也不需要用户参与。

10.1.2.4 分布式目录共享技术

根据 SOA 的思想，一切物理上分布的网络资源需要向目录服务中心服务器进行注册，建立主节点与分节点纵向贯通、横向互联的逻辑网络结构体系。在这种结构体系中，元数据的作用举足轻重。图 10.11 是分节点注册数据库与主节点注册数据库的注册模型。节点之间通过注册，产生节点元数据来建立节点之间信息联系。通过注册管理同步节点之间的元数据。

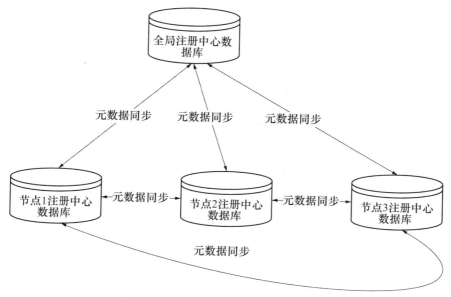

图 10.11　分布式注册数据库与管理模型

例如，通过这个注册模型，可以建立国家级地理信息共享平台的多级结构，如图 10.12 所示。

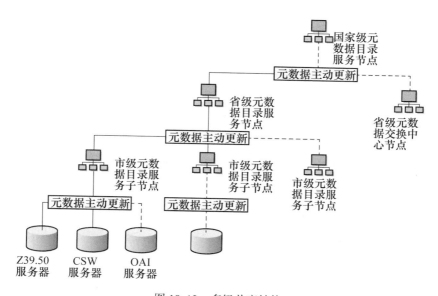

图 10.12　多级共享结构

元数据的存储是基于 XML 格式的，逻辑上分为两部分存储，常用的检索信息与数据库表字段进行映射，直接存在关系型数据库表记录中。对于更精细的整个 XML 数据，以整个文档为单位存储在数据库表中的大对象字段中，既加快了元数据的查询速度，又保证了元数据的完整性，如图 10.13 所示。

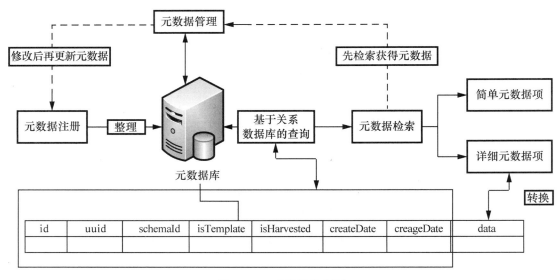

图 10.13　元数据的存储

在 SOA 架构中，对于用户对多级服务器的并发访问和资源的协调调度处理，可以通过管理工具来实现。管理工具由探测连接的监听线程、处理瓦片地图请求的处理线程、维护处理线程的线程池以及网络负载计算等功能组成。如图 10.14 所示。

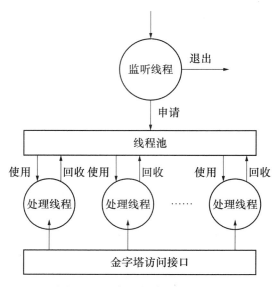

图 10.14　多用户并发访问处理

388

分布式资源目录服务的元数据的获取方式主要分为三类，即联邦式、完全复制式和收割式。

联邦式元数据获取过程如图 10.15 所示。用户通过服务发现工具搜索分布在不同服务节点的元数据，并绑定节点提供的服务。

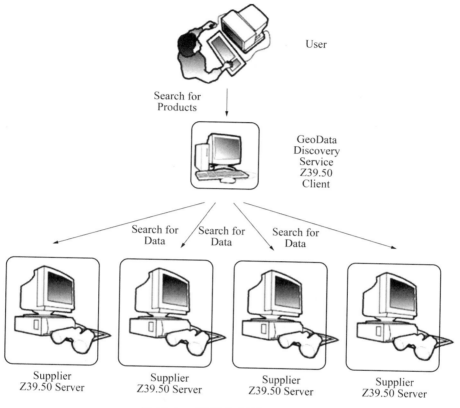

图 10.15　联邦式元数据获取过程

完全复制式元数据的获取过程如图 10.16 所示。

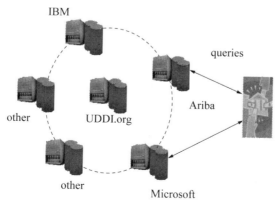

图 10.16　完全复制式元数据获取过程

收割式元数据的获取过程如图 10.17 所示。

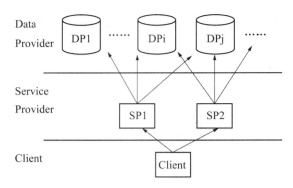

图 10.17　收割式元数据获取过程

基于 CSW 的元数据收割模型如图 10.18 所示。

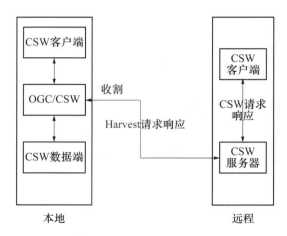

图 10.18　CSW 元数据收割

元数据的收割流程如图 10.19 所示。

10.1.2.5　服务组合技术

服务组合技术是将网络提供的各类服务资源进行聚合产生的业务流技术。在产业界和学术界有不同的解决方案和规范。

产业界服务组合规范是一种基于工作流建模的方案，通过预先建立组合服务模型，实现对业务流程的描述。不足之处，如在描述形式上关注于底层 IT 实现细节（如消息编码、交互、服务描述等），操作细节需要在运行前设置好，无法在运行时改变，需要一个抽象模型来支持，等等。

学术界抽象模型具有高度的抽象性和严格的数学推理性，在模型正确性验证和推理分析方面具有强大的优势。不足之处，如直观描述控制流，但数据流难以直接展现；需要用户有良好的数学基础，对模型语言有深入的了解，不适合非工作流模型专家的一般用户使用；没有商用和开源软件的支持，描述能力有限，需要自行开发建模工具及其执行引擎，以及提供对 Web 服务的支持。

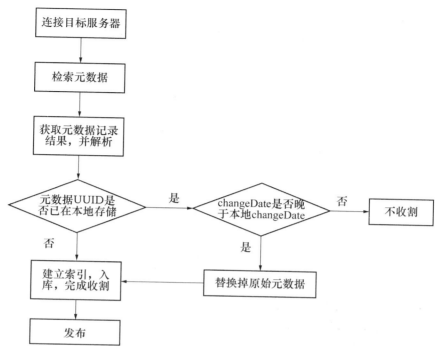

图 10.19 元数据收割流程

空间信息服务组合的方法是 OGC 一直致力于推动服务链的研究应用。ISO19119 基于 Web 服务的地理信息服务框架规范中提出了服务链(组合服务)的基本概念。根据用户控制程度的不同,将服务链划分为三种类型:用户自定义(透明)链、流程管理(半透明)链和集成服务链(不透明)。提出基于有向图方式可视化表达服务链的思想,但对于服务链模型的元素构成、组合方式、流程控制等方面都没有明确定义,如何构建地理信息服务链也尚在探索之中。

现在服务组合的应用多直接使用产业界规范(如 WS-BPEL)。基于 WS-BPEL 的地理信息服务组合方法为地理信息服务组合的构建提供了技术途径。不足之处:流程采用 WS-BPEL 描述,没有相关知识的用户难以建模或修改,WS-BPEL 流程模型采用静态绑定方式,容易出现服务不可以用的情况。研究方面主要集中在建立地理信息本体、语义实现地理信息服务链的自动/半自动构建。在很长一段时间内处于理论研究阶段。采用工作流可视化建模方式,不依赖于本体和语义,可以成为现阶段一种实用化的方案,解决目前诸多缺乏语义信息的数据、服务资源未得到有效利用的现状。

武汉大学提出了一种数据依赖关系有向图和块结构结合的地理信息服务链模型(DDBASCM),有向图部分定义数据、服务节点及关系,块部分定义控制流及约束关系,如图 10.20 所示。其服务链建模和执行系统总体框架如图 10.21 所示。其中,服务链建模工具担当客户端的角色,基于 Eclipse 插件模式和 RCP 富客户端技术构建,由注册中心客户端、服务链可视化编辑/验证、服务链模型重用、服务链模型转换、WS-BPEL 流程编辑器、流程发布六大模块组成,并提供统一的用户界面。

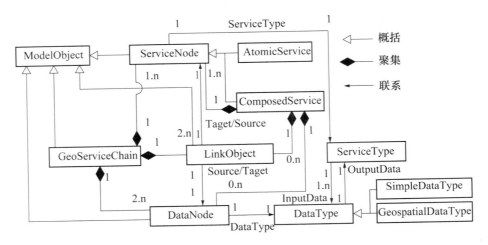

图 10.20 地理信息服务链模型

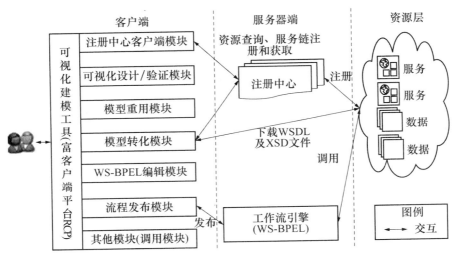

图 10.21 服务链建模

注册中心客户端提供对遵循 CSW 接口规范的空间信息注册中心节点的添加、查询、删除,注册服务、数据条目的树结构组织显示和本地缓存功能,其中,服务条目遵循 ISO19119 分类体系进行树结构组织显示。该模块基于 Eclipse 的 TreeView 控件、Apache Axis2 和 DOM4J 开发实现。

服务链可视化编辑/验证模块提供拖拉式服务链建模、属性编辑、模型验证和模型持久化等功能,其中,服务链模型采用基于有向图和块结构的、描述数据流依赖关系的空间信息服务链元模型描述,并以与平台语言无关的 XML 格式持久化;验证算法基于模型图结构和属性完整性约束条件。其 MVC 基于流行的 Eclipse 图形编辑框架 GEF、模型框架 EMF 和图形模型框架 GMF 开发实现。

服务链模型重用模块提供对已构建服务链模型的有效管理,支持以树结构显示服务链模型组件元素及属性，并支持以拖拉树节点方式重用模型元素。

服务链模型转换模块将空间信息服务链模型转化为工业界规范的业务流程执行语言 WS-BPEL 形式的流程模型。

WS-BPEL 流程编辑器用于为 WS-BPEL 模型添加赋值转化操作，并方便 WS-BPEL 模型专家用户为流程添加错误处理及补偿机制等功能。

发布模块实现 WS-BPEL 流程的打包和部署功能，目前支持开源的 Active BPEL Engine 引擎及其部署格式。

地理信息服务链可视化建模流程如图 10.22 所示。这个流程共分为五个步骤：

第一步：构建空间信息服务链模型。通过注册中心客户端查询注册服务条目，以拖拉式可视化建模，可结合模型重用模块实现模型的重用。

第二步：服务链模型正确性验证。

第三步：模型转换，将构建的服务链模型转换为产业界规范语言 WS-BPEL 形式的流程模型。

第四步：WS-BPEL 流程编辑，添加赋值转化操作和优化模型。

第五步：WS-BPEL 流程发布，将 WS-BPEL 流程部署到指定工作流引擎。

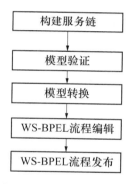

图 10.22　服务链建模流程

10.1.2.6　地图切片与缓存服务技术

在进行 Web 地图服务时，地图数据的传输和显示性能是其重要的指标之一。Web 地图中经常包含两类地图数据，一是用作参照的底图；二是业务（或专题）图层，用于在底图的顶部显示关注项，如在城市街道地图的顶部提供实时交通状况信息的在线制图服务是我们所熟知的一种服务，这个城市街道地图就是底图，实时交通状况信息图层为业务图层。底图不会发生大的变化，可有多种用途。业务图层，则变化频繁，且具有特定的用途和用户。

为了有效维护 Web 地图的传输和显示性能，底图和业务图层经常需要分别制定各自的策略。在创建 Web 地图时，将底图与业务图层分离开来处理。通常，底图几乎不需要进行维护，且应始终对其进行缓存；而对业务图层，则需要采取一些其他策略，来提高显示最新数据的质量。因此，在进行 Web 地图服务时，需要首先创建两份地图文档，然后发布两个不同的地图服务。每个地图服务均成为整个 Web 地图中的一个地图服务图层。

地图服务图层源自地图文档，而地图文档中可能包含许多个图层。

除了底图一般需要始终采用缓存外，如果地图中包含的数据信息不大可能发生变化，则应考虑缓存该地图以提高性能。只要条件合适，就应该创建地图缓存。但是，如果其中的大量数据都需要频繁更改，则创建和维护地图缓存并不切实可行。

地图缓存是使地图和图像服务更快运行的一种非常有效的方法。创建地图缓存时，服务器会在若干个不同的比例级别上绘制整个地图并存储地图图像的副本。然后，服务器可在某人请求使用地图时分发这些图像。对于服务器来说，每次请求使用地图时，返回缓存的图像都要比绘制地图快得多。缓存的另一个好处是，图像的详细程度不会对服务器分发副本的速度造成显著影响。

缓存地图是对原始地图建立的多级分辨率金字塔结构的影像(栅格)数据，且每级影像进行了切片和索引处理，如图 10.23 所示。

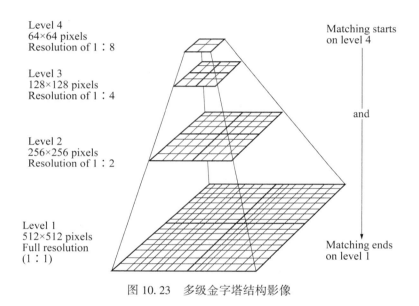

图 10.23　多级金字塔结构影像

缓存不会自动进行。要进行缓存，首先需要设计地图并将其作为服务进行共享。然后，设置缓存属性并开始创建切片。既可以选择一次创建所有切片，也可以允许按需(即，当某人最初访问这些切片时)创建某些切片。如图 10.24 所示，是对某一幅地图进行切片的结果。地图缓存数据存储于服务器缓存目录中。

如果要制作缓存地图，首先需要制定地图的切片方案。针对缓存地图创建所选择的比例级别和所设置的属性都属于切片方案。每个缓存都有一个切片方案文件，可在创建新缓存时直接导入，以确保所有缓存都使用相同的切片大小和比例，这有助于提高包含多个缓存服务的 Web 应用程序的性能。地图缓存代表着某个时刻点的地图快照。正因如此，缓存非常适用于不经常变化的地图，如街道图、影像图和地形图等。

尽管地图缓存代表的是数据图片，你仍然可以允许其他人在你的地图服务器上执行识别、搜索和查询操作。这些工具可以从服务器获取要素的地理位置并返回相应的结果。应

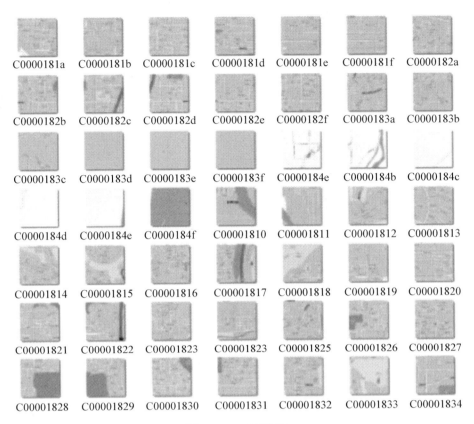

图 10.24　地图切片

用程序会在缓存图像之上以其本地图形的图层格式绘制这些结果。缓存地图必须通过发布地图服务，才能使其产生缓存作用。

在创建缓存地图时，需要对地图缓存进行规划，形成切片方案文件。地图缓存规划主要解决以下问题：

(1)选择缓存比例级别，即确定缓存地图需要多少级的金字塔层数。选择缓存的比例级别时，切记地图的放大比例越大，覆盖地图范围所需的切片就越多，而生成缓存所需的时间也就越长。在每次二等分比例的分母时，地图中的每个方形区域将需要四倍的切片数来覆盖。例如，1∶500 比例下方形地图包含的切片数是 1∶1 000 比例下地图所包含切片数的 4 倍，而 1∶250 比例下方形地图包含的切片数是 1∶1 000 比例下地图所包含切片数的 16 倍。选择的缓存比例级别过多或过少，都会影响缓存的性能。过少，会因细节层次少而影响显示效果；过多，则会因数据量大，占据较大的存储空间而影响缓存时间。除了选择合适的缓存比例级别数外，还要确定缓存的最大、最小比例。

(2)确定要缓存的兴趣区域。主要用于自动建立缓存时，确定地图的哪些区域将会创建切片。可以将全图范围作为兴趣区域，可以是地图的当前显示范围，也可以是基于某个地理要素边界所确定的区域。前两者是矩形区域，后者是不规则的多边形区域。

(3)选择切片数据的存储格式。确定地图服务在创建切片时要使用的输出图像格式是十分重要的，因为这将决定切片在磁盘上的大小、图像质量以及能否使切片背景透明等。

（4）确定地图切片的原点位置。切片方案原点是指切片方案格网的左上角。原点不一定代表创建切片的起始点，只有在达到地图全图范围或感兴趣区要素类时才是这样。进行缓存时使用公用切片方案原点可确保它们能够在 Web 应用程序中相互叠加，如图 10.25 所示。

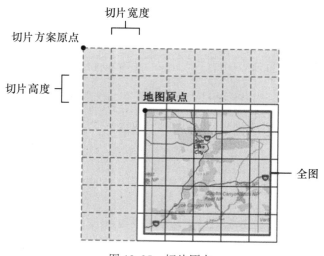

图 10.25　切片原点

大多数情况下，应保持软件选择的默认切片方案原点。默认原点为地图文档定义的坐标参考的左上点。如果地图文档中未定义坐标参考，则将所有图层范围的并集中最大的范围加倍，然后使用所得范围的左上角作为原点。

如果将切片方案原点更改到非默认位置，则应注意只能在切片方案原点右下方的地图区域中创建切片。如果只想缓存地图的某一区域，相对于更改切片方案原点，基于要素类边界创建切片是更好的选择。

（5）确定每英寸点数（DPI）。每英寸点数（DPI）是指服务器将生成的缓存切片的分辨率。默认值 96 通常完全可满足需要，除非在您所工作的网络中，大多数客户端计算机都具有不同 DPI。请注意，调整 DPI 会影响切片的比例。

（6）确定切片高度和切片宽度。切片的默认宽度和高度为 256 像素，建议使用 256 像素或 512 像素。如果要构建的缓存将叠加另一缓存，应确保对两个缓存均使用相同的切片宽度和高度。

选择较小的切片宽度和高度可提高向缓存请求切片的应用程序的性能，因为需要传输的数据较少。但对于松散缓存，切片越小，缓存越大，且创建时间越长。

要取得良好的地图缓存效果，就需要良好的创建地图缓存切片的策略。创建和存储地图与影像服务缓存需要占用大量的服务器资源。如果缓存非常小，则可以在可接受的时间内，在所有比例级别下创建切片。如果缓存范围很大，或者其中包含了一些非常大的比例，则可能需要更有策略地选择要创建的切片。

在小（缩小）比例下创建缓存非常简单，在这类比例下，仅需要较少的切片即可覆盖整个地图。小比例切片也是最常访问的切片，因为用户在执行放大操作时，将依靠这些切片来获取地理环境。

大（放大）比例切片则需要花费更长的处理时间和更多的存储空间来进行缓存，而且，大比例切片的访问不如小比例切片的访问那样频繁。

进行大型缓存作业时，最好是在小比例下构建完全缓存，大比例下构建部分缓存。部分缓存只包含预期最常访问的区域。可以用按需缓存填充未缓存区域，或者将其显示为"数据不可用"切片。

图 10.26 显示了在大比例下加拿大中部的草原诸省应用设置策略，以实现合理缓存。大部分人口都居住在这些省的南部，这可从当地的道路和城镇分布情况看出。可以预先创建这些切片，以使大部分用户可以立即从该缓存中获益。

地图其余部分的切片可按需创建，因为对这些位置进行导航的用户可能较少。为这些无人居住的大片区域创建、存储和保留缓存的成本，将超过第一位访问者快速导航所提供的优势。

图 10.26　缓存策略

如何指定要预先进行缓冲的地图部分？最简单的方法是仅预先创建落在指定要素类边界内部的切片。按要素类边界进行缓存，允许仅在所需位置创建切片，避免出现空的或不感兴趣的区域。例如，当对某一国家/地区进行缓存时，可能只需要提供一个包含主要城区的要素类。这样做，服务器就只需预创建覆盖那些城区的切片。其余区域则可以根据客户端的请求按需进行缓存。这样就不必预先创建不需要的乡村区域的切片，从而节省了时间和磁盘空间。

图 10.27 显示的是当要素类只包含加利福尼亚时将创建的切片的理论格网。此要素类有助于避免在海洋和毗邻的州中创建不需要的切片。假如使用的是默认的矩形范围，则会包含这些不需要的切片。

ArcGIS 允许根据用户的访问情况按需创建地图缓存切片。对于首先导航至某一未缓存区域的用户来说，当对应切片由服务器进行绘制时，必须进行等待。然后，切片将被添加到服务的缓存文件夹中，并一直保留在服务器上，直到服务器管理员对其进行更新或将其删除为止。这意味着，随后访问该区域的用户不必再等待切片创建完成。

巧妙地使用按需缓存，可以节省大量的时间和磁盘空间。大多数地图，尤其是以大比

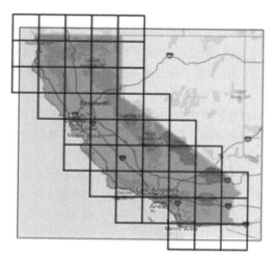

图 10.27　指定要素类边界内部的切片的例子

例(放大后)显示时，地图读者都会看到一些空旷的、不可用的或不感兴趣的区域。按需缓存可以减轻在创建和存储这些不必要切片时的负担，但用户仍可以在需要它们的时候对其进行查看。

按需缓存的位置确定。按需缓存时需要确定的最重要的内容是：要按需创建的区域以及预缓存区域。切勿使用按需缓存来构建整个缓存。始终应该在希望用户流量最大的地图区域中预创建一些切片，从而最大限度地减少用户按需请求切片时所消耗的服务器资源。

如何确定地图的哪些区域最受欢迎？这在很大程度上取决于绘制地图的目的和地图读者。对于常规的地图而言，人口密集场所、道路、海岸线、停车场以及其他感兴趣的位置被访问的机会要比其他区域多。

专题地图中热门地点的倾向性可能会有所不同。例如，在矿业公司所使用的地图中，利用率最高的区域可能为矿产高密度区。而矿产高密度区很可能是一般人群很少关注的人迹罕至的区域或山区。

若要确定预缓存区域的位置，应先检查当前地图的使用模式，确定是在线模式还是桌面模式。可通过观测用户所倾向的导航位置和所查询的要素来了解更多信息。

数据的可用性和分辨率也很重要。如果某些区域中的数据较少或不存在任何数据，则可以不对这些区域进行缓存。如果没有数据需要进行显示，即使某个用户请求了按需切片，绘制也不会花费太长时间。

数据也可能与绘制地图的目的紧密相关。例如，为交通部门绘制地图时，需要确保对道路和铁路的高密度区域进行预缓存。空间分析工具，如核密度分析，可以帮助确定热门要素较多的常用区域。

确定了用户最经常访问的区域后，应创建一个要素类来隔离这些区域。隔离地图上的热门区域越多，使用预缓存切片(而不是按需创建切片)所能满足的请求就越多。在大比例地图中，可能只需对地图中的一小部分进行缓存，即可满足大部分用户的请求。你可能会决定使用所节省下来的时间和磁盘空间来战略性地缓存其他比例等级。

10.1.2.7　信息资源的整合与互操作技术

在地理信息公共服务平台的建设中，最关键的一个问题是如何将各部门、各行业、各领域、各地域的地理信息最大限度地进行整合、集成与利用，并通过公共共享服务平台，提供快速、系统和简便的信息服务，实现信息共享、科学管理与决策、工作效率的跨越式发展。信息资源整合是打破"部门信息壁垒"、实现信息资源有效利用的重要保证。

目前，我国资源共享管理政策与国外存在一些差别。在互联网应用方面，国外管理政策主要是开放与限制相结合，并关注数据隐私保护。我国主要是通过研究制定统一的技术标准和政策，提供有限的互联网应用。这样就产生了一些问题，如信息共享处于较低共享水平，信息集成化程度不高，网络资源和信息产品缺乏，缺乏宏观管理与规划，产生信息孤岛，不能满足业务和管理决策需求。

这就需要采取一些相应的对策来解决这些问题，如建立创新性信息资源整合共享机制、完善信息资源共享机制、构建信息资源共享平台、制定相关政策法规和标准规范等。在资源整合与共享保障机制建设方面，建立保障机制、组织保障机制、法律政策保障机制、经济保障机制、技术保障机制、人才保障机制和安全保障机制等一系列有效机制。在运行机制或模式方面，建立数据交换中心、元数据和信息目录系统、信息服务网站、直接订购等模式。在共享模式方面，建立分类管理模式、市场模式、公益性模式相结合的模式。例如，可以结合我国的特点，采取政府直管模式、政府控股的公司模式、政府委托授权代管模式和市场模式等多种模式。

信息资源整合涉及一系列关键技术的开发和利用，主要包括：

(1)统一的信息分类与编码与数据库改造技术。我国目前各行各业为自身信息化的需要，产生了不同的行业或部门信息分类与编码标准，这便给信息共享造成了技术壁垒。应统一这些分类与编码标准，并对已经建设的数据库进行改造。

(2)多源空间数据的标准化与一致化改造技术。这主要涉及多源数据的融合、地理参考系统的转换、各种数据格式的转换、数据库的重组等。

(3)社会经济统计数据和台站观测数据的空间化技术。主要涉及社会经济统计数据的地理编码处理、台站观测数据的连续空间化模型建模、多维空间数据的插值算法等。

(4)基于网络的空间信息智能表达方法。主要包括空间信息的多维动态可视化方法、地理环境模拟和动态环境建模等。

(5)大容量空间信息的压缩传输与空间索引方法。地理空间信息网络共享中，大容量地理空间数据在有限网络带宽下的传输是一个瓶颈问题。应研究解决矢量和影像数据的压缩和解压缩方法、空间数据的索引方法、空间数据服务节点的索引方法等。

(6)空间信息管理、操作、查询与分析技术。网络环境下的地理信息应用依赖强大的地理信息管理、处理和分析的功能服务，需要研究开发相应的软件和接口。主要包括空间数据处理与分析的 API 和空间的开发、共享管理系统的开发等。

空间数据互操作是不同计算机系统、网络、操作系统和应用程序一起工作并共享信息的能力。公认的互操作性观点是，当独立的桌面程序和数据集不能满足实际应用要求时，地理空间数据的用户和数据提供者必须形成一个有关不同数据源和分布式计算资源的新的对象集合，并包括以下几个方面的内容和要求：①数据的提供者必须向潜在的用户保证所提供的数据是容易访问和理解的；②数据用户必须能够对相关信息进行鉴别和归类，并知道哪些数据集和工作密切相关；③必须可以明确地表述各分布式站点的数据查询，并且在执行数据库服务器和应用客户端之间的操作时，能以一种有意义的方式进行；④来自一个数据源的数据必须具备和其他数据源的数据进行集成的能力，而且这种集成能以结构或者语义的方式进行；⑤数据的显示和分析功能必须与特定的地理数据模型相联系。

互操作是两个或两个以上的网络、系统、设备、应用或组件之间交换信息或使用信息以便交换的能力。

GIS 互操作是在异构数据库和分布计算的情况下出现的。对系统而言，系统能彼此更安全地获取和处理对方的信息；对用户而言，用户能方便地查询到所需的信息，并能方便地使用各种不同类型和格式的数据；对信息管理者来说，他们能很好地管理信息，为用户服务，并将资源充分地提供给用户。

GIS 互操作中需解决的两个重要问题是，如何互操作异构的空间信息，如何互操作空间信息服务软件。因此，互操作可解释为以在线的方式分析和显示来自分布式数据源的数据。

由于系统构建和信息构建的原因，来自分布式数据源的数据出现了结构方面的信息异构和系统异构(图 10.28)，这种异构直接导致了空间信息相互操作的障碍。

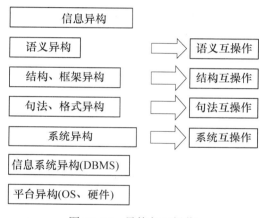

图 10.28　异构与互操作

由于 GIS 产品在服务接口上的各异性和局限性，它很难满足 Internet 上空间信息互操作的需求，这样，Internet 用户与空间信息资源之间就出现了两大鸿沟：信息获取鸿沟和信息理解鸿沟。

信息获取鸿沟表现为空间信息资源没有直接连接到 Internet 上。由于历史原因或出于信息管理或信息安全考虑，空间信息提供者不能或不想把空间信息直接连接到 Internet 上。

信息理解鸿沟表现为用户无法理解空间信息。这与 GIS 厂商的纵向产品线密切相关，即一个 GIS 产品会从数据管理、数据传输到数据表现全方位地向用户提供服务。而不同的 GIS 产品有不同的接口，它所管理的空间信息也是各不相同的。于是，Internet 用户只能依赖特定的 GIS 产品去访问特定的空间信息资源。

在过去 20 多年的发展中，许多实践性的数据互操作都是使用 GIS 软件内部的数据格式之间的双向转换工具来进行的。多数转换工具是基于图 10.29 的结构来设计的。一个数据输入端、一个定义输入和输出数据类型的关系表格和一个数据输出端。如果输入与输出的数据类型不同，可能会造成信息损失。更优秀一些的数据转换工具，允许数据转换软件内部含有一个数据模型，其语义性比输入和输出数据模型都丰富。输入数据类型和值都被映射到这个内部数据模型的数据类型和值上。中间形式的数据格式只扮演一种通用数据格式的角色，如果最终数据格式需要，则中间格式还需要重新定义到这种格式。

图 10.29　互操作中的数据双向转换模式

数据转换方法仅仅是从数据角度考虑互操作，是一种数据的集成，而没有考虑数据处理方面的因素，因此还不能达到真正的互操作。互操作根据内容和水平可构成由低到高的层次结构(表 10.1)。其中，以获取信息级别的企业级互操作水平最高层次，实现网络环境下的分布式计算为最低层次。

表 10.1　　　　　　　　　　　　　互操作的结构层次

层 次 结 构		内 容
企业	信息	立法、政策、规范、标准、元数据等
应用	语义	标准、语义数据模型、规程、元数据等
数据	GIS 软件	DBMS、标准、规程、元数据等
	数据库	
技术	软件和网络协议	规程、协议、标准等
	硬件和网络	标准、分布计算等

网络、硬件、软件是指从技术上如何实现 GIS 互操作，包括：网络协议、文件系统传输、远程过程调用、分布计算平台、软件规程等，它们的正确配置是实现 GIS 互操作的基础。

数据库和 GIS 层实现不同系统之间数据上的互操作，但是真正的信息互操作不仅仅应该是数据互操作，而且更应该是语义及含义上的互操作，客户对数据和处理资源的访问是实时的，并且所获得的结果是可以预测的。

企业层是 GIS 中最高层次的互操作，实际上也就是我们通常所称的信息共享，它包括企业之间和信息部门之间的互操作，涉及政策、法规、经济等因素。

OGC 关于互操作模型的描述(图 10.30)，该模型描述了互操作从数据到分析显示的过程。

根据这个模型，在 C/S 体系结构上，按照任务在客户机上分配的情况，可构成瘦客户端、中客户端和胖客户端(图 10.31)。瘦客户端的数据处理任务主要由服务器端承担，客户端仅作为数据显示终端使用。中客户端在任务分配上负载比较平衡，双方各承担一定任务，但对客户机的要求较高。胖客户机数据显示和处理均由客户端承担，服务器只提供数据服务，缺点是网络数据传输的压力较大。

Internet 环境中空间信息异构问题可以从句法和语义两个不同的层次进行研究。句法

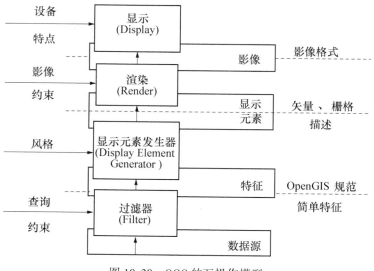

图 10.30　OGC 的互操作模型

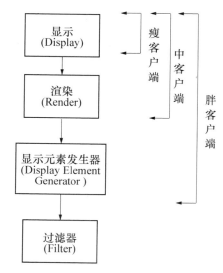

图 10.31　客户端任务分配

上的差异，不同的空间信息资源可以采用不同存储格式，而同一类存储格式也可能有版本的差异。语义上的差异，不同的空间信息资源可以采用不同的概念体系表示，而同一个概念体系中的概念也可能有同型异义或同义异型的现象。

　　当前实现互操作的主要技术有：使用 GML(Geography Markup Language，GML)编码和传输地理空间数据；使用 WFS(Web Feature Server，WFS)在特征元素水平提取和处理数据；使用 WCS(Web Coveraqe Server，WCS)和 WMS(Web Mapserver，WMS)在栅格数据层和地图层提供数据服务；使用 SVG(Scalable Vector Graphics，SVG)在 Web 浏览器上以矢量形式显示由 GML 传输的数据，或显示栅格数据。

　　GML 是 OGC 的一个关于地理对象的模型、编码、传输和存储的标准。GML 提供了一些描述空间特征及它们在 GML 框架中的对应属性，包括描述特征的方案、坐标参考系统、几何体、拓扑关系、时态、量测单位等。

如果不执行 GML，数据库或数据文件系统之间的互操作要在两个系统之间进行点对点操作，由数据结构的异构性，不同系统之间都要进行这种操作（图 10.32）。如果通过 GML，这种互操作要方便得多（图 10.33）。

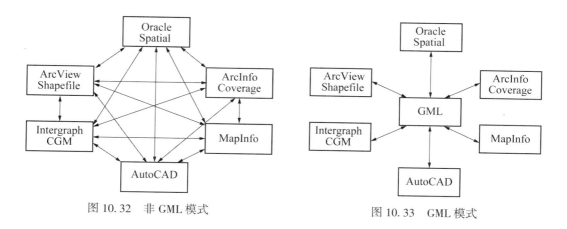

图 10.32　非 GML 模式　　　　　　　　　图 10.33　GML 模式

通过 GML 传输数据的过程如图 10.34 所示。客户端通过向 Web 服务器发送数据请求，Web 服务器将请求转发给连接它的多级 GIS 数据服务器，GIS 数据服务器分析处理请求后，将结果返回 Web 服务器，Web 服务器以 GML 数据形式返回请求数据的客户端。

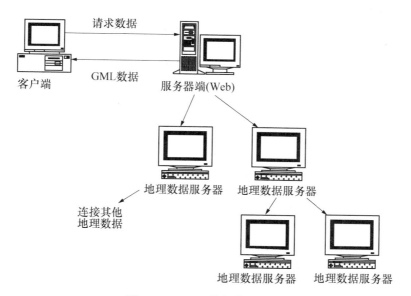

图 10.34　GML 数据传输过程

GML 解决数据传输问题，SVG 则解决数据的显示问题。SVG 是基于 XML 的 W3C 的标准格式，它工作在 Web 浏览器上。使用 SVG 的优点是明显的：（1）它是矢量数据，而非栅格数据（GIF、JPEG 等）；（2）它可以进行尺度变化，即可以以任何分辨率、任何尺寸显示在任何设备上；（3）数据量小；（4）可以提供与其他许多文件、矢量数据、栅格数据的超连接；(5)SVG 是一个 XML 文件，与其他基于 XML 的技术兼容，并可以方便进行编辑和显示在任何操作系统和 Web 环境。

WFS、WMS 和 WCS 是 OpenGIS 互操作的实现规范，可以以源数据格式获取数据，并把获取的数据传输给 GML，最终传输给 Web 浏览器。使用 WFS 获取数据的过程如图 10.35 所示。

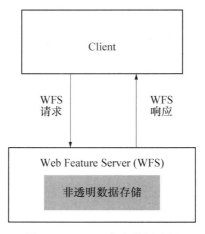

图 10.35　WFS 获取数据过程

WFS 的主要功能是允许客户端应用程序通过 Web 访问、查询、产生、更新和删除来自数据的数据；客户端应用程序通过可以向存储在远程分布式数据库请求特征元素级的数据；WFS 阅读和解析用户请求，并将结果以 GML 数据形式返回结果。

OGC 规范的 WFS 的 Web 服务器的结构如图 10.36 所示。ESRI 的互操作模型如图 10.37 所示。

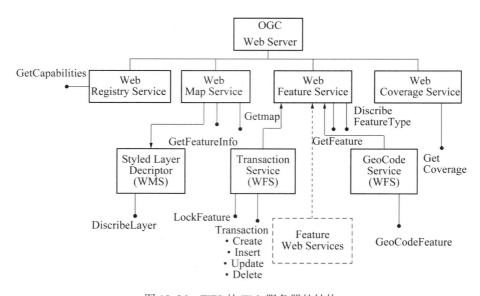

图 10.36　WFS 的 Web 服务器的结构

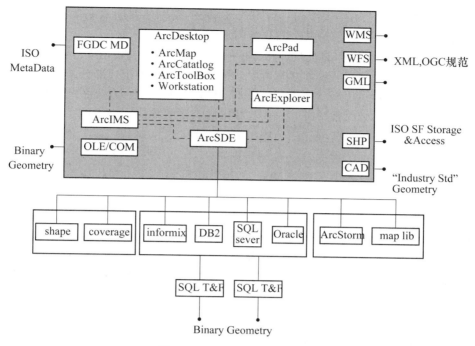

图 10.37　ESRI 的互操作实现

　　OGC 定义的 WFS 服务器结构，通过由注册服务、地图服务、简单特征元素服务和图层服务等服务功能组成。其中，地图服务由风格化的图层描述器对图层进行处理和描述定义。WFS 由事务处理服务和地理编码服务对特征元素进行定义和描述。

　　ArcSDE 是 ESRI 的 ArcGIS 实现互操作的核心软件。它除了支持 ESRI 自身定义的多种数据格式外，还支持对其他商业数据库数据格式的直接访问，并通过 ArcIMS、ArcPad、ArcExplorer 以及 Desktop 软件系列进行数据的发布、显示和分析利用。

　　10.1.2.8　地理信息系统的集成技术

　　地理信息系统集成是 GIS 向纵深和外延发展的必然结果，是由 GIS 技术特点和在信息化中的地位决定的，也是 GIS 发展的最高水平。地理信息系统的集成主要有两大方向，一是系统间的集成，属横向集成；二是系统内的集成，属纵向集成。前者扩大了 GIS 的外延作用，后者强调了 GIS 的内部优化和功能。

　　集成并非是一个新的概念，但集成的技术和方法对完成 GIS 系统的集成具有重要指导意义。集成的概念最初体现在集成电路。电路集成的思想在于降低各种组成部分连接的复杂性，提高电路的设计和实现效率。英国拉夫堡大学 Weston 教授关于集成的简洁定义是：集成是将基于信息技术的资源及应用(计算机硬件、软件、接口及机器)聚集成一个协同工作的整体，它包含功能交互、信息共享及数据通信。集成不是把现有的要素简单地组合起来，而是具有明确的主观性和目的性，是要素间的有机集成。一般来讲，集成后的协同效益要大于集成前各个系统效益的总和。

　　美国信息技术协会对信息系统集成的定义是：根据一个复杂的信息系统或子系统的要求，经多种产品和技术进行验证后，把它们组织成一个完整的解决方案的过程。系统集成的内容包括人的集成(最终用户掌握和利用信息系统的功能，从而融入信息系统之中)、企业组织的集成(组织机构改组)、管理和技术的集成以及计算机系统平台的集成。

随着开放式系统的产生，宣告了"封闭式"系统的终结。封闭式系统产生的各种技术壁垒是与信息化大背景下的信息共享与交换需求不相符的。

GIS 作为地理空间数据存储、管理和分析的工具，不是独立存在的，与现代信息技术及其系统之间关系十分密切，有的甚至可以认为就是其必要的组成部分，如遥感技术、全球定位技术、计算机网络技术、现代通信技术、图像处理系统、专家系统、计算机制图系统、虚拟现实系统、多媒体系统等。与这些技术和系统的集成，极大地扩展了 GIS 数据采集、数据处理、数据分析、数据显示的能力，拓展了 GIS 的应用范围。例如，GIS 与遥感技术的集成，极大地增强了数据的获取与更新能力；与 GPS 的结合，产生了 GIS 导航系统；与专家系统的集成，产生了智能 GIS；与计算机网络技术、现代通信技术的集成，产生了网络 GIS、移动 GIS、无线 GIS；与多媒体技术集成，产生了多媒体 GIS；与虚拟现实技术集成，产生了虚拟现实 GIS 等。

同样，GIS 内部、GIS 系统之间也存在着集成问题。由于 GIS 技术早期自由发展和商业化的原因，数据格式和系统功能定义存在普遍的异构，造成了严重的信息鸿沟和技术壁垒。集成是解决这些问题的唯一途径。在 GIS 内部，由于空间数据和属性数据在结构上的差异，数据的多源性、多尺度性(多空间维尺度、多时间尺度、多分辨率尺度、多比例尺)和数据质量(如精度不同)的差别、数据库的分布性、数据分析应用模型的各异性、软件系统开发技术的多样性等也需要进行集成。

地理信息系统的集成具有多个层次。从资源层、服务层到互操作构成系统内部的微观集成，从数据采集、标准到传输、决策应用、显示表达的各类外部系统的集成，构成宏观集成。图 10.38 中并未详细列出集成的全部内容，随着 GIS 技术的发展，新的集成内容还

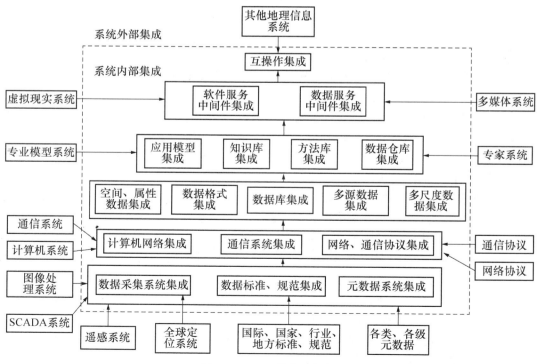

图 10.38　GIS 的集成框架

会增加进来。在 GIS 集成中，有些内容的层次归属也不是不变的，可能为新的或高一级的集成内容所覆盖。系统内集成和系统外集成的边界有时也是模糊的。一些独立发展的技术，在 GIS 看来，可能是必不可少的组成部分。

GIS 与专家系统的结合是建立智能化空间决策支持系统(Spatial Decision Support Systems，SDSS)的重要途径。它为决策者提供分析问题、建立模型、模拟决策过程和方案的环境，调用各种信息资源和分析工具，帮助决策者提高决策水平和质量。

当前 GIS 可以认为是用于空间决策的空间信息系统，还不能满足解决复杂空间决策问题的需要，特别是非结构化问题。它还缺少模型库、知识库以及推理机制等必不可少的知识处理功能。GIS 与 SDSS 在结构上存在区别，如图 10.39 所示。

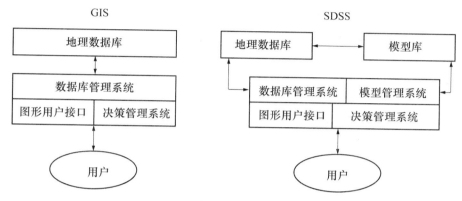

图 10.39　GIS 与 SDSS 结构比较

智能化的空间决策支持系统需要由 GIS 的空间环境支持和专家系统的模型、知识管理与处理支持，如图 10.40 所示。

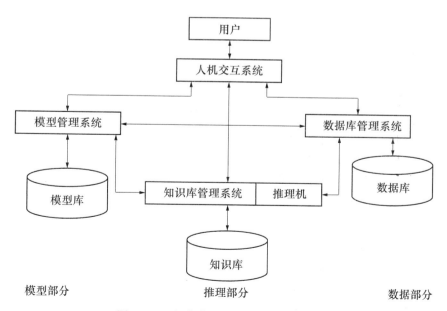

图 10.40　智能化空间决策支持系统模型

在这个系统中，GIS 提供了空间数据部分的支持，决策支持系统提供了模型部分的支持，专家系统提供了推理部分的支持，它们协调工作、融为一体。

在因特网环境，数据还可能来自因特网、外部交换途径，还可能与其他计算机系统进行集成。其模型如图 10.41 所示。

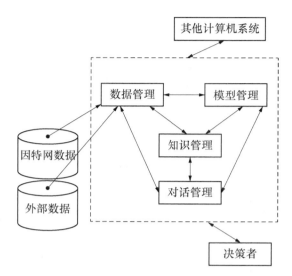

图 10.41 基于因特网的智能决策支持系统

在智能化决策支持系统中，模型具有以下特点：

（1）可构造性。模型一定可以通过方法与数据构造而成；

（2）语义性。模型具有一定的抽象形式，但它一般都具有语义背景，如对输入表和输出表做出约束性描述等；

（3）表示多样性。模型的抽象形式可以是数学的，也可以是非数学的，且它们在用户眼中和在计算机内部所表现的形式是不同的；

（4）可编程性。SDSS 是一种计算机应用系统，因此，它的模型一定能用程序形式表示；

（5）空间性。SDSS 中的模型在很多情况下都涉及空间维变量和空间关系。

一般地说，SDSS 中的模型在计算机中的存储表达方式有以下三种：

第一种是数据方式。即把模型视为从输入集到输出集的影射，用模型参数集合确定这种影射关系。这样，模型可描述为由一组参数集合和表示模型特征结构特征的数据集合的框架，输入数据集在关系框架下进行若干关系运算，得出输出数据集。由此，模型运算可转换为关系运算。

第二种是逻辑方式。它是一种基于人工智能的表示方式，主要有谓词逻辑、语义网络、逻辑树和关系框架等几种方法。比较常见的是谓词逻辑表示法。它把模型分解为 4 个基本要素：模型结构、约束集、参数集和变量集。每一部分可用相关谓词表示，而数值计算则隐含在谓词中，当定量计算的模型用逻辑形式表达后，它可以与定性的知识统一起来，用谓词演算的方法，实现对问题的求解。这对于含有半结构化，非结构化的决策模型比较适用。

第三种是程序方式。包括输入、输出格式和算法在内的完整程序，就可以表示一个模型。通常一个模型是以子程序存储的，每个子程序往往带有通用的程序结构。程序方式主要适用于描述结构化的计算模型。

在 GIS 与决策支持系统的集成模式方面，有两种模式，一是强调空间数据空间分析；二是强调空间决策前提下的空间分析(图 10.42)。在前一种模式中，DSS 作为 GIS 的发生器；在后一种模式中，GIS 仅作为决策支持分析的发生器。

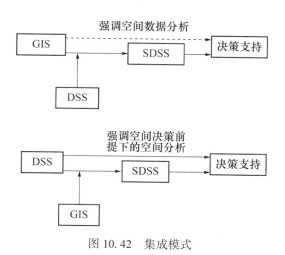

图 10.42　集成模式

长期以来，由于 GIS 与应用分析模型各自发展、相互独立，它们的数据兼容性、互操作性成为集成需要解决的问题之一，空间数据的复杂性也增加了集成的难度。GIS 与应用模型的集成，既可以发挥 GIS 空间操作方面的优势，又可以提高 GIS 应用系统的分析功能，弥补 GIS 在专业应用领域的分析功能的不足。

要实现 GIS 与应用分析模型的集成，首先，需要解决的问题是 GIS 与数据模型之间的数据交换的通道问题。因为 GIS 数据模型主要是矢量模型和栅格模型，它们与多数应用分析模型在对空间离散化的方式上存在区别。其次，模型开发人员往往缺乏对 GIS 功能的认识，未能充分利用 GIS 的空间分析能力对模型进行重新构造的现象可能存在的。再次，应用分析模型结构固化，难以调整并融入新的技术方法。然后，模型参数的自动获取程度低，缺乏空间数据对模拟结果的可能影响程度的分析。应用分析模型在参数调节上缺乏直观的调节途径，有时需要领域专家的手工调节。最后，模型的基本假定与求解方法并未作为整个模型的一个有效成分，不利于用户对模型的选择和使用。

在 GIS 领域，GIS 的数据模型也缺乏应用分析模型所需的时空数据结构，不具有同时处理空间数据和时间数据的结构化可变性问题的能力，也不具备建立和检验模型的直接途径。首先，GIS 缺乏时序分析能力；其次，不同 GIS 之间通常采用导入/导出方式数据交换来实现系统集成，这不足以连接外部的分析模型；再次，GIS 的时间、空间插值与采样功能比较弱，缺乏有效和通用的空间分析方法；最后，在三维分析模拟和可视化方面，技术还不成熟。

应用分析模型提供了对专业应用领域特定问题的求解能力，而应用分析模型需要的数据、计算结果的表达等，则需要 GIS 开发者解决。所以，GIS 与应用分析模型的集成就是以数据为通道、以 GIS 为核心的系统开发过程。应用分析模型与 GIS 通过数据交换联系在一起，并以空间上的联系为基础。GIS 功能的实现和模型的数值求解都涉及对地理空间的离散。应用分析模型的空间离散的基本技术是网格的剖分，即构造相互连接的网络，如矩形网格、三角形网格、正交曲线网格等（图 10.43）。

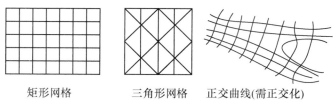

矩形网格　　　　三角形网格　　正交曲线（需正交化）

图 10.43　分析网格

在 GIS 技术的支持下，根据应用分析模型的要求，将地理空间（研究区域）进行网格剖分，并自动获得网格节点或中心点的数据，用来表示各种模型参数的空间分布，直接形成应用分析模型所需的数据文件。而模型的空间离散所形成的网格数据，在增加空间地理坐标的情况下，则可形成 GIS 所需的空间数据文件，并被 GIS 直接调用，利用 GIS 的空间表达功能对模型数据进行可视化表示。现有的几种集成方法是：

（1）源代码集成方式：利用 GIS 的二次开发语言或其他支持的语言将分析应用模型进行改写，使其与 GIS 完全兼容，成为 GIS 一部分的集成模式。其优点是，应用分析模型在数据结构和数据处理形式上与 GIS 完全一致，比较灵活和有效。其缺点是，需要 GIS 和领域知识的结合。

（2）函数库集成模式：将开发好的应用分析模型以函数的形式保存在函数库中，集成者通过调用函数将其集成在 GIS 中。函数有静态和动态两种连接方式。其优点是，可以实现高度的无缝集成。其缺点是，分析模型的状态信息很难在函数库中进行有效表达。

（3）可执行程序集成方式：GIS 与应用分析模型均可以可执行文件的方式存在，二者的内部、外部结构均不变化，相互之间独立存在。二者的交互可以约定的数据格式通过文件、命名通道、匿名通道或者数据库进行。可以独立方式或内嵌方式集成。其优点是，集成方便、简单、代价低。其缺点是，由于数据的交换通过操作系统，运行效率不高。

（4）DDE 和 OLE 集成：DDE 是动态数据交换，OLE 是对象连接和嵌入。这种集成方式通过服务器和客户两个主题存在相互提供服务。在这里，GIS 和应用分析模型分别为客户和服务器，属于一种松散的集成模式。其优点是集成方便，灵活、代价低。其缺点是稳定性不高，效率低。

（5）基于组件的集成方式：组件技术是当前最流行的软件系统集成方法，组件技术有 COM、DCOM、CORBA、JavaBeans 等，多数 GIS 软件商也提供 GIS 工具软件的组件产品，如 ArcObject、MapX 等。它们可以在高级语言水平实现组件式集成。

（6）基于 API 函数的集成：一些应用模型可能需要独立的软件环境运行，与 GIS 不在同一个系统，这就需要开发联系两个系统的应用程序接口软件，即 API 函数，实现两个之间的集成。

10.1.2.9　富因特网应用软件开发技术

富因特网应用（Reach Internet Application，RIA）是 2002 年 Macromedia 公布 Flash MX

和 Flash Remoting，并同时推出的新词。RIA 是网络应用软件，提供类似桌面系统的使用性。传统 RIA 运行于浏览器中，面向功能和效用，而不是文档。目前主要的产品有 AJAX，Adobe Flash/Flex/AIR，Microsoft Silverlight，Sun JavaFX，Firefox 3（Prism，Tamarin，IronMonky）和 Google（Gear，GWT，Chrome，etc）等。

RIA 与传统 Web 技术相比，具有以下的优势：表现力丰富、网络效率高、交互能力强、面向操作系统和浏览器透明、沙箱提供更可靠的安全性和易于与现有系统集成。

RIA 的技术实现与 REST 密切相关。REST，即描述性状态转移（Representational State Transfer，REST）是一种软件架构设计风格。具有以下特点：应用的状态和功能由资源（Resource）来描述，无缝系统集成，可缓存数据，可分层实现。其资源由 URI 来描述，用 HTTP 来访问资源的实体（Representation of the Resource）。

REST 具有的优越性表现在：缓存性提高性能减低服务器负担，提高服务器可扩充性，降低用户端开发开销，提供长期可兼容性。

ArcGIS Server 有 REST 的接口，可以提供 RIA 的开发，如 ArcGIS Server API for Flex，ArcGIS Server API for Silverlight，ArcGIS Server API for JavaScript。图 10.44 所示是 RIA 的开发框架。

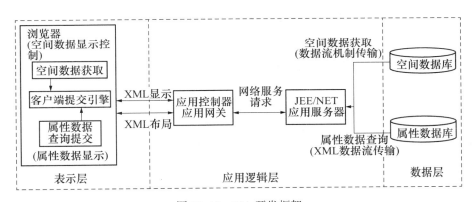

图 10.44　RIA 开发框架

客户端数据缓存机制提供了较好的系统平衡负载。将数据量大的空间数据缓存在客户端，减少与服务器之间的数据交换。特有的流传输机制，可以让客户端不间断从服务器获取数据，并在客户端进行缓存。

10.2　数字地球、数字城市与智慧城市

自 1998 年提出数字地球的概念以来，建设数字地球和数字城市的计划在一些国家和地区迅速展开，并在技术应用方面不断得以发展。智慧地球和智慧城市正是这种发展的新阶段。

智慧地球和智慧城市通过物联网、动态感知网和云计算等技术，将数字地球和数字城市与现实地球和现实城市联系起来，极大地推动了人类利用地理空间信息的能力。同时，也推动了 GIS 在专业领域的智能化建设进程。

10.2.1 数字地球、数字城市与智慧城市的概念

数字地球是集多种现代信息技术为一体的计算机信息系统。关于"数字地球"概念的描述很多，如数字地球是关于地球的虚拟表达，并使人们能够探索和作用于关于地球的海量的自然与文化信息集合；数字地球是一个共享经过地理参考处理的地理数据的环境，它是基于 OpenGIS 标准和因特网传输这些数据的，等等。

从上面的描述可知，数字地球是一个多分辨率、多空间尺度的、虚拟表达的三维星球；具有海量的地理空间编码数据；可以使用无级放大率进行放大；在空间内的活动是不受限制的，而且在时间空间也是如此。

数字城市是数字地球技术的在特定区域的具体应用，是数字地球的重要组成部分，也是数字地球的一个信息化网络节点。因此，数字城市的框架应与数字地球相一致，只是在表达尺度上更注重微观表现，在深度和广度存在区别。

数字城市通过宽带多媒体信息网络、地理信息系统等基础设施平台，整合城市信息资源，建立电子政务、电子商务、劳动社会保障等信息系统和信息化社区，实现全市国民经济和社会信息化，是综合运用 GIS、RS、GPS、宽带多媒体网络及虚拟仿真技术，对城市基础设施功能机制进行动态监测管理以及辅助决策的技术体系。数字城市具备将城市地理、资源、环境、人口、经济、社会等复杂系统进行数字化、网络化、虚拟仿真、优化决策支持和可视化表现等强大功能。

具体地讲，数字城市的基本内容和任务包括对城市区域的基础地理、基础设施、基本功能和城市规划管理、地籍管理、房产管理、智能交通管理、能源管理及企业和社会、工业与商业、金融与证券、教育与科技、医疗与保险、文化与生活等各个子领域经数字化后，建立分布式数据库，通过有线与无线网络，实现互连互通，实现网上管理、网上经营、网上购物、网上学习、网上会商、网上影剧院等网络化生存，确保人地关系的协调发展。数字城市是一个结构复杂、周期很长的系统工程，在建设进度上必然会采取分期建设的方式。

在科学层面上，数字城市可以理解为"现实城市"（实地客观存在）的虚拟对照体，是能够对城市"自然—社会—经济"复合系统的海量数据进行高效获取、智能识别、分类存储、自动处理、分析应用和决策支持的，既能虚拟现实，又可直接参与管理和服务的城市综合系统工程。

在技术层面上，数字城市是以包括地理信息系统（GIS）、全球卫星导航定位系统（GPS）、遥感（RS）和数据库技术等在内的空间信息技术、计算机技术、现代通信信息网络技术及信息安全技术为支撑，以信息基础设施为核心的完整的城市信息系统体系。

在应用层面上，数字城市是在城市自然、社会、经济等要素构成的一体化数字集成平台上和虚拟环境中，通过功能强大的系统软件和数学模型，以可视化方式再现现实城市的各种资源分布状态，对现实城市的规划、建设和管理的各种方案进行模拟、分析和研究，促进不同部门、不同层次用户之间的信息共享、交流和综合，为政府、企业和公众提供信息服务。

智慧城市是数字城市的智能化，是数字城市功能的延伸、拓展和升华，通过物联网把数字城市与物理城市无缝连接起来，利用云计算技术对实时感知数据进行处理，并提供智能化服务。简单地说，智慧城市就是让城市更聪明，本质上是让作为城市主体的人更聪明。

智慧城市是通过互联网把无处不在的被植入城市物体的智能化传感器连接起来形成的

412

物联网，实现对物理城市的全面感知，利用云计算等技术对感知信息进行智能处理和分析，实现网上"数字城市"与物联网的融合，并发出指令，对包括政务、民生、环境、公共安全、城市服务、工商活动等在内的各种需求做出智能化响应和智能化决策支持。

10.2.2 数字城市与智慧城市的关系

数字城市是物理（现实）城市的数字化表示，而智慧城市则是数字城市的智能化表示。现实城市、数字城市和智慧城市的区别可以通过它们对城市地理信息的记录方式加以区分。在数字城市出现以前，我们记录城市的方式主要是物理记录方式，如纸质图片、胶片视频、纸质地图和纸质文字等，信息使用的效果差，如图 10.45 所示。

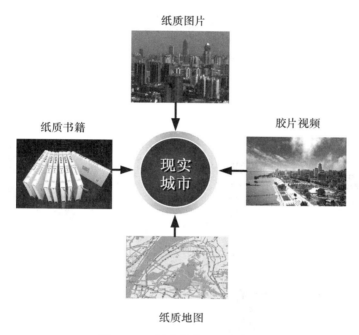

图 10.45 城市的物理记录方式

数字城市记录城市的方式是数字化方式，如通过数字影像、三维数字模型、三维数字地形、数字地图和数据库等，信息使用效果好于物理记录方式，但存在智能化程度低的问题，如图 10.46 所示。

智慧城市记录城市的方式是在数字城市的基础上添加智能感知元素、智能计算元素和智能处理元素等，形成智能化程度高的数字城市。这些智能元素主要有云计算、物联网、感知网和决策分析模型等，如图 10.47 所示。

数字城市是"物理城市"的虚拟对照体，两者是分离的；而"智慧城市"则是通过物联网和天空地感知网把"数字城市"与"物理城市"连接在一起，本质上是物联网与"数字城市"的融合。

10.2.3 数字城市和智慧城市的框架

地理空间框架与地理信息公共平台是构建数字城市和智慧城市的基础。数字城市的技

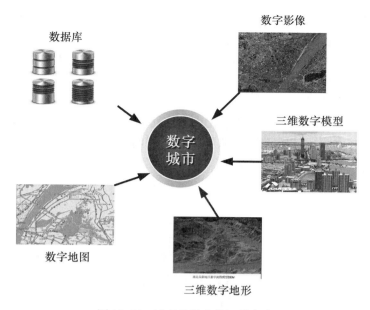

图 10.46　城市的数字化记录方式

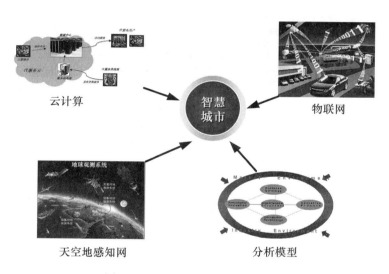

图 10.47　城市的智能化记录方式

术框架为三层结构体系，分别由相互联系的支撑层、服务层、应用层构成，以及与之相关的技术标准体系、技术支持和保障体系等，如图 10.48 所示。

　　支撑层主要是数字城市基础地理信息和专业领域的采集处理和存储的软硬件设备，由面向政务、专业和公众的不同版本的地理数据库组成，是建设"数字城市"的空间信息基础设施。

　　服务层是数字城市资源的管理者，也是服务的提供者。根据我国地理信息公共平台的建设要求，需要建立专业、政务和公众三个物理隔离的服务平台。考虑到对数据共享和分发服务的需求，应采用国际上流行的中间件技术设计开放的公共数据服务和应用服务平台，符合数字城市自身的需求和扩展需求。其开放性表现在与国际和国家信息化，特别是

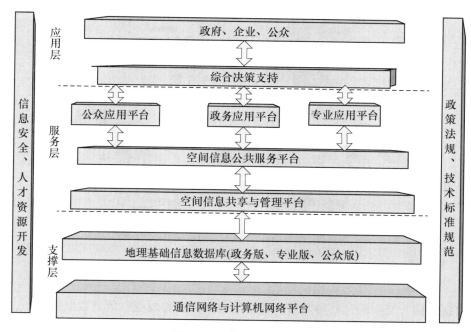

图 10.48　数字城市框架

国家空间信息网格建设的技术接轨。

应用系统层是面向城市各类用户提供基础地理信息服务的主要应用系统集合，主要向政府、企业、社会公众等提供规划、地籍、房产、土地、管线、地名、控制测量成果等空间信息查询、综合决策、三维虚拟城市及空间分析等支持功能。

政策法规、组织领导、标准体系与技术支持等是顺利完成和实现数字城市的重要软环境保障和支撑。制定必要的、具有针对性的政策法规，建立一个坚强有效的领导和协调体系机制，是建立严密的工程组织管理体系、质量保证体系的必要前提。建立和完善技术标准体系、研发和采用先进实用技术，是保证系统标准化、技术接轨以及系统可持续发展的技术基础。

数字城市建设是在宽带高速计算机网络的基础上，将通过数字测图、地图数字化、GPS 测量、遥感及数字摄影测量、外部数据交换等手段采集到的各类基础地理信息存入相应的数据库系统，形成以数据中心为核心的高效数据存储管理体系。在数据库系统的基础上，通过以数据共享服务、应用服务为特征的数据存取中间件、应用服务中间件，为社会各阶层提供应用服务和决策支持。应用服务平台中的应用服务中间件、数据仓库、模型库、知识库、数据共享交换、元数据服务等各部分之间没有固定的层次关系，而是通过标准的互操作协议互相关联、协同工作，共同支持业务系统的实现。应用系统根据应用需求，在标准的服务协议支持下向服务平台请求各种中间件服务，完成系统的处理功能，实现系统的集成。

数字城市建设的核心技术是数据共享与交换网络建设，其中，数据中心和分中心的分布式网络化存取、管理是关键。其分布式拓扑结构可由图 10.49 表示。

数据中心接收各职能部门分数据中心提供的数据，并通过统一的平台和接口为各应用系统和社会各阶层提供数据共享和交换服务，并负责数据库系统的总体管理与设计，包括

415

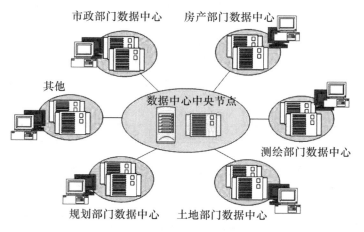

图 10.49　数据中心与分中心拓扑结构

统一的数据结构、统一的公共参照系、统一的数据标准和规范，负责数据的发布，以及数据中心数据库的建库、存储管理、数据备份、数据存档等工作。负责监督分数据中心的工作。数据中心的数据库为各分数据中心提供的实时镜像数据库。

分数据中心存放各相应职能部门的业务数据。各分数据中心负责本部门的数据库建库、更新、维护和备份，并负责上传镜像数据库到数据中心。

数字城市的基础数据库体系主要有基础地图数据库、规划用地数据库、地籍数据库、房产数据库、市政管线数据库、土地数据库、控制测量成果数据库、地名数据库、影像数据库和元数据库等组成。这些基础数据库是多尺度的(多比例尺、多时相、多分辨率、多精度、多数据格式等)，如图 10.50 所示。

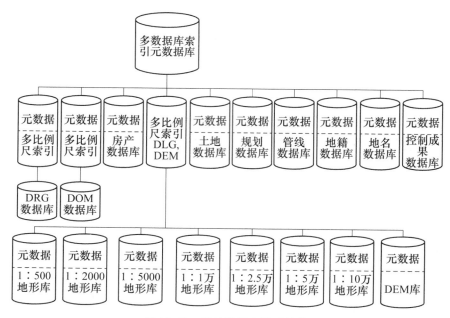

图 10.50　基础数据库体系结构

基础地理数据、政务数据、专业数据、社会信息数据等，通过空间信息共享与管理平台，实现不同部门之间数据的交换，如图 10.51 所示。

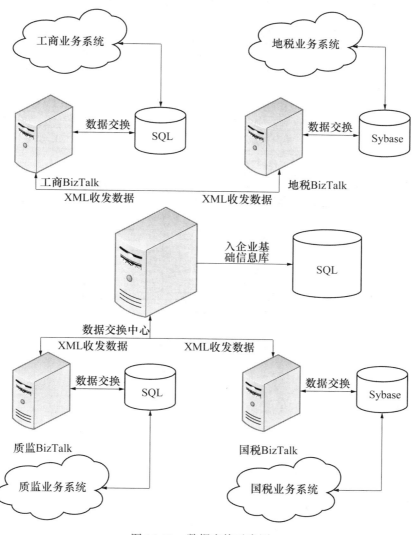

图 10.51　数据交换示意图

智慧城市的框架与数字城市的框架是一致的，但增加了智慧元素，其框架可用图 10.52 表示。

在智慧信息基础设施建设中，物联网和感知网是重要的。一方面，通过物联网把城市元素联系起来；另一方面，通过感知网动态感知城市元素的变化。在服务层，增加的云计算服务、工作流建模和服务链建模，以及智能化的信息服务，为处理地理信息的大数据计算提供了强大的计算能力和服务能力。这些智慧元素都极大地提高了数字城市的智能化程度。

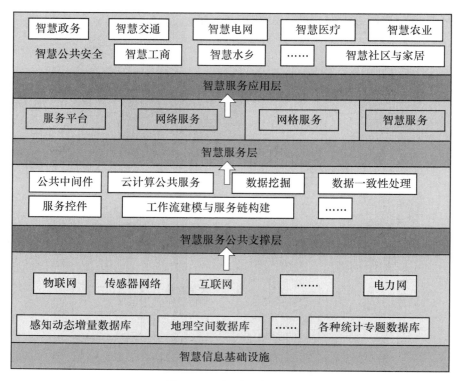

图 10.52　智慧城市框架

10.3　GIS 与地理国情监测

地理国情监测是多种现代信息技术的综合应用，GIS 技术是其进行时空数据处理、管理、分析、共享、显示和应用的主要技术。

10.3.1　地理国情监测的概念

地理特征要素、地理环境、地理过程和地理现象，以及人文、经济、社会等的基本状况及其变化信息，是人们进行科学解释、科学管理和决策活动的重要信息。获取这类信息的重要手段和方法就是对其进行监测。

监测的直接解释是监视和检测、测量，是指在调查研究的基础上，监视检测和分析代表所关注对象的各种数据信息的全过程。对关注对象的基本情况和变化状况数据的获取和分析利用是监测活动的基本内容和目的。在管理和决策活动中，人们关注的对象是多方面的，包括自然的、人文的、社会的、政治的、经济的和军事目的的，等等。反映这些对象的基本信息，可能是静态的，也可能是动态的，可能是空间的，也可能是非空间的，可能是显而易见的，也可能是隐含在数据中间的。对一个国家而言，人们将这类监测得到的数据信息称为国情。

国情是一个国家的社会性质、政治、经济、文化等方面的基本情况和特点。描述国情的数据可以是文字、符号、图形、图像、统计数据、模型、动画、虚拟现实等多种形式。

至于省情、市情、县情等概念，则可以认为是在不同地域范围监测尺度上，对国情更为精细的描述。而地球，乃至其他星球的基本情况和特点，姑且称之为地情，是在全球范围监测尺度上的一种描述。当然，从概念的实质和作用范围讲，地情包含国情、省情、市情、县情等。国情数据有一部分是与地理位置有关的，称为地理国情。

地理国情是空间化、可视化的国情信息，是从地理空间角度分析、研究、描述和反映一个国家自然、经济、人文和社会的国情信息。地理国情包括国土疆域概况、地理区域特征、地形地貌特征、道路交通网络、江河湖海分布、土地利用与地表覆盖、城市布局和城镇化扩张、孕灾环境与灾害分布、环境与生态状况、生产力空间布局等基本情况。

地理国情监测是综合利用全球导航卫星系统、航空航天遥感、地理信息系统等现代测绘技术和地理、人文、社会经济科学调查技术，综合各时期档案和调查成果，对地形、水系、湿地、冰川、沙漠、地表形态、地表覆盖、道路、城镇等要素进行动态化、定量化、空间化的持续监测，并统计分析其变化量、变化频率、分布特征、地域差异、变化趋势等，形成反映各类资源、环境、生态、经济要素的空间分布及其发展变化规律的监测数据、地图图形和研究报告等，从地理空间的角度客观、综合展示国情国力。概括地说，它以地球表层的自然、生物和人文三个方面的空间变化和它们之间的相互关系特征为基础内容，对构成国家物质基础的各种条件要素进行宏观性、综合性、整体性的调查、分析和描述。

10.3.2 GIS 与地理国情监测的关系

地理信息系统是地理国情监测的支撑技术，为地理国情监测提供数据管理、数据建模、空间化、可视化、数据分析利用、地学计算、动态模拟、数据表达、成果表示、成果管理和数据共享服务的工具。地理国情监测是地理信息系统的重要应用领域和应用发展方向之一。

GIS 为地理国情监测提供基本的数据管理、处理、分析、数据表达、可视化技术支持，至少在以下方面对地理国情监测产生作用：

（1）为地理国情监测提供时空数据处理、建库、管理、建模、时空查询和时空索引技术支持；

（2）为地理国情监测的社会经济数据提供地理编码、空间插值和可视化技术支持；

（3）为地理国情监测提供多尺度数据表达和尺度转换技术支持；

（4）为地理国情监测数据的整合提供技术支持；

（5）为地理国情监测数据的空间操作分析提供技术支持；

（6）为地理国情监测的空间数据统计分析、时空数据挖掘分析提供分析环境；

（7）为地理国情监测成果表达、专题制图、动态模拟、仿真等地理可视化提供方法和环境；

（8）为地理国情监测信息的共享、数据交换、成果发布提供服务平台技术。

随着 GIS 向着网络化、智能化、动态化、信息化服务方向的发展，地理国情监测与 GIS 的应用具有很多契合点。以智慧城市为例，主要表现在：

（1）感知现实世界的任务目标相同。如在智慧城市建设方面，智慧城市的目标是全面动态感知城市，面向城市的政府、企业和公众提供信息服务。地理市情监测是从地理角度，描述城市特征和变化，是智慧城市建设任务的一部分。

（2）信息共享服务平台需求基本一致。常态化综合的地理市情监测需要分布式、云计算环境作为支撑，共享和交换各部门的专业地理监测信息，智慧城市平台是当然的选择。但应急监测或许可以独立于这个平台进行。

（3）多源地理信息获取技术基本趋同。地理市情监测侧重地理变化信息的获取，智慧城市的航天航空遥感、低空无人机遥感、GPS 和移动测量、专业监测站网(气象、环境、生态、水文、地震等)等组成的广义物联网可以与地理市情监测共建共享。但地理市情的人文、社会经济的调查技术可能不是智慧城市的重点。

（4）信息表达、处理、管理和分析方法基本一致。地理市情监测在时空信息的表达、处理、管理和分析方面，与智慧城市具有很多共同点。但前者更强调时空建模、时空分析和时空过程的模拟。

（5）信息网络发布方式可以共用。通过智慧城市平台发布地理市情监测信息是一个明智的选择，但地理市情监测信息通过发布会发布监测报告也是常见的形式。

10.4 GIS 在行业和领域中的应用

GIS 在专业领域的广泛应用，是推动 GIS 发展和行业或领域信息化的源动力。正是丰富多彩的 GIS 应用，驱动 GIS 技术向更高的水平发展。

10.4.1 GIS 在规划行业中的应用

城市规划是我国 GIS 应用较早的领域之一。20 世纪 90 年代，我国一些城市，如北京、上海、海口、深圳、青岛等，开始利用 GIS 技术建立规划管理信息系统或规划辅助决策系统，极大地促进了 GIS 技术在我国的应用发展。

对于规划的设计单位，规划作为一门艺术性极强的科学，体现在：规划前期，规划区域内各项基础资料的收集、整理，文化风俗、历史现状的了解、分析，限制条件的梳理；规划中后期，规划内容科学性、地域性的体现，上一级规划思想的完美展现，规划受众群体最终需求的无缝切合；规划完成后，规划期限内规划成果与城市发展、居民生活水平的匹配程度；等等。整个规划的过程需要艺术与技术并举，现如今已经不是如何编制规划的问题，而是如何更好更快地编制出满足各种纷繁复杂需求的规划。在规划项目中，GIS 强大的空间分析、数据组织管理、可视化与制图能力将会发挥极大的作用。

对于规划编制成果的管理与审批单位，从成果制作到规划业务的审批与办理，从信息的收集管理到跨部门跨行业的信息共享与服务发布，GIS 技术几乎应用到城市规划管理的每一个环节，对于成果管理工作效率的提高、更新维护、高效利用以及规划服务水平的提高，有着举足轻重的作用。

随着全国空间信息公共服务平台的建设，GIS 的应用范畴和服务领域得到了极大的拓展，并逐步成为人类社会中必不可少的基础设施之一。企业级 GIS 的时代已经到来，GIS已经成为企业级信息技术的一个有机组成部分，为企业级系统提供各种地理信息相关的应用，包括资产信息的管理、业务工作的规划和分析、为各种工作(无论是外业还是内业的)提供采集处理手段、用丰富的图表和直观的地图做科学决策，等等，这些都极大地体现了 GIS 的价值，使得 GIS 逐渐成为规划行业信息化的主流信息技术之一。

对于城市设计的规划人员来说，做出正确的关于位置的决策是取得成功的关键，而

GIS 则提供了一套基于空间信息获取、处理与表达的方法。

一个规划方案是否科学？对城市生活将产生怎样的影响？建设单位是否按要求进行设计？用传统的规划管理手段回答这些问题，规划部门需要查阅堆积如山的卷宗，按地形图数据逐一叠加，并到现场踏勘。如今，通过"数字规划"，工作人员只需要调用计算机中的数据，即可得到准确的判断。"数字规划"工程已经广泛应用于业务审批、行政办公、公众服务等平台，已成为"数字城市"、"空间信息基础设施"等工程的重要组成部分，正全面服务于城市规划、建设、管理与发展的各个方面。无论是规划设计方案、规划编制的制作与表现，还是规划业务的实施与审批；无论是规划成果的制作与管理，还是空间信息的共享与发布，GIS 功能尤其是以 GIS 强大的空间分析、空间信息可视化、空间信息组织等为核心的功能贯穿着规划信息化建设的每一个角落。GIS 在规划行业的应用需求主要体现在：

（1）城市规划辅助设计与辅助决策。GIS 提供的空间分析、地理统计的工具与方法，对提高规划设计的工作能力、成果质量、工作效率来说，作用是举足轻重的。结合规划行业的专业模型与人工智能，通过 GIS 强大分析与图形渲染功能，可以实现重大工程的智能选址、分区、规划，综合管线路线/高压走廊的智能选线、保护，城市功能区、人口密度的辅助规划，交通、绿地、公交线路的布局等规划辅助决策功能。例如，在城市规划设计的前期工作中，可以利用空间分析功能以及规划范围内空间数据和模型；对规划地块进行用地类型分析、走向分析、等高线分析、流域分析等，以作为用地适宜性评价及后期方案构思的参考依据。在城市规划业务审批过程中，通常需要计算地块内的各类建筑面积、建筑密度、绿化率、容积率等规划指标，利用 GIS 可以快速、精确地对图形数据及其属性数据进行综合分析、量算与处理。另外，利用三维技术，可以辅助对比规划设计方案与周边环境之间的通视关系、景观布局等。特别是在建设用地生态适宜性评价（考虑地形地貌、水系、盐碱化、城镇吸引力、市政设施、污染源等诸多因子的甲醛分析）、城市道路规划（流量分析、道路拥堵分析、居民出行分析、噪声分析、降噪措施及效果分析等）、经济技术指标辅助计算（GDP 密度分析、热点分析、城镇联系强度分析）、商业中心选址辅助分析（影响范围分析、居民购买力分析、交通物流影响分析）、模型驱动的智能选址辅助（地形地貌等工程适宜性分析、人口密度、交通、市政设施分析、城市用地及规划编制许可分析）、城市景观辅助设计（建筑高度、方位、体量、材质、通风、通视分析、日照、遮挡分析）等方面具有良好的应用。

（2）专题制图与空间信息可视化。从平面到三维，从建筑单体视图到社区场景乃至全球视图，从单机离线操作到并发在线互动，从静态数据浏览到动态历史数据回溯与模型推演，无论是多彩纷呈的规划效果图、规划专题图，还是严谨的基础地形图、工程方案，无论是用于业务审批的简图，还是用于专题汇报的综合图集，GIS 强大的空间分析与渲染功能，不仅仅是为规划专题图的制作与表现提供了专业、多维、多角度、多层次、全方位的呈现，更是提供了一种解决问题的方法。

（3）异构空间信息资源集成、共享与发布。政府机构都有众多的部门来执行数以百计的业务功能，以向社会公众提供服务。绝大部分的业务功能都需要位置定位作为操作的基础，利用 GIS 可以提高其提供信息发布和服务的效力、效率。使用 SOA 的系统框架可以通过服务目录的通信实现服务提供者和使用者间的连接，也可以使用其他各种技术实现该功能，可以实现区、市级、省级甚至国家级空间地理信息的集成、共享、发布，更可以为数字城市、空间信息基础设施(SDI)的建设提供核心解决方案,构建共享、交互、联动企业级 GIS 解决方案。

(4)空间信息的组织与管理。城市规划涉及的空间数据具有明显的多源、多时相、多尺度、海量等特征;在使用过程中,需要跨部门、跨地域并发操作,即时进行更新,实时对外发布,以及动态加载、一体化的呈现。

10.4.2 GIS 在轨道交通中的应用

轨道交通是一种利用轨道列车进行人员和货物运输的方式,包括地铁、轻轨、有轨电车和磁悬浮列车等,具有运量大、速度快、安全、准点、保护环境、节约能源和用地等特点。

轨道交通对建设部门和运行部门来讲,是一项复杂且要求极高的系统工程。GIS 可以用于对轨道交通网络进行线路规划、工程设计、指挥调度、安全保障、设备管理和故障跟踪等。另外,在轨道交通建设方面,建立了以自动售检票(AFC)、列车自动控制系统(ATC)、电力监控系统(SCADA)、环境监制系统(BAS)、防灾报警系统(FAS)及高速通信网为代表的诸多运营管理、调度指挥和安全监控系统,但是各信息系统相互独立,系统之间信息相对孤立,难以发挥信息综合利用的优势。因此,轨道交通行业需要建设轨道覆盖范围内的信息可视化共享平台,以达到信息共享、综合利用的发展目的。轨道交通 GIS 可以把分散的海量业务信息与轨道空间信息相结合,从而实现直观展现、综合利用、信息共享的目标。

根据轨道交通行业的数据特点和应用要求,轨道交通 GIS 数据必须满足以下需求:

(1)庞大的空间数据需求(多个地域,多级比例尺,多种数据格式……);

(2)数据种类多且互相关联:轨道基础设施数据、基础地形图数据、土地利用数据、各种运行数据、车辆数据、各种环境数据等;

(3)动态数据和静态数据相结合:背景数据、列车定位数据、运行参数、天气变化等;

(4)多种数据格式兼容:矢量地形图(包括 GIS 数据和各种 CAD 数据等)、数字地面模型 DEM 影像数据(包括航空影像和遥感影像等)、表数据/属性数据、视频数据和多媒体数据等;

(5)需要多种数据采集更新方法:GPS、视频系统、PDA、扫描和数字化;

(6)需要进行集中管理和共享:业务数据和空间数据;

(7)数据的高效并发访问:内部工作人员和广大乘客用户;

(8)数据的分布管理和更新维护:局部地方数据的管理和维护;

(9)需要以实际设备为对象的管理:每一个轨道设备在地图上又是一个单独的要素,具备与其相关的各种信息;

(10)统一的数据标准和标准化的数据采集。

在技术方面,建立轨道交通 GIS,需要以下技术支持:

(1)二次开发和整合:建立不同需求和不同操作的 GIS 系统;

(2)SOA 技术:基于 SOA 构建企业级 GIS 系统,实现数据共享和业务集成;

(3)多种坐标系统的支持和转换:进行不同来源的数据整合;

(4)线性参考和动态分段技术;

（5）网络分析功能：线路追踪、模拟、分析、巡视、抢修等；

（6）跨平台运行：Windows、Unix 等；

（7）统计决策和专题制图、数据呈报等；

（8）能够实时接收和分析动态数据；

（9）支持大量用户并发访问。

在应用需求方面，轨道交通行业在生产运营、资产管理以及公众服务和救援抢险等多方面，都有 GIS 需求。轨道交通 GIS 需要满足以下应用需求：

（1）面向调度指挥和综合监控的需求。在 GIS 平台上，实现电力监控系统（PSCADA）、火灾报警系统（FAS）、环境与设备监控系统（BAS）、自动售检票系统（AFC）、列车自动运行监控系统（ATS）、闭路电视系统（CCTV）等实时监控系统的信息整合。GIS 能够显示所有这些监控设备的空间分布属性及其实时监测数据，并能对其进行各类时间、空间统计及趋势分析，以直观的直方图、饼状图或趋势曲线图等形式加以表现，对指定监测设备将其在指定时间、区间内的实测数据及其统计分析结果自动生成相关报表，并向有关领导和部门发送。工作人员可以随时了解各类对象的位置变化，实时掌握空间上分布的各管理对象的实时状态；发掘空间对象与对象之间的潜在关系，优化日常调度方案；分析其所关心的交通管理要素的空间分布规律和演进趋势，进而辅助运输组织科学决策。

（2）面向应急抢险指挥的需求。利用 GIS 技术，能在最短时间内直观、快速、简便地得到紧急事件发生地点的详尽信息，包括事发地点线路、设备情况，以及事发地段线路图像资料、救援物资分布情况、应急预案等，并使相关联的信息一体化显示，让决策者和技术人员在远离现场的情况下，就能对事发地段的情况一目了然，为应急疏散、抢险救灾赢得时间，为远程指挥提供强大的决策支持。同时，系统利用 GIS 的空间分析的能力，对事故进行仿真、模拟及评估，为事故预防办法的制定和事故总结分析提供辅助支持，如及时掌握紧急事件发生位置，安排救援抢险任务；指挥人员及时搜索距离事故现场最近的救援车，安排救援。同时，接到任务的救援人员使用 GPS 导航设备，迅速抵达救援现场，并上报现场事故情况；辅助生成应急预案，以最快的时间处理紧急事件等。

（3）面向客货营销和公众信息服务的需求。利用 GIS 技术，分析不同空间区域的运能运量对比信息及其空间分布特性，辅助进行客货营销计划的生成及执行过程的监控预警。利用 GIS 技术，可通过网络电子地图向相关政府部门共享和发布轨道运输流量信息及分布情况，辅助进行运输服务质量监督管理。面向旅客，还可以利用 GIS 技术，通过网络电子地图发布轨道交通运输状态，让旅客实时了解线路、换乘车站的地点、服务设施分布情况，以及运行时刻、车况、晚点信息等，合理地安排自己的出行方式，优化交通资源的使用效率。

（4）面向建设项目管理的需求。在建设一条物理轨道的同时，投入建设一条用统一的地理坐标集成完整的轨道交通业务信息的"数字铁路"，可以在提高铁路建设效率的同时，为今后的科学运营管理提供基础；使用 GIS 三维技术构建地下场站模型，还可以减少建设过程中的安全隐患。

（5）提高路网规划管理的水平和科学性的需求。利用 GIS 技术，建立和维护包含轨道交通空间位置和业务信息的网络数字地图。科学地分析网络分布，分析轨道交通铺设的位置及可达性，保证轨道交通建设的安全性、合理性及对周边地区各项事业发展的带动作用，为轨道交通规划的决策者提供辅助和支持，保证轨道的可持续发展。对修建轨道交通的地区进行分析，提供沿线覆盖范围内的人文、经济、资源、地理指标的统计分析，建立轨道交通沿线的地形、地质、人口、经济、交通等数学模型，形成各类专用专署地图，进而为轨道交通设备部署、沿线经济开发等领导决策提供辅助支持。

10.4.3　GIS在国土行业中的应用

国土资源行业是一个与地理信息数据密切相关的行业，近些年来，随着金土一期工程、全国第二次土地调查、地质调查、矿产资源相关数据调查等专项工程的实施，信息化技术在国土资源行业得到了广泛应用，尤其是GIS在各种应用系统建设中发挥了重要作用。

面对国土行业的大量数据，有效地进行管理并利用这些数据进行国土资源信息化建设是其业务的关键。基于B/S、C/S模式的数据使用将是国土业务的开展模式。一方面基于C/S模式，在各级数据中心基础上，开发满足业务需求的信息系统，重点建设的有地籍管理信息化系统、土地利用规划系统、土地利用动态监测系统、执法监察系统等；另一方面，基于B/S模式架构的开放数据中心、国土电子政务信息系统、国土信息共享系统等也是其建设的重点。

国土"一张图"理念成为国土行业中炙手可热的话题，"一张图"体现的正是基于SOA架构模式的网络服务应用。SOA基于开放的网络标准和协议，支持对应用程序或应用程序组件进行描述、发布、发现和使用的一种应用架构。SOA支持将可重用的数据应用作为应用服务或功能进行单独开发集成，并可以在需要时通过网络访问这些服务或功能。

10.4.3.1　GIS在国土行业中的应用需求

(1)建立大国土业务概念的任务。以国土资源基础空间数据库为核心，基于软硬件和网络支撑体系，实现国土基础空间数据的统一管理、维护、更新、服务，着重实现空间数据的统一更新维护和空间数据的信息发布，支持与国家、省、市、县多级数据中心间的数据交换和数据协作，为业务办公、业务审批系统、提供GIS应用服务，支持与金土工程衔接等。大国土业务的总体框架如图10.53所示，是数据层、服务层和应用层的三层架构。

数据层：是数据中心建设的核心内容。数据层建设包括土地调查数据库、遥感影像数据库以及统计和资料数据库。基础地理数据库直接使用现有成果，包含基础地理信息、DEM数据等。土地调查数据库用于保存土地调查成果，包括土地利用数据、土地权属数据、基本农田数据等；遥感影像数据库用于保存经过正射纠正的调查地图DOM数据；统计和资料数据库用于保存专项统计数据和调查相关资料文档。所有的数据同时包含元数据信息。

服务层：国土业务中数据并不是封闭的，除了在国土业务流程中流转外，国土业务还可以向外提供数据服务及接收数据更新。使用ArcGIS Server提供的服务发布功能，可以将数据中心中的数据以服务的形式供用户访问及使用。

应用层：是国土资源数据中心管理功能的最终实现。通过"国土资源信息化统一门户"，即可以实现基于B/S应用的统一门户服务，包括单点登录、用户认证、安全管理、统一权限应用、个性化内容服务等功能。通过细粒度权限管理机制，实现对用户需办理的业务类型和业务活动的配置，实现角色与功能、权限的组合，实现真正的国土政务系统的一体化。基于强健的总体架构设计，应用层的搭建，将来既可是 B/S 的，也可是 C/S 的，更可以混合架构；既可以灵活地实现省厅内部信息化的流转与办结，也可以实现省、市、县多级土地业务垂直管理、业务联动审批，还可以灵活地实现与规划、环保等相关委办单位间的联合办公与资源共享。

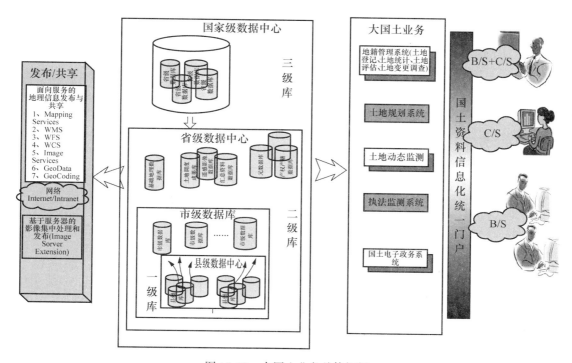

图 10.53　大国土业务总体框架

（2）地籍管理。地籍是反映土地及地上附着物的权属、位置、质量、数量和利用现状等有关土地的自然、社会、经济和法律等基本状况的资料，亦称为土地的户籍。地籍管理以土地产权为核心，依法实行土地登记制度、土地权属争议调处制度、土地调查制度、土地统计制度、土地动态遥感监测制度。地籍管理无论在国内还是在国外都有很长的发展历史，地籍管理的手段从最初的手工模式发展到如今全面借助于计算机技术的地籍管理系统模式。

GIS 不仅可以提供二维地籍管理，而且也可以支持三维地籍管理。GIS 的三维地籍管理信息系统有效解决了地籍管理中权属空间的表达问题。GIS 在土地登记、土地信息管理、土地统计、土地评价等方面已经有了许多实用的信息系统。

（3）土地规划。土地规划是对一定区域未来土地利用超前性的计划和安排，是依据区域社会经济发展和土地的自然历史特性在时空上进行土地资源分配和合理组织土地利用的综合技术经济措施。土地规划的业务内容主要包括以下三个方面：规划方案的编制和修编，规划成果、文档等资料的管理，规划成果展示与发布。因此，土地规划管理信息系统的功能模块可以划分为如图 10.54 所示。

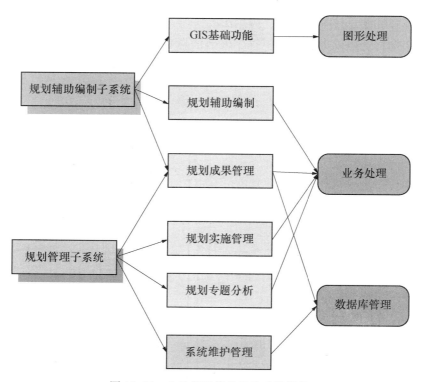

图 10.54 土地规划信息系统功能模块

（4）土地利用动态监测及执法监察。土地利用动态变化监测是指为确保土地利用合理高效，掌握土地利用变化趋势，应用包括地面调查、统计分析和遥感监测在内的各种有效手段，对土地利用的发展变化及时加以调查分析。土地利用动态监测的主要内容有土地资源状况、土地利用状况、土地权属状况、土地条件状况、土地质量和等级状况等。土地利用动态监测的主要方式是土地利用变更调查和遥感动态监测方法。

（5）国土电子政务。国土电子政务系统建设和城乡一体化地籍管理信息系统建设是当前国土信息化建设中的热门话题，各级国土资源部门的重视，使得国土资源电子政务系统建设已成为国土资源部门重要工作内容之一。国土电子政务的主要功能是将管理信息系统（MIS）、办公自动化系统（OA）、地理信息系统（GIS）功能及技术集成为一体，在整合了基础、专题和业务空间数据的基础上，将业务审批与空间数据应用有机结合，实现了国土资源业务网上审批、带图作业、决策分析，为实现国土资源业务的精细化管理提供了技术平台。

GIS 在矿产资源领域应用，有煤田勘查、开采沉陷预测、找矿预测、金属矿产成矿预测与远景评估、编制矿产预测图、煤矿突水危险性预测、矿产资源管理；建立了铁矿供水管网地理信息系统、矿区地理信息系统（MGIS）、矿山空间数据库、矿山资源评价与管理决策支持系统、开采沉陷预测化模型、矿山地理信息系统中巷道模型、面向 MGIS 的开采沉陷应用子系统。

10.4.3.2 GIS 在矿产资源领域中的应用需求

（1）矿业权管理。矿业权主要包含两方面：探矿权和采矿权。从 20 世纪 90 年代开始，我国的探矿权实行国家、省二级管理，采矿权实现国家、省、地市、县四级管理。为了加强矿产管理工作，迫切需要通过实地核查获得全面真实的矿业权基本数据。矿业权实地核查工作对全国范围内的矿业权（不包括石油、天然气、煤层气）现状进行实地核查，核准矿业权的有效范围，摸清矿业权分布现状和规律，更新探矿权、采矿权登记数据库，使矿业权管理水平得到较大提升。具体的工作内容有核查准备、野外实测、成果编制与验收、汇总，以及全国矿业权管理信息系统建设、全国矿业权核查成果综合分析。全国矿业权管理信息系统以全国探矿权、采矿权实地核查数据库和全国矿业权空间数据库为基础，开发形成基于 GIS 平台的全国矿业权管理信息系统，满足矿业权管理的基本数据统计、分析、叠加、绘图等需要。

（2）矿产资源管理。矿产资源信息化的目的是保护资源、维护权益、支持发展、服务社会。经过持续多年的信息建设工作，国土资源行业陆续建成了很多矿产资源管理信息系统，包括矿产资源规划系统、矿产储量管理系统、矿产资源登记统计系统、采矿权管理系统、探矿权管理系统、地质灾害系统等。这些系统的建成和有力运行促进了矿产资源管理的科学化和高效化。但是，各个信息系统是在实验和探索中是分散开发的，难以适应全方位的矿产资源监管业务发展需要。三维 GIS 技术在矿体三维建模及储量计算方面得到了快速发展和应用，如地下巷道建模、地质体建模等（图 10.55）。

 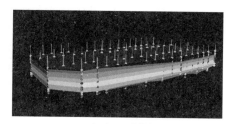

（a）地下巷道模型　　　　　　　　　　（b）地质体模型

图 10.55　巷道和地质体三维建模

10.4.3.3 GIS 在地质领域的应用需求

主要体现在以下方面：区域地质调查、区域填图、区域野外空间数据快速采集、岩溶塌陷预测、城市地质环境评价、火山机构和火山喷发规模研究、估算岩溶区大气 CO_2；建立了地质数字化管理系统、地质图空间数据库、综合地质信息系统、岩土工程信息系统、边坡构造专题 GIS、地学断面 GIS 地质灾害预警，例如图 10.56 所示的应用。

在地质灾害预警方面，GIS 也具有重要的应用。地质灾害是指自然或人为因素引发的山体崩塌、滑坡、泥石流、地面塌陷、地面沉降、地裂缝等与地质作用有关的灾害。地质灾害具有自然和社会的双重属性。理论研究和科学实践证明，地质灾害具有可监测性、可预警性。如图 10.57 所示。

地质灾害预警基本采用地质灾害与降雨等资料。预报模式主要有 3 种：一是地质灾害易发区与雨量（预报雨量和前期实际雨量）相叠加；二是仅用雨量进行判断；三是用地质灾害的孕灾环境、致灾因子和承灾体之间的非线性复杂关系，结合统计学、模糊数学、灰

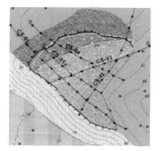
（a）地质体表面分析

（b）地球化学环境模拟

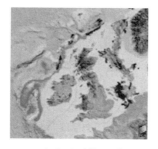
（c）地质体开采

（d）地下水分析

图 10.56　地质分析应用

海啸模拟系统

森林火灾监测

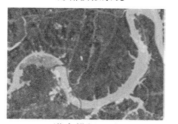
洪水模拟系统

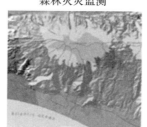
火山岩爆发分析

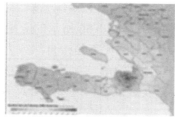
地震监测

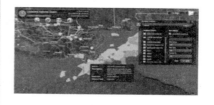
石油泄漏监测

图 10.57　地质灾害预警分析和模拟

色系统、人工神经网络等科学理论，建立地质灾害的失稳机制和解算方法，充分利用地质灾害经验数据和降雨量等信息开发地质灾害预警系统，将为预警提供科学的决策支持，在灾害发生之前进行，可将损失降低到最低。

10.4.4　GIS 在交通行业中的应用

交通地理信息系统（GIS-T）是在 GIS 软件平台上，根据交通行业信息化应用需求开发的应用信息系统。GIS-T 用于交通指挥调度、道路养护管理、高速公路信息管理、应急指挥、交通信息共享、站场和设施管理、事故查询统计与分析、移动车辆定位和智能调度、交通诱导、视频监控集成和道路交通规划等方面。GIS-T 是一个交通信息综合平台。

GIS 在交通方面的应用可以分为铁路交通、公路交通、水运交通和航空交通四个方面，其主要应用领域如图 10.58 所示。值得一提的是，GIS-T 在构建智能交通方面发展迅速。在建设现代物流系统方面具有重要作用。

图 10.58　GIS-T 的主要应用领域

GIS 在交通行业中的应用具体体现在以下几个方面：

（1）在公路中的应用。主要是公路设计、公路建设和公路维护等。

（2）在交通规划中的应用。GIS 技术的线性参考系统、动态分段技术等，是建立交通规划信息系统的基础。货物密度模型的可视化表达、道路交通量和拥挤度的建模、货物的运输模拟等，都需要 GIS 技术支持。

（3）智能交通应用。如路况交通信息实时监控、车辆跟踪养护巡视、应急抢险指挥、公众出行服务等。

（4）高速公路管理。高速公路结构物和业务数据的组织管理、三维构筑物建模与显示、无线传感器网络集成和信息采集传输等。

（5）水运交通应用。主要有航标及其动态监控、船舶动态监测、船舶导航、航道疏浚、水运安全、内河航道规划等。

（6）城市交通应用。主要包括城市交通线路规划与分析、公交车辆的调度和应急事故处理、车站和道路设施管理等。

10.4.5　GIS 在林业中的应用

林业生产领域的管理决策人员面对各种数据，如林地使用状况、植被分布特征等，需要进行统计分析和制图，为森林资源监测、掌握资源动态变化，以及制定林业资源开发、利用和保护计划服务。

GIS 在林业方面的应用主要体现在以下领域：生态系统管理与环境、森林资源监测与管理、森林火灾预测与监控、荒漠化监测、造林规划、森林道路规划、森林病虫害防治等。

（1）森林火灾预测与监控应用。分析林火方向、速度、强度和燃烧区域，监测林火烟雾的方向以及船舶区域等。

（2）林业生态系统管理。生态管理就是地区、区域生态和社会经济因素的相互联系和影响，通过必要的决策分析进行自然资源管理的过程。GIS 技术通过建模分析、模拟生态过程、生物多样性分析可以实现有关功能。

（3）森林规划。森林规划首先要对各种影响条件进行预测分析，对森林的产量和野生动物的数量进行分析。GIS 建模可以根据造林的需要，模拟各种自然干扰和地形模式。通过林业面积和分布状况，以及未被破坏的森林走廊的分析，建立预测模型和过程模拟，对未来状况进行模拟分析。

（4）森林资源的分析评价。主要是林业土地的变化监测分析、森林的空间分布制图、森林资源的动态管理、林权管理等。

（5）森林经营。对森林的采伐计划、造林规划、封山育林、抚育间伐等进行分析。

（6）森林结构调整。对林业树种结构、龄组结构等进行分析。

（7）林火预警。对林火设施的布局分析、林火的预测预报、火灾损失统计分析等。

（8）退耕还林规划、荒漠化监测、沙尘暴监测。

（9）湿地资源管理。

10.4.6　GIS 在民政方面的应用

GIS 针对民政工作，在社会行政事务管理、灾害快速响应，以及社会保障体系的构建、管理等方面的需要，可以提供一系列解决方案，如面向社会行政事务管理的"地名管理系统"和"行政区划系统"等，帮助政府进行社会福利管理的"社会福利管理系统"，实时跟踪减灾、救灾工作状态并辅助监管人员决策的"减灾救灾管理系统"等。

综合来看，民政工作包含了很多不同的层面，包括社会行政管理方面、基层民主政治建设、为军队和国防建设服务方面，以及维护和保障困难群体的基本生活权益方面等工作，从民政工作体系可以看出，民政工作面临协调多个不同种类的矛盾，首先，具有工作内容繁多、工作对象复杂的特点，每部分都包括有多项均为自成项目的实务工作。其次，民政工作还含有大量的社会整体性活动，既需要进行社会管理的社会事务，又含有民政部门自行管理的民政行政事务（如民间组织登记管理）。这些自行管理的行政事务更是需要耗费大量的人力和物力（如地名普查）。再次，牵涉部门多。民政工作中，有许多工作具有广泛的社会联系，牵涉到多个有关部门，甚至有时要牵涉十几、二十几个部门。

中国幅员辽阔，地理气候条件复杂，自然灾害种类繁多，水灾、旱灾、地震、台风、风雹、雪灾、山体滑坡、泥石流、病虫害、森林火灾等，几乎每年都有发生。灾害预警机制和监测预报体系的建设，涉及民政部和国家气象局、地震局、海洋局以及水利部、农业部、国土资源部等有关部门的协同工作。就民政部而言，尤其需要着手加强部间的灾情会商研究判断机制，并充分利用卫星遥感和地理信息系统技术，迅速实现灾情信息的统计报告和发布工作。

严重灾害一旦发生，应急管理预案被启动，民政部门需要指导区域内下一级民政部门迅速设立灾民安置场所和救济物资供应站，做好灾民安置和救济款物的接收、发放、使用与管理工作，确保受灾居民的基本生活。在这个过程中，科学的分析手段、先进的救灾管理模式将是保障灾害中人民生命财产的关键。

民政机构数以百计的业务功能中，绝大部分的业务功能都和地理空间相关，各种统计分析数据更是离不开地域分布的基础。利用地理信息系统，可以提高其工作的效力、效率。充分利用基于服务的模型来提供全方位的地理信息系统和 IT 功能，其业务就可满足多元化的用户需求。基于网络的地理信息系统应用程序和服务一旦被开发、管理和安装，就能提供给多个部门，并满足每个特殊需求。

GIS 在民政方面的应用主要体现在：

（1）行政区划管理。所有的区划都要在一定的地域空间内进行。GIS 可以提供行政区域界线详图制图、区划变更调整分析、行政区域边界争议处理等功能支持。

（2）地名管理。地名信息化的重要性无需多言，这是社会经济发展的客观要求。地名是无形的基础地理信息，在无法通过技术手段直接获取之前，一般是由专业人员进行收集、整理、译写、标准化处理的，相对于自然地理信息，地名变更速度快、时效性强。社会变化越快，对地名信息更新的压力就越大。如何采取切实有效的措施，集中、统一进行地名信息系统（Geographical Names Information System，GNIS）建设，是地名信息化的关键。

（3）地理信息与社会资源、社会关系的展示、分析。在地理信息系统的基础上整合社会救济、残疾人福利、儿童福利、老人福利、双拥、优抚、婚姻管理、殡葬管理、民间组织、收养等各项民政主要业务，将使得民政业务数据能够更加人性化展示与进行专题分析，也加强了民政业务数据的深入挖掘和建模预测。

（4）选址分析。GIS 提供的商业分析组件能够帮助民政机构进行设施建设选址或改、扩、建合理性分析；通过基于人口数据、经济数据、区划数据等建立的选址模型规划进行养老院位置分析；其他民政服务机构（如社区服务中心、救助捐赠接收点、老年活动室、居家养老服务中心、社区事务受理中心等）分布密度分析。

（5）支持民政工作的协同工作与快速响应。在减灾、救灾管理方面，依托环境减灾影像数据，充分利用国内外遥感数据资源，结合地理信息系统的空间分析，将帮助政府建立稳定高效的灾害遥感业务运行系统，通过国家、区域、省级应用服务网络体系，实现"天—地—灾害现场"一体化的空间技术减灾服务能力。

建立运作准确高效的灾情收集和管理信息系统。综合气象、资源卫星或遥感飞机获取的灾区遥感信息，各级行政组织上报的受灾情况和统计信息，灾区现场采集到的地面调查信息，由水文、气象、地震等部门提供的特定观测信息、数据库信息以及收集到的其他与灾害有关的信息等，GIS 能够帮助救灾管理部门对各种灾情信息进行规范化管理以及相互间的叠加、融合、校正，从而利用它们对灾害进行分析和研究，保证灾情信息的准确性和时效性。

建立重大自然灾害的历史灾情数据库和背景数据库。没有背景数据，对灾情的分析就无从谈起。在进行灾害研究、预防，灾情评估的过程中，背景数据，历史数据起着极为关键的作用。可以构建各种灾情管理需要的数据库，如历史灾情数据库（历史灾情统计数据库、重大历史灾情案例数据库等）、灾情评估背景数据库（遥感背景数据库、地形背景数据库、行政区划背景数据库等）。在 GIS 中，通过对历史数据库的建立和分析，可以初步判明不同区域对特定灾害响应程度和成灾规律，保证减灾工程最大效用。而评估背景数据库的建立，则可以有效提供进行灾情评估的参照背景。通过对自然致灾因子多度、自然致灾因子相对强度、自然致灾因子被灾指数、区域特征等多类专题图分析，有助于发现提高发现自然灾害分布范围、等级评定、发生频次等规律，为灾害预防起到积极的作用。

建立快速有效的灾害评估模型。救灾的重点在于能够建立起快速有效的灾害评估模型。可以使用 GIS 进行灾后采集到的灾情信息与背景数据库的对比分析，也可以根据其他灾情信息与灾害的响应模式进行计算，从而尽可能正确客观地反映灾害的实际范围、程度，损失的大小，并保证相应的时效性，以利于及时进行救灾决策。

应对突发性灾害的预案。经验表明，出现突发性重大自然灾害时，能否做出快速反应，是至关重要的。一个应急响应的平台能够融合各类资源(交通、气象、地质等)，通过对灾情信息的快速收集、分析、评估，并最终在最短的时间内做出救灾决策，并统一协调救灾步骤、救灾人员、救灾物资、救灾器材、救灾资金投向和救灾的力度等。

(6)灾害应急管理。在灾害应急管理中，保障人民生命安全是自然灾害紧急处置的首要任务，为了最大限度地保障人民生命安全，民政部门将协同各个单位，充分利用卫星遥感和地理信息系统技术，创建无障碍的灾害会商研究判断机制，使灾害监测、预报、防灾、抗灾、救灾、援助等环节紧密衔接，提高对自然灾害发生发展全过程的紧急处置能力。通常，民政部门自然灾害应急指挥部下会设定综合协调、后勤保障、转移安置等各种专门工作小组。GIS 将帮助这些专门工作小组制定合适的应急救灾物资运输路线，根据本地区成灾规律、人口密度、地理环境等情况，制定转移疏散方案，确定疏散转移的范围、路线，或指定安置场所。

10.4.7 GIS 在农业方面的应用

农业地理信息系统(简称农业 GIS)，也称为农业 GIS 应用系统。数字农业空间信息平台等，是将地理信息系统(GIS)、遥感(RS)、全球定位系统(GPS)、计算机、自动化、通信和网络等技术与地理学、农学、生态学、植物生理学、土壤学等基础学科紧密地结合起来，形成一个包括对农作物、土地、土壤从宏观到微观的监测，农作物生长发育状况及其环境要素的现状进行定期的信息获取，以及动态分析和诊断预测，耕作措施和管理方案等在内的信息系统。目标是将传统的农业生产管理提高到一个以快速调查和监测、适时诊断和分析、高效决策和管理为标志的、全新的、与信息时代相适应的现代化农业的新阶段。

20 世纪 70 年代，GIS 开始应用于农业，在土地资源调查、土地资源评价和农业资源管理、规划等方面取得重大进展，随着 20 世纪 90 年代计算机技术的发展和农业信息化程度的提高，GIS 在农业领域的应用不断普及和深入，广泛应用于区域农业可持续发展研究、土地的农作物适宜性评价、农业生产管理、农田土壤侵蚀与保护研究、农业生产潜力研究、农业系统模拟与仿真研究、农业生态系统监测，以及区域农业资源调查、规划、管理及农业投入产出效益与环境保护、病虫害防治。近年来，以信息技术与农业技术有机结合为特征的"数字农业"得到了迅速发展，GIS 与 GPS、RS、DSS(决策支持系统)、Internet等高新技术结合，成为数字农业技术体系的核心技术，尤其在"精准农业"中得到了广泛应用。

GIS 在农业方面的应用主要体现在：

(1)农业资源与区划。农业资源包括自然资源和社会经济资源，可分成土地、水、气候、人口和农业经济资源五大类，通过 ArcGIS，可以对指定区域的农业资源实现可视化管理，包括报表定制、查询、专题图显示与打印输出、基本统计与趋势模型分析和基本辅助决策等功能，以及资源调查评价、产业布局划分等。

（2）种植业管理。GIS 强大的海量空间数据管理能力可以实现粮食、棉花、油料、糖料、水果、蔬菜、茶叶、蚕桑、花卉、麻类、中药材、烟叶、食用菌等种植业信息的管理。此外，还可以实现耕地质量管理，指导科学施肥，监测植物疫情、种植业产品供求信息分析与发布等，耕地质量管理(研究土壤养分空间分布规律、进行耕地地力评价、制作耕地资源专题图)、作物监测与估产、病虫草害防治等。

（3）畜牧、草原管理与应用。主要有畜禽养殖管理、动物防疫、草原建设等。

（4）渔业水产管理与应用。目前，GIS 和遥感技术主要应用在渔业资源动态变化的监测、渔业资源管理、海洋生态与环境、渔情预报和水产养殖等方面。地理信息系统则具有独特的空间信息处理和分析功能，如空间信息查询、量算和分类、叠加分析、缓冲区分析等，利用这些技术，可以从原始数据中获得新的经验和知识。遥感技术具有感测范围广、信息量大、实时、同步等特点，而且卫星遥感在渔业的应用已经从单一要素进入多元分析及综合应用阶段。利用遥感信息，可以推理获得影响海洋理化和生物过程的一些参数，如海表温度、叶绿素浓度、初级生产力水平的变化、海洋锋面边界的位置以及水团的运动等，通过对这些环境因素的分析，可以实时、快速地推测、判断和预测渔场。

（5）精准农业。精准农业也称为精确农业、精细农作(Precision Agriculture 或 Precision Farming)，是近年来国际上农业科学研究的热点领域，其含义是：按照田间每一操作单元的具体条件，精细准确地调整各项土壤和作物管理措施，最大限度地优化使用各项农业投入(如化肥、农药、水、种子和其他方面的投入量)，以获取最高产量和最大经济效益，同时减少化学物质使用，保护农业生态环境，保护土地等自然资源。

（6）环境监测、农产品安全。农产品质量与安全问题已经成为制约新阶段我国农业发展的瓶颈之一，不仅影响了我国农产品的质量，也削弱了我国农产品在国际市场上的竞争力，从而影响了人民群众的身体健康和生活质量。因此，需要建立基于 GIS 的农产品安全生产管理与溯源信息子系统，加强对农业生态地质环境的调查、监测与综合性评价研究以及农产品的安全管理。

（7）农业灾害预防。农业灾害主要是指气象灾害、地质灾害、生物灾害和其他自然灾害。近年来，我国农业灾害频频发生，洪涝、干旱、暴雪、热干风等灾害对农业生产和社会安定造成了严重影响，建设基于 GIS 的灾害监测预警子系统，实现最新灾害显示、逐日灾害显示、灾害年对比显示、灾害累积显示、背景数据查询等功能，对防灾减灾有重要作用。

10.4.8　GIS 在气象领域的应用

地球大气中的各种天气现象和天气变化都与大气运动有关，而大气运动在空间和时间上具有很宽的尺度谱。在研究与天气和气候有关的大气运动中，都涉及如何处理大量的表征大气状态的气象数据。气象数据具有时空特征和性质特征，分别反映为时间信息、空间信息、属性信息、共享信息，其中，空间信息包括空间和范围，属性包括气象信息的标称、性态、度量。从面向对象的角度看，一方面，气象数据属于地理信息的范畴，都具有明显的空间特性；另一方面，气象信息可以视为多维空间中的点集。而地理信息系统

（GIS）不仅有对空间和属性的数据采集、输入、编辑、存储、管理、空间分析、查询输出和显示功能，而且对系统用户进行预测、监测、规划管理和决策管理提供科学依据。可见，将 GIS 应用于气象中，可以加强对气象数据的管理，提高对天气的监测、预测水平。遥感作为一门对地观测综合性技术，它的发展使得人类认识地球的范围更加宽广。作为遥感三个领域之一的气象遥感，可以帮助人类监测气象灾害、监测全球气候变化、进行大气成分的量测等。气象遥感中的重要组成部分——气象卫星，具有覆盖范围大、重返周期短等特点，广泛应用于气象灾害监测、气候变化监测、海洋、环境监测、农作物长势监测和估产等领域。

GIS 在气象方面的应用主要体现在：

（1）建立各类气象信息系统。如气象卫星数据存档与服务系统、气象卫星数据监测分析服务系统、气象服务决策系统、雷达及自动站运行状态监控系统、人工影响天气综合业务系统、公众气象 Web 系统等。

（2）建立各类气象数据库。

（3）气象制图。如离散站点插值形成的格点图、等值线图和色斑图等制图、地面天气图制作，以及风向标符号表达、气象资料数据处理建模、动态气象产品制作等。

（4）气象观测设备运行状态管理。

（5）气象科学数据的发布与共享。

（6）气候资源监测与气候影响评价。GIS 技术在气候资源监测、管理与分析以及气候影响评价中的作用和影响日益增强。GIS 可以直观管理基于时间序列的海量空间数据，这有利于对气象资源(如风能、太阳能等)进行管理、监测和评估等；GIS 的专题制图功能可以直观表现各种气候资源的空间位置以及相关属性，并结合各类图表制作出精美的评价报告；同时，GIS 的高级空间分析功能可以权衡各种气候影响因子，通过科学计算得到气候影响评价结果，以此作为气候变化给人类环境造成影响的科学依据。

（7）人工影响天气。主要包括人影作业信息发布、人影作业方案辅助决策、人影作业效果评估等。

（8）气象数据的三维可视化和动态模拟。

（9）灾情数据统计分析。

（10）台风预警分析与损失评估。

10.4.9　GIS 在水利行业的应用

GIS 在水利行业的研究和应用已经有相当的历史和应用经验，由早期的查询、检索和空间可视化等简单功能，发展到将 GIS 作为分析、决策、模拟甚至预测的工具，且已经成为综合应急系统的重要组成部分。其应用领域包括水资源管理、防汛抗旱、水土保持监测、水环境监测评估、水文地质、农田灌溉、水利工程规划等。

GIS 在水利行业的应用主要体现在：

（1）防汛减灾。早在 20 世纪 80 年代中后期，我国就开展了洪水管理与灾情评价信息系统、国家防洪遥感信息系统等信息化建设工作。进入 21 世纪初期，启动了七大江河流域的水利信息化建设项目，如数字黄河、长江水利信息化、珠江水利信息化等。在美国，突发事件管理委员会已经将 GIS 技术用于淹没灾害管理和灾害预测等灾害应急和决策系统中，为决策者提供决策信息，如洪水峰值时间、洪水高度、城市安全水量调配等。主要的应用包括灾害预测、灾害现场指挥和灾情评估和灾后重建。在灾害预测方面，将 DEM 数据与水情、雨情和所在地区的人文与经济信息结合，用于预测全国或局部流域的洪水发展趋势、洪水淹没范围、淹没损失等。在灾害现场指挥方面，将各种有关的空间数据和实时数据进行管理、处理和可视化，为指挥决策者提供直观的辅助决策支持。主要包括城镇分布、道路、铁路、人口分布、经济、设施分布、水利设施等人文空间数据；气象、洪水水位、洪峰位置、雨情等实时数据；帮助决策者做出人员撤退、安置区域、撤退路线规划、救援调度等。在灾情评估和灾后重建方面，利用 GIS 的统计与分析功能，快速准确地计算灾区面积、受灾人数、灾害损失等。在防汛减灾信息系统建设方面，设计开发实时信息接收处理系统（各部门的水情、雨情、工情、灾情等信息汇集与处理）、气象产品应用系统、信息服务系统（气象、水情、雨情、工况、洪水预报、防洪调度和灾情评估结果等）、汛情监视系统、洪水预报系统、防洪调度系统（洪水仿真、模拟等）、灾情评估系统、防汛会商系统和防汛指挥管理系统等。

（2）水资源管理。这是指对水资源开发利用的组织、协调、监督和调度，包括建立水资源管理的空间数字模型，用于模拟各种水资源的管理情况，如模拟水资源的分配等；建立水资源管理数据库；建立水资源管理和决策支持系统等。

（3）水土保持。水土流失的类型多样且复杂，包括水蚀、风蚀、冰川侵蚀、冻融侵蚀、重力侵蚀等，会造成大量的滑坡、泥石流、崩塌等灾害。利用 GIS 和遥感技术，可以对水土流失的信息进行统一管理，对水土流失进行动态监测分析、预测、生态环境效益分析、侵蚀评估等。主要应用包括：对各类信息进行查询和制图；对土地结构、地表覆盖、土地利用、区域分布特征等进行统计分析。

（4）水环境与水资源监测。水资源与水环境监测是水利信息化的重要组成部分。只有掌握了供水和需水的信息，才能科学准确地进行水资源的有效分配和调度。水质变化信息对环境质量进行动态评价和有效监督也是重要的。有了准确的水质变化信息，可以在水污染事件突发时，进行应急处置。利用 GIS 对水质信息进行管理，可以帮助规划部门选择地表和地下水监测点的位置。可以对水量进行估算、对水流演进和水资源调度进行空间分析建模和仿真模拟。

（5）水利工程规划。GIS 技术可以用于水利工程规划的制图、调水路线规划、水库选址规划、库区建设评估和工程设施监测等。如我国南水北调、鄂北水资源配置等，都采用了 GIS 技术辅助规划设计和工程管理，将各种选线因子进行建模，用于线路的选线工作。利用 GIS 的三维功能，对设计成果进行三维可视化展示和评估。在水库选址方面，利用 GIS 技术，建立淹没模型、进行灌区面积估算、模拟水库水位高度、库容估算等。估算水利工程的工程量，如土石方工程量等。利用 GIS，还可以对水利工程的变形监测数据进行管理和分析，对水利工程进行维护。

10.4.10　GIS 在公共卫生领域的应用

公共卫生不再是单纯的卫生问题，而是国家安全和城市安全体系的重要组成部分。GIS 为卫生等特定行业不仅提供简单的基于电子地图的查询和浏览，更重要的是能提供强大的分析和辅助决策的功能。GIS 在公共卫生行业的应用非常广泛（不仅仅用于突发公共卫生事件应急指挥）。十几年来，GIS 在公共卫生领域的各种应用非常丰富，尤其在国外，GIS 已经成为公共卫生行业用于预防控制疾病爆发和卫生监控指挥的重要工具。公共卫生工作中的大部分信息与空间位置/空间分布有关，如公共卫生基础设施、医疗机构、人口密集单位、传染病爆发点、重点传染病的动物宿生分布情况等。GIS将基础地图和这些警务信息进行地理叠加，分层管理，最终成为公共卫生信息化建设，应急联动的底层基础支撑软件平台。GIS在国外的公共卫生行业的应用具有十多年的历史。在国内近年也有较多的应用。

GIS在公共卫生领域的应用主要体现在：

（1）信息查询展示。公共卫生资源管理，如各类医院、体检中心、药店等医疗机构在地图上清晰地显示出来；点击相关的医疗机构，还可以查询到相关的法人信息、值班电话等；查询医院的床位信息、医卫人员信息、试验检验能力、医疗器械、药品储备等相关信息。实现卫生资源的可视化管理和维护是公共卫生管理工作的重要手段。

监测调查数据展示。将公共卫生管理中所监测的各种传染病的情况通过GIS系统进行展示。将典型居住环境监测和流行病调查的结果直观地展现出来，并且可以分析人群疾病的时间、空间和人群分布，及时发布疫情预警信息，从而在早期采取有针对性的防控措施，积极宣传，发放药品或者免疫疫苗的注射等，为疾病的防御提供线索和手段。

统计数据展示。利用GIS，可以通过多种形式展示监测调查数据，将不同类型疾病的空间分布以及构成比例，可以按数据类别、数据时间段等，根据其地理分布，直观地赋予不同的颜色。展示的形式包括柱状图、饼图、表格、栅格图以及专题图等。

相关经济与社会信息叠加。公共卫生管理与人口密度、年龄结构、交通、GDP、产业结构等社会经济因素息息相关，在GIS系统中可以方便地叠加和显示各种经济信息，从而方便决策分析。例如流感、结核病等传染病具有爆发趋势时，则相邻区域的学校、建筑工地等则成为重点单位，这里的人群需要进行健康状况监控，发现病例，及时控制。有针对性的宣传，可以提高居民的防病保健意识。

影像图的展示叠加。影像图比普通的地图更加直观。将公共卫生数据(如预案，事件发生地点等)直接以影像图为背景显示，这样，可以不必了解地图的显示规则就能直接读懂数据，如预案路线要通过哪个路口？哪家医院最近，哪些重点单位和人群需要设立监测站点？

重点建筑三维展示。对于重点建筑，我们需要知道楼房的平面图、每个楼层的平面图、整个楼层的立体布局图。将这些数据(无论是什么数据格式)与公共卫生信息、电子地图可全部由GIS集中到数据库中管理，随时调用查看。在地图上看到某个建筑，鼠标点击，马上就看到其平面/三维布置图。

（2）突发事件中的应急准备、分析。疾病监测预警分析，根据对病人的监测采样，通过GIS系统的空间统计分析模型，发出爆发疫情的预警信息。

灾害监测预警分析。通过与气象信息的结合，在台风来临之际，启动救灾防病应急预案。对于即将受到台风影响的地区和城市进行预测分析。根据历史案例的相关资料，给出处置的初步意见，通知相关部门做好物资储备、人员调配、消毒杀菌工作，并对受影响的地区加强事故发展的监测分析，在台风到来之前进行有效的预防，确保灾害之后无疫情发生。

疾病发病地区分析。从1982年到1990年，美国Capecod地区乳腺癌的发病率是其他地区的130倍，专家通过地理信息系统进行调查分析，将人口、居民点、水井、污染源、地下水以及历史航片等信息进行叠加分析，发现该地区以前曾是农业和森林用地，曾经大规模使用杀虫剂。农药通过空气传播和地下水影响到周边地区。通过选择居民点多边形的分析和杀虫剂喷洒图层的交叉，确定污染地区。系统的分析结果，对之后的防治工作起到了有效的指导作用。

发病地区预警分析。改革开放以来，我国经济迅速发展，以各种加工工业为特色的地方经济发展迅速。以江浙一带为例，大量的皮革、泵阀电镀企业蓬勃发展的同时，职业性危害也日渐增大。因此，结合社会经济发展，在健康方面应当有针对性地加大职业卫生教育，并重点对粉尘、苯等危害进行专项检察，从而保障广大人民群众的健康安全。

疾病发病原因分析。将地理信息系统用于疾病的发生原因分析具有悠久的历史。在1854年欧洲发生霍乱时，一个街区10天内就死了500多个人，居民怀疑瘟疫是由于地下的墓穴引起的，引起了极大的社会恐慌。当时Snow博士创建了邻域地图，通过几周时间，用大量的数据来检测推理结果发现是一个污染的水泵造成瘟疫，对其进行处理之后，霍乱发生率就大大降低了。现代GIS技术使得这种分析在几秒钟之内就可以完成。

传染病传播分析。疾病的发生和传播是与多种致病因素相关的。利用GIS系统，可以将大量的环境、气候、风向、河流、人口、水质等多种信息进行综合分析，通过现代数学模型，特别是非线性规律的分析，并与虚拟现实、数据库知识获取等技术结合，可为制止疾病的扩散和治疗提供有力的科学依据和技术保证。结合统计学模型和数学模型对传染病的传播危险区做出科学的判断，通过有效预防，制止疾病的爆发。

疾病统计分析。GIS系统可以实现专题统计分析功能，根据各种查询结果，依据某一指标或者几个指标进行统计，还可以对历史数据进行统计分析。分析根据区域内病人数量的时间变化规律和空间分布趋势，根据病人分布情况，制作感染程度等级图，还可以显示艾滋病的发病率与毒品案件的关系，以便于在不同区域采取不同等级的控制措施。

疫情发展趋势统计。通过GIS系统，还可以进行事件发展趋势的统计。SARS期间，根据发病情况及时发布疫情统计信息，分析疫情的发展趋势，采取有效的控制措施，以便于早期防控。将疫情的防控前移，主动与相邻的学校、托幼机构联系，监控健康情况，并开展呼吸道和肠道传染病的宣传，提高居民的卫生防病和保健意识。

疫情发展趋势分析。通过展示时间空间数据对比对疫情的发展情况进行趋势分析。以多种查询结果为依据，对某一指标或者几个指标进行统计，还可以对历史数据进行统计分析，对以各行政区为单位进行病人的统计。分析根据区域内病人数量的时间变化规律和空间分布趋势，预测公共卫生时间在该地区的扩散趋势，以此为依据，指定加强或解除该区域内疫情控制措施。

疾病态势统计和情境模拟。通过GIS进行时间态势分析的趋势发展图，展示感染人数、在治人数和密切接触者人数随时间变化的预测曲线。利用空间态势分析展示疫情的空间扩散和聚集态势及其影响因子，其中，污染聚集模型展现被污染的空间是呈扩展还是聚集发展的态势、疫情聚散模型展现疫情发展是呈现空间聚集还是扩散态势、因子影响模型是实现疫情空间传播聚集还是扩散态势；还能进行空间风险动态区划，以及展示疫情时空预测和情境模拟。

（3）突发事件中的指挥决策与处置。预案管理是模拟突发公共卫生事件的发生和发展过程，根据不同的事件情况制定不同的应急预案（制度），包括事件的分类（级）、适用范围、处置方法等。将整套的应急指挥系统与GIS相结合用于实战演习。当突发事件发生时，启动相应的应急预案，采取相应的措施，用于资源调配，指挥、调度和决策，从而有效地加强卫生应急能力。

初始处置方案自动生成。美国的南卡罗来纳州的列克星敦城的紧急医疗服务(EMS)的 GIS 系统提供了强大和智能的路径制定和动态信息分析及更新。有突发事件发生时，EMS 系统根据事件的情况启动相关预案。调度人员能够在 GIS 地图上快速定位事故发生地和追踪响应小组的位置，并启动相关应急调度预案，对事故发生地点进行监测部署和事故处理响应。

相关单位监测管理。在突发公共卫生事件爆发以后，居民周边的，对于其健康有潜在影响的有毒害化学品生产单位、储存单位、全国放射源和核设施、实验室样本、全国菌毒种生产与储藏、重点传染病的动物宿生和病媒生物等单位的监控成为当务之急，加强这些单位的监管力度，对于防止二次事故的爆发具有非常重要的意义。

空间定位。对事件地点进行快速定位。在接到报警通知以后，可以快速地在 GIS 系统中查询临近的医院和卫生设施、医护人员情况，并且实时在地图上显示；通过录入事件发生地点的经纬度坐标确定提供放大、缩小、移动、全屏显示、点击查询、查询统计等方式，直接实时采集病人的相关信息和空间信息。

最佳救援路径分析。系统提供应急事件的路线分析功能。例如，高速公路上有危险物品、空气中有毒化学物质的传播、毒气泄漏等灾害发生时，系统可以根据道路的拥堵情况和距离的远近计算出最佳救援路径和撤离疏导路线。美国联邦政府是第一个将公共卫生应用和环境相结合进行空间分析和决策支持的，目前在很多州政府得以应用，系统为公共卫生的管理提供了非常有益的依据。

应急联动反应。GIS 应用于禽流感疫情控制的案例，通过 GIS 系统，能够清晰地看到各个养殖场的地理位置以及道路河流的情况。在某个养殖场发现禽流感疫情以后，立刻对该养殖场进行封锁处理。同时，建立预警区，对周边的环境进行消杀管理。在 GIS 中查询出由该养殖场供应的超市进行禽肉的处理。对河流进行控制管理，同时对河流下游的养殖场进行消杀管理。一系列的应急联动措施保证切断了禽类的传染链，保障了广大居民的生产生活的安全。

指挥调度跟踪。通过与 GPS 定位系统相结合，可以将急救车的实时位置与事故地点周边的重要信息叠加在地图上清晰地显示出来，供指挥调度使用，如周边路面情况、移动急救车的具体位置、医疗设施的信息、重点单位信息、重点人口信息、医院，等等，这些信息可以存在业务系统数据库中，通过 GIS 工具建立其空间位置信息。

高危人群分析。在工厂的有毒气体泄漏以后，通过 GIS 系统加载风向风力等气候条件因素，通过统计分析模型，可以分析出毒气的扩散方向，同时辅之以空气质量监测数据，从而进行有针对性的人员疏导和灾后处理。对于高危人群进行健康信息的统计、分析，并采取相关的救治措施。

应急评估分析。在突发公共卫生事件隐患或相关危险因素消除后，通过 GIS 系统，可以对该应急事件采取终结和应急措施的评估分析，并重新部署资源，避免造成资源浪费。评估包括事件概况(事件发生经过)、现场调查处理概况、救治情况、所采取措施的效果评价、应急处理过程中存在的问题和取得的经验及改进建议等。

灾后长期影响分析。在公共卫生管理过程中，一些突发事件对人类健康造成的影响可能是长期的。例如，在前苏联的切尔诺贝利核泄漏事件以后，通过 GIS 系统，对 27—30 日气候状况，包括风向风力的综合分析，推导出核泄漏所引起的疾病传播影响范围。事后调查结果表明，GIS 分析的影响范围内有大量的儿童罹患甲状腺癌（早期治疗可以治愈）。可见，核污染对人类健康的影响是一个长期和缓慢的表现过程，通过 GIS 对事后的影响分析极为必要。

（4）食品药品监督管理。食品药品经销商销售网络分析，将食品、药品厂商的销售网络与人口数据、基础地图要素叠加分析，可清晰地得出各类食品和药品对某一区域带来的便利影响，并且可以有效地监督管理食品药品的流通渠道。发生食品药品中毒突发事件后，GIS 系统对疾病爆发和扩散的规律进行统计分析，使得疾病扩散趋势一目了然，并帮助决策者迅速做出应急响应，尽快切断可能的疾病传染及扩散的途径。食品药品监督管理试点选址，合理设置监督管理试点范围，能够有效地控制管辖区内食品、药品及医疗器械等不安全因素的发生及扩散。

（5）其他应用。慢病调查分析，美国国家癌症研究所（NCI）利用 GIS 统计工具来显示和评估癌症的发病原因和防治模式，系统从潜在的说明变量和与模型的交互着手，通过移除高度关联的变量和将变量列表大致缩减到一个便于管理的长度方法对时空数据进行分析。因为结果和协变量会根据时间和地理潜在的变化，从而影响癌症的生成关系。

环境与健康分析。人类的生存与环境息息相关，当环境中可能导致疾病发生的危险因子增加，性质恶化到一定程度时，就导致人群疾病的产生。通过 GIS 系统，将居住环境监测和流行病调查的结果存储到数据库中，采用空间自相关技术等分析人类健康的空间聚集程度和热点分布区域，得到人类健康与环境等因素的影响，探索典型居住环境污染物对人体健康的作用机理、危害程度，为疾病的防御提供线索和手段。

疾病动态演变分析（时间分析、人间分析、空间分析）。流行病和慢性疾病的显现是一个动态演变的过程，所以，疾病的演变包含了时间、人间、空间三个维度的概念，分类医学中静止的疾病因而流动起来。GIS 系统另外一个强大的功能就是通过历史数据的分析，通过与统计学模型相结合，可以生成地图，显示未来潜在的事故发生热点地带，并能够预测疾病的发展趋势的"晕状环"，从而指导相关人员在未来疾病发生概率的基础之上充分响应和采取措施。

妇幼卫生管理分析。通过数据链接的方法，将新生儿出生日期、孕周、性别、体重、不良生育后果、围产期保健、死亡原因以及孕产妇的一些基本情况，如年龄、居住地、文化程度、婚姻状况、职业、吸烟饮酒习惯等整合到该平台中，并且根据孕妇、幼儿的居住地，将妇幼保健的信息展现到地理空间中，能真实地表现孕妇和幼儿等的地理位置，方便进行各种妇幼卫生方面的分析。该系统可进行婴儿死亡率、新生儿出生缺陷发生率分析，以及进行不良生育后果与孕妇特征关系分析。

职业病防治分析。通过 GIS 系统进行职业病和职业危害调查与防治研究，将职业病及公害病数据库与人口的空间数据库连接，与社会经济数据库、企业单位以及地形等基础数据进行叠加分析，探讨职业病和职业危害的发生机制，以及在空间分布特征和时间变化趋势，找出导致职业病的主要因素，提出科学有效预防控制职业性危害的措施。

卫生资源评估——医疗机构选址分析。在医疗卫生资源相对不足的地区加大发展社区卫生服务，是我国公共卫生的一项重要举措。但是对于社区服务网点的选择来看，仅从地理位置上进行选择是不合理的。在距离相当的情况下，居民看病买药仍然会选择大医院。社区医院若设置不合理，很难留住病人。GIS 系统将经济发展指标、人口分布状况、医疗资源的配置情况等全部转化到地理空间中，采用网络分析功能、空间分析功能以及空间统计学等方法，寻找人口的密集分布特征、经济发展的趋势，以及最适合医疗机构设置的地区，从而对医疗服务机构的选址提供科学的依据。

10.4.11 GIS 在电力方面的应用

GIS 是构建数字化电网，信息化企业不可或缺的重要技术，可以实现电网资源管理、可视化展现、结构化分析，广泛地应用于电网企业的发电、输电、变电、配电、调度、营销、通信等各个专业。

主要应用体现在：

(1)输变电应用。主要的应用是电力专题制图、输变电的三维管理(图 10.59)、输变电的在线监测、导线风偏监测、气象环境监测(环境温度、环境湿度、风速风向、气压、雨量、光辐射)、导线摆动监测、绝缘子泄漏电流监测、变电监测(主变负荷温度实时对比分析、蓄电池电压分析、继电保护实时监管、接地网实时监测、变电站红外测温与视频监控等)，等等。

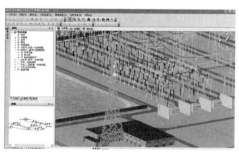

(a)输电三维可视化　　　　　　(b)变电三维可视化

图 10.59　输变电三维可视化

(2)配网规划。城市电网规划的目的在于以恰当的投资提高电网的供电能力与供电质量，满足用电需求。科学的规划对于指导城市电网建设与改造至关重要，对电网的经济建设、合理布局以及提高供电可靠性具有重大指导意义。配网规划是与电网规划编制与滚动修编、负荷分析与预测、现状电网分析、电网规划项目管理、电网图集修编等专业工作密切相关的系统工具，将在电网规划、规划前期、电网建设与电网运行管理等专业人员中得到广泛应用。配网规划系统的建设将大大提高规划的工作效率，为建设坚固合理的电网、优化巨量电网建设资金的使用提供科学依据与技术手段。主要应用有配电网数据管理、现状配电网评估(配电网拓扑、指标计算及评估和专题制图)、配电网规划(负荷分析与预测、规划制图、模型计算等)。

(3)配网应用。主要应用有配变信息查询、线损计算、交叉跨越分析、导线截面分析、电压监测、变压器功率分布制图、配网运行监测。

(4)营销应用。主要包括智能用电体系建设、营配一体化建设、智能报装、故障报警、抢修指挥、停电查询、车辆监控、负荷分析预测、客户关系管理、宏观经济分析等。

(5)电力设计与建设应用。电力线路路径选择或规划、基建工程管理等。

10.4.12 GIS 在地下管线管理中的应用

城市综合管线的主要类型包括给水、电力、电信、网络、通信、热力、燃气、雨水排水、污水排水、工业管线等。其主要特点有构成网络,也称为城市综合市政管网;城市基础设施,是城市的脉络、生命线,重要性明显,地上地下,有隐有现;管理、维护复杂,故障诊断困难;应用需求多,服务要求高。通过建立综合管网数据库和信息系统,将各类管线进行数字化、信息化存储、管理、分析和显示,对保护城市的生命线、建设民生工程、保障城市运行安全、减少损失、扩大城市影响、提高城市地下管线信息服务的水平具有重要意义。

建立地下管线信息系统,至少可以解决以下主要问题:

(1)全面掌握综合管线的分布、属性信息,提供查询、统计服务;

(2)提供城市施工对管网信息的查询服务;

(3)解决管线的故障分析和维护问题;

(4)解决管网的改造、优化和规划设计问题;

(5)据此开发设计管线服务的一些产品,丰富管线服务的内容和质量(如物联网应用,应急事件处置、管网运行状态监控、预警等)。

GIS 技术可以为地下管线的信息化管理提供以下技术支持:

(1)管线数据处理与更新。在数据采集方面,通过普查,广泛使用物探技术和 GPS 测量相结合方法,获得基本管线数据。在更新方面,通过补测、跟踪测量或竣工测量获得动态变更数据。GIS 可以解决数据的编辑处理和数据库更新方法。

(2)管线数据库建库。管线数据是网状数据,应当构成基本的网络数据结构(拓扑网络数据结构),才能支持网络的分析应用。GIS 可以提供管网数据的拓扑网络编辑功能。

(3)管线数据的真三维表达与分析。地下管线数据的真三维表达对分析不同管线之间的空间位置关系、与地形的关系十分重要。现在一些 GIS 软件已经可以支持三维管线数据的建模、显示和分析,如 ArcGIS。图 10.60 是三维表达的示例。

(4)管线信息的查询统计。通过 GIS 提供的查询功能,可以对其进行属性查询、图形

图 10.60　地下管线数据三维表达

查询、统计查询、横断面查询等。图 10.61 是三维管线查询的示例。

图 10.61　三维管线查询

（5）二、三维联动的地下管线信息展示。二维管线地图和三维管线地图在管线信息管理和应用中都是不可或缺的。它们分别支持不同目的的应用。图 10.62 是 GIS 开发设计的示例。

（6）支持模拟开挖。在城市道路改造过程中，挖断管线的事件经常发生，通过模拟开挖可以为道路施工开挖提供合理方案，如图 10.63 所示。

（7）故障诊断分析和运行安全监测。探查发生故障的网段，关闭和开启阀门，分析受影响的下游管段或服务区域，爆管分析，影响范围和用户分析、SCADA 监测（流量、水压）、设施巡查等。

（8）管网改造或规划设计。根据管网平差模型、负荷分析等，计算需要更换的管段或对管段进行预警分析、设施选址分析等。

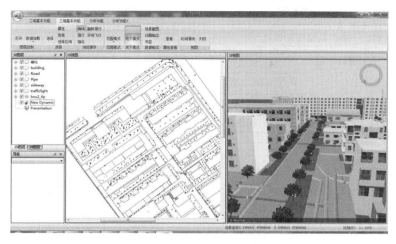

图 10.62　二三维联动的管线 GIS

图 10.63　道路模拟开挖

（9）寻找最近的连接点。新建的管网子网寻找一个与已有的管网之间最近的连接点。

（10）管网优化设计。对管网的形状、服务、建造成本等提供最优设计方案。

（11）网络的连通性分析。对网络的通达性、连接情况进行诊断和分析。

（12）网络服务区分析。对管网的服务区进行划分，对资源进行网络分配，对责任区进行划分等。

（13）应急事件处置。当发生管线事件后，迅速制定事件的处置方案，指挥抢修、救灾等；城市排水防汛应用，如泵站运行监测、城市积水、退水分析等。

（14）管线数据建模。管线数据的管理和分析需要模型支持，GIS 可以为其进行建模。图 10.64 是 ArcGIS 提供的燃气管线模型。

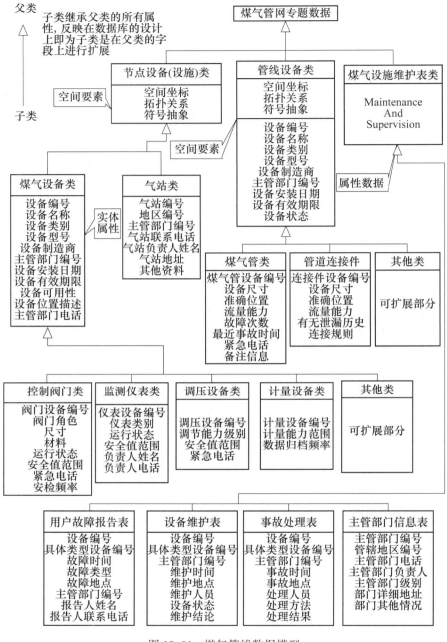

图 10.64 燃气管线数据模型

练习与思考题

1. 画图说明地理空间框架的组成构架。

2. 请问我国的地理空间信息设施建设层次结构是什么?

3. 简述地理空间框架与基础地理信息数据库、地理信息公共平台间的联系。

4. 简述基础地理信息数据体系的组成。

5. 简述地理信息公共平台的基本功能及用户类型。

6. 比较云计算与其他网络共享技术的区别和联系。

7. 简述地图切片与缓存技术的基本思想。

8. 概括空间信息资源整合的关键技术。

9. 简述地理信息系统集成技术的概念及其不同的层次。

10. 查阅相关文献和资料，比较数字地球和智慧地球两个概念的异同点。

11. 结合实例，说明数字城市和智慧城市在城市建设和人民的日常生活中的作用及表现。

12. 参考相关文献，概括 GIS 与地理国情监测间的联系和区别。

13. 查询相关资料，了解 GIS 在不同行业中的应用方式和成果。

14. 综合所学的 GIS 知识，思考 GIS 技术的本质及其发展趋势。

参 考 文 献

著作及论文

［1］李建松. 地理信息系统原理［M］. 武汉：武汉大学出版社，2006.

［2］李建松. 地理监测原理与应用［M］. 武汉：武汉大学出版社，2014.

［3］［英］罗伯特·海宁. 空间数据分析理论与实践［M］. 李建松，秦昆，译. 武汉：武汉大学出版社，2009.

［4］［美］Shashi Shekhar, Sanjay Chawla. 空间数据库［M］. 谢昆青，马修军，杨冬青，译. 北京：机械工业出版社，2004.

［5］王家耀，宁津生，张祖勋. 中国数字城市建设方案及推进战略研究［M］. 北京：科学出版社，2008.

［6］孙家抦. 遥感原理与应用［M］. 第三版. 武汉：武汉大学出版社，2013.

［7］中国测绘宣传中心. 地理国情监测研究与探索［M］. 北京：测绘出版社，2011.

［8］贾永红. 数字图像处理［M］. 第二版. 武汉：武汉大学出版社，2010.

［9］秦昆. 智能空间信息处理［M］. 武汉：武汉大学出版社，2009.

［10］徐建华. 地理建模方法［M］. 北京：科学出版社，2010.

［11］郭薇，郭菁，胡志勇. 空间数据库索引技术［M］. 上海：上海交通大学出版社，2006.

［12］张景雄. 空间信息的尺度、不确定性与融合［M］. 武汉：武汉大学出版社，2008.

［13］陈彦光. 地理数学方法：基础和应用［M］. 北京：科学出版社，2011.

［14］龚建雅. 地理信息系统基础［M］，北京：科学出版社，2001.

［15］陈建飞，等. 地理信息系统导论［M］. 北京：科学出版社，2003.

［16］唐中实，等. 地理信息系统——原理与技术［M］. 上卷. 北京：电子工业出版社，2004.

［17］唐中实，等. 地理信息系统——管理与应用［M］. 下卷. 北京：电子工业出版社，2004.

［18］黄杏元，等. 地理信息系统概论［M］. 修订版. 北京：高等教育出版社，2004.

［19］王家耀. 空间信息系统原理［M］. 北京：科学出版社，2001.

［20］陈述彭，等. 地理信息系统导论［M］. 北京：科学出版社，2000.

［21］孟令奎，等. 网络地理信息系统原理与技术［M］. 北京：科学出版社，2005.

［22］邬伦，等. 地理信息系统原理、方法和应用［M］. 北京：科学出版社，2001.

［23］汤国安，等. 地理信息系统［M］. 北京：科学出版社，2000.

［24］吴立新，等. 地理信息系统原理与算法［M］. 北京：科学出版社，2003.

［25］张新长，等. 城市地理信息系统［M］，北京：科学出版社，2001.

[26]张成才，等. 空间分析理论与方法[M]. 武汉：武汉大学出版社，2004.

[27]刘湘南，等. 空间分析原理与方法[M]. 北京：科学出版社，2005.

[28]郭仁忠，等. 空间分析[M]. 武汉：武汉大学出版社，2000.

[29]王桥，等. 地图信息的分形描述与自动综合研究[M]. 武汉：武汉测绘科技大学出版社，1998.

[30]承继成，等. 数字城市[M]. 北京：科学出版社，2003.

[31]陈述彭. 数字地球百问[M]. 北京：科学出版社，1999.

[32]陈军，等. 数字经纬——国家信息化的地理空间信息框架[M]. 北京：化学工业出版社，2002.

[33]宁津生，等. 数字地球与测绘[M]. 北京：清华大学出版社. 广州：暨南大学出版社，2001.

[34]蔡阳，等. 计算机网络原理与技术[M]. 北京：国防工业出版社，2005.

[35]毛锋，等. 地理信息系统建库技术及其应用[M]. 北京：科学出版社，1999.

[36]陈俊，等. 实用地理信息系统——成功地理信息系统的建设与管理[M]. 北京：科学出版社，1999.

[37]蒋杰，等. 导航地理数据库[M]. 北京：科学出版社，2003.

[38]李成名，等. 城市基础地理空间信息共享原理与方法[M]. 北京：科学出版社，2005.

[39]刘晓艳，等. 虚拟城市建设原理与方法[M]. 北京：科学出版社，2004.

[40]闾国年，等. 地理信息系统集成原理与方法[M]. 北京：科学出版社，2003.

[41]江斌，等. GIS 环境下的空间分析和地学视觉化[M]. 北京：高等教育出版社，2002.

[42]李志林，等. 数字高程模型[M]. 武汉：武汉大学出版社，2001.

[43]李满春，等. GIS 设计与实现[M]. 北京：科学出版社，2003.

[44]水利部黄河水利委员会. "数字黄河"工程规划[M]. 郑州：黄河水利出版社，2003.

[45]史文中. 空间数据误差处理的理论与方法[M]. 北京：科学出版社，2000.

[46]刘南，等. WebGIS 原理及其应用——主要 WebGIS 平台开发实例[M]. 北京：科学出版社，2002.

[47]魏克让，等. 空间数据的误差处理[M]. 北京：科学出版社，2003.

[48]陈述彭. 城市化与城市地理信息系统[M]. 北京：科学出版社，1999.

[49]毕硕本，等. 地理信息系统软件工程的原理与方法[M]. 北京：科学出版社，2003.

[50]郭庆胜，等. 地理信息系统的工程设计与管理[M]. 武汉：武汉大学出版社，2002.

[51]吴信才，等. 地理信息系统设计与实现[M]. 北京：电子工业出版社，2002.

[52]中华人民共和国国家标准. 地理空间框架基本规定[S]. CH/T 9003—2009.

[53]中华人民共和国国家标准. 地理信息公共平台基本规定[S]. CH/T 9004—2009.

[54]中华人民共和国国家标准. 基础地理信息数据库基本规定[S]. CH/T 9005—2009.

[55]边馥苓，等. 地理信息系统原理和方法[M]. 北京：测绘出版社，1996.

[56]王让会. 地理信息科学的理论与方法[M]. 乌鲁木齐：新疆人民出版社，2002.

[57]国家遥感中心. 地球空间信息科学技术进展[M]. 北京：电子工业出版社，2009.

[58]齐清文. 地理信息科学方法论的研究进展[J]. 学科发展，2011，4.

[59]李希. 面向地理信息服务链的工作流技术应用[J]. 计算机光盘软件与应用，2011.

[60]王艳军，邵振峰，慎于蓝. 基于工作流引擎的空间信息服务链半透明构建技术研究

[J]. 测绘通报, 2012.

[61] 孙敏, 陈秀万, 张飞舟. 地理信息本体论[J]. 地理与地理信息科学, 2004.

[62] 李建松. 地理国情监测的若干问题[J]. 地理空间信息, 2013.

[63] 陈科, 谢明霞, 成毅. 空间信息服务链模型的有向图表示及其验证[J]. 计算机科学, 2012(10).

[64] 陈学业, 等, 利用关系型数据库实现空间数据安全管理[J]. 测绘科技情报, 2002, 3.

[65] 应宏. 网格系统的组成与体系结构分析[J]. 西南师范大学学报(自然科学版), 2004, 8.

[66] 潘宝玉. 网格技术在空间信息科学中的应用[J]. 测绘通报, 2005, 1.

[67] 熊丽华, 等. 基于 ArcSDE 的空间数据库技术的应用研究[J]. 计算机应用, 2004, 3.

[68] 于雷易. 网格体系结构探讨[J]. 武汉大学学报(信息科学版), 2004, 2.

[69] 袁修孝, 等. 多级空间信息网格间的平面坐标变换精度分析[J]. 武汉大学学报(信息科学版), 2005, 2.

[70] 罗志清. 城市空间框架数据研究[J]. 地理与地理信息科学, 2004, 7.

[71] 李德仁, 等. 从数字地图到空间信息网格[J]. 武汉大学学报(信息科学版), 2003, 12.

[72] 龚强. 地理空间信息网格基础层面的相关技术[J]. 信息技术, 2005, 4.

[73] 孙九林. 地球科学数据共享与数据网格技术[J]. 中国地质大学学报(地球科学), 2002, 9.

[74] 李德仁. 地球空间信息科学的机遇[J]. 武汉大学学报(信息科学版), 2004, 9.

[75] 桂小林. 基于 Internet 的信息网格软件的框架研究[J]. 西南交通大学学报, 2004, 6.

[76] 何小朝, 等. 基于网格的空间信息模型与服务技术研究[J]. 地理与地理信息科学, 2003, 7.

[77] 黄玉琪, 等. 基于网格的"数字黄河"框架与平台技术研究[J]. 人民黄河, 2003, 2.

[78] 骆剑承, 等. 基于中间件技术的网格 GIS 体系结构[J]. 地球信息科学, 2002, 9.

[79] 谭国真, 等. 交通网格的研究与应用[J]. 计算机研究与发展, 2004, 12.

[80] 杜鹃, 等. 空间信息网格的体系结构和关键技术[J]. 地理空间信息, 2005, 4.

[81] 万洪涛, 等. 流域水文模型计算域离散方法[J]. 地理科学进展, 2001, 12.

[82] 李德仁, 等. 论空间信息多级格网及其典型应用[J]. 武汉大学学报(信息科学版), 2004, 11.

[83] 李德仁. 论天地一体化的大测绘-地球空间信息科学[J]. 测绘科学, 2004, 6.

[84] 魏文礼. 等, 曲线网格生成技术研究[J]. 河海大学学报, 1998, 5.

[85] 孙庆辉. 等, 网格 GIS 数据信息发布的关键技术[J]. 地球信息科学, 2004, 3.

[86] 王德意. 等, 正交曲线网格的生成技术研究[J]. 西安理工大学学报, 2000, 2.

[87] 林晖, 等. 论虚拟地理环境[J]. 测绘学报, 2002, 2.

[88] 胡军全, 等. 结合数字签名和数字水印的多媒体认证系统[J]. 软件学报, 14(6)。

[89] 陈云浩, 郭达志. 一种三维 GIS 数据结构的研究——以矿山应用为例[J]. 测绘学报, 1999, 1.

[90] 陈常松, 等. GIS 语义共享的实质及实现途径[J]. 测绘科学, 2000, 1.

[91]李德仁. 论"GEOMATICS"的中译名[J]. 测绘学报, 1998, 5.

[92]李德仁. 关于地理信息理论的若干思考[J]. 武汉测绘科技大学学报, 1997, 6.

[93]李德仁, 李清泉. 一种三维 GIS 混合数据结构研究[J]. 测绘学报, 1997, 5.

[94]郑坤, 朱良峰, 吴信才, 等. 3D GIS 空间索引技术研究[J]. 地理与地理信息科学, 2006, 7.

[95]周毅, 秦小麟. 一种有效支持空间分析的数据组织[J]. 南京航空航天大学学报, 2000. 12.

[96]刘纪平, 王亮, 张萍. 面向综合应用的空间数据管理方法探讨与实践[J]. 测绘学院学报, 2001, 12.

[97]王行风, 徐寿成. XML 与 WebGIS 的空间数据管理技术[J]. 计算机应用研究, 2001, 12.

[98]谭念龙. 空间数据存储技术及其应用[J]. 微电子学与计算机, 2002, 1.

[99]苏峰, 黄正军. GIS 空间数据管理模式探讨[J]. 计算机仿真, 2003, 8.

[100]芮建勋, 祁亨年, 廖红娟, 艾彬. 组件式 GIS 开发中的空间数据管理方式探讨[J]. 杭州师范学院学报(自然科学版), 2004, 3.

[101]张茂震, 宋铁英, 唐小明, 刘鹏举. 基于 OR. DBMS 的 GIS 空间数据管理模式及其应用[J]. 地球信息科学, 2004, 12.

[102]严志民, 刘仁义, 刘南. 基于集群技术的多服务器地理空间数据管理[J]. 浙江大学学报(理学版), 2004, 11.

[103]刘南, 刘仁义, 等. 基于实体对象层次模型的海量空间数据管理[J]. 浙江大学学报(工学版), 2004, 11.

[104]蒋新, 严志民. 扩展 Oracle Spatial 实现跨服务器的空间数据管理[J]. 计算机应用研究, 2004, 11.

[105]杨喜, 彭金璋, 雷可君. 地理信息系统中空间数据管理技术的研究[J]. 吉首大学学报(自然科学版), 2005, 4.

[106]贡进, 张永生, 童晓冲. 地形可视化系统 TerraVision 技术分析及其在全球海量空间数据管理中的应用[J]. 测绘通报, 2005, 6.

[107]刘三民, 王杰文. 空间数据存储管理研究综述[J]. 电脑与信息技术, 2006, 6.

[108]沈超. GIS 在农村宅基地管理中的应用[J]. 应用技术, 2006, 3.

[109]黄明, 陈哲. Oracle9i 空间数据存储的研究[J]. 测绘与空间地理信息, 2006, 2.

[110]马修军, 等. P2P 环境中的全局空间数据目录研究[J]. 地理与地理信息科学, 2006, 5.

[111]李晓军, 丘健妮, 彭龙军, 武苏里. 多源空间数据集成技术状况与应用前景研究[J]. 计算机与现代化, 2006, 5.

[112]朱庆, 周艳. 分布式空间数据存储对象[J]. 武汉大学学报(信息科学版), 2006, 5.

[113]林建新. 基于 Arc IMS 的影像地图发布系统的设计与实现[J]. 地矿测绘, 2006, 22(1): 10-13.

[114]喻冰春, 姜琦刚. 基于 ArcSDE 技术的省级基础空间数据库设计与建立[J]. 长春工程学院学报(自然科学版), 2006, 7(1).

[115]朱顺痣, 王颖, 李茂青. 基于 Geodatabase 的城市综合地下管线信息系统的设计与实

现[J]. 厦门大学学报(自然科学版), 2006, 5.

[116]高勇, 林星, 刘瑜, 邬伦, 等. 基于对象关系数据库的时空数据模型研究[J]. 地理与地理信息科学, 2006, 5.

[117]罗文斐, 李岩. 基于面向对象空间数据库的空间对象模型设计及其存储策略的探讨[J]. 微计算机应用, 2006, 1.

[118]郭龙江, 李建中. 空间数据库的索引技术[J]. 黑龙江大学自然科学学报, 2005, 6.

[119]倪慧珠, 邱新忠, 曹先革. 空间数据库引擎 SDE 的研究[J]. 测绘工程, 2006, 1.

[120]曲兆松, 禹明忠, 王世容, 尤宪生. 流域三维虚拟仿真平台研究[J]. 水力发电学报, 2006, 6.

[121]邓世军, 吴沉寒, 孟令奎, 许林. 网格环境下的空间数据集成服务[J]. 计算机与数字工程, 2006, 2.

[122]郭建忠. 系列比例尺条件下海量数据的快速显示[J]. 测绘学院学报, 2005, 6.

[123]谈晓军, 边馥苓, 何忠焕. 基于 OpenGIS 规范的地理信息系统组件的内核及功能设计[J]. 武汉大学学报(信息科学版), 2004, 1.

[124]周星. 地理空间数据存储管理问题初探[J]. 测绘科学, 2002, 12.

[125]唐明, 王丽娜, 张焕国. 动态多重数字水印设计方案[J]. 计算机应用研究, 2006.

[126]赵玉华, 关玉景. 基于数字签名和时间戳机制的图像数字水印系统[J]. 吉林大学学报(理学版), 2007, 1.

[127]闵连权. 矢量地图数据的数字水印技术[J]. 测绘通报, 2007, 1.

[128]张红文, 程明慧, 夏定辉. FME 支持下的空间数据库更新技术[J]. 地理空间信息, 2011, 12.

[129]安晓亚, 孙群, 严薇. GECA 规则驱动下的地理空间数据主动更新[J]. 辽宁工程技术大学学报(自然科学版), 2010, 8.

[130]潘瑜春, 钟耳顺, 赵春江. 地理空间数据库的更新技术[J]. 地球信息科学, 2004, 3.

[131]李宗华. 城市地理空间基础数据库更新方法研究[J]. 城市勘测, 2006, 1.

[132]白易. 城市地理空间数据更新机制和流程探究[J]. 地理空间信息, 2011, 2.

[133]高翔, 袁超, 瞿晓雯, 张红文. 多源数据更新空间数据库的方法研究[J]. 城市勘测, 2009, 4.

[134]曹学礼, 陈恒, 杨军生. 基础地理空间数据库的尺度与时态问题的探讨[J]. 测绘与空间地理信息, 2006, 6.

[135]吴熙, 黄雁. 基于版本树的空间矢量数据更新方法研究[J]. 城市勘测, 2011, 6.

[136]白立舜, 李进强. 空间数据库更新模式、技术与方法[J]. 城市勘测, 2011, 12.

[137]安晓亚, 孙群, 肖强, 李少梅. 面向地理空间数据更新的数据同化[J]. 测绘科学技术学报, 2010, 4.

[138]赵俊三, 徐涛, 赵耀龙, 等. 实现地理空间数据整合和更新方法的技术研究[J]. 昆明理工大学学报(理工版), 2005, 6.

[139]吴建华, 傅仲良. 数据更新中要素变化检测与匹配方法[J]. 计算机应用, 2008, 6.

[140]林艳, 刘万增, 王育红. 一种基于更新过程的空间变化信息描述方法[J]. 地理与地理信息科学, 2011, 7.

[141]吴涛，戚铭尧，黎勇，等. WebGIS 开发中的 RIA 技术应用研究[J]. 测绘通报，2006，6.

[142]卢廷玉，张艳华. 基于 ArcGIS Server 富互联网地图的客户端开发[J]. 测绘与空间地理信息，2012，3.

[143]刘俊，谭建军，郡长高. 基于 Flex 的 WebGIS 框架设计与实现[J]. 计算机工程，2010，5.

[144]邬伦，唐大仕，刘瑜. 基于 Web Service 的分布式互操作的 GIS[J]. 地理与地理信息科学，2003，7.

[145]阎超德，赵学胜. GIS 空间索引方法述评[J]. 地理与地理信息科学，2004，7.

[146]杜培军，陈云浩，张海荣. UCGIS 地理信息科学与技术知识体系及对我国 GIS 研究的启示[J]. 地理与地理信息科学，2007，5.

[147]王结臣，王豹，胡玮，张辉. 并行空间分析算法研究进展及评述[J]. 地理与地理信息科学，2011，11.

[148]陈爱军，李琦，徐光祐. 地理空间信息共享理论基础及其解决方案[J]. 清华大学学报（自然科学版），2002，10.

[149]孟斌，王劲峰. 地理数据尺度转换方法研究进展[J]. 地理学报，2005，3.

[150]齐清文. 地理信息科学方法论研究进展[J]. 中国科学院院刊，2011，4.

[151]崔铁军，郭黎，张斌. 地理信息科学基础理论的思考[J]. 测绘科学技术学报，2012，12.

[152]郑磊，徐磊. 地理信息科学与科学技术发展的哲学关系[J]. 华北科技学院学报，2004，3.

[153]钱乐祥，秦奋，许叔明，等. 地理信息系统专业教育的实践与思考[J]. 测绘科学，2002，3.

[154]张洪岩，王钦敏，鲁学军，等. 地学信息图谱方法研究的框架[J]. 地球信息科学，2003，12.

[155]方裕，邬伦，谢昆青，等. 分布式协同计算的 GIS 技术研究[J]. 地理与地理信息科学，2006，5.

[156]黄波，吴波，刘彪，等. 空间智能：地理信息科学的新进展[J]. 遥感学报，2008，9.

[157]万洪涛，万庚，周成虎. 流域水文模型研究的进展[J]. 地球信息科学，2000，2.

[158]李淑霞，谭建成. 论地理信息科学的本体方法论[J]. 测绘科学技术学报，2007，12.

[159]明镜. 三维地质建模技术研究[J]. 地理与地理信息科学，2011，7.

[160]薛存金，谢炯. 时空数据模型的研究现状与展望[J]. 地理与地理信息科学，2010，1.

[161]温永宁，闾国年，陈旻. 矢量空间数据渐进传输研究进展[J]. 地理与地理信息科学，2011，11.

[162]王喜，秦耀辰，张超. 探索性空间分析及其与 GIS 集成模式探讨[J]. 地理与地理信息科学，2006，7.

[163]王家耀. 现代地图科学与地理信息工程科学技术的成就和任务[J]. 测绘学院学报，

2004，12.

[164]廖克. 现代地图学的最新进展与新世纪的展望[J]. 测绘科学，2004，2.

[165]任庆东，宗喜军，常凌云. 基于面向服务架构的数据共享与交换平台的设计[J]. 大庆石油学院学报，2007，10.

[166]唐宇，陈荦，何凯涛，等. 空间信息栅格 SIG 框架体系与关键技术研究[J]. 遥感学报，2004，9.

[167]方金云，何建邦. 网格 GIS 体系结构及其实现技术[J]. 地理信息科学，2002，12.

[168]朱求安，张万昌，余钧辉. 基于 GIS 的空间插值方法研究[J]. 江西师范大学学报（自然科学版），2004，3.

[169]赵永，王岩松. 空间分析研究进展[J]. 地理与地理信息科学，2011，9.

[170]席景科，谭海樵. 空间聚类分析及评价方法[J]. 计算机工程与设计，30(7).

[171]应龙根，宁越敏. 空间数据：性质、影响和分析方法[J]. 地球科学进展，2005，1.

[172]柯蓉，张芳，艾春荣. 空间数据分析的发展[J]. 统计与信息论坛，2010，11.

[173]张馨之. 空间数据分析方法在经济增长研究中的应用述评[J]. 宁夏社会科学，2006，3.

[174]高昂，陈荣国，张明波，等. 空间数据网络处理服务模型及关键技术[J]. 计算机工程与应用，45(25).

[175]陈江平，张瑶，余远剑. 空间自相关的可塑性面积单元问题效应[J]. 地理学报，2011，12.

[176]张学良. 探索性空间数据分析模型研究[J]. 当代经济管理，2007，4.

[177]Yuzhen Li, Takashi Imaizumi, Shiro Sakata, etal. Spatial Data Compression Techniques for GML[J]. 2008 Japan-China Joint Workshop on Frontier of Computer Science and Technology.

[178]Zhiqiang Zhang, Daniel A Griffith. Integrating GIS Components and Spatial Statistical Analysis in DBMSs[J]. Int. J. Geographical Information Science, 2000, 14(6).

[179]Roger Zimmermann, Wei-Shinn Ku, Haojun Wang. Spatial Data Query Support in Peer-to-Peer Systems[J]. Proceedings of the 28th Annual International Computer Software and Applications Conference (COMPSAC'04).

[180]Wang-Chien Lee, Baihua Zheng. A Fully Distributed Spatial Index for Wireless Data Broadcast[J]. Proceedings of the 21st International Conference on Data Engineering (ICDE 2005).

[181]Shapiee Abd Rahman, Subhash Bhalla. Supporting Spatial Data Queries for Mobile Services[J]. Proceedings of the 2005 IEEE/WIC/ACM International Conference on Web Intelligence (WI'05).

[182]Shihong Du, Qiming Qin, Dezhi Chen, Lin Wang. Spatial Data Query Based on Natural Language Spatial Relations[J]. IEEE, 2005.

[183]Michael F Goodchild. Cartographic Futures on a Digital Earth [J]. Cartographic Perspectives, 2000.

[184]James Boxall. Geolibraries, The Global Spatial Data Infrastructure and Digital Earth：a Time for Map Librarians to Reflect upon the Moonshot[J]. Inspel, 2002(36), 1：1-21.

［185］HE Jian-bang, et al. Digital Earth, Virtual Reality and Urban Seismic Disaster Simulation［J］. The Journal of Chinese Geography, 2000.

［186］Xiang Ma, Qunhua Pan, Minglu Li. Integration and Share of Spatial Data Based on Web Service［J］. Proceedings of the Sixth International Conference on Parallel and Distributed Computing, Applications and Technologies（PDCAT'05）.

［187］Christopher F Herot. Spatial Management of Data［J］. ACM Transactions on Database Systems, 1980, 5(4).

［188］Jun-san Zhao, Xue Li, Yaolong Zhao, etal. Methods and Implementation of the Geospatial Databases Integration and Update towards E-Government［J］. ISPRS Workshop on Service and Application of Spatial Data Infrastructure, XXXVI(4/W6), Oct. 14-16, Hangzhou, China.

［189］Feng Wang, Yunfei Shi, Xuguang Qin, Huan Zhang. Spatial Data Sharing and Interoperability, Based on Web Spatial Data Service and GML［J］. ISPRS Workshop on Updating Geo-spatial Databases with Imagery & The 5th ISPRS Workshop on DMGISs.

［190］Jonathan Lawder. The Application of Space-filling Curves to the Storage and Retrieval of Multi-dimensional Data［D］. University of London, 1999.

［191］Nikos Mamoulis. Multiway Spatial Joins［J］. Acm-transaction, 2002.

［192］King-lp Lin, H V Agadish, Christos Faloutsos. The W-Tree：An Index Structure for High-Dimensional Data［J］. VLDB Journal, 1994, 3：517-542.

［193］Moritz Neun and Stefan Steiniger. Modelling Cartographic Relations for Categorical Maps［J］. XXII International Cartographic Conference（ICC2005）.

［194］Szabo Gabor Vilmos. Relational Database for Spatial Data［D］. Szabo Gabor Vilmos, 1989.

［195］Roger A Longhorn. Spatial Data Infrastructure and Access to Public Sector Information. The European Scorecard at 2002, 5th AGILE Conference on Geographic Information Science, Palma（Balearic Islands, Spain）, 2002.

［196］Gísli R Hjaltason and Hanan Samet. Distance Browsing in Spatial Databases［J］. ACM Transactions on Database Systems, 1999, 24(2)：265-318.

［197］Volker Gaede. Multidimensional Access Methods［J］. ACM Computing Surveys, 1998, 30(2).

［198］Chaowei（PHIL）Yang, etal, Performance-improving Techniques in Web-based GIS［J］. International Journal of Geographical Information Science, 2005, 19(3)：319-342.

［199］Jan Paredaens, Bart Kuijpers. Data Models and Query Languages for Spatial Databases［J］. Data & Knowledge Engineering 1998, 25：29-53.

网站及电子文档

［1］武汉大学图书馆网页, http://www.lib.whu.edu.cn/web/default.asp.

［2］百度网站, 百度百科, http://baike.baidu.com.

［3］谷歌网站, http://www.google.com.hk.

［4］GIS 论坛网站，http：//www.gisforum.net.

［5］ESRI 公司网站，http：//www.esri.com.

［6］ESRI 公司，ArcGIS 9.2,9.3,10.1,10.2 软件电子帮助文档.

［7］ESRI 公司，Modeling our world 电子文档.

［8］ESRI 公司，系列讲座 PPT 电子文档.

［9］ESRI 公司，系列技术应用电子文档.

［10］ESRI 公司，系列技术应用案例介绍电子文档.

［11］MapInfo 公司，MapInfo 软件电子帮助文档.

［12］肖乐斌. GIS 概念数据模型的研究.

［13］袁相儒. Internet GIS 的部件化结构.

［14］韩海洋. Internet 下多源数据、多媒体空间信息分布式调度与管理.

［15］韩海洋，等. Internet 环境下用 Java/JDBC 实现地理信息的互操作与分布式管理及
　　处理.

［16］Chen Shupen , Zhong Ershun. Perspectives on GIS Development in China.

［17］宋关福，钟耳顺，王尔琪. WebGIS——基于 Internet 的地理信息系统，http：//
　　www. gisforum. net. 郭杰华等. 基于 Internet 的地理信息系统(WebGIS)的研究和开发.

［18］钟耳顺. 地理信息系统标准化的范畴与进展.

［19］宋关福，等. 多源空间数据无缝集成(SIMS)技术研究.

［20］袁相儒，等. 多种数据源地理信息处理的 Internet GIS 方法.

［21］陈俊华，等. 基于 RDBMS 的空间数据库的设计与实现.

［22］肖乐斌，等. 面向对象整体 GIS 数据模型的设计与实现.

［23］李德仁. 数字地球与 3S 技术.

［24］齐锐，等. 网络化地理信息系统中数据传输技术的探讨.

［25］黄裕霞. GIS 互操作及其体系结构.

［26］黄裕霞. GIS 的语义共享问题.

［27］何建邦，等. 地理信息标准化研究与思考.

［28］李天峻，等. 地理信息共享与开放式地理信息系统技术研究.

［29］陈常松，等. 地理信息共享中信息市场机制及其特征的初步探讨.

［30］张健挺. 地理信息网络共享的研究和应用进展.

［31］毛锋，等. 地理信息系统(GIS)与国家空间数据基础设施(NSDI).

［32］李军，等. 地球空间数据集成研究概况.

［33］胡志勇，等. 分布式地理信息服务类型及解决方案.

［34］陈能成，等. 分布式地理信息共享.

［35］蒋景瞳. 国际地理信息标准化进展.

［36］王占宏. 国家基础地理信息的标准化问题.

［37］周星，等. 国家空间数据基础设施建设的若干问题.

［38］王泽根. 海量空间数据组织及分布式解决方案.

［39］路甬祥. 合作开发"数字地球"共享全球数据资源.

［40］程承旗，等. 基于空间元数据的分布式地理数据管理模型及应用研究.

［41］苏理宏，等. 基于知识的空间决策支持模型集成.

［42］李德仁，等. 数据、标准和软件——再论发展我国地理信息产业的若干问题.

［43］Uehler Kurt. Digital Earth Reference Model Digital Earth Reference Model v0. 1，PPT 讲稿.

［44］Bettinger. Centralized／Distributed GIS Systems，PPT 讲稿.

［45］邬伦. 分布式多空间数据库系统的基础问题，PPT 讲稿.

［46］陈军. 构建多维动态地理空间框架数据，PPT 讲稿.

［47］周启鸣. 数字城市中三维对象及其拓扑关系的理论模型，PPT 讲稿.

［48］Michael F Goodchild. Vision for digital library，PPT Lecture.

［49］Michael F Goodchild. Augmenting geographic reality，PPT Lecture.

［50］Michael F Goodchild. Data access and data warehouse，PPT Lecture.

［51］Open GIS Consortium，Open GIS® Web Map Server Interface Implementation Specification，Revision 1. 0. 0，2000-04-19.

［52］Open GIS Consortium，Geography Markup Language（GML）v1.0，2000-05-12.

［53］Open GIS Consortium，The Open GIS™ Abstract Specification Topic 1- Topic 17.

［54］Open GIS Consortium，Introduction to Interoperable Geoprocessing and the Open GIS Specification，Third Edition，1998-06-03.

［55］Open GIS Consortium，Open GIS Reference Model ，2003-03-04.

［56］北京数字证书认证中心. 企业专用数字证书服务系统白皮书.

［57］王家耀. 智慧城市，PPT 讲稿.

［58］李建松. GIS 软件工程，PPT 课件.

［59］李建松. 空间数据组织与管理，PPT 课件.

［60］李建松. 数字地球与数字城市，PPT 课件.

［61］李建松. 地理信息科学理论与技术，PPT 课件.

［62］李建松. 基础地理信息系统建设，PPT 讲稿.

［63］李建松. 城市综合市政管线信息化管理与应用现状及发展，PPT 讲稿.

［64］李建松. 地理国情监测的基本理论与方法，PPT 讲稿.

［65］李建松. 地理国情监测的内容与技术，PPT 讲稿.

［66］李建松. 地理信息共享平台的相关技术，PPT 讲稿.

［67］李建松. 构建数字安徽探索智慧未来，PPT 讲稿.

［68］李建松. 理解地理国情监测服务可持续发展，PPT 讲稿.

［69］李建松. 数字城市——让生活更美好，PPT 讲稿.

［70］李建松. 数字城市——现状、技术及问题，PPT 讲稿.

［71］李建松. 数字城市与智慧城市建设内容、技术与问题，PPT 讲稿.

［72］李建松. 遥感和 GIS 新技术在土地方面的应用，PPT 讲稿.

［73］李建松. 智慧城市的市情地理监测技术，PPT 讲稿.

［74］李建松. 地理国情监测与政府管理决策，PPT 讲稿.

［75］李建松. 测绘与地理信息新技术发展与应用，PPT 讲稿.

［76］李建松. 网络 GIS 新技术，PPT 讲稿.

［77］李建松. GIS 支持的三维数码城市系统，PPT 讲稿.

［78］李建松. 可编辑查询的三维数字城市建模技术，PPT 讲稿.

[79] 李建松. 地球空间信息科学进展，PPT 课件.

[80] 罗灵军. 创新建设服务平台和谐共享地理信息，PPT 讲稿.

[81] 陈军. 国家地理信息公共服务平台总体技术研究，PPT 讲稿.

[82] 蒋捷. 国家地理信息公共服务平台主节点建设情况简介，PPT 讲稿.

[83] 龚健雅. 地理空间信息资源共享服务技术与标准，PPT 讲稿.

[84] 王继周. 数字城市地理空间信息公共平台概念、建设与应用，PPT 讲稿.

[85] 龚健雅. 多级地理信息公共服务平台体系架构与关键技术，PPT 讲稿.

[86] 谭成国. 多源空间信息网络共享与互操作平台软件，PPT 讲稿.

[87] 王康弘. 地理信息公共服务平台思考与实践，PPT 讲稿.

[88] 王昊. 空间信息服务平台的现在和未来，PPT 讲稿.

[89] 周海兵. 地理信息公共服务平台的一点思考，PPT 讲稿.

[90] 朱欣焰. 空间信息网络共享服务技术，PPT 讲稿.

[91] 龚健雅. 协作共享，共同构建地理信息服务平台，PPT 讲稿.

[92] 秦健. 元数据与科学数据信息的组织和管理，PPT 讲稿.

[93] Shun Ji Murai, The Fundamental of Geographic Information System, 1999-03.

[94] 金海. 基于语义网格的语义关联存储模型及管理和通信平台，PPT 讲稿.

[95] Beng Chin Ooi, Ron Sacks-Davis, Jiawei Han. Indexing in Spatial Databases.

[96] Håvard Tveite. Data Modelling and Database Requirements for Geographical Data.

[97] Philippe Rigaux, etc. Building a Constraint-based Spatial Database System: Model, Languages, and Implementation.

[98] Christopher B Jones, Alia I Abdelmoty, Michael E Lonergan, Peter van der Poorten and Sheng Zhou. Multi-scale Spatial Database Design for Online Generalisation.

[99] Markus Schneider, Thomas Behr. Topological Relationships between Complex Spatial Objects.

[100] P M van der Poorten, Sheng Zhou and Christopher B Jones, Topologically-Consistent Map Generalisation Procedures and Multi-scale Spatial Databases 1.

[101] Safe Software 公司, FME Fundamentals.

[102] Hee-Kap Ahn, Nikos Mamoulis, Ho Min Wong. A Survey on Multidimensional Access Methods.

[103] Douglas D Nebert. Technical Working Group Chair, GSDI, the SDI Cookbook.

[104] Georg Held, Alias Abdul-Rahman, Siyka Zlatanova. Web 3D GIS for Urban Environments.

[105] Rodrigo Fonseca, etc. Distributed Querying of Internet Distance Information.

[106] White Paper, Silvia Nittel. Interoperable Data Services for Earth Science Data.

[107] Ralf Hartmut Güting. An Introduction to Spatial Database Systems.

[108] Christian Böhm, etc. Searching in High-dimensional Spaces-Index Structures for Improving the Performance of Multimedia Databases.